中国轻工业"十三五"规划教材

农产品加工工艺学

秦文 张清 主编

中国轻工业出版社

图书在版编目（CIP）数据

农产品加工工艺学/秦文，张清主编 . —北京：中国轻工业出版社，2024.12
中国轻工业"十三五"规划教材
ISBN 978 - 7 - 5184 - 2199 - 2

Ⅰ. ①农… Ⅱ. ①秦… ②张… Ⅲ. ①农产品加工—工艺学—高等学校—教材 Ⅳ. ①S37

中国版本图书馆 CIP 数据核字（2019）第 047127 号

责任编辑：马 妍　　责任终审：劳国强　　整体设计：锋尚设计
策划编辑：马 妍　　责任校对：吴大朋　　责任监印：张京华

出版发行：中国轻工业出版社（北京鲁谷东街 5 号，邮编：100040）
印　　刷：三河市国英印务有限公司
经　　销：各地新华书店
版　　次：2024 年 12 月第 1 版第 5 次印刷
开　　本：787×1092　1/16　印张：20.75
字　　数：460 千字
书　　号：ISBN 978 - 7 - 5184 - 2199 - 2　定价：52.00 元
邮购电话：010-85119873
发行电话：010-85119832　　010-81559912
网　　址：http://www.chlip.com.cn
Email：club@ chlip.com.cn
版权所有　侵权必究
如发现图书残缺请与我社邮购联系调换
242362J1C105ZBQ

本书编委会

主　　编　秦　文（四川农业大学）

　　　　　张　清（四川农业大学）

参　　编（以姓氏笔画为序）

　　　　　丁　捷（四川旅游学院）

　　　　　代建武（四川农业大学）

　　　　　朱建飞（重庆工商大学）

　　　　　刘书香（四川农业大学）

　　　　　李素清（四川农业大学）

　　　　　吴　韬（西华大学）

　　　　　陈益胜（江南大学）

　　　　　周雅琳（重庆第二师范学院）

　　　　　袁华伟（宜宾学院）

　　　　　谢文佩（广西中医药大学）

前言 | Preface

农产品加工是农产品实现价值最大化的主要途径，已成为农业产业化发展的重要组成部分。从发达国家农业产业化来看，农产品产值70%以上由产后加工、销售等环节实现。农产品加工业能将农业产前、产中、产后的各个环节相互联结，延长农业价值链、产业链、效益链、就业链和信息链，形成较高程度的产业纵向一体化，促进农业的专业化、规模化、标准化、市场化和信息化，充分整合储藏、运输、保鲜、包装、营销、信息网络等相关产业。由此可见，发展农产品加工业是建设现代农业的核心环节，是推动农产品产业化和建设现代农业的直接动力。

我国是传统农业大国，具有丰富的农产品物质基础，如谷物、棉花、花生、水果、蔬菜等很多农作物年产量均居世界首位，但农产品加工业总量与发达国家还存在较大差距，主要体现在原料利用率较低，加工过程浪费严重，产品价值提升不高，产品种类和特色不突出，产品质量和品质竞争力不强等方面。为贯彻落实《国务院办公厅关于进一步促进农产品加工业发展的意见》（国办发〔2016〕93号）精神，推进农业供给侧结构性改革，当前及今后一段时期，农产品加工业发展面临的核心问题和任务要求：如何促进农产品加工业由规模数量扩张向质量提升和结构优化方向转变，由资源简单消耗向技术升级和品牌战略方向转变，由分散无序发展向产业化和集聚区方向转变，实现产业持续健康发展。

目前，有关农产品加工业的课程因开设院校、专业和办学等级的差异出现了参差不齐的现象，所选用教材或参考书不同，教学内容差别较大。同时，全国农产品加工相关教材大部分也使用时间较长，一些内容没有及时更新，不能反映现代农业产业化和农产品加工业的发展和需求。为了适应新形势的发展，培养更多更好的人才为行业服务，顺应时代发展，及时反映学科发展前沿动态和社会经济发展需求，编者在参考相关教材的基础上重新编写了本教材。

本教材内容在传统粮油加工、果蔬加工基础上，扩展了杂粮加工和农产品质量控制体系，旨在从农产品质量控制角度学习农产品加工工艺技术，提升读者在农产品加工业领域的知识技能。

全书内容包括四个部分：一是农产品原辅料的分类及品质，涉及粮油与果蔬加工原辅料。二是粮油食品加工，涉及稻谷、小麦、淀粉、植物油脂、大豆、杂粮等粮油食品的传统与新型加工技术。三是果蔬产品加工，涉及果蔬轻度、冷冻、发酵和干制加工，符合现代果蔬加工发展方向。加工部分内容包括工艺原理、工艺方法、所需设备、典型案例。四是农产品加工质量控制体系，旨在借助先进生产过程控制策略来保障农产品加工质量。为方便学生学习和进一步研究探讨，每章都列出知识目标、能力目标、思考题、推荐阅读和参考文献，为学生提供相关的学习技巧和知识补充。

　　本教材由四川农业大学秦文教授、张清副教授担任主编。编写分工如下：第一章由李素清编写；第二章由吴韬编写；第三章由谢文佩编写；第四章由张清编写；第五章由袁华伟编写；第六章由朱建飞、周雅琳编写；第七章由丁捷、代建武编写；第八章由秦文、刘书香编写；第九章由秦文、陈益胜编写。全书由秦文和张清负责统稿。

　　本教材的出版得到中国轻工业出版社的大力支持。在编写过程中，承蒙不少同行学者的悉心指导并提出宝贵意见，谨此表示衷心感谢。

　　尽管编者有多年的教学和实践经验，编写过程中倾注了大量心血，但本书涉及的内容较广，加之产业发展快和编者水平有限，书中难免存在疏漏、错误和不妥之处，恳请使用本教材的师生及同行专家批评指正。

编者

2019 年 3 月

目录 | Contents

第一章

CHAPTER
1

农产品原辅料的分类及品质

[知识目标]

了解粮油食品生产所用基础原料的分类、结构和化学构成；了解蔬菜和果品的分类及化学成分；了解香辛料、调味料的概念、分类及其各自特点。

[能力目标]

在农产品加工生产中，能够正确选用合适的原料并进行运用。

第一节 粮油原料的分类及品质

一、稻 谷

稻谷加工是我国粮油工业的一个重要组成部分。稻谷加工得到的大米，既是我国 2/3 人口的主要食粮，又是食品工业的主要基础原料之一。

（一）稻谷的种类

按照稻谷籽粒形态和质量，稻谷可分为籼稻、粳稻和糯稻三种。

粳稻加工制成的米即为粳米，呈椭圆形，谷壳组织松而薄，米粒强度大，耐压强度高，加工时不易产生碎米，出米率高，煮饭时黏性大，米饭胀性较小。

籼稻加工制成的米即为籼米，籽粒细长，稻谷组织紧而厚，米粒强度较小，耐压性能差，加工时易产生碎米，出米率较低，煮饭黏性小，米饭胀性较大。

糯稻加工制成的米即为糯米，呈椭圆或细长形，米粒呈乳白色，不透明或半透明，黏性大。籽粒强度小，耐压性能差，加工时易产生碎米，米饭胀性小。糯稻按粒形和粒质分为籼糯稻谷和粳糯稻谷。

按稻谷生长周期长短，可以将稻谷分为早稻、中稻、晚稻。早稻生长周期为90～120d，中稻为120～150d，晚稻为150～170d。早稻品质较差、米质疏松、耐压性差，加工时易产生碎米，出米率低；晚稻米质坚实，耐压性强，加工时碎米少，出米率高。

按生长方式或生长过程需水不同，可以将稻谷分为水稻和旱稻（陆稻）。水稻种植于水田，需水量大，籽粒品质好。旱稻种植于旱田，需水量较少，籽粒组织松散，强度小，加工时产生碎米多，米粒颜色较暗淡，种植面积较小。

不同种类不同等级的稻谷对成品大米的质量以及出米率都有重要影响。一般来说，晚稻比早稻品质要好，粳稻品质比籼稻要好，水稻品质比旱稻要好。

（二）稻谷籽粒的结构形态

稻谷籽粒由颖和颖果组成。颖包括内颖、外颖、护颖和颖尖（俗称芒），如图1-1所示。外颖朝里，内颖朝外，两者相互钩合，包住颖果。颖的表面粗糙，有形状和长短不同的茸毛。粳稻茸毛比籼稻密而长，且粳稻的颖比籼稻薄。外颖的尖端有颖尖，俗称芒，芒的长短因品种而异。粳稻颖的质量占整个稻谷的18%，籼稻颖的质量占稻谷的20%。

稻谷在加工过程中要除去颖，脱下的颖称为稻壳，俗称大糠或砻糠。

除去稻壳后的稻谷称为糙米（颖果），它由皮层、胚和胚乳组成。胚乳占了米粒的最大部分，其质量约占了整个稻谷的70%。

胚位于颖果腹部下端，与胚乳连接的不太紧密，碾米时容易脱落，其质量占整个稻谷的2%～3.5%。胚中含有大量的脂肪、蛋白质和维生素，营养价值极高，但脂肪易酸败，使大米不易贮藏。

颖果的皮层由果皮、种皮、外胚乳和糊粉层等部分组成。糙米碾米时，颖果皮层依大米精度而不同程度地被削除称为米糠，果皮和种皮称为外糠层，外胚乳和糊粉层称为内糠层。皮层的厚薄随稻谷品种的不同而有较大的差异。质量优良的品种，皮层软而薄，碾米时易于除去，出米率较高，皮层的质量占整个稻谷的5.2%～7.5%。

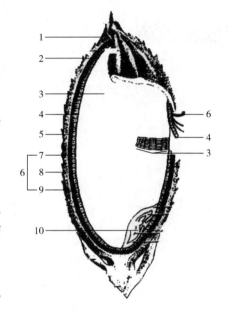

图1-1　稻谷结构示意图
1—外颖　2—内颖　3—胚乳
4—糊粉层　5—种皮　6—果皮
7—内果皮　8—中果皮
9—外果皮　10—胚

碾米时，除糠层被碾去外，大部分的胚也会被碾下来。加工高精度的白米时胚几乎全部脱落，进入米糠中。从理论上讲，白米应当是纯胚乳，但实际上，糠层和胚不会完全被碾去。因此，根据米粒留皮的程度和留胚的多少可以判断大米的精度。大米的精度越高，除去的糠层和胚就越多。

（三）稻谷化学成分

稻谷籽粒中含有的化学成分有水分、蛋白质、碳水分合物、纤维素和灰分等，如表1-1所示。

表 1 - 1　　　　　　　　　　　稻谷籽粒及其各组成部分的化学成分　　　　　　　　　　单位:%

名称	碳水化合物	蛋白质	脂肪	纤维素	灰分	水分
稻谷	64.52	8.09	1.8	8.89	5.02	11.68
糙米	74.53	9.13	2.0	1.08	1.10	12.16
胚乳	78.8	7.6	0.3	0.4	0.5	12.4
胚	29.1	21.6	20.7	7.5	8.7	12.4
米糠	35.1	14.8	18.2	9.0	9.4	13.5
稻壳	29.38	3.56	0.93	39.05	18.59	8.5

（1）碳水化合物　稻谷中碳水化合物约占 70%，主要存在于胚乳中。稻谷中碳水化合物主要以淀粉形式存在，在大米中含量 77%～80%。大米中的淀粉分为直链淀粉和支链淀粉，含量因品种、气候等不同而异，一般可以根据两者的含量将大米分为糯米和非糯米。糯米含有较高的支链淀粉（约 99%）；非糯米可根据所含直链淀粉的多少，区分为低直链淀粉大米（9%～20%）、中等直链淀粉大米（20%～25%）以及高直链淀粉大米（＞25%）等。直链淀粉含量高，饭的黏性小、质地硬、无光泽、食味差；含量过低，则米饭软、黏而腻、弹性差，超过一定范围的直链淀粉含量与稻谷食味品质呈显著或极显著的负相关。因而，中等直链淀粉含量的品种更受消费者喜爱。

除了淀粉，稻谷还含有较多纤维素、半纤维素、戊聚糖等。膳食纤维含量为 2%～12%，主要存在于谷壳、谷皮和糊粉层中。其中纤维素存在于谷皮部分，往往损失于精磨时的糠麸之中，胚乳中的纤维素含量不足 0.3%。因此，各种未精制的稻谷是膳食纤维的良好来源。

（2）蛋白质　稻谷蛋白质含量较低，一般糙米中蛋白质含量在 7%～9%，胚中蛋白质含量相对较高。按照蛋白质的溶解特性可以将稻谷中蛋白质分为谷蛋白、醇溶谷蛋白、球蛋白和清蛋白 4 种。虽然大米中蛋白质含量相对较低，但其中醇溶谷蛋白的生物价较高，因此其蛋白综合利用率接近其他粮食品种。

稻谷中胚的蛋白质含量较高，且与胚乳蛋白质的成分不同，富含赖氨酸，生物价很高。大米精加工处理中，谷胚被除去，降低了产品的营养价值，但可提高产品的贮藏性，因为胚的吸湿性较强，其中的脂肪还可能在贮藏过程中发生氧化酸败，产生不良气味。

（3）脂肪　稻谷脂肪含量为 2.6%～3.9%，主要存在于胚和米糠中。大米中脂肪的含量与加工精度有关。精制大米中仅含 0.3%～0.5%，80% 以上的脂肪分布在稻谷外层中。其中胚和皮层中含量较多，胚中脂肪含量约为 20%。米糠的脂肪含量一般在 18%～20%，含有丰富的亚油酸、磷脂和谷甾醇等。米糠中若混有淀粉，出油率会降低，碾米时必须防止过碾，以提高出米率和米糠出油率。

大米脂肪含量是影响米饭可口性的主要因素，油酸含量越高，米饭光泽越好。米饭香味与米粒所含不饱和脂肪酸的量有关。

（4）维生素　稻谷中脂肪含量较低，故脂溶性维生素的含量也不高。稻谷中不含维生素 C，但 B 族维生素比较丰富，特别是维生素 B_1 和烟酸含量较高，是膳食中这两种维生素的最重要来源。此外，尚含一定数量的维生素 B_2、泛酸和维生素 B_6。

稻谷中维生素主要集中在胚和皮层部分，其中维生素 B_1 和维生素 E 主要存在于胚中，尼可酸、维生素 B_6 和泛酸主要集中于糊粉层中，随着加工精度的提高，其含量迅速下降。因此，精加工大米的维生素含量较低。

（5）矿物质   稻谷中含有 30 多种矿物质，但各元素的含量，特别是微量元素的含量与气候、土壤、肥水管理等栽培环境条件关系极大，而且在籽粒中主要集中在外层的胚、糊粉层和种皮等中，胚乳中含量较少。但有一些元素大量存在于白米中，如糙米中 63％ 的钠和 74％ 的钙存在于白米中。

（6）水分   稻谷水分含量高低对稻谷加工的影响很大。水分含量过高会造成筛理困难，影响清理效果；使籽粒强度降低，碎米增加，出米率低，还会增加碾米机的动力消耗及加工成本。水分含量过低，使稻谷籽粒发脆，也易产生碎米，降低出米率。为了保证大米质量，提高出米率，国家对原粮稻谷和成品大米的含水量都有严格规定。

（四）稻谷物理性质

稻谷的物理性质是指稻谷与加工工艺、设备、操作有密切关系的物理特性，包括千粒重、密度、容重、谷壳率、腹白度、爆腰率、出糙率、整精米、整精米率、散落性和自动分级、不完善粒、黄粒米、色泽、气味等。

1. 稻谷的色泽和气味

稻谷的色泽是品质最直接的外观表征之一。新鲜正常的稻谷，色泽呈鲜黄色或金黄色，富有光泽，无不良气味。未成熟的谷粒呈绿色。发热霉变的稻谷，不仅米粒色泽灰暗，无光泽，而且还会产生霉味、酸味，甚至苦味。凡是新鲜程度不正常的稻谷，不仅加工的成品质量差，且加工时易产生碎米、出米率较低。

2. 稻谷的粒形与大小

稻谷大小一般由粒度表示，粒度是指稻谷的长度，宽度和厚度。稻谷的粒形根据长宽比例不同分为三类，长宽比 ＞3 为细长粒，2～3 为长粒形，＜2 为短粒形。一般籼稻谷均属前两类，粳稻谷大部分属于后一类。

整齐度是指稻谷的粒形和大小一致的程度。稻谷籽粒的大小和形状因稻谷的品种不同各异。即使是同一品种，其大小也不相同。粒形和粒度是合理选用筛孔和正确调整设备的操作依据之一。籽粒越接近球形，其长宽比越小，则皮和壳所占籽粒的表面积就越小，胚乳含量相对增高、出米率增高。同时，粒形接近球形，耐压性越强，加工时碎米率越低。

在加工时应根据形状和大小将稻谷分级分批加工，严防形状和大小相差悬殊的稻谷混合，给后续的砻谷和碾米带来困难。

3. 容重和千粒重

稻谷容重是指单位容积中稻谷的重量，以 kg/m³ 为单位，是评价稻谷工艺品质的一项重要指标。一般粒大而饱满坚实的籽粒，容重越大，出糙米率也越高。

稻谷千粒重是指一千粒稻谷的质量（g）。千粒重决定了籽粒的粒度、饱满程度和胚乳结构。千粒重大，则粒度大，籽粒饱满而结构紧密，胚乳含量相对较高，出米率高。千粒重越大，单位重量中稻谷粒数越少，清理和砻碾时所需时间就越短，加工时产量高，电耗低。

4. 腹白度和爆腰率

米粒腹白指米粒胚乳腹部的不透明部分，它与透明度呈极显著负相关。其淀粉颗粒排列疏松，颗粒中充气，引起光折射，从而使其看起来不透明。腹白度是指米粒腹白的大小。腹白度大的米粒，其角质含量少，强度低，加工时易碎，出米率低。一般晚稻米粒的腹白较小，胚乳组织紧密坚硬，籽粒几乎全为透明体，籼稻中的早籼则几乎全为不透明的白粉质体。

稻谷受剧烈撞击，经日光曝晒，或高温快速干燥，使糙米内部产生纵横裂纹的现象称为爆腰。爆腰米粒所占的百分率称爆腰率。爆腰率是评定工艺品质的重要指标，加工前必须检验。米粒在产生爆腰后，其强度大大降低，在加工时易产生碎米。因此爆腰率高的稻谷，不宜加工高精度大米，否则碎米率过高，出米率较低。

5. 散落性和自动分级

稻谷的散落性是稻谷从空中自由落下在水平地面形成圆锥体的性能。可用静止角（是圆锥斜面与地面的夹角）来表示，一般为 33°～40°，糙米为 27°～28°，白米为 23°～33°。影响散落性的因素主要有表面光滑程度、颗粒的形状、含水量的大小和夹杂物的多少等。散落性小的稻谷，其流动性差，在加工过程中，需要有较大的自流管和筛面斜度，并容易堵塞机器和输送管道等。

固体颗粒流动或受到振动时，由于颗粒之间在形状、大小、表面状态、密度和绝对质量等方面的差异，性质相同的颗粒向特定区域聚集，出现重新分布或自动分层的现象称为自动分级。一般大而轻的在上面，小而重的在下面，小而轻或大而重的在中间。

6. 稻谷的质量指标

根据国家标准 GB 1350—2009《稻谷》，稻谷分为早籼稻谷、晚籼稻谷、粳稻谷、籼糯稻谷和粳糯稻谷 5 类。各类稻谷以出糙率为定等指标，三等为中等。早籼稻谷、晚籼稻谷和籼糯稻谷质量指标如表 1-2 所示。

表 1-2　　　　　　　　　　早籼稻谷、晚籼稻谷、籼糯稻谷质量指标

等级	出糙率/%	整精米率/%	杂质含量/%	水分含量/%	黄米粒含量/%	谷外糙米含量/%	互混率/%	色泽、气味
1	≥79.0	≥50.0						
2	≥77.0	≥47.0						
3	≥75.0	≥44.0	≤1.0	≤13.5	≤1.0	≤2.0	≤5.0	正常
4	≥73.0	≥41.0						
5	≥71.0	≥38.0						
等外	≥71.0	—						

注："—"为不要求。

粳稻谷和粳糯稻谷质量指标如表 1-3 所示。

表 1-3　　　　　　　　　　粳稻谷、粳糯稻谷质量指标

等级	出糙率/%	整精米率/%	杂质含量/%	水分含量/%	黄米粒含量/%	谷外糙米含量/%	互混率/%	色泽、气味
1	≥81.0	≥61.0						
2	≥79.0	≥58.0						
3	≥77.0	≥55.0	≤1.0	≤14.5	≤1.0	≤2.0	≤5.0	正常
4	≥75.0	≥52.0						
5	≥73.0	≥49.0						
等外	<73.0	—						

注："—"为不要求。

二、小　麦

（一）小麦的种类

小麦的种类繁多，可以按播种季节、皮色、胚乳结构的不同和国家标准进行分类。不同的小麦其物理特性、营养成分等存在一定差异，制粉加工适性也略微不同。

1. 按播种季节分类

小麦按播种季节不同，可分为冬小麦和春小麦两种。冬小麦冬播夏收，越冬生长，生育期较长，分布较广，地区间差异较大，具体还可以分为北方冬小麦和南方冬小麦；春小麦春播秋收，生育期较短，多分布在高纬度和高海拔地区。在我国一般以长城为界，以北为春小麦，以南则为冬小麦。我国以冬小麦为主，种植面积达90%，分布在岷山、唐古拉山以东的黄河、淮河和长江流域，其中河南、山东、河北、山西、陕西、苏北、皖北等地主要种植北方冬小麦，占冬小麦总产量的2/3，其多为白麦，半硬质，皮薄，出粉率高，粉色好，面筋含量高，品质好；四川、安徽、湖北等地主要种植南方冬小麦，其多为红麦，质软、皮厚，出粉率和面筋质量均差于北方冬小麦。我国春小麦种植约占总面积的10%，主要分布在岷山、大雪山以西的黑龙江、内蒙古、甘肃、新疆、宁夏、青海等气候严寒的省区。春小麦籽粒两端较尖，腹股沟深，皮层较厚，籽粒大，多为红麦、硬质，其容重和出粉率较冬小麦低，但其蛋白质（面筋）含量高于冬小麦。

2. 按皮色分类

按皮色的不同，小麦可分为白皮小麦（简称白麦）和红皮小麦（简称红麦）两种。白皮小麦呈白色、黄白色或乳白色，皮薄，胚乳含量多，出粉率较高；红皮小麦呈深红色或红褐色，皮较厚，胚乳含量少，出粉率较低。小麦皮层的颜色对小麦粉的粉色有影响，生产特制一等粉时，要求白麦的比例不低于25%；生产等级粉时，红麦和白麦的出粉率相差1.5%；生产标准粉时，红麦和白麦的出粉率相差2.5%。

3. 按胚乳结构分类

小麦按籽粒胚乳结构呈角质或粉质的多少，可分为硬质小麦和软质小麦。角质（玻璃质）胚乳结构紧密，呈半透明状；粉质胚乳疏松，呈石膏状。凡角质部分占籽粒横截面1/2以上的籽粒称为角质粒，含角质粒70%以上的小麦称为硬质小麦，凡角质部分不足本籽粒横截面1/2的籽粒称为粉质粒，含粉质粒70%以上的小麦称为软质小麦。硬质小麦切开后断面透明呈玻璃状，质地硬，抗粉碎性强，不易磨碎，研磨时耗能大，磨出物粗粒多，细粉少，散落性好，容易筛理；其皮薄，茸毛不明显，胚乳与麦皮容易分开，麸中含粉少，出粉率较高；硬质麦的蛋白质含量较高，结构紧凑，润麦时需要加入较多水来软化胚乳和需要保留足够的时间让水分渗透到小麦籽粒内部；因其面粉面筋含量较高，延伸性和弹性较好，适于做馒头、面包等发酵食品。软质粒小麦切开后呈粉状，茸毛粗长而明显，皮较厚，胚乳质地柔软，易于磨碎，但磨出物粒度细，呈不规则状碎片，散落性较差，筛理时容易糊堵筛面，影响筛理效果；胚乳与麦皮不易分开，麸皮含粉多，出粉率低；软质麦结构疏松，水分渗透速度较快，润麦时间短，水分含量超过14.5%时，麸皮刮剥和筛理比较困难；淀粉空隙之间只是微小的气泡，没有填充蛋白质软质小麦的淀粉含量较高，面筋力较弱，磨出的面粉适于生产饼干、糕点等食品。

4. 按国家标准分类

为方便商品小麦收购、贮存、运输、加工和销售，GB 1351—2008《小麦》把小麦细分为5类：①硬质白小麦：种皮为白色或黄白色的麦粒不低于90%，硬度指数不低于60的小麦；②软质白小麦：种皮为白色或黄白色的麦粒不低于90%，硬度指数不高于45的小麦；③硬质红小麦：种皮为深红色或红褐色的麦粒不低于90%，硬度指数不低于60的小麦；④软质红小麦：种皮为深红色或红褐色的麦粒不低于90%，硬度指数不高于45的小麦；⑤混合小麦：不符合前四条规定的小麦。

（二）小麦的等级及质量标准

根据 GB 1351—2008《小麦》，小麦按容重、不完善粒、杂质、水分、色泽、气味分为5个等级（表1-4），其中小麦的容重为定等指标，3等为中等。强筋小麦角质率不低于70%，加工成的小麦粉筋力强，适合于制作面包、面条等食品；弱筋小麦粉质率不低于70%，加工成的小麦粉筋力弱，适合于制作蛋糕和酥性饼干等食品。根据 GB/T 17892—1999《优质小麦 强筋小麦》和 GB/T 17893—1999《优质小麦 弱筋小麦》，强筋小麦品质指标和弱筋小麦品质指标具体见表1-5。

表1-4　　　　　　　　　　　　　　　　小麦的质量标准

等级	容重 /（g/L）	不完善粒 /%	杂质/% 总量	杂质/% 矿物质	水分/%	色泽、气味
1	≥790	≤6.0				
2	≥770	≤6.0				
3	≥750	≤8.0	≤1.0	≤0.5	≤12.5	正常
4	≥730	≤8.0				
5	≥710	≤10.0				
等外	<710	—				

注："—"为不要求。

表1-5　　　　　　　　　　　　　　　　强、弱筋小麦品质指标

项目		指标 强筋小麦 一等	指标 强筋小麦 二等	指标 弱筋小麦
籽粒	容重/（g/L）	≥770		≥750
	水分/%	≤12.5		≤12.5
	不完善粒/%	≤6.0		≤6.0
	杂质/% 1	≤1.0		≤1.0
	杂质/% 2	≤0.5		≤0.5
	色泽、气味	正常		正常
	降落数值/s	≥300		≥300
	粗蛋白质/%（干基）	≥15.0	≥14.0	≤11.5
小麦粉	湿面筋/%（14%水分值）	≥35.0	≥32.0	≤22.0
	面团稳定时间/min	≥10.0	≥7.0	≤2.5
	烘焙品质评分值	≥80		—

注："—"为不要求。

（三） 小麦籽粒结构及其对制粉的影响

麦粒属颖果，顶端有茸毛，籽粒的腹面有一条
几乎布满整个籽粒的纵向腹沟，腹沟的深度接近麦
粒中心，腹沟所含麦皮占全部麦皮组织的 $1/4 \sim 1/3$，
很难剥去，其不仅影响出粉率，还是微生物、灰
尘、农药等的藏匿处。小麦籽粒主要是由皮层、糊
粉层、胚和胚乳构成，如图 1 - 2 所示。

小麦的皮层由外及内依次为表皮（0.5%）、
中果皮（1%）、内果皮（1.5%）、种皮（0.2% ~
2.2%）和珠心层（1% ~3%）。表皮和中果皮合
称外果皮，厚度为 $40 \sim 50\mu m$，主要成分是纤维素、
半纤维素和木质素，具有阻隔水分的作用。内果皮
含有蛋白质、灰分、戊聚糖和大量的纤维素，麦粒
发芽初期细胞内含有叶绿素。种皮厚度为 $10 \sim 15\mu m$，包括较厚的外皮、色素层（内层色素细胞
决定了麦色）、较薄的内表皮，具有半渗透性。珠
心层位于种皮的内侧，并与糊粉层紧密结合，在
50℃以下不易透水。小麦皮层厚薄不同和加工品质
密切相关，籽粒皮层越厚，占麦粒质量越大，麸皮
越多，出粉率越低；小麦皮层色泽不同，在制粉时
也表现出不同的工艺性质，白皮层色浅淡薄，比红
皮的出粉率高；皮层中的色素，尤其是红皮麦会影
响粉色和烘焙的品质，要注意去除。

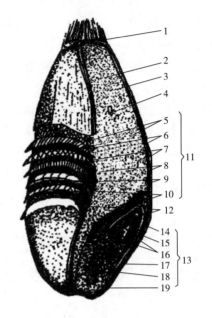

图 1 -2   小麦籽粒结构图

1—茸毛   2—胚乳   3—淀粉粒   4—细胞膜
5—糊粉层   6—珠心层   7—种皮
8—管细胞层（内果皮）   9—横细胞层（外果皮）
10—皮下组织   果皮   11—皮层   12—表皮
13—胚   14—胚盘   15—芽鞘   16—胚芽
17—胚果   18—根鞘   19—根冠

糊粉层（6.0% ~8.9%）位于珠心层内侧，包裹着胚乳和胚芽，相当于胚乳的外层，厚度为
$40 \sim 70\mu m$，细胞皮韧性极大，易吸水，且吸水后迅速涨大，糊粉层细胞较大，体积占麸皮总量的
40% ~50%，较其他皮层营养价值丰富，灰分含量很高，酶活力高，富含矿物质、脂肪、植酸盐、
蛋白质和 B 族维生素，但蛋白质中几乎不含面筋蛋白。生产低质量面粉时会将糊粉层磨入粉中，
但生产优质面粉时，糊粉层会随同珠心层、果皮和种皮一同被除去，成为麦麸。

胚乳（80% ~86%）位于糊粉层内侧，硬质麦的角质胚乳细胞内的淀粉颗粒之间填充着蛋
白质，胚乳结构紧密，颜色较深，断面呈透明如玻璃状；软质麦的粉质胚乳细胞内的淀粉颗粒
与细胞壁之间具有空隙，结构疏松、断面呈白色而不透明的粉状。面粉主要由胚乳加工而成，
故其主要的成分是淀粉和蛋白质。胚乳细胞的淀粉粒之间填充的蛋白质主要是面筋蛋白，面筋
蛋白主要由麦胶蛋白（占蛋白质总量的40% ~50%）、麦谷蛋白（占30% ~40%）组成，麦胶
蛋白具有延展性，但弹性小，麦谷蛋白具有弹性，但缺乏延展性。麦胶蛋白、麦谷蛋白不溶于
水，却有极强的吸水性，吸水后膨胀，麦胶蛋白吸水后凝结力剧增，吸水能力达200%，分子
与分子间在二硫键作用下迅速黏接，形成网络状的凝胶结构，淀粉、矿物质等成分填充在该网
络结构中，并表现出很强的弹性，这是其他谷物不具备的特性。胚乳部分蛋白质含量是从外层
到中心逐渐递减的，但越接近中心，其面筋蛋白质量越好，含淀粉越多，脂质、纤维、灰分越
少，颜色也越白，所以硬质麦磨制的面粉蛋白质多，面筋质量好，适合制取高级粉。

胚（2%～3%）位于麦粒背部的下端，由胚盘、胚芽、胚根等组成，不含淀粉，富含脂肪（6%～11%），还含有蛋白质、可溶性糖和大量维生素等，生产一般等级粉时，将其磨入，以增加面粉的营养成分。但胚中含有大量不饱和脂肪酸，易变质而使得面粉酸度增加，加速腐败变质，因此不适于长期保存，同时灰分和纤维较多，黄色的脂肪还会影响粉色，故麦胚不宜磨入优质或高级面粉中。

（四）小麦化学成分及其对制粉的影响

小麦各种化学成分的含量如表1-6所示。

表1-6 　　　　　　　　　　　小麦籽粒各部分化学成分 　　　　　　单位:%，以干物质计

籽粒部位	部位的质量比	蛋白质	淀粉	糖	纤维素	多缩戊糖	脂肪	矿物质
整粒	100	16.06	63.1	4.32	2.76	8.10	2.21	2.18
胚乳	81.6	12.91	78.8	3.54	0.15	2.72	0.68	0.45
胚	3.24	37.63	0	25.1	2.46	9.71	15.0	0.32
带糊粉层的皮层	15.16	28.75	0	4.18	16.20	35.65	7.78	10.5

1. 水分

含水量适宜的小麦才能适应磨粉工艺的要求，制成水分符合国家标准的小麦粉。为安全贮藏小麦，一般毛麦水分为12%，小麦籽粒具有吸湿性，胚含淀粉较多，吸水最快，是经常润湿的部分，皮层含有大量粗纤维，也较易吸水，胚乳含有大量脂肪，故吸水较慢。水分不足，小麦胚乳坚硬不易磨碎，粒度粗，而且皮层脆且易碎，导致面粉含麸量增加，影响面粉质量；水分过高，小麦胚乳和麸皮难以分离，物料筛理困难，水分蒸发强烈，产品流动性差，难以管理操作；水分含量适宜的小麦皮层韧性增加，胚乳内部结构松散，皮层及糊粉层和胚乳之间的结合力下降，有利于制粉性能的改善。制粉工艺性能改善，能相应提高出粉率，提高成品面粉质量，并降低动力消耗。

2. 碳水化合物

淀粉主要集中在胚乳内，小麦籽粒内部淀粉组织的坚实程度不同，同时也带来胚乳与皮层结合力的差异，这是决定粉路操作的主要因素。淀粉含量和出粉率成正比，但是淀粉容易在磨粉过程中遇到水汽凝结时发生糊化而堵塞筛孔，影响筛理效果。粗纤维多的面粉由于加工性和口感较差，精制面粉一般将其去除到较低程度。戊聚糖在小麦胚乳中只有2.2%～2.8%，虽不能消化，但对面团的流变性影响很大。它有增强面团强度、防止成品老化的功能。

3. 蛋白质（面筋）

蛋白质是小麦的第二大组成成分。蛋白质的质和量在小麦的功能、用途中起重要作用。影响面粉品质的因素有很多，其中最主要的是蛋白质含量。面粉中蛋白质在盐水中容易形成面筋，而能够产生面筋的多少一般就代表其蛋白质含量的高低。所谓低筋面粉、中筋面粉和高筋面粉，就是说明蛋白质含量由低到高的各种等级的面粉。

在小麦粉中加入适量的水后可揉成面团，将面团在水中搓洗时，淀粉和水溶性物质渐渐离开面团，最后只剩下一块具有黏合性、延伸性的胶皮状物质，这就是湿面筋。湿面筋低温干燥后可得到干面筋（又称活性谷朊粉）。一般将面筋质量占小麦粉质量的百分率称为面筋含量。面筋的主要成分为麦胶蛋白和麦谷蛋白，所以面筋基本上仅存在于小麦胚乳中，但其分布不均

匀。在胚乳中心部位的面筋量少、品质高，在胚乳外缘部位的面筋量多、品质差。

小麦面筋含量主要取决于小麦的品种，一般硬麦面筋含量高且品质好。小麦在发芽、发热、冻伤、虫蚀、霉变后，其面筋的含量与质量都将明显降低。

在生产专用小麦粉时，主要根据蛋白质的含量和质量来选择原料。小麦蛋白质的含量和质量可通过小麦粉面团的性质来评定。利用粉质仪可测定面粉的吸水量、稳定时间等参数，运用这些参数可对面团特性进行定量分析，是检测专用小麦粉质量的重要依据。

4. 脂肪

小麦脂肪主要存在于胚芽和糊粉层中，多由不饱和脂肪酸组成，易氧化酸败，所以在制粉过程中一般要将胚芽除去。小麦粉脂质含量约 2%，其中一半为脂肪，其余有磷脂质和糖脂质，它们在面团中和面筋结合，对加工性有一定影响，卵磷脂可使面包柔软。

5. 矿物质

矿物质是小麦燃烧后剩下的无机物，也称灰分。灰分可以作为鉴定面粉质量的主要指标之一，小麦里的矿物质主要分布于麸皮和胚中，灰分越少，则麦麸越少，出粉率越高，面粉越白，面粉质量越高。高等级面粉的灰分含量要求在 0.5% 以下。

（五）小麦制粉品质的评价方法

小麦籽粒品质与小麦颗粒性状有关，由大量籽粒形成的粮堆有其群体性状，这些性状会影响小麦的贮存和加工。小麦制粉品质有如下几种评价方法。

1. 感官评价法

用眼观、牙咬或鼻嗅，检验小麦的皮色、粒度及饱满程度、气味、水分、虫蚀及含杂情况。如测定小麦硬度的方法，最普通的就是目测法，小麦籽粒越透明，表示硬度越大；对红麦来说颜色越深，表示硬度越大。

2. 理化分析方法

理化分析检验是评价小麦制粉品质的常用方法，可检测项目很多，具体的分析方法可参照国家标准。小麦水分的标准测定方法是电烘箱干燥法。小麦硬度测定可通过粒度指数法、研磨时间法、研磨体积法、近红外等方法测定。

3. 实验制粉法

实验制粉通常在布拉本德（Brabender）实验磨粉机或布勒（Bulher）实验磨粉机上进行。

三、大 豆

大豆是世界上最古老的农作物，又是新兴起来的世界性五大主栽作物之一。大豆与稻、黍、稷、麦一起被称为"五谷"。根据食物营养分析，大豆含有大量的蛋白质、矿物质（钙、磷、铁、钾等）和维生素（如胡萝卜素、维生素 B_1、维生素 B_2、维生素 B_3 和维生素 C 等）。

（一）大豆籽粒结构

大豆籽粒由受精的胚珠发育而成，包括种皮、子叶和胚三个部分；胚又由胚芽、胚根和胚轴组成，如图 1-3 所示。种皮为籽粒的最外部，由胚珠的内外珠被和珠心发育而成。种皮上有一明显的豆脐，为珠柄与籽粒相连接处的残迹，是胚与外界之间空气交换的主要通道。

脐下方有一个凹陷的小点，称为合点，是珠柄维管束与种脉相连接处的残迹。胚芽和胚根之间有一个小孔，称为珠孔，是胚的幼根萌发处，也称"发芽孔"。

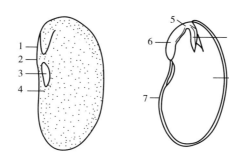

图 1-3　大豆籽粒的结构示意图

1, 7—种皮　2—种孔　3—种脐　4—合点　5—胚轴　6—胚根　8—胚芽　9—子叶

大豆种皮对整个大豆籽粒起保护作用。大豆种皮从外向内有五层形状不同的细胞组织结构，包括：栅状细胞组织，是由一层似栅状并排列整齐的长条形细胞组成，决定种皮颜色的各种色素就存在于栅状细胞内。圆柱状细胞组织，由两头较宽而中间较窄的细胞组成，长 30 ~ 70μm，细胞间有空隙。在浸泡大豆时，此细胞膨胀极大。海绵状组织，由 6 层薄细胞壁的细胞组成，间隙较大，泡豆时吸水后剧烈膨胀。糊粉层，由类似长方形细胞组成，壁厚，含有蛋白质、脂肪和糖。胚乳残余物，是胚乳退化而养料转移到子叶部分后形成的胚乳残余物，紧附在种皮上。

子叶约占整个大豆籽粒质量的 90%。子叶内部由长条状薄壁细胞构成，营养成分有蛋白质、脂肪、糖类、矿物质和维生素等。子叶的表面是由小型的正方形细胞组成的表皮，其下面由 2 或 3 层稍呈长形的栅状细胞。栅状细胞的下面是柔软细胞，是大豆子叶的主体。

胚由芽、茎、根三部分构成，约占整个大豆籽粒质量的 2%。胚是具有活性的幼小植物体，当外界条件适宜时会萌发。

（二）大豆化学组成

1. 大豆化学组分总体情况

大豆既是油料作物，也是蛋白质含量高的作物。大豆品种多样，不同品种所含有的营养组成差异较大；由于栽种位置或环境差异，即使是同一品种，大豆籽粒营养组成也有所差别。大豆籽粒及各部分的化学组成如表 1-7 所示。

表1-7	大豆籽粒及各部分的化学组成			单位:%
成分	整粒	种皮	胚	子叶
水分	11.0	13.5	12.0	11.4
粗蛋白	30 ~ 45	8.84	40.76	42.81
粗脂肪	16 ~ 24	1.02	11.41	22.83
碳水化合物/（含粗纤维）	20 ~ 39	85.88	43.41	29.37
灰分	4.5 ~ 5.0	4.26	4.42	4.99

大豆蛋白质主要聚集在子叶中，虽然胚芽中蛋白含量较高，但胚芽的相对质量比子叶小得多。这种情况正好与谷物籽粒所含化学组分相反，谷物种子中蛋白质总量的 80% 是胚芽蛋白，种子中的其余部分大都是淀粉。成熟的大豆中几乎不含有淀粉。

2. 大豆的主要化学组分

（1）碳水化合物　由于品种和栽培条件不同，大豆中碳水化合物的含量变动较大。大豆中的碳水化合物可分为可溶性碳水化合物和不溶性碳水化合物两类。在成熟的大豆中不含葡萄糖等还原糖，在全部碳水化合物中，除蔗糖外均难以被人体消化，其中有些碳水化合物在人体肠道内还会被菌类利用并产生气体，使人食用后有胀气感。

大豆中可溶性碳水化合物含量为 17.93% ~ 30.18%。其中主要包括蔗糖（二糖）、棉子糖（三糖）、水苏糖（四糖），还有少量毛蕊花糖（五糖），合称为大豆低聚糖。大豆中的低聚糖含量因品种不同而异，一般认为大豆低聚糖的主要生理作用是作为贮藏性碳水化合物。在未成熟的大豆中几乎检测不到大豆低聚糖，大豆籽粒生长后期随其逐渐成熟，低聚糖不断积累，含量逐渐升高，至大豆完全成熟后，达到最大值。

大豆低聚糖是大豆中分子结构由 2 ~ 10 个单糖分子以糖苷键相连接而成的糖，是介于单糖（葡萄糖、果糖、半乳糖）和多糖（纤维素、淀粉）之间的碳水化合物。大豆低聚糖是大豆中可溶性寡糖的总称，含量（除蔗糖外）约占大豆种子总重的 5%，主要分布在大豆胚轴中，属于 α - 半乳糖苷类寡糖，在蔗糖单位上经 α - D - 1,6 - 糖苷键连接一个或多个 α - D - 半乳糖形成（图 1 - 4）。

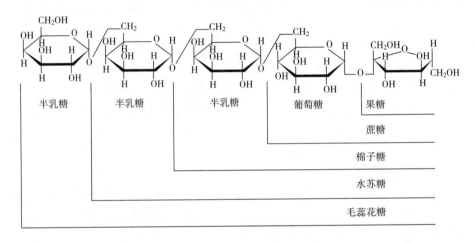

图 1 - 4　半乳糖苷类寡糖结构示意图

成熟大豆中蔗糖约占总质量的 5%，水苏糖含量约 4%，棉子糖约 1%。低聚糖在酸性条件下对热稳定，其甜度约为蔗糖的 70%。人体内的消化酶不能分解水苏糖和棉子糖，因此不会产生热量。但人体肠道内的双歧杆菌属中的几乎所有菌种都能利用水苏糖和棉子糖。水苏糖和棉子糖是人体肠道内有益菌——双歧杆菌的增殖因子，将其应用于食品中对人体具有良好的保健功能。

大豆中不溶性碳水化合物分子质量大，结构相当复杂。种皮中为纤维素、半纤维素和果胶质，子叶中为纤维素。纤维素是构成大豆细胞壁的主要成分，是由 D - 吡喃型葡萄糖基通过 β - 1,4 - 糖苷键连接而成的线性多糖，聚合度可达数千，在水中有高度的不溶性。半纤维素是细胞壁多糖的重要成分，是由几种不同类型的单糖，如木糖、阿拉伯糖、半乳糖等构成的异质多聚体，种类很多，大部分不溶于水，通过氢键与纤维素结合，用碱液水解可断裂氢键。大豆半纤维素主要有木葡聚糖、阿拉伯木聚糖、半乳甘露聚糖和 β - 葡聚糖等，其中木葡聚糖是大豆中主要的半纤维素，其主链由吡喃葡萄糖通过 $\beta-1,4$ 糖苷键连接构成，侧链由 $\alpha-D-$ 木糖残基构成，连接在主链的葡萄糖残基的 $C-6$ 位。大豆中的果胶存在于所有初生壁，形成凝胶状介质散布于细胞壁的纤维素 – 半纤维素网络中。

不溶性碳水化合物不能被人体消化吸收，称为"膳食纤维"。膳食纤维进入消化道中，在胃中吸水膨胀，增加胃的蠕动，产生饱满感，延缓胃中内容物进入小肠的速度。而进入肠道内的食物纤维有延缓食物消化吸收的功能，因此它可以降低对糖、中性脂肪和胆固醇的吸收，对人体产生保健功能。大豆膳食纤维用于食品加工既廉价又丰富，而生鲜豆制品加工所产生的豆渣是开发利用大豆膳食纤维的良好资源。

（2）蛋白质　基于在大豆籽粒中的功能，大豆蛋白可以分为四类：与代谢有关的酶、结构蛋白、膜蛋白和贮藏蛋白，其中贮藏蛋白含量最多，占90%以上，主要包括大豆球蛋白和 $\beta-$ 伴大豆球蛋白。基于蛋白质溶解性的不同，大豆蛋白质可以分为清蛋白和球蛋白两类：清蛋白占蛋白质总量的5%，球蛋白占90%。球蛋白可用等电点法（pH4~5）沉淀析出，再用超速离心分离法分离出2S、7S、11S 和15S 共4 种分子质量不同的球蛋白组分（表1-8）。其中7S 和11S 球蛋白之和占总蛋白含量的70%以上，它们与大豆的加工性关系密切。

表1-8　　　　　　　　　　大豆蛋白组成情况

组分	含量/%	成分	相对分子质量
2S	22	胰蛋白酶抑制剂	8000~21500
		细胞色素 C	12000
		血球凝聚素	11000
7S	37	解脂酶	102000
		$\alpha-$ 淀粉酶	61700
		7S 球蛋白	180000~210000
11S	31	大豆球蛋白	35000~350000
15S	11	球蛋白聚合物	600000

低相对分子质量的2S 组分含有胰蛋白酶抑制素、细胞色素 C 等，在 $N-$ 末端结合有天冬氨酸。这些低相对分子质量的蛋白通常存在于乳清中，常常需要加热以消除不良作用而有利于消化。15S 组分并不是单纯蛋白质，而是由多种分子构成，在酶沉淀、透析沉淀时，15S 首先沉淀。

7S 组分由四种不同种类的蛋白质组成：血球凝集素、脂肪氧化酶、$\beta-$ 淀粉酶和7S 球蛋白，其中7S 球蛋白所占比例最大。7S 球蛋白也称 $\beta-$ 伴大豆球蛋白，是一种糖蛋白，含糖量约为5%，其中3.8% 是甘露糖，1.2% 是氨基葡萄糖。与11S 球蛋白相比，色氨酸、甲硫氨酸、胱氨酸含量略低，赖氨酸含量较高，因此7S 球蛋白更能代表大豆蛋白氨基酸的组成。$\beta-$ 伴大豆球蛋白是个三聚体，分子质量150~200ku，主要由3 种亚基组成，即 α'、α 和 β。此外，在 $\beta-$ 伴大豆球蛋白中有一个称为 γ 的小亚基。这些亚基的氨基酸序列彼此类似，每个 α 和 α' 亚基在靠近 $N-$ 末端均有一个半胱氨酸残基（-SH），但 β 亚基没有。

11S 组分比较单一，即11S 球蛋白，也称大豆球蛋白，分子质量在300~380ku。11S 球蛋白也是一种糖蛋白，但是糖的含量比7S 少得多，只有0.8%。11S 球蛋白含有较多的谷氨酸、天冬酰胺的残基以及少量的谷氨酸、色氨酸和胱氨酸，它的二级结构与7S 球蛋白几乎没有什么区别。

在三级结构中，一个分子有86个酪氨酸残基侧链和23个色氨酸残基侧链，其中有34~37个酪氨酸与10个色氨酸处于立体结构的表面，其余的则处于立体分子的疏水区域。另外，在一个分子中，大约有44个胱氨酸残基侧链，其中一部分以-SH基形式存在，一部分以-S-S-形式存在。大豆球蛋白是个六聚体，每个大豆球蛋白分子的亚基成对存在，共6对，每对亚基均由一个酸性亚基（约35ku）和一个碱性亚基（约20ku）构成，并通过一个-S-S-有机连接起来。

（3）脂质　大豆脂质主要包括大豆油和大豆磷脂，主要以大豆油的形态存在。大豆油含有丰富的多不饱和脂肪，常温下呈现液态，属于半干性油脂。在人体内的消化吸收率达97.5%，为优质食用植物油。因为大豆原料的丰富性和高出油率，以及较高的营养特性，大豆油成为全球年消费量第二和我国年消费量第一的油脂种类。大豆磷脂含量约为2%，其主要成分为磷脂酰胆碱（卵磷脂）、磷脂酸乙醇胺（脑磷脂）、磷脂酰肌醇、溶血磷脂酰胆碱与磷脂酸等，其中卵磷脂含量最高，约占35%。卵磷脂具有很好的乳化性，并具有加速血液凝固的作用。大豆油脂中的不皂化物主要是醇类、类胡萝卜素、植物色素及生育酚类物质，总含量为0.5%~1.6%。

（4）抗营养因子　人们很早就发现直接摄入豆科籽实会导致人和动物产生胰腺肿大、过敏反应、生长缓慢、日粮养分利用率下降以及一些不良生理反应等现象，这些生理反应是由大豆中含有的多种抗营养因子共同介导的。这些对营养物质的消化、吸收和利用产生不利影响以及使人和动物产生不良生理反应的物质，统称为抗营养因子（表1-9）。

表1-9　　　　　　　　　　大豆抗营养因子的含量及对动物的危害

类别	含量/%（占整粒重）	对动物的危害
胰蛋白酶抑制剂	2.0	增加胰腺的合成与分泌，胰腺肥大，抑制生长
大豆抗原	—	肠绒毛萎缩，腺窝细胞增生，肠道吸收功能降低
脲酶	—	分解含氮化合物，引起氨中毒
植物凝集素	1.5	凝集红细胞，降低食欲
致过敏因子	—	过敏反应，延缓生长发育
皂苷	0.3~0.5	抑制胰凝乳蛋白酶和胆碱脂酶活力
植酸	1.41	降低磷的有效性、微量元素生物效价及蛋白质利用率
抗维生素因子		降低维生素的有效性
赖丙氨酸		螯合金属元素使酶失活和肾中毒作用
大豆低聚糖	0.8~5.1	过量引起胃肠胀气，影响消化

注："—"为不要求。

大豆蛋白酶抑制因子是大豆中的主要抗营养因子之一。胰蛋白酶抑制因子可抑制胰蛋白酶和糜蛋白酶活力，降低蛋白质的消化、吸收和利用。大豆中的胰蛋白酶抑制素有7~10种。胰蛋白酶抑制因子的热稳定性较高，在80℃时处理活力失去较少，100℃处理20min其活性丧失达90%以上，120℃处理3min也可以达到同样的效果。

植物凝集素，也称为细胞凝集素，具有使肠黏膜上皮细胞与碳水化合物分子结合的能力，具有凝集高等动物红细胞的性质。通过试验发现大豆中至少有4种细胞凝集素。脱脂后的大豆粉中约含3%的细胞凝集素。研究发现细胞凝集素能够引起红细胞凝聚，同时很容易被胃蛋白酶钝化。大豆细胞凝集素受热很快失去活性，甚至活性完全消失。因此加热过的大豆食品，细胞凝集素不会对人体造成不良影响。

通过不同的加工工艺可以消除或钝化大豆中的抗营养因子，如通过加热法钝化蛋白酶抑制因子、微生物发酵、大豆发芽、膨化法，以及基因育种法降低大豆中抗营养因子等。

在这些抗营养因子中，有一些成分在特定条件下又表现出一定的功能活性，如植酸具有抗氧化功能，大豆低聚糖具有调节肠道菌群而维持健康的功能。

（5）异味成分　大豆具有特殊的气味，称为豆腥味或臭味。大豆的豆腥味成分十分复杂，至少有 30 余种挥发性物质与大豆的豆腥味有关，主要成分有脂肪族羰基化合物，如己醛、丙醇和正己酸酐，正己酸酐具有特殊的生臭味。芳香族羰基化合物，如苯甲醛、儿茶醛等。挥发性脂肪酸，如醋酸、丙酸、正戊酸、正己酸、正辛酸等。挥发性胺，如氨、甲胺、二甲胺、呱啶等。挥发性脂肪醇，如甲醇、乙醇、2 - 戊醇、异戊醇、正己醇、正庚醇等。其中异戊醇、正己醇有明显的青臭味。酚酸，如丁香酸、香辛酸、龙胆酸、阿魏酸、富马酸等，具有类似的青臭味。另外，2 - 正戊基呋喃也是产生豆腥味的重要物质。

除去这些豆腥味是开发利用大豆新产品的一大难题，因为大豆中含有导致多不饱和脂肪酸氧化分解的脂肪氧合酶。近年来，通过基因手段和品种选育，脂肪氧合酶缺失的大豆品种已经研制并用于田间生产，这对于加工无豆腥味的大豆制品具有重要意义。

（6）其他微量成分　大豆含有丰富的无机盐，包括钙、磷、铁、钾等，总含量为 4.0% ~ 4.5%。钙含量在不同品种的大豆中差异较大，范围为 163 ~ 470mg/100g。大豆的含钙量与蒸煮后大豆的硬度有关，含钙量越高，蒸煮后大豆的硬度越大。磷在大豆中有 4 种不同的存在形式：植酸钙镁中含磷量占 75%，磷脂中含量占 12%，无机磷占 4.5%，残留磷占 6%。植酸钙镁是由植酸与钙镁离子络合而成的盐，严重影响人体对钙、镁的吸收。当大豆经过发芽后，植酸被分解为无机酸和肌醇，被络合的金属游离出来，使钙、镁的利用率提高。

大豆异黄酮是一类植物雌激素物质，大豆籽粒中一共鉴定出了 12 种大豆异黄酮化合物，包括 3 种游离异黄酮（也称大豆异黄酮苷元，包括染料木素、大豆黄素和黄豆黄素）及 9 种它们各自的葡萄糖苷共轭物。这 9 种葡萄糖苷物包括 3 种 β - 葡萄糖苷物（染料木苷、大豆苷和黄豆黄苷）、3 种丙二酰葡萄糖苷物（$6''- O$ - 丙二酰染料木苷、$6''- O$ - 丙二酰大豆苷和 $6''- O$ - 丙二酰黄豆黄苷）和 3 种乙酰葡萄糖苷物（$6''- O$ - 乙酰染料木苷、$6''- O$ - 乙酰大豆苷和 $6''- O$ - 乙酰黄豆黄苷）。大豆异黄酮对人体健康的功能特性主要涉及到预防或辅助治疗乳腺癌、前列腺癌、心血管疾病、骨质疏松症以及更年期综合征及其相关疾病。加工方法对大豆制品中异黄酮含量和成分影响较大。加工工艺造成异黄酮显著损失：浸泡后损失为 12%，热加工为 49%，豆腐制作为 44%，大豆蛋白分离碱提取为 53%。在豆乳、豆腐生产过程中，浸泡和加热使结合型糖苷减少，游离苷元增加。发酵的豆制品中游离的苷元增加。由于异黄酮不溶于己烷和油脂，所以大豆油中不含大豆异黄酮，而脱脂豆粕中异黄酮含量相对增高。

皂苷又称皂素，是类固醇或三萜系化合物的低聚配糖体的总称。在大豆中约占干基的 2%，脱脂大豆中的含量约为 0.6%。皂苷多呈中性，少数为酸性，易溶于水和 90% 以下的乙醇溶液中，难溶于酯和纯乙醇。它对热稳定，但在酸性条件下遇热容易分解。皂苷具有溶血性和毒性，所以通常把它看作抗营养成分。然而，大豆皂苷不仅对人体无生理上的阻碍作用，而且有降低过氧化脂类生成的作用，因此对高血压和肥胖病有一定的疗效，也有抗炎症、抗溃疡和抗过敏的功效。

第二节　果蔬原料的分类及品质

一、蔬菜的分类及品质

（一）蔬菜的分类

按照蔬菜的组织构造和可食部分可分为叶菜类、茎菜类、根菜类、果菜类、花菜类和食用菜类。

1. 叶菜类

以肥嫩菜叶及叶柄作为食用对象的蔬菜属于叶菜类。叶菜类富含维生素和无机盐，大多数生长期短，适应性强，一年四季都有供应。常见的叶菜有小白菜、油菜、菠菜、青菜、荠菜、雪里蕻、大白菜、甘蓝、大葱、韭菜、青菜、芹菜、芫荽（香菜）、豌豆尖等。

2. 茎菜类

茎菜类是以肥大的变态茎作为食用对象的蔬菜。其中大部分富含糖类和蛋白质。这种菜含水分较少，适于贮藏。但其中不少具有繁殖能力，如保管不当，常会发芽，须加以防止。

常见的茎菜类又分为两大类：一是可食部位为地上茎，如莴笋、茎蓝、紫菜薹等；二是可食部分为地下茎，如土豆、芋头等，各种变态茎按其形态又可分为根茎、球茎、鳞茎、嫩茎等。根茎有藕、姜等，球茎有慈姑、荸荠等，鳞茎有大蒜、洋葱、百合等；嫩茎有竹笋、茭白等。

3. 根菜类

根菜类是以变态的肥大根部作为食用对象的蔬菜，富含糖类，比较适于贮藏。在秋冬季节，根菜类的蔬菜大量上市，既可供鲜食，又可腌制成咸菜和酱菜。最常见的有萝卜、胡萝卜、蔓青、山药等。

4. 果菜类

果菜类是以果实和种子作为食用对象的蔬菜。按照果菜的特点，又可分为茄果、瓜类、荚果三大类。茄果包括番茄、茄子、辣椒等。瓜类包括黄瓜、南瓜、冬瓜、丝瓜、菜瓜、葫芦等。荚果包括毛豆（大豆类）、四季豆、扁豆、豇豆、嫩蚕豆、嫩豌豆等。它们大部分含有丰富的蛋白质和淀粉。

5. 花菜类

花菜类是以植物的花蕾器官作为食用对象的蔬菜。种类不多，常见的有黄花菜（金针菜）、花椰菜、韭菜花、南瓜花等。花菜类蔬菜特别鲜嫩，其中黄花菜大多数制成干制品。

6. 食用菌类

食用菌类是以大型的无毒真菌类的子实体作为食用部位的蔬菜。如蘑菇、黑木耳、白木耳（银耳）等，多为干制品。

（二）蔬菜的化学成分

1. 蛋白质

蔬菜中的含氮物质主要以蛋白质形态存在，其次是氨基酸、酰胺及某些铵盐和硝酸盐。以豆类菜含蛋白质最多，叶菜类中有较多的含氮物质。蔬菜中游离氨基酸有 20 多种，其中含量较多的有 14~15 种，含量高的为食用菌、笋、豆芽等。

2. 脂质

蔬菜中含有的不挥发油分和蜡质统称为脂质（或油脂），油脂富含于蔬菜种子中，其他器官一般含油量很少。蔬菜表面往往生成一种蜡质，果面、叶表都有，称为蜡被或果粉，如甘蓝、冬瓜、南瓜等的蜡质比较明显，蜡质的形成加强了外皮的保护作用，增强了蔬菜贮藏性。

3. 碳水化合物

碳水化合物为蔬菜干物质中的主要成分，主要存在形式有糖、淀粉、纤维素、果胶等。糖是决定蔬菜营养和风味的主要成分，所含的糖主要有葡萄糖、果糖、蔗糖和某些戊糖等，一般蔬菜含糖量仅有 1.5%~4.5%，含糖量较高的是瓜类，如南瓜等。淀粉为多糖类，存在于块根、块茎等蔬菜中，多淀粉的蔬菜其淀粉含量与老熟程度成正比，随成熟度而增加。纤维素和半纤维素对蔬菜的品质和贮藏有重要意义，在食用中不能被人体吸收，但能刺激肠道的蠕动，有帮助消化的功能。大多数蔬菜中所含有的果胶，即使含量较高，但因果胶中的甲氧基含量不高而缺乏胶凝力，对加工与贮藏有一定影响。

4. 矿物质

蔬菜中的矿物质含量非常少，但矿物质中 80% 是钾、钠、钙等金属成分，而磷、硫等仅占 20%，蔬菜富含的各种矿物质，多以硫酸盐、磷酸盐、硝酸盐和有机酸盐状态存在，部分则为有机物质的成分。

5. 维生素

蔬菜所含维生素种类很多，其中以胡萝卜素和抗坏血酸最为重要。据资料介绍，日本人食品中维生素 A 和维生素 C 有 50% 来自于蔬菜。

（1）维生素 A 胡萝卜素是维生素 A 源，在一些含有橙黄色色素的蔬菜中含量较高，绿色蔬菜中也有。

（2）维生素 B_1 在大多数蔬菜中，1kg 蔬菜中的含量在 1.0mg 以下，又称硫胺素，如辛香类蔬菜中的蒜硫胺。

（3）维生素 B_2 维生素 B_2 又称核黄素，在豆类、豆芽中含量较高。

（4）维生素 C 维生素 C 是具有抗坏血酸生物活性化合物的统称，在蔬菜中广泛存在，尤其以辣椒、番茄、豆芽、芹菜、菜花中含量丰富。但同一品种蔬菜，甚至个体之间的维生素 C 含量有较大差异。

6. 色素及风味物质

（1）色素 蔬菜的色泽是人们感官评价质量的一个重要因素。蔬菜呈现各种颜色，是由于各种色素存在于细胞液中的质体，如叶绿体、有色体等。色素有很多种，有时单独存在，有时同时存在，或显现或被遮盖。各种色素随着成熟度的不同及环境条件的改变而有各种变化。

叶绿素：蔬菜的绿色是由于叶绿素的存在。叶菜类的绿色部分含有的叶绿素最多。

花色素：多以花青苷的形态存在。蔬菜中常见的有飞燕草色素，如紫皮茄子、紫菜苔等；矢车菊色素，如红皮洋葱、红皮萝卜。

类胡萝卜素：多为脂溶性，表现出黄、橙黄、橙红等颜色。胡萝卜素类中番茄红素及 α - 胡萝卜素、β - 胡萝卜素、γ - 胡萝卜素是多烯烃类着色物质，存在于番茄、胡萝卜、甘薯等中。叶黄素类是共轭多烯烃的加氧衍生物，如叶黄素广泛存在于绿色蔬菜中；玉米黄素存在于甜玉米、蘑菇等中；隐黄素存在于南瓜、辣椒等蔬菜中；辣椒红素存在于辣椒等蔬菜中。

另外蔬菜中还有类黄酮化合物存在，所表现出的色泽，如在洋葱、甜玉米、芦笋中存在的槲皮素，使蔬菜呈现白色或黄色。

（2）风味成分　蔬菜中的香辛成分，大部分都是微量的挥发性物质，又称为精油或挥发油，一般蔬菜中含量通常在 0.01% 以下，如萝卜含 0.03%～0.05%、大蒜含 0.005%～0.009%、洋葱含 0.03%～0.06%、芹菜含 0.1%，构成了各种蔬菜的辛香。精油主要成分为醇、酯、醛、酮、烃、醚、含硫化合物等。大多数的香辛物质有明显的杀菌性能。

辛辣成分复杂，姜含姜酮、姜脑、坎酚；蒜和葱含硫醚类化合物，主要成分为二烯丙基二硫化物、二正丙基硫化物等，它们煮熟后失去辛辣味而产生甜味，因为二硫化物被还原生成甜味很强的硫醇。

许多十字花科蔬菜如叶用芥菜、茎用芥菜、根用芥菜中含有苦味的芥子苷，在水解时产生葡萄糖及芥子油，具有特殊的辛辣味和香气，使品质有所改进。甘蓝、萝卜、菜花等蔬菜中还含有一种胡椒似的辛辣成分，即 $S-$ 甲基半胱氨酸亚矾。

红辣椒中的辣椒素和二氢辣椒素是主要的辣味成分。

叶菜类中的叶醇有青草味，黄瓜中的壬二烯 $-2,6$ 醛、壬烯 -2 醛等也有青草味，番茄的芳香大约由 30 种成分构成，其中以乙醇、甲醛、$\alpha-$ 脂酸、丙酯较多，芹菜中含有瑟丹内酯和 $\beta-$ 二硫基异丁酸和 $\gamma-$ 二甲硫基 $\gamma-$ 氨基丁酸等，胡萝卜中含有软脂酸、异乙酸酯、甲酸酯、乙酸牻牛儿酯等，均表现不同香气。

使蔬菜呈现涩味的主要有草酸、香豆素类、奎宁酸等，如菠菜、大黄、竹笋等，水溶性的单宁在鲜食中也可引起涩味，如莲藕。

（三）常见的蔬菜

1. 叶用芥菜

叶用芥菜又称为芥菜、辣菜等，可分为花叶芥、大叶芥、瘤芥、包心芥、卷心芥等。质脆硬，具特殊香辣味。嫩株可炒食，但多腌制或腌后晒干久贮。名产较多，如福建的永定菜干、四川的芽菜和冬菜、浙江的霉干菜以及腌雪里蕻等。腌制雪里蕻要求菜质新鲜，分枝多，色泽深绿，组织脆嫩，无病虫害，无黄叶老叶。

2. 大白菜

大白菜又称为卷心白菜、结球白菜、北京白菜等，为十字花科，一、二年生草本植物。大白菜质地柔嫩，味鲜美，以钙、锌和维生素 C、维生素 B_2 的含量较高。选择时以色正整齐、结球坚实、无黄帮烂叶等为佳。食品中常腌制成冬菜、泡菜、酸菜。腌制的白菜要求棵头大，叶柄长而厚实，叶片较小，无烂叶黄叶，无病虫害，常用长梗白菜，大白菜也可制成干菜。在国外其经常作为一种色拉蔬菜生吃。

3. 竹笋

竹笋简称笋，又称菜竹，为禾本科竹亚科竹类的嫩茎、芽的统称。按照采收季节的不同，竹笋可分为冬笋、春笋、鞭笋。冬笋是冬季尚未出土但已肥大可食的冬季芽，质量最佳；春笋是春季已出土生长的春季芽，质地较老；鞭笋是指夏、秋季芽横向生长成为新鞭的嫩端，质量较差。竹笋肉质脆嫩，因含有大量的氨基酸、胆碱、嘌呤等而具有非常鲜美的风味。但有的品种因草酸含量较高，或含有酪氨酸生成的类龙胆酸，而具有苦味或苦涩味。鲜竹笋在食用之前，一般均需用水煮及清水漂洗，以除去苦味，突出鲜香，并有利于钙质吸收。竹笋是高纤维蔬菜，食用对肠道健康大有益处。以色正味纯、肥大鲜嫩、竹箨完整、无外伤及虫害等为佳。

鲜竹笋主要用于罐头工业中；或干制加工成玉兰片、笋丝；或制作腌渍品等。

4. 萝卜

萝卜肉质直根呈圆锥、圆球、长圆锥、扁圆等形状。根皮呈白、绿、红或紫色等。味甜，微辣，稍带苦味。除肉质直根外，萝卜的嫩苗及嫩角果也可食用。按上市期分为秋萝卜、夏萝卜、春萝卜和四季萝卜，其中，以秋萝卜中的红萝卜、白萝卜、青萝卜三种为最多。著名的优良品种有北京心里美、天津卫青、成都春不老、南京泡里红等。四季萝卜肉质根较小，质脆嫩，味甜，多汁，如西洋萝卜。选择时以外皮光滑、无开裂分枝、无畸形、无黑心、不抽薹、无糠心等为佳。萝卜是一种自古以来就被应用的块茎蔬菜，除了作为色拉的一种原料外，在食品工业主要做腌渍、干制等。

5. 番茄

番茄俗称西红柿。目前我国已普遍栽培，因气候条件，北方番茄品质更上乘，果实有扁圆、圆、梨或樱桃等形状；红、黄或粉红色，为果菜类主要蔬菜之一。主要品种中早熟种有北京早红、早粉 2 号、沈农 2 号、青岛早红、津粉 65、浦红 1 号、奇果、江苏 10 号、长箕大红；中晚熟种有强丰、鲜丰、强力米寿、武昌大红、鲁粉 1 号、满丝、荷兰 5 号、历红 2 号、浙江 1 号、穗园、罗成 1 号、扬州红、奥农 2 号及五七红等。番茄适应性强，营养丰富，不但可作蔬菜和水果食用，也是蔬菜加工中的重要原料。果红、肉厚、番茄红素及可溶性固形物含量高，种子少，胎座小而红的品种，如浙江 1 号、浦红 1 号等，可加工制作整形罐头、酱、粉、汁等多种产品。

6. 菜豆

菜豆别名四季豆、芸豆、刀豆等，是我国南北方春、夏和秋季的主要蔬菜。主要品种有蔓生类型丰收 1 号、青岛架芸豆、老来少、九粒白等，矮生类型有嫩荚菜豆、施美娜、黑法兰豆等。食用嫩荚部位的蛋白质较高，在炒食的过程中，要注意充分加热促使皂苷分解，以免产生毒素中毒。加工制罐的品种如白子长箕、棍儿豆、十刀豆、沙克沙等。

7. 马铃薯

马铃薯别名土豆、洋芋。食用地下变态茎器官，品种可按色泽、外形及成熟期分，主要品种有白头翁、泰山 1 号、克新 11 号、乌盟 601、高原 3 号、虎头、中薯 2 号、春薯 3 号、坝薯 10 号、鄂薯 1 号等。马铃薯富含蛋白质、维生素和淀粉，营养价值高，是国内外消费者主要的菜肴，加工成食品的花色品种在不断增加，也是食品基础工业原料。随着马铃薯主食化的进程，马铃薯产品也越来越丰富。

8. 香菇

香菇属伞菌目白蘑科香菇属，又称香蕈、香菰、板栗菌、冬菇、椎茸，是世界上已达工业生产规模的五大食用菌之一。香菇含丰富的蛋白质、氨基酸、多种维生素和矿物质，有多种生理活性物质，如香菇多糖、香菇精、月桂醛、月桂醇、5′-乌苷醛、甘露醇等使香菇香气独特，被称为"素菜之王"。香菇可干制、罐制及制作其他方便食品。

二、果品的分类及品质

（一）果品的分类

根据果实构造及其生物学特性划分，分为仁果类、核果类、浆果类、柑橘类、坚果类、聚合果类等。

1. 仁果类

仁果类果树部属于蔷薇科。果实是假果，食用部分由肉质的花托发育而成，如苹果、梨、山楂、海棠果、沙果、木瓜等。

2. 核果类

核果类果树也都属于蔷薇科。果实是真果，有明显的外、中、内三层果皮。外果皮薄，中果皮肉质为主要的食用部分，内果皮硬化而成为核，故称为核果。如李、杏、桃、杨梅、核桃等。

3. 浆果类

果实含丰富的浆液，故称为浆果。如葡萄、猕猴桃、柿、香蕉等。

4. 柑橘类

柑橘类果实由若干枚子房联合发育而成。其中，外果皮革质，含有许多油胞，内含芳香油，这是其他果实所没有的特征；中果皮疏松，呈白色海绵状；内果皮向内折叠形成瓢瓣，内生汁泡，如柑橘、柠檬、柚子、橙子等多种。

5. 坚果类

食用部分是种仁，在食用部分外面有硬壳，如椰子、板栗、核桃、巴旦杏（扁桃）、银杏等。

6. 聚合果、复果类

聚合果是由一朵花中许多离生雌蕊聚生在花托上，以后每一个雌蕊形成一个小果，许多小果聚集在同一花托上而形成的果实，如草莓等。复果是由几朵花或许多花聚合发育形成一体的果实，又称聚花果，如菠萝、无花果等。

（二）果品的化学成分

果实的可食部分的一般成分：水分 85% ~ 90%；蛋白质 1% ~ 0.5%；多种有机酸，形成不同的酸味，含量 0.2% ~ 3.0%；脂肪多在 0.3% 以下，个别种类果实含量很高，如核桃、杏仁；碳水化合物中含糖及纤维等 10% ~ 12%；矿物质含量 0.4%；维生素中以维生素 C、维生素 A、B 族维生素较丰富。

1. 糖分和有机酸

形成果实的甘甜酸味的主要成分是各种糖和酸，它们组成的种类、含量形成了各种果实的风味特征。果实中的糖分主要是葡萄糖、果糖和蔗糖。水果的含糖种类和数量因种类和品种而异。有的水果含糖可高达 20% 以上，如葡萄；有的少到含糖只有 0.5%，如柠檬。果实的含糖量随着成熟度的增加呈正相关。有的水果在未成熟时含淀粉质，成熟时才转变为糖；有的果实要成熟后才能显现出甘甜。

果实中的有机酸以柠檬酸、苹果酸、酒石酸和抗坏血酸为主。这些酸的典型风味代表是柠檬、苹果、葡萄和猕猴桃，一些水果中还含有少量的草酸、水杨酸、琥珀酸、奎宁酸等。果实含糖量和含酸量形成的糖酸比，是影响果品风味的主要因素。令人愉悦的和谐的滋味，必定具有最佳的糖酸比值。因而很多国家均以糖酸比作为果实是否能采收、贮藏或加工的主要衡量指标之一。

2. 果胶物质

果胶是植物细胞壁成分之一，存在于相邻细胞壁间的中胶层，起黏着细胞的作用。果胶物质的基本结构是 D－吡喃半乳糠醛酸以 α－1,4 糖苷键结合的长链。果胶物质在植物体内一般以 3 种形态存在：原果胶，只存在于细胞壁中，不溶于水，水解后生成果胶；果胶，存在于植物汁液中；果胶酸，稍溶于水，遇钙、铝等生成不溶性盐类沉淀。未成熟的果实细胞间含有大量原果胶，因而组织坚硬。随着成熟的进程，原果胶在酶或酸作用下，水解成可溶于水的果胶，与纤维素分离，并渗入细胞液内，果实组织变软而富有弹性；最后，果胶产生去甲酯化作用生成果胶酸，由于果胶酸不具黏性，果实变成软疡状态。

果胶是亲水胶体物质，其水溶液在适当的条件下可以形成凝胶。胶凝速度的快慢或强弱与以下条件有关：一是分子质量的大小，一般需要分子质量 $>11.5 \times 10^4 u$，胶凝强度才能达到 $130 g/cm^2$ 以上；二是甲酯化程度，完全甲酯化的聚半乳糖醛酸的甲氧基含量理论上为 16.32%，但实际上能得到的甲氧基含量的上限为 12% ~ 14%，所以规定甲氧基含量 >7% 的果胶称为高甲氧基果胶，≤7% 者称为低甲氧基果胶。在生产相关食品时，适当的糖、酸条件下，若果胶甲氧基的含量大于 11.4%，可在高温下快速胶凝；若甲氧基含量为 8.2% ~ 11.4%，则需在较低温度条件下胶凝；若甲氧基含量 <7%，糖酸比例再合适也难以形成胶凝，应加入多价的钙、镁、铝离子，起到对果胶分子交联的作用，以达到胶凝。

3. 芳香成分

果品的芳香成分多为油状的挥发性物质，含量极少，又称为精油。体现了各种果品应具有的香气特征，由醇、酯、醛、酸、酮、酚、烃、萜及烯等组成，种类很多。果品的种类不同，所含的芳香物质的种类不同；即使同一果品，因部位不同，成熟度不同，其所含挥发油也有所不同。在一般果实中，除核果类在种子中含有较多的芳香物质外，其余多存在于果皮中，果肉中的含量极低。柑橘类果皮中含油较多（1.5% ~ 2.5%），是提取芳香油的主要原料。

4. 色素物质

果实在未成熟时大量的叶绿素为深绿色，但随着逐渐成熟，叶绿素逐渐减退呈现各种美丽的色泽，红、深红、紫、橙黄、淡黄、淡绿等。

（1）类胡萝卜素类　α - 胡萝卜素存在于柑橘、菠萝；β - 胡萝卜素存在于柑橘、枇杷、杏、菠萝；γ - 胡萝卜素存在于柑橘、杏；茄红素存在于柿、杏、桃；叶黄素类，如玉米黄素存在于柿、桃、柑橘；隐黄素存在于番木瓜、柑橘、木瓜；柑橘黄素存在于柑橘。

（2）黄酮类色素　黄酮及其衍生物，其基本结构为带有酸环的苯并吡喃酮，多为苷态，呈黄色或白色。最常见的是：槲皮素存在于苹果、柑橘、梨；橙皮素存在于柑橘。黄酮类色素能与金属离子呈变色反应，遇碱也可明显变黄，因而在加工中应注意盛器与介质中 pH 的控制。

（3）花色苷　黄烷类的衍生物，果品中花色素有天竺葵、矢车菊、飞燕草、芍药、牵牛和锦葵色素等。多为水溶性色素，性质不稳定，变色条件与水解酶、氧化酶的活力、加热、pH、氧、过氧化氢、抗坏血酸、二氧化硫、光等均有关。

5. 苦味物质

果品中主要的苦味物质来源于糖苷。

（1）苦杏仁苷　苦杏仁苷是苦杏仁素（氰苯甲醇）与龙胆二糖形成的苷，存在于种子中，以核果类含量最高，如桃、李、杏、甜樱桃、苦扁桃、苹果、枇杷等。苦杏仁苷本身无毒，但在苦杏仁酶或酸的作用下，水解生成 1 分子氢氰酸而引起中毒，因而食用杏仁一般要经过加热等方法进行脱毒。

（2）柚皮苷　一种类黄酮化合物，也是色素之一，广泛存在于柑橘的花、果皮、果肉中，以葡萄柚、柚、枳壳酸橙中含量较高，但随着成熟度的上升而减少。柑橘果实生食时的苦味多为柚皮苷，苦味阈值为 0.002%；葡萄柚可食部分中柚皮苷的含量为 0.14% ~ 0.8%。橘子罐头中的白色沉淀中有部分是柚皮苷。

（3）苦柠檬素 苦柠檬素多属于有苦味的内酯，已确认的有柠檬素（柠碱）、柠檬苦素、诺米林、香橼柠檬素、异柠碱等，其中以柠碱含量为高，苦味阈值仅为 0.0006%。柠碱的含量，与所用砧木、所采用的农业技术、成熟度均有关。由于苦柠檬素的苦味多在柑橘加工中受相关酶或酸催化而水解，使无苦味的前体变成苦味物质，因而又称为"迟发性苦味"。微量的苦味可显现柑橘加工品的风味，但过多的苦味影响加工的质量。

6. 酶

鲜果采收后，在贮藏、运输、加工的过程中，其化学成分不断变化的原因是果实中存在着各种酶进行催化作用的结果，酶引起果实品质的劣变和营养成分的损失。果实中的氧化酶类，如酚酶、抗坏血酸酶、过氧化物酶在加工中可引起果肉变色变味和营养物质含量下降等，使果实贮藏时活性增强。水解酶类：果胶质分解酶，包括果胶酶、果胶酸分解酶、果胶酸裂解酶和果胶酯酶，可使果实逐渐软化，也可在果汁和酒的加工中起到澄清作用；糖的酵解酶类或转化酶也在合成或增加；蛋白酶，如菠萝、木瓜的蛋白酶，可以促使蛋白质分解。

（三）常见的果品

1. 苹果

苹果为秋季鲜果，果实呈圆形，果皮为红、黄、青绿等色。果肉脆嫩，甜酸适口，为世界重要果品之一，分为中国苹果和西洋苹果两大类。我国栽培历史悠久，著名的品种有红富士、金帅、国光等，西洋苹果有青蛇、红蛇。主要用于鲜食，也制作果汁、罐头、果酒、果酱、果醋等。

2. 梨

梨为秋季佳果，分为中国梨和西洋梨两大类。中国梨原产于我国，根据品种来源和地理分布又分为秋子梨系统（如北京白梨）、白梨系统（如鸭梨）、沙梨系统（如香水梨）；西洋梨原产于欧洲中部、东南部以及小亚细亚等地，又可分为冬季梨（如波士梨）和夏季梨（如啤梨、红啤梨）。主要用于鲜食，也制作果汁、罐头等。

3. 柑橘

柑橘属芸香科，在栽培上有 3 个重要的属，即枳属、金柑属和柑橘属，前者常作砧木。金柑属有山金柑、牛奶金柑、圆金柑、金弹、长寿金柑、华南四季橘等，主产于浙江、江西、福建，结果早，可鲜食，制蜜饯和观赏用栽培量少。在我国，柑橘属根据形态特征分 6 大类，用于栽培的有 4 类：枸橼类中的柠檬；柚类中的柚和葡萄柚；橙类中的甜橙；宽皮柑橘类，其中有柑类和橘类。

4. 桃

桃为夏季鲜果。核果近球形，表面有茸毛，以华北、华东、西北等地栽培最多。著名品种有玉露水蜜桃等。水蜜桃肉质柔软，香气浓郁，汁多味甜；白花桃肉质脆嫩，酸甜适口，主要用于鲜食，也制作罐头、果汁，但很少用来干制。桃子罐头是将桃子切成两半或条块，和浆汁一起形成一个整体而生产的。虽然由于种植条件引起的大小不一致可能导致产品质量不均，但是桃子仍然是一种优良的罐装水果。糖水桃是世界水果罐头中的大宗商品，生产量和贸易量均居世界首位，年产量近百万吨，其中，美国约占 2/3。油桃是一种表皮平整的桃子，一般不用于罐头工业中。

5. 葡萄

葡萄可分为餐用、酿酒和干制三种类型。不同的葡萄在颜色、大小和甜度几方面均不同。浆果呈椭圆和圆形，果皮与果肉不易分离，色黑、红、紫、黄或绿，大多具有独特的香气。果味酸甜或纯甜，果肉柔软多汁。名品如巨峰、藤捻、无核白、玫瑰香等。除鲜食外，可干制、酿酒、制醋。在酿造产品特别是红酒中，果皮和果梗中含有的单宁有重要作用。葡萄籽可用来榨油和作为早餐主食。

6. 菠萝

菠萝属凤梨科凤梨属，本属中只有菠萝作为经济作物栽培。主要类型有 3 个：一是皇后类，果小，卵圆形，适宜鲜食，品种有巴厘、神湾、金皇后；二是卡因类，果大，圆筒形，适宜制罐加工，品种有沙涝越（无刺卡因）；三是西班牙类，果球形，品种有红西班牙、有刺土种等。

7. 核桃

核桃按结果早迟分为早实核桃和晚实核桃，每一类中又包括许多品种。其优良品种的主要特点是果大，壳薄，仁饱满，取仁容易，出仁率达 50% 以上。含油率 60% 以上，如元丰、扶林 1 号、薄壳香、新纸皮、早丰、扶风 1 号、天桥 1 号、大龙眼、哈特雷、幅兰克蒂、泡壳、大白壳等。核桃仁中蛋白质高达 14%，脂肪 48.5%，膳食纤维 9.2%，维生素 E、钾、镁、磷丰富。生食为滋补品，也可经炒熟磨粉作为糊状食品的主料或配料，也可炒制后挂衣，如虎皮核仁、巧克力核仁等，也可榨油。核桃仁在国际市场上很受欢迎。

第三节　油脂的分类与使用

一、油脂的种类

油脂是粮油食品加工中的重要原辅材料。根据其来源，可分为两类：天然油脂和人造油脂。从植物种子或动物组织中提取的油脂称为天然油脂；天然油脂又分为植物油和动物油；以天然油脂为原料经过化学处理而产生新物质的油脂称为人造油脂；这两类油脂在食品工业上都有应用。

二、油脂成分

油脂的组成成分主要为三酰甘油（水解后生成甘油和脂肪酸，脂肪酸又分为饱和脂肪酸和不饱和脂肪酸）。其中的脂肪酸的饱和度与油脂的熔点有关。植物油脂一般含不饱和脂肪酸多，常温下多为液态（棕榈油、椰子油和可可脂等除外），动物油脂和人造油脂一般含饱和脂肪酸多（氢化油就是通过氢化加成反应降低了脂肪酸的不饱和度），常温下多为固态。液态植物油的营养价值往往高于固态油脂，但是，在稳定性和加工性能方面常常不如固态油脂。油脂不仅是粮油加工产品的重要原料，它还影响产品的色、香、味、形、内部质构和贮藏稳定性。

三、 常见的植物油

（一） 菜籽油

菜籽油是从油菜种子中提取出来的一种颜色青黄、气味特殊的油料。如果用来油炸食物，会使食品具有较好的色泽。一般作为烹调用油或制作色拉油。

（二） 大豆油

大豆油是大豆中提取出来的一种油脂，其营养丰富，一般作为烹调用油或制作色拉油；其凝固点低、起酥性差，一般在焙烤食品蛋糕的制作中使用。

（三） 花生油

花生油是从花生中提取出来的，因其饱和脂肪酸含量较高，故其凝固点较其他植物油较高（棕榈油、椰子油除外）。在广式月饼的皮料制作时经常使用。

（四） 玉米油

玉米油又称玉米胚芽油，是从玉米胚芽中提取的油。玉米油含有丰富的维生素 E，对人体细胞分裂、延缓衰老有一定作用。它色泽金黄透明，清香扑鼻，很适合快速烹炒和煎炸，它既可以保持蔬菜和食品的色泽、香味，又不损失营养价值。

（五） 芝麻油

芝麻油从芝麻中提取出来，由于具有浓郁香气，又称香油。其中的小磨香油香味醇厚，品质最佳。芝麻油营养丰富，具有抗氧化性，耐贮藏，不易酸败。因其价格较高，一般仅用于高级焙烤食品的馅料中，也可用于饼干或糕点的皮料中作为增香剂。

（六） 棉籽油

棉籽油是以棉籽制作的油，可用于烹调食用，也可用于工业生产作为原料。人体对棉籽油的消化吸收率为98%。棉籽油中的棉酚对棉籽油品质造成许多不利影响。由于游离棉酚的生物毒性，为了保证棉籽油食用安全，在棉籽油生产过程中，必须将其脱除达到标准要求。游离棉酚及其衍生物是强发性色素，毛油中的棉酚使其呈现红色至棕色特征，相关精炼工序如不能将其脱除干净，棉酚会随着生产过程中温度升高等变化而变性，造成色泽固定难以脱除。游离棉酚活力强，容易与油脂、油料中多种物质发生氧化、聚合等变性反应，生成一系列对棉籽油、棉籽粕品质有不良影响的物质。

（七） 葵花籽油

葵花籽油具有诱人的清香味，含有十分丰富的营养物质。其含有丰富的维生素 E，约0.12%；胡萝卜素约0.045%；植物甾醇0.4%；磷脂0.2%。这些成分能和亚油酸相互作用，进一步增强了亚油酸降低胆固醇的功效。

（八） 核桃油

核桃油是以核桃仁为原料，压榨而成的植物油。核桃的油脂含量高达65%~70%，居所有木本油料之首，有"树上油库"的美誉。核桃油除主要作营养保健油直接食用外，还可在制作糕点和营养食品中作添加利用。

（九） 米糠油

米糠油有很好的抗氧化稳定性，精炼米糠油色泽淡黄，油中的不饱和脂肪酸达80%以上，其中油酸含量很高，因此人体对米糠油的消化吸收率较高；它具有辅助降低人体血脂的功能，是一种良好的食用油脂。由于米糠油精炼成本比较高，出油率低，因此米糠油目前只能大量用于制造肥皂、润滑油和脂肪酸。

（十）　橄榄油

橄榄油由新鲜的油橄榄果实直接冷榨而成，不经加热和化学处理，保留了天然营养成分。橄榄油被认为是迄今所发现的油脂中最适合人体营养的油脂。油脂呈淡黄绿色，具有特殊温和、令人喜爱的香味和滋味。在低温（接近于 10℃）时仍然透明，因此橄榄油是理想的凉拌用油和烹饪用油。

（十一）　棕榈油

棕榈油是从油棕榈树的果实中提取出来的一种油脂，色泽白，无异味，凝固点高，常温下呈固态；可塑性比较好，因此是饼干制作的常用油脂，也是目前世界上生产量、消费量和国际贸易量最大的植物油品种，与大豆油、菜籽油并称为"世界三大植物油"，拥有超过五千年的食用历史。它是由饱和脂肪（约 50%）、单不饱和脂肪、多不饱和脂肪三种成分构成的。人体对棕榈油的消化和吸收率超过 97%，和其他所有植物食用油一样，棕榈油本身不含有胆固醇。由于其含饱和脂肪酸较多，稳定性较好，不容易发生氧化变质，烟点高，故作油炸食品用油比较合适。根据熔点不同，棕榈油有很多的品种，其中熔点为 24℃ 的适合作为食用油脂。

（十二）　可可脂

可可脂是从可可液块中取出的乳黄色硬性天然植物油脂，具有浓重而优美的独特香味；不仅具有相当坚实但可脆裂的特性，而且不容易发哈酸败。它是巧克力的理想专用油脂，几乎具备了各种植物油脂的一切优点。可可脂中的甘油酯以多类型并存，导致形成多晶特性，可可脂的熔点取决于其晶体形式。巧克力加工过程中的调温工艺就是使可可脂熔化物冷却时形成稳定的可可脂晶体结构的过程。可可脂有 α、γ、β' 和 β 结晶，熔点分别为 17、23、26 和 35 ~ 37℃。制作巧克力通常只会用到熔点最高的 β 结晶，单一结晶结构会令质地细滑。

四、　常见的动物油

（一）　猪油

猪油是从猪的组织中提取出来的油脂，其熔点高（36 ~ 40℃），色泽洁白，起酥性、可塑性较好，广泛应用于糕点生产上。猪板油也应用在苏式、广式和宁式糕点的馅料中。其稳定性比奶油差，要防止其酸败。含胆固醇较高也是其缺点之一。

（二）　牛、羊油

牛、羊油是从牛、羊组织中提取的脂肪，有特殊气味，需要经熔炼脱臭后才能使用。其熔点分别为 40 ~ 46℃ 和 43 ~ 55℃，因此，常温下呈固态。其可塑性和起酥性都比较好，便于成型、操作，在欧洲大量用于酥类糕点。由于其熔点高于人体体温，故不宜消化。一般的焙烤类食品中的用量不多。

（三）　奶油

奶油又称黄油、白脱油，是从牛乳中提取出来的乳脂；柔软，有奶香味和多种营养物质；凝固点 15 ~ 25℃，熔点 28 ~ 30℃，常温下呈半固态。对其加工过程中充入了 1% ~ 5% 的空气，具有良好的硬度、乳化性和可塑性，是西式糕点生产的重要原料。但是，与人造奶油相比，其价格较高，稳定性差，不耐贮藏。

五、 常见的人造油脂

（一） 氢化油

氢化油又称硬化油，是指通过氢气与天然油脂中的不饱和脂肪酸中的双键发生加成反应，增加了饱和脂肪酸的含量，改变了其熔点和诸多性能。常作为人造奶油、起酥油、植脂末、代可可脂等人造油的原料。

（二） 人造奶油

人造奶油又称麦琪淋和玛琪淋，是目前世界上使用最广泛的油脂之一。它是以氢化油为主要原料，添加适量的牛乳和乳制品、色素、香料、乳化剂、防腐剂、抗氧化剂、食盐和维生素，经混合、乳化等工序而制成的一种固体油脂。它具有比天然奶油更好的乳化和加工性能，价格比较低，常常代替奶油。人造奶油有多个品种，如面包用人造奶油、起酥制品用人造奶油和通用人造奶油，在使用中要注意选择。

（三） 起酥油

起酥油是指精炼的动植物油脂、氢化油或这些油脂的混合物，经混合、冷却塑化而加工出来的具有乳化性、可塑性等加工性能的固态或液态油脂产品。起酥油的加工及用途与人造奶油有相似之处，只是配方比较简单；一般呈白色，可以作为食品加工的原料油脂；起酥油与人造黄油的主要区别是起酥油中没有水相；另外，起酥油不能直接食用，是食品加工用油脂，多用于面包、饼干等糕点的加工。国外也有将其作为油炸用油。

（四） 植脂末

植脂末又称奶精，是以精制植物油或氢化植物油、酪蛋白等为主要原料，添加葡萄糖浆、乳化剂等物质制成的新型产品。该产品在食品生产和加工中具有特殊的作用。植脂末具有良好的水溶性，乳化分散性，在水中形成均匀的奶液状，可以在乳品、面食及冰品中全部或部分代替全脂乳粉，从而在保持产品品质稳定的前提下，降低生产成本。植脂末能改善食品的内部组织，增香增脂，口感细腻，润滑厚实，并富有奶味，又是咖啡制品的好伴侣；可用于制作速溶麦片、蛋糕、饼干等，使蛋糕组织细腻，提高弹性。将其用于饼干生产，可提高产品的起酥性，使饼干不易走油。

（五） 代可可脂和类可可脂

代可可脂也是以氢化植物油为主要原料，再添加其他成分而制作的一种人造硬脂，其三甘酯的组成与天然可可脂完全不同，而在物理性能上接近天然可可脂。代可可脂口感较差，没有香味，通常熔点要比可可脂高一些。除此之外，由于其原料含氢化油，其食品安全性问题也是应该注意的。

从广义上说来，类可可脂仍然是代可可脂，即不从可可豆中直接经提炼获取可可脂，而采用现代食品加工工艺，对棕榈油、牛油树脂、沙罗脂等油脂进行加工，获取与可可脂分子结构类似的油脂。与传统代可可脂制作过程不同，类可可脂主要采用提纯、蒸馏和调温的制作方法。因此，不论是在口感上或者营养上，类可可脂都要比传统代可可脂略胜一筹。类可可脂本身没有以往代可可脂所具有的反式脂肪酸。也正因为如此，类可可脂的价格与代可可脂的价格相比要高出一些，其熔点和天然可可脂相近（30~34℃），这一系列优点促使了传统代可可脂巧克力制品向类可可脂产品的优化升级。

🔍 **思考题**

1. 稻谷分为哪几类？它们的质地、口感和化学成分有什么不同？这些不同之处对相关食品的加工有什么影响？请结合生产、生活实际举例说明。

2. 面粉的质量与小麦的品种有什么关系？与小麦的加工、面粉的贮藏时间有什么关系？

3. 决定面粉品质的主要因素是什么？有哪些指标可以反映面粉品质？

4. 动物性油脂常温下都是固态的吗？植物性油脂常温下都是液态的吗？与其化学组成有什么关系？与食品加工又有什么关系？

5. 如何正确评价人造油脂？

6. 油脂的种类及组成成分有哪些？

7. 蔬菜的分类及化学成分有哪些？

8. 果品的分类及化学成分有哪些？

推荐阅读书目

［1］徐幸莲，彭增起，邓尚贵．食品原料学［M］．北京：中国计量出版社，2006.

［2］李新华，董海洲．粮油加工学［M］．北京：中国农业大学出版社，2009.

［3］孟宪军，乔旭光．果蔬加工工艺学［M］．北京：中国轻工业出版社，2012.

［4］秦文．农产品加工工艺学［M］．北京：中国质检出版社/中国标准出版社，2014.

［5］吴越．杂粮特性与综合加工利用［M］．北京：科学出版社，2015.

本章参考文献

［1］李国平．粮油食品加工技术［M］．重庆：重庆大学出版社，2017.

［2］李新华，董海洲．粮油加工学［M］．北京：中国农业大学出版社，2009.

［3］徐幸莲，彭增起，邓尚贵．食品原料学［M］．北京：中国计量出版社，2006.

［4］李里特．食品原料学［M］．北京：中国农业出版社，2001.

稻谷加工

了解稻谷清理常规方法及原理；熟悉稻谷砻谷、碾米方法、工艺及特点；熟悉常见的大米制品的加工工艺及要点；了解大米加工常见副产品综合利用等。

能针对性地分析稻谷加工及副产品综合利用过程中的品质提升和质量控制；具备开发具有经济价值高、营养丰富且环保的大米制品的能力。

第一节 稻 谷 制 米

稻谷加工受很多因素的影响，而稻谷本身所具有的影响加工工艺效果的品质称为工艺性质，这些性质会直接影响到成品的品质和出米率的高低。它包括稻谷的籽粒形态结构、化学成分、物理特性等。

一、稻谷制米加工工艺

稻谷制米整个加工工艺过程包括清理、砻谷及砻下物分离、碾米（碾白）、成品米整理及色选等几个步骤，如图 2 - 1 所示。

（一）稻谷清理

稻谷在生长、收割、贮藏和运输过程中，都有可能混入各种杂质。在加工过程中，如果不先将这种杂质清除，不仅会混入成品，降低产品的纯度，影响成品大米的质量；而且在加工过

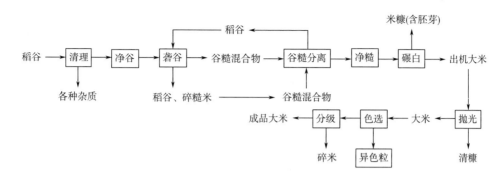

图2－1　稻谷加工工艺流程

程中，还会影响设备的工作效率；损坏机器；污染车间的环境卫生，危害人体的健康；严重的甚至酿成设备事故和火灾危险。清除粮食中的杂质，是稻谷加工过程中的一项首要任务。无论将谷物留作种子还是作为食物，均需要对其清理。

稻谷和夹杂物之间的物理特性有较明显的差异，可以利用这种特性进行分选。机械清理最常利用下面的几个特性。

谷粒的尺寸：谷粒的尺寸用长、宽、厚三个方向的尺寸描述。长度最大，宽度次之，厚度最小。根据谷粒和夹杂物的尺寸特性差异，可以用圆孔筛、长孔筛和窝眼筒等工作部件分别按照谷粒宽度、厚度和长度进行分离。

谷粒密度：由于谷粒本身组成物质状态（水分、成熟度和受虫害损伤的程度等）和结构组成的不同，其密度也不一样。可以根据密度的不同来筛选。

稻谷经过清理后，不仅可以提高品质和等级、增加经济收益，而且次品可以作为饲料用粮，节约不必要的运输费用。

清理杂质的方法很多，主要是借助杂质与稻谷的物理性质的不同进行分选。

1. 风选法

风选通常是根据谷粒与杂质的相对密度和悬浮速度等空气动力学特性的差别，利用气流进行分离的方法。按照气流的运动方向不同可以分为垂直气流、水平气流和倾斜气流三种不同的风选形式。

（1）垂直气流　当物料处在垂直上升的稳定气流中时，物料将受自身重力、悬浮力和气流的作用；不同的物料，其悬浮速度不同。垂直气流风选就是利用物料间悬浮速度的差异，在一定速度的气流作用下，使悬浮速度相对较大的物料随气流向上运动；而悬浮速度相对较小的物料在自身重力作用下，克服气流的作用力向下运动，从而将两者分离。

垂直风道都与其他作业机组合，以节省占地位置，如与筛选可组合成振动筛，与去石机组合成比重去石机等。大多用于清除灰尘、芒、瘪谷等轻杂质。

（2）水平气流　物料在水平气流中同样受到自身重力、悬浮力和气流的作用，由于物料的形状、大小、表面状态和密度的不同，在同一水平气流中的飞行系数大的物料比飞行系数小的物料被气流带的远些。水平气流风选就是利用各种物料间具有不同的飞行系数的原理而使其分离。

（3）倾斜气流　倾斜气流风选与水平气流风选的工作原理基本相同，所不同的是气流方向与水平方向的夹角。物料在倾斜气流中的飞行系数大于水平气流中的飞行系数。因此采用倾斜气流风选可以取得比水平气流风选更好的效果。

在生产中，通常采用向上倾斜（约30°）的气流来分离杂质，能比水平气流的飞行差距拉得更大，分离效果更好。工厂中常用的风选设备主要有风箱、吸风分离器和去石风车等。

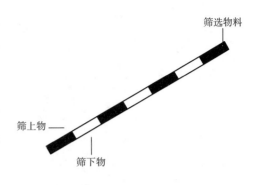

图2-2 筛选示意图

2. 筛选

筛选是利用被筛物料之间颗粒度的差别，借助筛孔大小分离杂质，或将物料进行分级的办法。物料经筛选后，凡是留在筛面上的未穿孔物料称为筛上物，穿孔物料称为筛下物，通过一层筛面可以得到两种物料，如图2-2所示。

在筛选过程中，若想达到去除杂物或分级的目的，必须达到以下几个基本条件：

（1）筛孔必须要均匀，以达到筛下物分布均匀的目的；

（2）物料能够充分接触筛面，增加筛下物穿孔的机会；

（3）需要选择适当的筛面和筛孔，筛孔的大小与形状必须与筛下物相适应；

（4）保证物料与筛面之间有相对适宜的相对运动速度，促进物料形成良好的自动分级。

常见筛面形式有冲孔筛（图2-3）和编织筛（图2-4）。冲孔筛一般用0.5~2.5mm厚的薄钢板制造，开孔率低，质量大，刚度好且不变形。而编织筛用金属丝编织而成，开孔率高，质量小，因承载能力弱，筛孔易变形。因此，一般筛面层数少时使用冲孔筛，而筛面层数多时通常使用编织筛，效率较高。

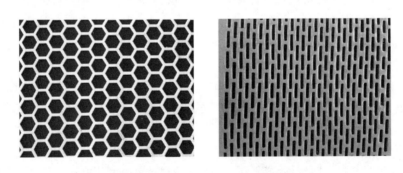

图2-3 不同形状的冲孔筛示意图

图2-4 不同形状的编织筛示意图

根据稻谷的长、宽和厚的差异，将筛面上制成不同形状的孔来分离稻谷。筛面孔形状有圆形孔、长形孔、三角形孔和鱼鳞孔，如图2-5所示。圆形孔主要用于分离与稻谷宽度不同的杂质。只有当筛理物的宽度小于圆孔直径时，才能使筛理物穿过筛孔。长形孔主要是根据稻谷和杂质厚度的差别进行分离，只有当筛理物的厚度小于孔的宽度时，才能穿过筛孔。三角形孔主要用于清理稻谷中形状近似于三角形的杂质，当杂质的粒形呈三角形，且每边长小于三角形筛孔边长时，才能穿过筛孔。如谷、稗分离采用三角形筛孔，有利于稗子的分离。鱼鳞孔主要用于比重去石机，其主要作用是改变气流方向，便于物料悬浮，阻止石子向下滚动，使谷石得以分离。

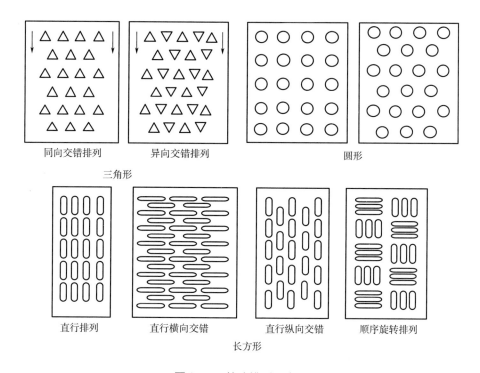

图2-5 筛孔排列示意图

筛选法在稻谷制米加工中使用极为广泛，不仅用于清理，更多地用于同类型物料的分级。筛选设备有很多，稻谷加工中常见筛选设备有初清筛、振动筛、平面回转筛和高速振动筛等。

稻谷加工首要进行初清，将稻谷中90%以上的稻穗分离出来，同时将大杂和轻杂除去。初清筛是专门清除稻草、稻穗、破布、麻绳、大泥块和大石块等大型杂质以及泥灰、草屑等轻杂质的初步清理设备。它有利于提高以后各道清理设备的除杂效率，防止出现设备的堵塞事故和灰尘污染车间。

振动筛是利用作往复运动的筛面使物料在筛面上产生相对运动，物料层形成自动分级，轻的物料浮于上层，小而重的物料沉于底层而穿过筛孔，从而达到分离的目的。在其进口和出口均装有吸风装置，是典型的风筛结合、以筛为主的清理设备，常用于稻谷的第一道清理，分离大、中、小和轻型杂质。物料沿筛面运动的速度越慢，小于筛孔的颗粒越容易穿过筛孔，筛选效率越高。但速度过慢，产量就很低。一般速度取0.1~0.4m/s。

平面回转筛可作为第二、第三道筛选设备，用于分离中、小杂和轻型杂质。其工作原理是平面回转筛在筛理过程中，筛面上的物料由于轻重、大小不一，经过与筛面的相对运动，物料便产生自动分级；底层物料由于所受摩擦阻力大，加之受到上层物料的压力，在筛面上移动速度慢，接受筛理的机会多，浮于上层的物料由于摩擦阻力小，能较快的从筛面上排出，从而达到分离目的。

在碾米厂中，高速振动筛广泛用于稻谷除稗，效果较好。其工作原理是高速振动筛采用惯性振动机构，筛体支持或悬挂在弹簧上，作高速振动，物料在筛面上作小幅度跳跃、翻滚运动，其运动轨迹为圆或椭圆，稻谷与稗子在这种运动形式下，增加了接触筛面机会，根据它们在粒度上的差别，得到高效率的分离。

3. 密度分选法

密度分选法是根据谷粒与杂质在密度、容重、摩擦因数、悬浮速度等物理性质的不同，利用运动过程中产生的自动分级的原理，采用适当的分级面使之分离。

密度分选法根据所用介质的不同，分为干式和湿式两类。湿式以水为介质，利用物料间的相对密度和在水中的沉降速度的不同进行分离（如洗谷机）。只适用于加工蒸谷米时稻谷的清理。干式是以空气为介质，在碾米厂应用较为普遍。干法去石的主要设备为比重去石机。

比重去石机是利用稻谷与并肩杂质在密度、摩擦因数、悬浮速度等物理性质上的不同，通过比重分选设备将并肩杂质分离出来，如图 2 - 6 所示。比重去石机具有较高的去石效率，去石筛板为鱼鳞结构，适合原粮含石量较高的粮食加工；且操作简便、结构紧凑。针对不同的物料，去石板倾角在 $10° \sim 14°$ 调节，以追求最佳的工艺效果。

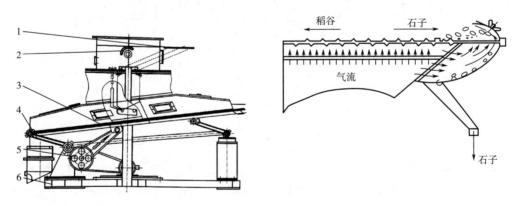

图 2 - 6　比重去石机结构示意图

1—进料口　2—吸风装置　3—筛体　4—筛体支撑装置　5—偏心连杆机构　6—机架

4. 磁选法

稻谷中除了无机、有机杂质外还有一类磁性的金属杂质。虽然也同属于无机杂质，但其危害性大，需要作为一类特殊的杂质单独处理。但这类杂质来源较广，大小和形状也不一样，有粒状、片状、粉状等，大多是在收割、脱粒、翻晒、保管、运输和加工的各个环节混入粮食中。金属物如不预先清除，随稻谷进入高速运转的机器，将会严重损坏机器部件，甚至因碰撞摩擦而产生火花，造成事故。同时在加工过程中，由于机器零件的磨损或氧化，也产生一些金属碎屑或粉末，这些杂质混入成品，会危害人体健康；混入副产品，作为饲料，也会妨碍牲畜的饲养。磁性金属杂质去除率须大于95%。

利用磁力清除稻谷中磁性金属杂质的方法称为磁选。当物料通过磁场时，由于稻谷为非导磁性物质，在磁场内自由通过。其中磁性金属杂质则被磁化，同磁场的异性磁性相互吸引而与稻谷分开。磁性金属杂质与稻谷分离的条件，是磁场作用于磁性杂质的吸引力大于与其方向相反的各种机械力，通常使用永久磁铁作磁场。常见磁选器有栅式、栏式和滚筒式（图2-7）。

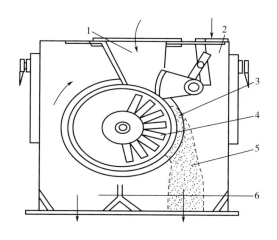

图2-7 永磁滚筒结构示意图

1—进料口 2—吸风口 3—滚筒 4—磁铁组 5—粮食排出口 6—铁质夹杂排出口

一般情况下，用一种清理方法难以达到清理效果，需要多种方法结合使用。清理的原则是"先大后小，先易后难"，工艺如图2-8所示。

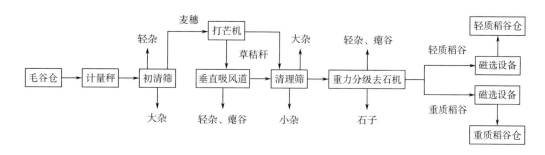

图2-8 清理工艺流程

（二）砻谷及砻下物分离

1. 砻谷

稻谷直接进行碾米，不仅能量消耗大、产量低、碎米多、出米率低而且成品色泽差，纯度和品质都低。因此，在碾米厂中，都是先将颖壳去掉，制糙米后再碾米。在稻谷加工中，去除稻谷颖壳的过程称为砻谷，使稻谷脱壳的机器称为砻谷机。

砻谷是根据稻谷内颖和外颖相互钩合、外表面粗糙、质地脆弱、两顶端孔隙较大等结构特点，由砻谷机施加一定的机械力，使颖壳与颖果分离的过程，如图2-9所示。根据稻谷砻谷受力和脱壳方式的不同，脱壳可以分为挤压搓撕脱壳、端压搓撕脱壳和撞击脱壳三种。

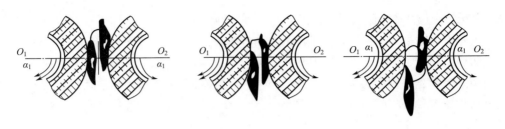

图2-9　稻谷脱壳过程

挤压搓撕脱壳是指谷粒两侧受两个不等速运动的工作面的挤压，搓撕而脱去颖壳的方法。典型设备是胶辊砻谷机。

端压搓撕脱壳是指谷粒长度方向的两端受两个不等速运动的工作面的挤压，搓撕而脱去颖壳的方法。典型设备是砂盘砻谷机。

撞击脱壳指高速运动的粮粒与固定工作面撞击而脱去颖壳的方法。典型设备是离心砻谷机。

砻谷机的种类很多，根据工作原理和工作构件的不同，一般可分为以下三种。

（1）胶辊砻谷机　胶辊砻谷机的基本工作构件是一对富有弹性的胶辊，如图2-10（1）所示。两只胶辊相向不等速旋转，给稻谷两侧施以挤压力和摩擦力，使谷壳破坏，与糙米分离。该机效率高、碎米少、脱壳率高。目前使用较普遍，胶辊由专业厂生产。

（2）砂轮砻谷机　砂轮砻谷机主要工作构件是上、下两个砂盘，如图2-10（2）所示。上砂盘固定，下砂盘旋转，稻谷在上下两砂盘之间受到挤压、摩擦、搓撕、撞击等力的作用而脱壳。该机作用力较强，受气温影响小，谷粒损伤较大，出碎较多，而脱壳率较低，已逐渐被胶辊式砻谷机取代。

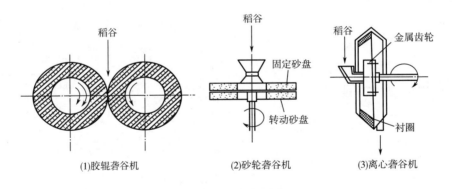

(1)胶辊砻谷机　　　(2)砂轮砻谷机　　　(3)离心砻谷机

图2-10　砻谷机种类

（3）离心砻谷机　离心砻谷机的基本工作构件为金属齿轮甩盘及其外围冲击衬圈，如图2-10（3）所示。利用高速旋转的甩盘（约35m/s）将谷粒甩至冲击衬圈，借冲击摩擦力、撞击力的作用而脱壳。该机对谷粒损伤大，适用于强度较高的谷粒，由于出碎多，且对水分大的稻谷脱壳困难、产量低，故目前很少使用。砻谷工艺效果评定主要以砻谷机的脱壳率、完整率和碎米率为指标。脱壳率是指稻谷经砻谷机一次脱壳后，脱壳的稻谷数量占进机稻谷数量的百分率。胶辊砻谷机的脱壳率：粳稻80%～90%，籼稻75%～85%。完整率是指稻谷经砻谷机脱壳后，完整米粒占脱壳产品中整米和碎米总和的百分率。碎米率是指稻谷经砻谷机脱壳后，碎米粒占脱壳产品中整米和碎米总和的百分率。砻下物碎米含量：早籼稻谷不超过5%，晚籼稻、粳稻谷不超过2%。

2. 谷壳分离

稻谷经砻谷后，砻下物为稻谷、糙米和稻壳的混合物。稻谷经砻谷后，砻下物是稻谷、糙米和稻壳的混合物。由于稻壳的容积大、相对密度小、散落性差，若不将其分离开，则将影响以后工序的工艺效果。如在谷糙分离中，若混有大量的稻壳，必然会影响谷糙混合物的流动性，使之不能很好地形成自动分级，将会降低其分离效果；又如回砻谷中若混有较多的稻壳，将会使砻谷机产量降低，动力及胶耗增大。因此，砻谷后必须及时将谷壳分离干净。

稻壳分离的工艺要求砻下物经谷壳分离后，每100kg稻壳中含饱满粮粒不应超过30粒，谷糙混合物中含稻壳不超过0.8%，糙米含稻壳量不应超过0.1%。

由于稻壳的悬浮速度为2~2.5m/s，而稻谷的悬浮速度为8~10m/s，糙米更大。因此，可以根据上述物理特性的不同，利用风选法从砻谷后的混合物中分离出稻壳。同时稻壳与稻谷、糙米的密度、容重、摩擦因数等也有较大的差异，也可以利用这些差异，先使砻下物实现良好的自动分级，然后再与风选法相配合，这样更有利于风选分离效果的提高和能耗的降低。

稻谷砻下物经风选分离后，稻壳收集是稻谷加工中不可忽视的工序。稻壳收集主要有两种方式：离心沉降，是将带有稻壳的气流送入离心分离器内，利用离心力的作用，使稻壳沉降（图2-11）；重力沉降，是在沉降室内，稻壳在气流突然减速时依靠自身的重力而沉降（图2-12）。

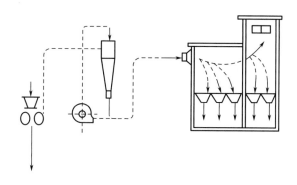

图2-11 离心沉降示意图

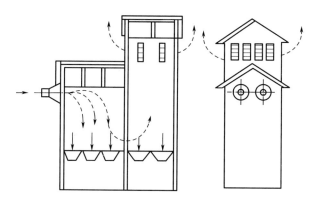

图2-12 重力沉降装置示意图

3. 谷糙分离

将未脱壳的稻谷与糙米分开的过程称为谷糙分离。稻壳经吸风分离被风吸走，剩下的为糙米和少量未脱壳的稻谷。根据工艺要求，谷糙混合物需进行分离，分出纯净糙米送往下道碾米工段碾米。糙米中含谷过多，会影响碾米工艺效果，降低成品质量。通常将谷糙分离出的稻谷称为回砻谷。若含糙过多，会影响砻谷机的产量、胶耗和动耗，而且会造成糙碎增加、出米率降低、糙米质量下降，反过来影响谷糙分离。工艺要求是回砻谷中糙米含量不能大于1%，糙米中含谷不超过40粒/kg。

谷糙分离的基本原理是充分利用稻谷和糙米在粒度、密度、摩擦因数、悬浮速度等在物理和工艺特性方面的差异，使之在运动中产生良好的自动分级，即糙米"下沉"、稻谷"上浮"，采用适宜的机械运动形式和装置将稻谷和糙米进行分离和分选。

目前，常用的谷糙分离方法主要有筛选法、密度分离法和弹性分离法三种。

（1）筛选法　筛选法是利用稻谷和糙米间粒度的差异及其自动分级特性、配备以合适的筛孔、借助筛面的运动进行谷糙分离的方法，如图2-13所示。主要是用稻谷分离筛进行分离。我国目前常用的有溜筛和平面回转筛两种，溜筛用作谷糙分离结构简单，不耗用动力，分离效果好，但设备道数多，占地面积大，且回流量大，不利于简化米厂工艺设备，近年来很少使用。选糙平转筛是我国目前定型的谷糙分离设备，具有结构紧凑、占地面积小、筛理流程简短、筛理效率高、操作管理简单等特点。按其筛体外形不同，可分为长方形筛和圆形筛两种。

（2）密度分离法　密度分离法是利用稻谷和糙米在密度、表面摩擦因数等物理性质的不同及其自动分级特性，在作往复振动的粗糙工作面板上进行谷糙分离的方法。常用的设备是重力谷糙分离机，如图2-14所示。它是借助呈双向倾斜安装，并在分离板冲有马蹄形、鱼鳞形凸点的工作面的往复振动，利用稻谷与糙米相对密度和表面摩擦因数的不同，借助双向倾斜往复运动的分离板作用，使谷糙混合物在分离板上形成良好的自动分级。重力谷糙分离机对品种混杂严重、粒度均匀性差的稻谷料的加工具有较强的适应性，同时谷糙分离效率高，操作管理简单。

（3）弹性分离法　弹性分离法是利用稻谷和糙米弹性的差异及其自动分级特性而进行谷糙分离的方法。常用的设备是撞击谷糙分离机。它是根据稻谷与糙米的弹性、相对密度和摩擦因数等物理特性的不同，借助具有适宜反弹面的分离槽进行谷糙分离。因此，它不受品种和籽粒大小的影响。同时，它只有净糙和回砻两个出口，减少提升次数，但其产量低、造价高，目前国内使用的较少。

（三）碾米及成品整理

1. 碾米

糙米皮层虽含有较多的营养素，如脂肪、蛋白质、维生素等，但粗纤维含量高，吸水性、膨胀性差，食用品质低，不耐储。因此，需要将糙米的皮层去掉。碾米就是应用物理（机械）或化学的方法，将糙米表面的皮层部分或全部剥除的工序。

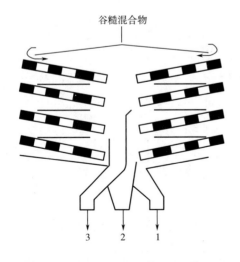

图2-13　谷糙分离平转筛筛选流程

1—净糙　2—回筛物　3—回砻谷

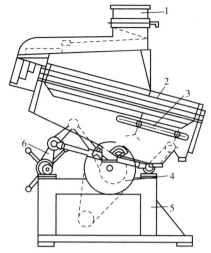

(1)MGCZ型重力谷糙分离机　　　　　　(2)MGCZ型重力谷糙分离机结构示意图

图2-14　重力谷糙分离机

1—进料机构　2—分离箱体　3—出料口调节板　4—偏心传动机构　5—机架　6—支撑机构

碾米是稻谷加工的最后一道工序，而且是对米粒直接进行碾制，如操作不当，碾削过强时，会产生大量碎米，影响出米率和产量；碾削不足时，又会造成糙白不均的现象，影响成品质量。碾米工序工艺效果的好坏，直接影响整个碾米厂的经济效益。

机械碾米主要是依靠碾米机碾白室构件与米粒间产生的机械物理作用，将糙米碾白。根据在碾去糙米皮层时的作用性质不同，一般可分为擦离碾白、碾削碾白和混合碾白三种。

（1）擦离碾白　碾米时依靠米机辊筒对米的推进和翻动，造成米粒与米粒，米粒与碾白室构件发生碰撞、挤压和磨擦，使糙米皮层与胚乳脱离而达到碾白的目的。这种碾白方式由于米粒在碾白室内受到较大的压力，碾米过程中容易产生碎米，故不宜用来碾制皮层干硬，籽粒极脆，强度较差的籼米。这种碾白方式制成的成品表面光洁、色泽明亮，擦离碾白由于米机内部压力较大，也称压力式碾白。

（2）碾削碾白　碾米时，借助高速转动的金刚砂碾辊表面无数坚硬、微小、锋利的沙粒，对米粒皮层进行不断碾削，使米粒皮层分割、剥落，将糙米碾白，这种去皮方式称为碾削碾白。由于它去皮时所需压力较小，产生的碎米较少，适宜于碾削皮层干硬、结构松弛，强度较差的粉质米粒。但碾削碾白会使米粒表面留下砂粒去皮洼痕。因此碾制的成品表面光洁度和色泽较差。同时，这种碾白方式碾下的米糠往往含有细小的淀粉粒，如用于榨油，会降低出油率。

（3）混合碾白　混合碾白是一种以碾削去皮为主，擦离去皮为辅的混合碾白方法。它综合了以上两种碾白方式的优点。我国目前普遍使用的碾米机大都属于这种碾白方式。

碾米的机械称为碾米机，按碾白方式可分为擦离式，碾削式和混合式三类。

擦离式碾米机，采用擦离碾白，碾米机的碾辊为铁辊，碾米机的线速度一般在5m/s。碾制相同数量大米时，其碾白室容积比其他类型的碾米机小，常用于高精度米加工，多采用多机组合，轻碾多道碾白，碾白压力大而常用于饲料碾轧，菜籽磨泥，小麦剥皮等。

碾削式碾米机，采用碾削碾白，碾辊为圆锥形或截圆锥形砂辊。碾辊线速度一般在15m/s。机型较大，碾白压力较小。

混合式碾米机，采用混合碾白方式，碾辊为砂辊或砂铁辊结合，碾辊线速度一般在 10m/s。其碾白作用以碾削为主，擦离为辅。机型中等。复合碾米机由于兼有擦离型和碾削型碾米机的优点，工艺效果较好，并能一机出白，可以减少碾米道数。

碾米机按照碾辊主轴的装置形式，分为卧式碾米机和立式碾米机两类。

碾米机按照碾辊材料的不同，分为砂辊碾米机和铁辊碾米机两类。

碾米的基本要求是在保证成品米符合规定质量标准的前提下，提高纯度，提高出米率，提高产量，降低成本和保证安全生产。粳米和籼米的特性不同，加工工艺也有所不同，粳米耐压性强，加工时可重碾，而籼米抗压能力差，需轻碾。混合碾白工艺灵活，适应不同原粮。我国一般采取的工艺为"二砂二铁二抛光"工艺，如图 2 – 15 所示。

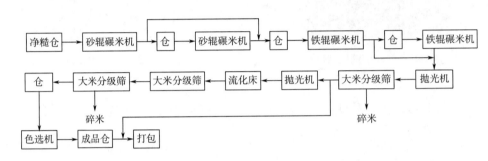

图 2 –15　"二砂二铁二抛光"工艺流程

这种工艺组合，可转变为"二砂一铁"，或"一砂二铁"，且抛光也可变为一道抛光，这样灵活的工艺就可以生产出不同等级的大米，以满足不同客户的要求。多道碾制大米，碾米机内压力小，轻碾细磨，胚乳受损小，碎米少，出米率高，糙白不均率下降。

2. 成品整理

糙米碾白后要将白米的米糠等分开的过程称为成品整理和副产品整理。刚碾压后的白米，其中混有米糠和碎米，米温也较高，既影响成品质量，也不利于成品贮存，因此必须经过整理。要求将黏附在米粒上的糠粉去除干净，并设法降低米温使其适于贮藏，还须根据国家规定的成品含碎标准，进行分级。

成品整理主要包括大米抛光、晾米、分级和色选四道工序。

（1）抛光　抛光是充分去除黏附在白米表面的糠粉以及米粒间混杂的糠块，从而使米粒表面清洁光亮；经抛光的大米不仅大大提高贮藏性能，还具有保持大米的口味和新鲜度的特殊功能，从而提高大米的食用品质和卫生标准。按抛光可分为干法抛光和湿法抛光。

干法抛光是采用铁辊嵌聚氨酯抛光带或者使用牛皮、棕刷等材料刷米，可有效擦离米粒表面附着物，增加大米光洁度。但连续生产后会出现温度升高、聚氨酯软化、阻力增加等问题，导致碎米增加，抛光效果差，目前生产中应用较少。湿法抛光是白米在抛光室借助水的作用进行抛光。其实质是湿法擦米，它是将符合一定精度的白米，经水润湿后，送入专用设备（白米抛光机）中，在一定温度下，米粒表面的淀粉胶质化，使得米粒晶莹光洁、不黏附糠粉、不脱落米粉，从而改善其贮藏性能，提高其商品价值。

（2）晾米　晾米的目的是降低米温，使大米便于贮藏。碾米、抛光过程中都会使大米温度升高。温度过高对其后续的抛光或贮藏有不利影响。在碾米之后抛光之前设置晾米工艺，使米温降至室温，不仅可以提高大米抛光后的亮度，而且可以使增碎率降低1%～2%，提高大米完整率。方法可采用自然冷却或通风冷却，一般用通风冷却，常用设备有吸式风选器和溜筛晾米箱。

（3）分级 大米分级是根据成品质量要求利用自动分级作用配以合适筛网将整米与碎米分离开来的一道加工工序。白米分级常用的设备是白米分级筛，它能将白米分级为特级米、一般米、大碎米、小碎米。生产高等级、高品质大米时，仅采用一道白米分级往往达不到要求。一般还要配合滚筒精选机（长度分级机），以保证整米的质量，又能将混入碎米中的整米分离出来，提高成品的得率。

（4）色选 色选是将优质米中的异色米、腹白米、未清理干净的杂质（如稻谷、砂石等）去除，是生产精制米、出口米时的一道保证产品质量的重要加工工序。目前使用的色选机是利用光电原理，利用异色粒与白米反光率的差异，对白米逐粒比色、检测、分选，将异色粒剔除，从而保证成品的质量。

二、 大米质量标准

根据 GB 1354—2009《大米》，将大米按食用品质分为大米和优质大米两类。

大米质量指标如表2－1所示。其以加工精度、碎米与其中小碎米、不完善粒、杂质的最大限度为定等指标。其中加工精度是指加工后米胚残留以及米粒表面和背沟残留皮层的程度。以国家制定的加工精度标准样品对照检验。在制定加工精度标准样品时，应参照下述文字规定。

一级：背沟无皮，或有皮不成线，米胚和粒面皮层去净的占90%以上。

二级：背沟有皮，米胚和粒面皮层去净的占85%以上。

三级：背沟有皮，粒面皮层残留不超过1/5的占80%以上。

四级：背沟有皮，粒面皮层残留不超过1/3的占75%以上。

表2－1 　　　　　　　　　　　大米质量标准

品种		籼米				粳米				籼糯米			粳糯米		
等级		一级	二级	三级	四级	一级	二级	三级	四级	一级	二级	三级	一级	二级	三级
加工精度		对照标准样品检验留皮程度													
碎米 总量/% ≤		15.0	20.0	25.0	30.0	7.5	10.0	12.5	15.0	15.0	20.0	25.0	7.5	10.0	12.5
碎米 其中小米率/% ≤		1.0	1.5	2.0	2.5	0.5	1.0	1.5	2.0	1.5	2.0	2.5	0.8	1.5	2.3
不完善米粒/% ≤		3.0		4.0	6.0	3.0		4.0	6.0	3.0	4.0	6.0	3.0	4.0	6.0
杂质最大限量 总量/% ≤		0.25		0.3	0.4	0.25		0.3	0.4	0.25		0.3	0.25		0.3
杂质最大限量 糠粉/% ≤		0.15		0.2		0.15		0.2		0.15		0.2	0.15		0.2
杂质最大限量 矿物质/% ≤		0.02													
杂质最大限量 带壳比例/(粒/kg) ≤		3	5	7		3	5	7		3	5		3	5	
杂质最大限量 稻谷粒/(粒/kg) ≤		4	6	8		4	6	8		4	6		4	6	
水分/% ≤		14.5				15.5				14.5			15.5		
黄米粒/% ≤		1.0													
互混/% ≤		5.0													
色泽、气味		无异常色泽和气味													

优质大米质量指标如表2-2所示。其中优质籼米和优质粳米以加工精度、碎米与其中小碎米、不完善粒、垩白粒率、品尝评分值和杂质最大限量为定等指标，优质籼糯米和优质粳糯米以加工精度、碎米与其中小碎米、不完善粒和杂质最大限量为定等指标。

表2-2　　　　　　　　　　　　优质大米质量标准

品种		籼米			粳米			籼糯米			粳糯米		
等级		一级	二级	三级	一级	二级	三级	一级	二级	三级	一级	二级	三级
加工精度		对照标准样品检验留皮程度											
碎米	总量/% ≤	5.0	10.0	15.0	2.5	5.0	7.5	5.0	10.0	15.0	2.5	5.0	7.5
	其中小米率/% ≤	0.2	0.5	1.0	0.1	0.3	0.5	0.5	1.0	1.5	0.2	0.5	0.8
不完善米粒/% ≤		3.0		4.0	3.0		4.0	3.0		4.0	3.0		4.0
垩白粒率/% ≤		10.0	20.0	30.0	10.0	20.0	30.0	—	—	—	—	—	—
品尝评分值/分		90	80	70	90	80	70	75					
直链淀粉含量/%（干基）		14.0~24.0			14.0~20.0			≤2.0					
杂质量最大限量	总量/% ≤	0.25		0.3	0.25		0.3	0.25		0.3	0.25		0.3
	糠粉/% ≤	0.15		0.2	0.15		0.2	0.15		0.2	0.15		0.2
	矿物质/% ≤	0.02											
	带壳比例/（粒/kg）≤	3		5	3		5	3		5	3		5
	稻谷粒/（粒/kg）≤	4		6	4		6	4		6	4		6
水分/% ≤		14.5			15.5			14.5			15.5		
黄米粒/% ≤		1.0											
互混/% ≤		5.0											
色泽、气味		无异常色泽和气味											

注："—"为不要求。

第二节　大米制品加工

随着人民生活水平的提高，人们对稻谷的食用要求已逐步由粗放型向精细型、多样型和方便型转变。因此，稻谷加工产业逐渐扩大。大米加工利用制品是指对稻谷原米制品进一步加工，改变其原始生米粒形态，从而生产出的各种制品。

一、　米粉的加工

我国是种植水稻和加工成品大米大国，每年都会存贮大量的稻谷以备后用。但存贮后的大米食用品质变差，更适合深加工成其他产品，米粉就是主要加工产品之一。其次在加工大米过程产生的大量副产品（碎米）也可以用来生产米粉。米粉又称米线、米面、河粉，是大米经过浸泡、磨粉、蒸煮、成型、冷却等工艺制成的一种大米凝胶制品。米线在东南亚地区和我国南方地区有广阔的市场。根据成品的含水量，可以分为湿米线和干米线；根据食用性的方便性，米线可以分为方便型和烹饪型；根据米线的成型工艺，可将其分为切粉（切条成型）和榨粉（挤压成型）。根据米线的外形，可以分为扁粉、圆粉、肠粉和银丝米粉等。

（一）米粉加工的原料要求

为了保证成品米粉有较好的口感与外观，大米的加工精度是影响米粉品质的重要因素之一。因大米中的碎米、垩白粒、糠粉、灰分等严重影响了成品米粉的外观以及品质。一般来说，针对同一种原料大米，加工精度越高，米粉品质越好。但为了符合企业的实际经济效益，现在的企业一般选用标一米。

生产米粉的主要原料是大米，而大米因组分差异也存在大量的品种。大米原料中淀粉含量占其干重的85%以上，其特性直接影响米粉的质量。更进一步，采用不同品种的大米制作米粉时，大米中直链淀粉和支链淀粉含量的高低及其比例直接影响米粉的质量。直链淀粉含量高的大米，制成的米粉成品密度大，口感较硬；而支链淀粉适当提高，制成的米粉韧性好，煮制时不易断条。但是支链淀粉含量过高，大米原料在糊化过程中迅速吸水而发生膨胀，其黏性过强，制作米粉时容易并条，在煮制时韧性差、易断条，而且汤汁中沉淀物含量增加。直链淀粉的主要作用是为米粉提供弹性和韧性，即嚼劲；而支链淀粉则使米粉变得柔软。从籼米、粳米和糯米的直链淀粉含量来看，籼米最高，粳米次之，糯米最低甚至不含直链淀粉。米粉制作一般选用籼米，主要是其直链淀粉含量较高，一般达到22%以上，大部分粳米不能制作米粉，而糯米因不含直链淀粉则不能用于制作米粉。相对于早籼米，晚籼米含支链淀粉较多，制成的米粉韧性好，不易断条，蒸熟后不易回生，但不易成条。相反，早籼米因直链淀粉偏高，制作出的米粉易成条，但容易老化，质地坚硬且易断条，从而产品难以复水，并有夹生味。另外，早籼稻中直链淀粉分子间的结合力较强，含直链淀粉较高的淀粉粒难以糊化，如糯米的糊化温度（约58℃）比籼米（70℃以上）低。生产上一般不会单纯使用直链淀粉含量高的大米制作米粉，而采用将早、晚籼米以一定比例进行调配，使其混合后的直链淀粉与支链淀粉的比例达到理想要求。

蛋白质是大米的重要组成成分之一，含量一般为5%～13%。大米蛋白通过与淀粉的相互作用，影响米粉的糊化成型及老化回生，从而显著地影响了米粉的硬度。大米淀粉的糊化程度随着蛋白质含量的增加而降低。因蛋白质含量越高，蛋白质在淀粉细胞中就填充得越多且越紧密。大米淀粉糊化过程中，蛋白质与淀粉相互作用形成复杂的网络结构，从而保护淀粉颗粒，抑制其糊化。大米蛋白质含量与鲜湿米粉的口感、感官评分、硬度、黏性、咀嚼性呈显著正相关；而与内聚性、弹性、回复性呈显著负相关。因此，大米中蛋白质含量过高或过低对于米粉的加工品质都有不利的影响，需要通过大量的试验找出适宜的蛋白质含量范围。

在选用米粉专用米时，一般不采用新鲜收获的大米作为生产原料。其中的原因除了陈年米价格相对便宜一些外，还有一个重要的原因就是新鲜大米做的米粉黏性高、挤丝困难，粉条黏结严重，米粉容易断条、糊汤。而大米经过陈化后熟，其品质有一些改变，从而更适合制作米粉。稻谷贮存时间的延长可以改善米粉质构特性，表现在拉伸特性、抗剪切性能及弯曲特性有所提高。表面黏性、碎粉率、断条率、汤汁沉淀和吐浆量均呈现降低的趋势，从而降低了米粉的黏性。不同品种稻谷制作米粉所需的陈化时间不完全相同，一般大米的陈化期选择在15个月。

（二）生产工艺

1. 切粉的工艺流程

切粉是将高直链淀粉含量的大米或碎米浸泡、磨粉后，将20%～30%米浆先完全熟化得到熟米浆，然后和生米浆混匀，均匀涂于帆布输送带。随后通过蒸汽进行第二次加热至米浆完全糊化，然后冷却、切条制成。在机械化生产中，通常采用链式输送机使第二次加热至切条间的工艺得以连续化。手工生产只能间歇生产，其基本工艺流程如图2-16所示。

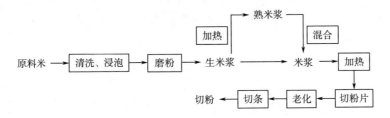

图2-16 切粉的工艺流程

2. 榨粉的工艺流程

我国有两种榨粉工艺，可根据出现的时间分为传统工艺和现代工艺。其基本工艺流程如图2-17所示。

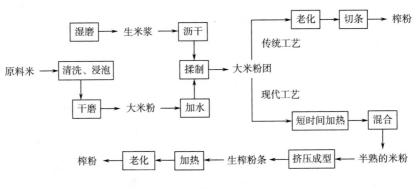

图2-17 榨粉的工艺流程

传统工艺是将生米浆直接涂布在帆布上，在较短时间内经蒸汽加热成半熟的米粉片；或将手工揉制的大米粉团投入沸水中，其表面的大米粉开始糊化，煮至一半的大米粉达到糊化时将其捞出。将经过以上处理的米粉片或米粉团经手工挤压成型，再进行完全糊化，可得到榨粉。现代工艺是采用挤压蒸煮的方式进行糊化。榨粉设备能自动完成熟化和挤丝成型的任务。在该过程中，大米粉经过加水、调浆、加热后，再通过设备挤压成条状完成米粉初步定型，涉及糊化和凝胶化。在糊化开始时，淀粉粒大量吸水膨胀，直链分子从淀粉中渗析出来形成凝胶包裹淀粉粒，淀粉体系强度和刚性显著增加；但随着温度的升高，直链淀粉的迁移能力增强，凝胶网络中的部分氢键断裂。在随后的凝胶化过程中，随着温度的降低，直链淀粉的淀粉分子相互缠绕并趋于有序化，链和链之间的氢键再次形成，并由氢键的作用，形成了具有一定强度的淀粉凝胶网络结构。同时，作为填充物的淀粉粒之间的碰撞变缓，米粉凝胶体系的强度和刚性逐步增大；重新加热糊化，膨胀水化的淀粉粒间的碰撞又加剧，部分氢键断裂，淀粉凝胶体系的强度和刚性再次逐步降低。

从糊化和凝胶化的过程来看，这个过程有一定的可逆性。但如果糊化时加热温度过高，淀粉粒结构破坏严重，再次加热糊化后凝胶体系的刚性和强度与第一次糊化会有较大差异，使糊化和凝胶化的过程变得不可逆。直链淀粉含量越高，这种不可逆性越强。不同种类大米的淀粉糊化温度是不同的，因此根据不同品种大米的糊化温度，来指导米粉的生产是很有意义的，可以避免淀粉过度糊化和米粉品质降低。

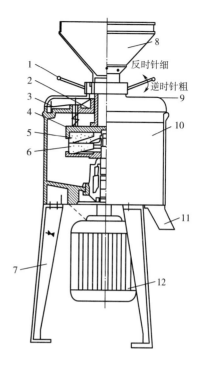

图2-18　大米DM-LZ系列立轴式
磨浆机结构示意图

1—调节器　2—进料口　3—导套座
4—上托盘　5—静磨片　6—动磨片
7—接地　8—料斗　9—磨盖
10—磨壳　11—出浆口　12—电机

（三）主要设备

1. 磨浆机

大米磨浆机由磨浆喂料系统和磨浆系统组成；喂料系统由电动机、三角皮带轮、减速器和喂料螺线管组成。通过异步电机带动减速器，并联动喂料螺旋实现喂料。磨浆系统主要由磨浆室、磨片、调整移动装置和联轴器等组成（图2-18）。

大米磨浆机磨浆工作原理是当浆料输向磨浆室，处于静磨片和动磨片之间，动磨片经电机带动，使料液物质经过摩擦力、剪切力、离心力等的作用，将料液打碎得更细。

2. 米线挤出机

用于米线加工的挤压机一般为螺杆挤出机，结构如图2-19所示。由加料斗、加热装置、机筒、螺杆、物料区和模头组成。

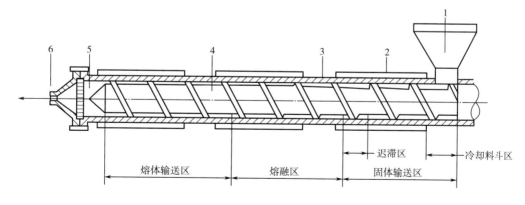

图2-19　米线挤压机结构示意图

1—进料斗　2—加热装置　3—机筒　4—螺杆　5—物料区　6—模头

将含有一定水分的物料从料斗进入机筒内，随着螺杆的转动，沿着螺槽方向向前输送。由于受到机头的阻力作用，固体物料逐渐压实。同时物料受到来自机筒的外部加热以及物料在螺杆与机筒的强烈搅拌、混合、摩擦、剪切等作用，温度升高，压力增大，变成熔融状态。接着物料受到螺杆的继续推进作用，使其通过一个专门设计的孔口（模具），以形成一定形状和组织状态的产品。

挤压加工过程可以简单地分成三个部分。当疏松的原料从加料斗进入机筒内时，随着螺杆的转动，沿着螺槽方向向前输送，这一部分称为加料输送段；与此同时，由于受到机头的阻力作用，固体物料逐渐压实，物料受到来自机筒的外部加热以及物料在螺杆与机筒的强烈搅拌、混合、剪切等作用，温度升高、开始熔融，直至全部熔融，这一部分称为压缩熔融段；由于螺槽逐渐变浅，继续升温升压，食品物料受到蒸煮，出现淀粉糊化，脂肪、蛋白质变性等一系列复杂的反应，组织进一步均化，最后定量、定压地由机头通道均匀挤出，最后这一部分称为计量均化段。

二、 速冻汤圆的加工

速冻食品就是把经适当加工处理的食品原料和配料，在低于 −30℃ 的条件下快速冻结，然后在 −18℃ 或更低的温度下贮存和运输的方便食品。与其他各类食品保藏方法如干燥保藏、罐藏等相比，速冻食品的风味、组织结构、营养价值等方面与新鲜状态食品更为接近，食品的稳定性也相对更好，是食品长期贮藏的重要方法，它被国际上公认为最佳的食品贮藏保鲜技术。随着方便食品行业的兴起，速冻食品发展成为我国传统食品、主副食品工业化生产的重要方式之一。汤圆作为我国的传统糯米制品，深受广大人民的喜爱，在速冻技术迅速发展的带动下，速冻汤圆已实现了工业化生产。

（一） 生产工艺

速冻汤圆的生产工艺一般工序：原辅料配方及处理 → 制馅 → 调制粉团 → 包馅成型 → 速冻 → 包装 → 冷藏。按面皮调制方法可将汤圆工艺分为三种：煮芡法（蒸煮法）、热烫法以及冷水调制法。

煮芡法是将糯米粉加水搅拌并常压蒸煮，用凉水冷却后再加入糯米粉、水搅拌混合，揉捏成型、包馅、速冻后冷冻贮藏。煮芡法的实质是先将部分糯米粉蒸煮形成糯米凝胶，再将此凝胶加入糯米粉中制成粉团。先凝胶化的糯米的比例一般在 10% ~ 50% 较好，由于糯米凝胶在冷藏过程中的脱水收缩作用易引起表面裂纹。因此，随着凝胶用量增加，这种现象越严重。

热烫法是将水磨糯米粉加入 70% 的沸水，搅拌、揉搓至粉团表面光洁，此方法操作简单易行，与煮芡法原理类似，但是制得的面皮组织粗糙、松散、易破裂。经过热烫后，糯米粉中部分淀粉糊化，为体系提供了黏度，有利于汤圆的加工塑性，但同时也会因为糊化后的淀粉在低温条件下回生（即冷冻回生），导致其营养价值、口感等在贮藏期内都会有明显的劣变，从而给汤圆的整体品质带来负面影响。

冷水调制法是一种在糯米粉中直接加凉水进行调粉的方法。此法在早期因为冷水和面而存在着糯米粉黏度不足的缺陷，近年来这个问题已经通过添加品质改良剂而解决。这种方法工艺简单，成本得到明显控制，同时冷水调制还可保持糯米原有的糯香味，并且因本身皆是生粉而不存在汤圆的回生情况，因此目前现代工业化生产中均采用预加改良剂冷水调粉法。

（二） 原料糯米粉要求

汤圆一般要求嫩滑爽口、绵软香甜、口感细腻，且有弹性、不粘牙。通常以黏弹性、韧性、细腻度三项指标来衡量汤圆的口感品质。速冻汤圆一般以水磨糯米粉为原料，糯米粉的质量与汤圆的口感密切相关。汤圆对糯米粉质粒度及黏度的要求较高，要求粉质细腻，粒度应基本达到100目筛通过率大于90%，150目筛通过率大于80%，口感好，龟裂较少，品质较好。当粉粒较粗时，成型性好，但粗糙，色泽泛灰，光泽暗淡，易导致浑汤，无糯米的清香味；而粉粒过细时，色泽乳白，光亮透明，有浓厚的糯米清香味，但成型性不好，易粘牙，韧性差。同时糯米粉质粒度也直接影响其糊化度，从而影响到黏度及产品的复水性。

（三）　速冻汤圆常见的品质问题

在速冻汤圆大规模工业化生产的过程中，由于糯米粉不像普通面粉可以形成面筋，延展性差，经过冷冻和冷藏的糯米团往往出现不同程度的开裂，形状塌陷，不耐煮制，制作的产品经过速冻后会出现明显裂纹、脱粉等现象，严重影响速冻汤圆的品质和销量。汤圆开裂的基本机理为冷冻过程产生的内部膨胀压力和蒸发失水。在冷冻过程中，汤圆表面先结冰，汤圆皮温不断下降，粉团内水分结冰膨胀致使表面开裂；在冻结过程中，随着温度的降低，汤圆馅料中存在的大量水分冻结膨胀产生内压施力于外层引起汤圆皮开裂。在贮存过程中，汤圆表面也会逐渐失水形成裂纹；贮存、运输过程中，由于温度波动和外力作用也会引起开裂。

速冻汤圆的生产工艺条件对汤圆的质量也有很大影响。由于糯米粉本身的吸水性、保水性较差，加水量的小幅度变化就可能会对汤圆的开裂程度造成影响，加水量大，糯米粉团较软，在加工时易偏心，导致产品易坍塌且冻裂率提高，加水量过小，粉团不易成型，在冻结过程中导致水分快速散失而引起干裂；冷冻过程中如果冷冻条件控制不好，汤圆中心温度不能迅速达到 $-8℃$，糯米粉团淀粉间水分由于缓冻会生成大的冰晶导致粉团产生裂纹，使汤圆产生较多的开裂。

（四）　速冻汤圆品质改良

速冻汤圆品质改良的方法主要集中在改良剂的添加应用方面。在汤圆面皮的加工过程中，通过适当添加改良剂，直接用冷水调粉代替传统面皮制作的煮芡或热烫工序，使糯米粉团具有一定的筋力，不仅包馅、贮藏时不易裂纹，还能减少粉团凝胶所带来的负面影响。选择改良效果较好的添加剂进行复配可以提高速冻汤圆的品质，例如在汤圆面皮中添加马铃薯氧化羟丙基淀粉、羟丙基交联淀粉和黄原胶等变性淀粉复配，可以改善汤圆面皮质构的稳定性和面团的黏弹性的影响，有利于速冻汤圆皮品质的改良。

三、　方　便　米　饭

（一）　方便米饭及其分类

方便米饭是指由工业化大规模生产，在食用前只需做简单烹调或者直接可食用，风味、口感、外形与普通米饭一致的主食食品。方便米饭不仅能满足即食、方便的要求，而且是一种主食产品，可以弥补其他方便食品营养单一、难以满足人们生理及营养需求的不足，符合现代人的消费理念，具有十分广阔的发展前景。

世界上许多国家利用新技术如生物技术、挤压技术、微波技术、速冻技术等开发各种类型的方便米饭。方便米饭可分为两大类，即脱水方便米饭和非脱水方便米饭。其中，脱水方便米饭按脱水方式不同又分为 α-脱水方便米饭、膨化米饭等。非脱水方便米饭也可称为保鲜方便米饭，需在食用前加热。

目前，方便米饭主要有以下六种。

1. 速冻（冷冻）方便米饭

速冻方便米饭是将煮好的米饭放在 –40℃的超低温环境中急速冷冻后所获得的产品，在 –18℃的状况下可保存一年。此类产品目前在市场上的占有率最高。

2. 无菌包装方便米饭

无菌包装方便米饭是将煮熟调理好的米饭封入气密性容器后所得到的产品。其煮饭和包装都是在无菌室中进行。外观类似蒸煮袋米饭，但是它不用再进行热杀菌处理，不会改变米饭原来的风味和口感。此产品在常温状态下可保存 6 个月。此类产品的市场占有率仅次于速冻米饭，两者共占方便米饭市场 80% 以上的份额。

3. 蒸煮袋（软罐头）方便米饭

蒸煮袋方便米饭是将煮好的米饭封入特殊的气密性包装容器，然后进行高压加热杀菌而成的产品。常温下可保存 1 年。

4. 冷藏方便米饭

有些调理加工好的食品在流通过程中需要处于冷藏状态下，有些方便米饭也采用这种低温灭菌的技术来保持米饭的新鲜度和良好口感。在冷藏库中可保存两个月。

5. 干燥方便米饭

干燥方便米饭是将煮好的米饭通过热风、冻结或膨化等快速脱水干燥的手段处理后得到的产品，它质量轻，保存时间长（常温下可保存 3 年）。利用范围广泛，常用作登山或储备食品。

6. 罐头方便米饭

将煮好的米饭密封入金属罐，然后进行高温杀菌就得到罐头方便米饭。罐头方便米饭历史久远，从第二次世界大战以来就作为军用食品而被大量生产。常温下可保存 3 年，特殊情况下可以保存 5 年。

各种方便米饭生产工艺不尽相同，但都要求煮好的米粒完整，轮廓分明，软而结实，不黏不连，并保持米饭的正常香味。

（二）生产工艺

方便米饭的加工以淀粉的糊化和回生现象为基础。大米成分中 70% 以上是淀粉，在水分含量适宜的情况下，当加热到一定温度时，淀粉会发生糊化（熟化）变性，淀粉糊化的程度主要由水分和温度控制。糊化后的米粒要快速脱水，以固定糊化淀粉的分子结构，防止淀粉的老化回生。回生后的淀粉将使制品出现僵硬、呆滞的外观和类似夹生米饭的口感；并且人体内的淀粉酶类很难作用于回生的淀粉，从而使米饭的消化利用率大大降低。

速食方便米饭通常指两种食用方式产品，一种是经水干燥的米饭颗粒，在食用时复水数分钟并经简单加热即可食用，称为脱水干燥米饭；另一种是打开包装加热或不加热即可食用的成品米饭，称为非脱水米饭。

脱水干燥米饭可分为 α–方便米饭、冷冻干燥米饭和膨化米饭三种，生产工艺各异。

1. α–方便米饭

α–方便米饭又称速煮米饭或脱水米饭，通过热风干燥使糊化后的大米干燥脱水、复水后即食的米饭。其主要由主食大米、佐餐材料、调味料三部分组成。品质良好的 α–方便米饭色泽接近新鲜的米饭，复水性较好，复水后的米饭外观和口感接近新鲜米饭。α–方便米饭的出现，既符合传统的饮食习惯，又能满足人们适应现代社会快节奏生活的要求，是主食发展的一种趋势。为了最大限度地提高方便米饭品质，食品科学家对 α–方便米饭的生产配方和工艺做了很多尝试和创新，如一些添加剂的使用、二次浸泡蒸煮工艺的采用以及引入真空冷冻干燥、微波干燥等新型干燥方法，显著提高了 α - 方便米饭产品品质。世界上通常采用的 α - 方便米饭生产工艺以日本为代表，基本工艺为：大米→淘洗→浸泡→汽蒸或炊煮→米饭→干燥。

（1）浸泡工艺　糊化程度低的方便米饭易回生，复水后易出现硬心，浸泡能够有效提高米饭的糊化程度。改变浸泡时间、温度、加水量和溶液成分，能够在一定程度上改善方便米饭的风味和营养。在实际生产过程中，浸泡能减少生产耗能，浸泡工艺条件为大米质量 1~2 倍的加水量、常温浸泡 60~100min。干燥前米饭的吸水量直接影响干燥后的复水性，一般干燥前米饭的吸水量越大，干燥后复水越快。

（2）添加剂　用于方便米饭制作的乙醇、磷酸盐、柠檬酸盐、乳化剂、酯类等添加剂，因含有亲水基团，提高浸泡吸水率，是目前应用最广泛的添加剂。例如，采用 500mg/L 的柠檬酸和柠檬酸盐浸泡大米，得到了品质良好的 α - 方便米饭。需要注意的是，添加剂的总含量一般应控制在 0.38%（质量比）以内。此外有些高分子多糖，例如，α - 环状糊精的添加也能促进 α - 方便米饭形成良好的品质，原因是 α - 环状糊精分子外侧具有亲水基团，具有独特的包接性能，溶液中可提高淀粉的溶解度。通过酶处理去除相关脂类和蛋白质可以提高淀粉吸水性，进而提高方便米饭中淀粉的糊化程度，例如，用 0.18% 的蛋白酶常温浸泡，得到了黏弹性良好的米饭。酶处理的最大优势是不会污染食品，但成本较高，因此大规模使用受限。

（3）蒸煮条件　蒸煮过程就是使大米淀粉糊化的过程，此过程促进方便米饭的主要挥发性风味物质的形成，也是产品的黏弹性、完整度、风味等品质形成的关键步骤。蒸煮的压力、加水量、温度和时间是蒸煮工艺中重要的技术参数。常用的米饭烹饪方法有常压蒸煮、高压蒸煮和微波蒸煮。

（4）离散工艺　蒸煮后的米饭因水分非常高（65%~70%）、干燥易结团，因此干燥前需要离散。离散的方法有很多种，主要有冷水离散、热水离散和采用机械设备离散等。冷水离散简单易行，但容易出现回生；用 60~70℃ 的热水离散后的米饭口感好、无夹生感、易搓散、饭粒完整率高、淀粉水分含量为 30%~60%，这可能与淀粉回生时支链淀粉重结晶的适宜温度有关。离散后还应沥干表面浮水，工业生产中使用离散后再耙松的方法进行大规模处理。也可以借鉴方便米粉的生产过程中干燥前用风力吹干表面浮水的方法。

（5）热风干燥　热风干燥的原理是利用热传导、对流等方式将热量从外部传至物料内部在高温条件下将水分带走，该干燥方法是速食产品最常用的干燥方法。与其他干燥方法比较，热风干燥优势在于所需设备简单、成本低廉；劣势在于干燥时热量由表及里和水分由里及表的运动过程需要较长时间，加热速度慢且受热不均匀。实际生产过程中，将蒸煮好的米饭均匀地铺放在铁筛上（厚度 0~1.5cm），将温度控制在 60~105℃ 进行热风干燥。干燥时注意控制温度和湿度这两个主要关键参数，尽管理论上温度越高，湿度越小，干燥效率越高；但实际生产过程中温度不宜过高，湿度应控制在一定的范围内，这样可以有效地提高方便米饭的复水率、改善复水后的风味、口感和色泽。由于方便米饭的热传导性较差，干燥时间要求较长，这种热传导性差会直接影响成品米粒完整性和结团的出现。热风干燥的方便米饭色泽比新鲜米饭颜色偏黄、质地易碎、米粒形状容易被破坏，但复水性较好，只需 5~10min 即可完全复水。复水后风味和口感接近新鲜米饭。方便米饭的热风干燥分阶段干燥效果更佳，一般干燥过程分为低温（85℃）和高温（105℃）两段，具体理论还需进一步探讨。

（6）微波干燥　微波干燥是一种电磁波辐射加热的方法。湿物料处于振荡周期极短的微波高频电场内，其内部的水分子会发生极化并沿着微波电场的方向整齐排列，然后迅速随高频交变电场方向的交互变化而转动，并产生剧烈的碰撞和摩擦（每秒钟可达上亿次），结果一部分微波能转化为分子运动能，并以热量的形式表现出来，使水的温度升高而离开物料，从而使物料干燥。微波进入物料并被吸收后，其能量在物料电介质内部转换成热能。微波干燥是利用电磁波作为加热源，被干燥物料本身为发热体的一种干燥方式。进行微波干燥方便米饭时，注意控制三个关键的参数：首先是米饭的厚度，一般在 1.5cm。其余两个参数是功率和时间，理论上，微波功率越大，干燥所需时间越短，但最短时间干燥获得的产品品质不一定最佳，在生产实际中需优化，找到最佳的功率和时间点。功率太高，容易出现大部分产品还未干燥时，表层米饭已经焦黄甚至变黑的现象。

（7）真空冷冻干燥　也称升华干燥，其原理是将材料冷冻，使其含有的水分变成冰块，然后在真空下使冰升华而达到干燥的目的。由于真空冷冻干燥在温度较低的条件下脱出水分，可最大限度地保持新鲜食品的色、香、味、形和维生素、蛋白质等营养成分。因此，干燥后的产品含水量较低，能长久贮藏，即使在常温下也能保存较长时间。真空冷冻干燥的缺点是耗能大、成本高，难以被广泛采用，因此使用受限。

2. 冷冻干燥米饭

将大米炊煮成米饭后，先冻结至0℃以下，使水分变成固态冰，然后在较高真空度下，将冰升华为水蒸气而除去称为冷冻干燥米饭。冷冻干燥米饭虽呈多孔状，但注入开水后米粒表面淀粉糊化，形成薄层，阻碍水分渗入，米粒中心仍保留原有的白浊状。为提高冷冻干燥米饭的食用品质，大米汽蒸或炊煮后，可浸泡在冷水中或温水中进行缓慢冷冻，使米粒内部产生较大冰晶。冷冻干燥的米饭便于贮藏、携带和运输。

3. 膨化米饭

膨化米饭就是将大米预糊化后再膨化。膨化米饭的复水性优于 α－方便米饭冷冻干燥米饭；但复水后米饭缺少黏性。其生产工艺流程为：大米 → 淘洗 → 浸泡 → 汽蒸或炊煮 → α化 → 干燥 → 膨化。其中，α化程度对米饭膨化度、复水性、口感等有较大影响。α化不充分、膨化度低，注入开水复原时，未α化米粒不能复原。膨化前水分一般调整为10%～20%，经水分调整后，若放置2～3h，可大大提高膨化度。根据前面介绍，可将脱水干燥米饭生产工艺流程总结为：大米 → 淘洗 → 浸泡 → 汽蒸或炊煮 → 离散 → 干燥 → 筛选 → 包装 → α－方便米饭。此外，非脱水米饭生产工艺流程为：大米 → 淘洗 → 浸泡 → 汽蒸或炊煮 → 离散 → 包装 → 杀菌 → α－方便米饭。

（三）主要设备

1. 米饭蒸煮锅

（1）机器结构图　米饭蒸煮锅结构示意图如图 2-20 所示，由锅盖、放气孔、内胆、外壳、电控出料装置开关按钮、机架、放冷凝小阀门、放药液阀门、中心进气阀门、夹层进气阀门和揭盖机构等组成。

（2）工作原理　装有蒸汽夹套的锅体，可分别向夹套和锅体通入蒸汽，从而达到蒸煮规范要求。蒸饭时，将蒸汽直接从底部中心气管输入锅内蒸烧，同时夹层内放入适量蒸汽，使内胆保温，减少锅胆内壁回水，必要时将回水烧干。煮饭时，锅内放水，中心气管输入蒸汽煮烧，夹层内放入的蒸汽只起保温的作用。

2. 流化床干燥设备

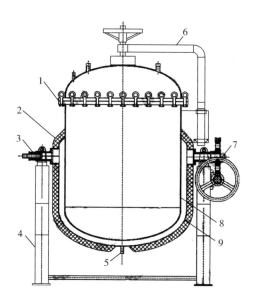

图2-20　蒸煮锅结构示意图

1—设备法兰　2—保温层　3—蒸汽进口　4—支架　5—冷凝水出口
6—旋转开盖装置　7—倾斜装置　8—内胆　9—夹套

流化床干燥的米饭具有能耗低、干燥速度快等优点，同时复水性、外观、口感也较好。

（1）机器结构图　流化床干燥设备有三种类型，第一种是多层振动流化床干燥器，机器结构如图2-21所示。主要由减振弹簧、热风进口、下床体、出料口、被干燥物料、筛板、落料阀组、中床体、上床罩、排风口、料斗、加料装置和振动电机等构成。

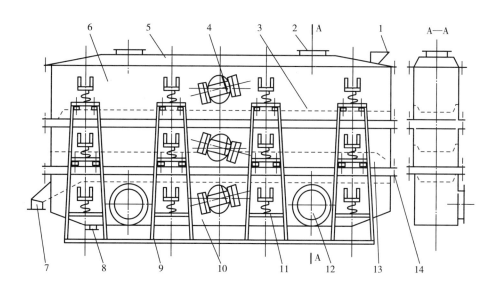

图2-21　多层振动流化床干燥器结构示意图

1—上料口　2—引风口　3—孔板　4—驱动电机　5—上盖　6—上箱体　7—出料口
8—出渣口　9—支架　10—下箱体　11—弹簧　12—进风口　13—中箱体　14—软连接

（2）干燥原理　物料从上料口进入干燥机上层，在振动和风力作用下不断向前运动，运动到上层孔板尾部落到中间层孔板上，运动到尾部后落到下层孔板上继续运动，直至从出料口出料。在这一过程中，热风连续作用，从底向上，与物料在孔板上的运动呈错流状态，并多次与物料接触，即在底层与含湿量低的物料接触，经过中间层，又在底部与含湿量高的物料接触，不断地带走物料中的水分，从而使物料干燥。

3. 远红外干燥设备

红外线在食品干燥方面是一种新兴技术，红外线的光谱带（0.72～1000nm）位于可见光和微波之间，具有光和波的性质，以光速在空间直线传播。它辐射到物体表面上能被反射、透射和吸收，无介质热损失，随着波长的变化有质的变化，突出表现为穿透能力和热效应，水和含水物质的分子或基团的固有运动（振动或转动）频率，换成波长表示为2.5～200nm波带，与远红外线频率相匹配。

（1）设备结构图　目前世界上广泛使用的是以煤气或天然气为能源，通过触媒介质催化直接转换为远红外线，而且能产生3～7nm的波长，辐射效果好，运行成本低廉。由于该技术在世界上处于领先地位，因此被许多国家的生产企业所采用。这种远红外线发生器结构如图2-22所示，主要由红外线、网、催化剂、电热板、隔热板和分配板等组成。

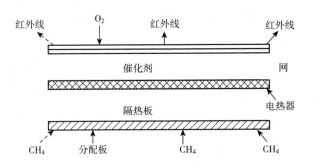

图2-22　远红外线发生器结构示意图

（2）加热原理　远红外线能穿入食品内部粒子间微小间隙，激起分子内能级变化的同时吸收能量，产生共振，迫使分子运动加剧而内部发热，温度迅速升高。同时食品内部的液态水分在温度梯度的作用下，由内向外移动到表面（温扩散），由系统的辐射和对流作用获得蒸发热而蒸发（外扩散），使表面温度相对降低。此时，温度梯度的作用方向由内向外和湿度梯度的作用方向一致，使食品内部水分的热扩散与湿扩散以及表面水汽的蒸发都处在正向的最佳状态，从而大大加速了干燥过程，缩短了干燥时间。同时食品中含有的细菌接收了红外线辐射后，变得凝固、代谢障碍、活性消失以致死亡。上述作用的综合叠加，实现了高效、节能、灭菌的干燥过程。

4. 微波干燥设备

微波是一种电磁波，可产生高频电磁场。微波干燥物料时，介质材料中的极性分子在电磁场中随着电磁场的频率不断改变极性取向，使分子往复振动，产生摩擦热；由于物料中液态水介电常数大，水优先受热蒸发，此时大量吸收微波能并转变为热能，使物料温度不断升高，且透入物料内部的微波对物料进行整体加热，也就是内外同时加热，避免了"外焦内生"现象的发生，进而得到更佳的干燥效果。微波干燥具有反应灵敏、便于控制、热效率高、无余热、无污染等显著特点。因此，在方便米饭加工领域，利用微波干燥技术具有干燥快速、生产效率高、干燥品质高、能量利用率高，以及兼有杀菌作用、产品复水性好等优点。微波干燥是一种理想的方便米饭干燥方法。

生产中常见 WDZ 型智能化微波真空连续干燥机，机器结构如图 2 - 23 所示。WDZ 型智能化微波真空连续干燥机主要由干燥筒体、微波发生系统、控制系统（PLC 控制动态显示系统）、真空系统、传动系统、排湿系统、破碎系统、加料和出料系统、清洗系统等组成。

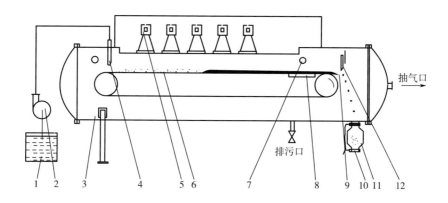

图 2 - 23 WDZ 型智能化微波真空连续干燥机结构示意图
1—料筒 2—料泵 3—真空箱体 4—加料枪 5—加热系统 6—输送系统
7—清洗系统 8—冷却系统 9—刮料系统 10—蝶阀 11—接料器 12—破碎系统

第三节 稻谷加工副产品的综合利用

稻谷是我国极其重要的粮食作物，其特点是高产、营养价值高、适应性强。稻谷粒由稻壳和糙米两部分组成，在稻谷加工中经砻谷机可分离出稻壳和糙米，糙米再经加工碾去皮层和胚，留下的胚乳是可食用的大米。在稻谷加工过程中，会产生三种副产品：稻壳、碎米、米糠。除了稻壳用于非食品领域外，碎米和米糠在食品领域中的应用更具前景。

一、碎 米

碎米形成的原因是稻米在碾白过程中由于受到摩擦力和碾磨力的作用，在这个过程中会不可避免地产生 10% ~ 15% 的碎米。虽然从化学成分上来讲，碎米与整米区别不大，但碎米与整米的价值、食用品质是很不相同的，因此不符合成品质量要求的碎米，只能做副产物处理且经济价值较低。

碎米综合利用的途径主要有以下两个方面：一是利用碎米中的蛋白质，将碎米中的蛋白质含量提高后制得的高蛋白米粉，可作为婴儿、老年人、病人所需的高蛋白食品；二是开发利用碎米中较高含量的淀粉。目前，我国利用碎米淀粉生产的新产品主要有果葡糖浆、山梨醇、液体葡萄酒、麦芽糖醇、麦芽糊精粉、饮料等。碎米淀粉利用后的米渣含有较多的蛋白质，可用作生产酱油、蛋白饲料、果酱、蛋白胨和酵母培养基等多种产品。

（一） 碎米发酵制取甘露醇

甘露醇是天然的糖醇，广泛存在于自然界中，如海带、地衣、胡萝卜、食用菌、柿饼等都含有甘露醇。D－甘露醇又称甘露糖醇、己六醇，是一种六元糖醇，和山梨糖醇是同分异构体。甘露醇纯品为无色或白色针状、斜方柱状晶体、结晶状粉末，无臭，有清凉的甜味，甜度是蔗糖的 40% ~ 50%，熔点 165 ~ 170℃，质量能 8.36kJ/g，沸点 290 ~ 295℃（0.4 ~ 0.67kPa），相对密度 1.489，易溶于水，溶解度（25℃）21.3g/100g。易溶于吡啶、甘油、苯胺和热的乙醇，几乎不溶于大多数有机溶剂（如醚、酮、烃等），更是多元糖醇中唯一一种没有吸湿性的晶体。

目前天然物提取法和化学氢化法是工业生产甘露醇的主要方法，但有污染大、能耗大、副产物难分离的缺点。微生物转化生产甘露醇，尤其是以乳酸菌利用果糖为底物生产甘露醇的方法，具有不产生副产物等优点。利用碎米资源来制取甘露醇，实现碎米附加值的成倍增加，为碎米的精深加工和综合利用提供一条新的途径。

1. 碎米前处理

称取一定量的碎米，将杂质挑拣出来，然后放入高速粉碎机中进行粉碎，时间 2 ~ 3min。粉碎完成后，过 60 目筛，将筛下物装袋封口，放置在干燥的环境中备用。

2. 工艺流程

碎米葡萄糖液的制备工艺如图 2 - 24 所示。

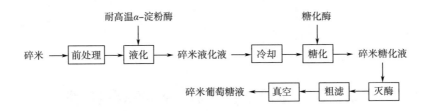

图 2 -24 碎米葡萄糖液的制备工艺流程

取若干经过前处理的碎米粉末，按照 6：1 的液料比加水混合均匀后，再向其中加入 15U/g 的耐高温 α － 淀粉酶，然后放置在 90℃的水浴锅中液化 20min。液化完成后，将液化液冷却并保持在 60℃，调节 pH 为 3.5，并向其中添加糖化酶约 80U/g，搅拌糖化 24h。将糖化以后的糖化液煮沸灭酶，用纱布进行粗过滤，然后再用抽滤机进行抽滤，反复两次，收集滤过液，即为碎米葡萄糖液。用 3,5 - 二硝基水杨酸法测定葡萄糖浓度。

将制备完成的碎米葡萄糖液放置于恒温水浴锅中，加热并保持在 70℃，调节 pH 为 7.5，向其中添加与葡萄糖含量比例为 0.9% 的葡萄糖异构酶，搅拌异构化 35h。将异构化以后的糖液煮沸灭酶，抽滤后收集滤过液，即为碎米果葡糖液。果糖含量用旋光度法测定。

调整制备好的碎米果葡糖液的果糖浓度至约 75g/L，向其中添加剩余发酵培养基所需要的成分，调节 pH 为 6.9，再将培养好的摇瓶种子液按 10% 接种量接入发酵液中，在发酵温度 42℃、摇床转速 120r/min 的条件下，发酵 48h。

将发酵液煮沸灭酶钝化，抽滤后在滤液中加入活性炭，加热至 50 ~ 60℃，脱色约 30min。脱色完成后抽滤，将抽滤液按照一定的流速、进料量通过一定高度的大孔阴阳离子树脂交换柱，以足量的去离子水作为洗脱液进行洗脱，用自动部分收集器来收集洗脱液，通过高效液相色谱法测定甘露醇的洗脱曲线。根据洗脱曲线，将含有纯的甘露醇的各级分进行收集，用旋转蒸发仪浓缩后，加入少量80目的甘露醇晶种，放入4℃冰箱中冷却结晶。将结晶抽滤后烘干，得到甘露醇初结晶，将初结晶加热溶解配成900g/L的水溶液，再冷却结晶，干燥以后得到甘露醇纯品。

（二）　碎米蛋白的利用

碎米作为稻米加工的副产物，其中所含蛋白属于大米蛋白，碎米中蛋白质含量为8%。这些蛋白在谷粒中以两种蛋白体的形式存在，一种是具有片状结构的球状体 PB - Ⅰ，颗粒致密，直径为0.5~2μm；另一种为不规则的非片状 PB - Ⅱ，颗粒直径约4μm。这两种蛋白体在大米胚乳细胞中相伴存在，并紧密围绕在淀粉颗粒外围。由于碎米残渣中含有50%以上的蛋白质，这部分蛋白由于溶解性及功能性均较差，很难应用于食品工业中。因此，碎米的综合利用需要一个高效的非破坏性的大米淀粉与蛋白的分离工艺。

1. 高蛋白质米粉

由于婴儿与幼童无法食用足够的大米来获得适量的蛋白质，国内外都在研制高蛋白质米粉食品。将碎米经过磨粉、液化、发酵并分离其淀粉，把离心后沉淀部分加以冷冻干燥，再经过鼓风和喷雾干燥可制成高级蛋白米粉，其蛋白质是普通大米的3倍，比面粉的蛋白质要多3倍，可用作儿童食品和乳粉。

2. 大米抗氧化肽

大米中蛋白质含量远低于淀粉，因此可用碎米中含量丰富的蛋白质生产大米抗氧化肽，不但可减少浪费，还可创造更多价值。因此，一般选取米糠、米渣、碎米作为制备大米抗氧化肽的原料。

制备大米抗氧化肽的主要方法是酶水解法。酶解法制备大米抗氧化肽主要是利用酶对大米蛋白的降解和修饰作用，使大米蛋白变成可溶肽而被提取出来。酶解法制备大米抗氧化肽对其溶解性、泡沫稳定性和乳化稳定性都有明显优势，且操作简单、条件温和、对营养成分破坏低。酶解法使用的蛋白酶包括动物蛋白酶、植物蛋白酶、微生物蛋白酶。

碎米可作为提取大米蛋白质的原料，可运用不同的提取手段得到不同蛋白质含量和不同性能的产品。除了上述应用外，可作为营养补充剂用于食品的是蛋白含量为80%以上并具有很好水溶性的大米蛋白产品；大米蛋白浓缩物是一种极佳的蛋白质源，含量为40%~70%的大米蛋白一般作为高级宠物食品、小猪饲料、小牛饮用乳等，其天然无味和低过敏，以及不会引起肠胃胀气的独特性质，使其常适合用作宠物食品；也可用米粉制作面包，不仅式样各异，而且松软可口；大米蛋白还可应用于日化行业中，如用于洗发水，作为天然发泡剂。

（三）　碎米淀粉的利用

碎米中的淀粉含量约为80%，提取、分离、纯化大米淀粉的方法有碱法、酶法、碱酶复合法等。商业化的大米淀粉生产主要通过3~5g/L的碱液浸泡去除蛋白，再经湿磨、离心、水洗、烘干制得。大米淀粉及其衍生物是重要的工业原料，已广泛应用于造纸、食品、纺织、医药等多个领域。

1. 糊精粉

以精白米粉用 α - 淀粉酶两次处理酸化，再用活性炭和阳离子交换树脂处理，干燥即得到糊精粉。将碎米浸胀后磨成浆，用中火煮沸，并按干米重的2.5%慢慢匀撒麦芽粉，边撒、边煮、边搅拌，直至煮熟。冷却过滤后再用中火熬煮，待水分基本蒸发，浆液变成乳白色胶状物，趁热倒出冷却即成。

2. 米粉饮料

以糯米、粳米（碎米）为原料磨成米粉制成饮料。在米粉中加入 10～20 倍的水一起煮（兼杀菌），再加入山慈姑粉防沉淀。然后把此饮料煮至出香味时再加入少量盐分即可供饮用。如再加入优质赤砂糖或蜂蜜直至母乳的甜度即可作为母乳代用品。

二、米　糠

米糠是把糙米碾成大米时所产生的种皮、外胚乳和糊粉层的混合生产物，可以作为一种营养丰富、生理功能卓越的健康食品原料。米糠中集中了 64% 的稻米营养素以及 90% 以上的人体必需元素，其化学成分以糖类、脂肪（14%～24%）和蛋白质（12%～16%）为主，还含有较多的维生素、植酸盐和矿物质等营养素，并含有生育酚、γ - 谷维醇、二十八烷醇等近 100 种具有各种功能的生物活性因子，具有预防心血管疾病、调节血糖、减肥、预防肿瘤、抗疲劳和美容等多种功效。米糠的营养成分见表 2-3。由于米糠占稻谷质量的 5%～5.5%，我国的米糠年产量达 1000 万 t 以上，但大多数未被合理利用。米糠经过深度开发利用，可增值约 60 倍。

表 2-3　　　　　　　　　　　　　米糠的营养成分

营养成分	每 100g 米糠中的含量	营养成分	每 100g 米糠中的含量
水分/g	6.00	生育酚、生育三烯酚/mg	25.61
蛋白质/g	14.50	B 族维生素/mg	56.95
碳水化合物/g	51.00	总膳食纤维/g	29.00
灰分/g	8.00	可溶性膳食纤维/g	4.00
肌醇/g	1.50	总脂肪酸/g	20.50
γ - 谷维醇/mg	245.15	热量/kJ	1.38
植物甾醇/mg	302.00		

（一）米糠油及米糠油衍生物

1. 精炼米糠油

全国大米加工拥有丰富的米糠资源，如能集中加工利用，可为国家增产油脂 1.7×10^9 kg（按含糠率 5%，米糠含油率 18% 计），米糠油具有气味芳香、耐高温煎炸、耐长久贮存和几乎无有害物质生成等优点。正因为米糠油的性能优越，它已成为继葵花籽油、玉米胚芽油之后的又一新型保健食品用油。其加工精制而得的米糠油含有 38% 的亚油酸和 42% 的油酸，亚油酸和油酸比例约为 1∶1.1，从现代营养学的观点看，米糠油的膳食脂肪酸比例最为接近人类的膳食推荐标准。我国是全球第二大油料作物进口国，作为稻谷生产大国，我国的米糠资源极为丰富，但目前对这一资源的开发利用还极为不足。由此可见，米糠油具有相当大的市场开发潜力。

2. 米糠油衍生物

米糠油衍生物包括谷维素、植物甾醇、糠蜡、维生素 E、二十八烷醇、三十烷醇等。与其他植物油脂比较，从米糠油副产物中提取谷维素、植物甾醇、二十八烷醇和三十烷醇具有比较优势。

（1）谷维素　谷维素可抑制胆固醇的吸收和合成，并促进胆固醇的异化和排泄，具有降血脂和防治动脉粥样硬化等心血管疾病的作用。作为米糠油生产的副产品，谷维素的提取一般都与毛糠油精炼结合在一起。近年来，谷维素的生产方法在简化工艺、提高得率和降低成本方面得到不断改进。据报道，在优化的条件下，谷维素的得率可比传统的弱酸取代法提高1倍。

（2）植物甾醇　一类具有生理价值的物质，可用于合成调节水、蛋白质、糖和盐代谢的甾醇激素。植物甾醇作为治疗心血管疾病、抗哮喘、抗皮肤鳞癌、治疗顽固性溃疡的药物已被应用或正在做临床试验，用氧化谷甾醇法生产的雄甾－4－烯－3,17－二酮是类固醇药的中间体，可用以制造口服避孕药和治疗高血压药等，在各种植物油脂中米糠油的植物甾醇含量较高。

（3）二十八烷醇和三十烷醇　米糠油中含蜡3%～4%，米糠蜡主要由高级脂肪醇酯组成，而这些高级脂肪醇酯经过分解转化处理可获得具有生物活性的功能性物质——二十八烷醇和三十烷醇，它们都是美国食品与药物管理局（FDA）认可的功能性添加剂，可以改善运动耐力，调节脂肪代谢和降低胆固醇，可广泛应用于功能性食品、各种营养补助品、医药、化妆品和高档饲料中，其市场份额也在不断扩大。

（二）米糠多糖

米糠多糖存在于稻谷颖果皮层中，作为一种功能性多糖，米糠多糖近几年也备受人们的关注。米糠多糖是一种结构复杂的杂聚糖，由木糖、葡萄糖、半乳糖、鼠李糖、甘露糖和阿拉伯糖等组成。米糠多糖有着显著的保健功能和生物活性，其良好的溶解性能、浅淡的颜色，使得它可与多种食品相匹配。米糠多糖不仅具有一般多糖所具有的生理功能，同时在抗肿瘤、增强免疫、对白血病原代细胞体外培养的抑制和美容保健方面有独特的生理功能。

（三）米糠膳食纤维

米糠膳食纤维是一种优质的谷物膳食纤维，米糠中的半纤维素和纤维素分别占米糠的8.7%～11.4%和9.6%～12.8%。营养学家认为，膳食纤维能够平衡人体营养和调节机体功能，增加膳食纤维的摄入量，可以预防高血脂、肥胖症、脂肪肝等现代疾病。

（四）其他应用

除了上述应用外，可利用米糠中富含蛋白质、维生素、食物纤维生产高营养食品和保健品，如米糠面包、米糠饼干、米糠面条等食品。

第四节　典型稻谷加工应用案例

一、发芽糙米的加工

发芽糙米指糙米经过发芽至适当芽长的芽体，主要由幼芽和带皮层的胚乳两部分构成。糙米因尚未去除富营养化的米糠层，比起只剩下胚乳部分的白米，或是仅留有胚芽和胚乳部分的胚芽米，具有更高的营养价值。发芽糙米的芽长为0.5～1mm时，其营养价值处于最佳状态，远超糙米，更胜普通大米。发芽糙米的实质是在一定的生理活化工艺条件下，其所含有的大量酶如淀粉酶、蛋白酶、植酸酶等被激活和释放，并从结合态转化为游离态的酶解过程。正是由于这一生理活化过程，发芽糙米的粗纤维外壳被酶解软化，部分蛋白质分解为氨基酸，淀粉转变为糖类，使食物的感官性能和风味得以改善，而且在保留了丰富的维生素（维生素 B_1、维生素 B_2、维生素 B_6、维生素 C、维生素 E）、矿物质（Mg、K、Zn、Fe）、膳食纤维营养成分的同时，更产生了多种具有促进人体健康和防治疾病的成分，如 γ - 氨基丁酸、六磷酸肌醇等。发芽糙米含有较多的生育酚、三烯生育酚。它可防止皮肤氧化损伤、保持皮肤细胞中维生素 E 的正常水平，抗血管硬化，对抑制癌细胞增殖有协同作用。

（一）加工工艺

发芽糙米可以加工出湿式和干式两种产品，工艺流程如图 2 - 25 所示。糙米经清理、筛选和消毒后，在一定温度的浸泡液中浸泡一定时间，然后在一定温度和相对湿度的环境中发芽，达到发芽要求后，可将发芽好的糙米直接干燥（干法），也可用 75 ~ 80℃ 的热水钝化发芽好的糙米，再将其干燥至 14% ~ 15% 的含水量，从而生产出发芽糙米（湿法）。其中，糙米发芽是该技术的核心部分。

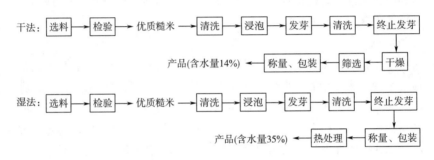

图 2 - 25　发芽糙米的工艺流程

（二）操作要点

1. 原料选择

糙米原料必须是当年自然干燥的新糙米，含水量约为 15% 发芽率高，选择胚乳饱满的米粒，除去霉粒、不完整的米粒和杂质。糙米的发芽力、呼吸速率、淀粉酶活力以及淀粉等贮藏物质的降解速度因粳稻品种不同而异。在江苏省主栽粳稻品种（南农 4 号、南粳 39、镇稻 99 和扬粳 687）中，南农 4 号发芽率最高，淀粉降解速度快，还原糖、水溶性蛋白质和游离氨基酸含量高。四个粳稻品种的糙米发芽势与总淀粉酶活力、还原糖、水溶性蛋白质和游离氨基酸含量之间呈高度正相关，而与淀粉保留量呈显著的负相关。可见，不同粳稻品种的糙米发芽势可作为判断其发芽特性的一个重要参考指标。

2. 灭菌

糙米在发芽过程中，由于高水分含量及适合的环境温湿度条件，微生物易大量滋生，成为长期困扰发芽糙米生产的难题。目前常用次氯酸钠对糙米原料先进行灭菌处理。臭氧的灭菌效果也很好，适合工业化生产使用。

3. 浸泡

目的是提高糙米的吸水率。要尽量缩短浸泡时间，严格控制浸泡温度。糙米的吸水率与浸泡温度、浸泡时间及浸泡溶液有关系。吸水速度随浸泡温度的升高而加快，提高温度可使糙米加快达到饱和水分，即可以缩短浸泡时间；但浸泡温度也不能过高，以免表层淀粉糊化，或是热溶性物质流失，浸泡温度不应超过 40℃。糙米吸水率随浸泡时间的延长而增加，初始吸水速度很快，但一定时间后达到饱和，即使再延长，只是糙米胚芽鼓出，开始发芽，并且浸泡液变浑，会产生涩味。浸泡时间与浸泡温度应综合考虑。

采用浸泡的方式增加糙米水分必然会使糙米爆腰率增高，影响产品质量且不利于产品的进一步加工利用。为了避免浸泡时糙米发酵和变质，需要使用消毒剂，这对发芽糙米生产的安全管理提出了更高要求。

4. 发芽

发芽条件根据原料种类和浸泡情况会有所不同。通常情况下，糙米发芽需要的发芽温度在 30~40℃，但需要保持一定的湿度。通过控制发芽温度和湿度，可以在 12h 达到最大发芽率。

5. 干燥

从干燥前后发芽糙米营养成分、加工性能和色泽的变化来看，以真空冷冻干燥最理想，其次是微波干燥和普通热风干燥。

糙米的发芽处理包括了浸泡和发芽两个关键性工序，但从糙米生理变化的角度来看，浸泡和发芽过程又连为一体。糙米的生命活动通常在浸泡过程中就开始了，发芽使生命活动进一步加强。目前，国内外促使糙米发芽的方法主要有两种：利用糙米自身的发芽功能，不仅环保，而且简便，非常适合小规模生产；利用生物化学物质促使糙米发芽。促进糙米发芽常用的生物化学物质是以赤霉素、钙离子等为浸泡液，不仅缩短了时间，而且提高了糙米的发芽势、发芽率、芽长、活力指数、发芽指数和淀粉酶活力，此种方法很适合企业进行大规模的发展。但是，采用生物化学物质进行处理在试剂残留以及安全性方面存在隐患，还需进一步验证。

二、 方便湿米粉的加工

方便湿米粉以大米为原料，通过浸泡、磨浆、蒸片、挤压成型等工序加工而成，在我国南方各省及东南亚广受欢迎。方便湿米粉经过酸浸灭菌后，保质期可长达 6 个月。

（一）加工工艺

方便湿米粉的加工工艺如图 2-26 所示。

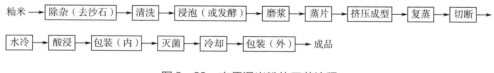

图 2-26 方便湿米粉的工艺流程

（二）操作要点

作为广受欢迎的米制品，方便米粉的加工关键要点包括大米原料的选择、浸泡、磨浆、蒸片、挤压、复蒸、水洗冷却、酸浸和灭菌等。只有将每一个环节的操作都设定在最优水平，所制取的米粉的品质才符合生产要求。

1. 原料确定

方便湿米粉的原料一般选择陈化半年或 1 年的早籼米，且与一定比例的晚籼米配合所制取的米粉口感最佳。实际生产中，籼稻品种繁多，特性差异大，即使在相同条件下生产的方便米粉的品质也具较大的差异性。因此，米粉原料米的选择应细化到稻米的品种。实践证明，适合于米粉加工的稻谷品种有中早 1 号、汕优 64、早熟 213 等。

2. 浸泡或发酵

浸泡在于使大米充分吸水、表面产生裂纹，从而更易被粉碎。然而大米在浸泡过程中除了吸水，还会发生部分物质溶出、改变糊化焓等现象。这对于大米的后续加工工艺及产品品质也具有一定的影响。生产上方便湿米粉适宜的浸泡工艺为 40℃下浸泡 16h。在我国南方地区，常将大米在自然条件下发酵数天后再用于米粉生产，目的在于生产出筋道感比未发酵产品更强的米粉。同时，通过发酵处理，大米中的营养成分，如总糖、游离脂肪酸、总蛋白、总脂肪、总灰分都会发生变化，从而形成风味独特的米粉口感。生产上一般采用自然发酵，冷水浸泡。夏天一般为 1~3d，冬天一般为 3~7d 才能发酵完全。采用 40~50℃热水浸泡，10~12h 即可用于生产。浸泡时间过长，大米则易为蜡样芽孢杆菌等杂菌污染变馊变坏；浸泡时间短，米粉的韧性较差，品质下降。

3. 磨浆

磨浆环节涉及大米粉碎细度和最终的米浆含水量。粉碎细度主要受前段浸泡处理、粉碎方式、加水量等的影响；一般来说，细度越小，所制作出的米粉质构越均匀，口感更好。

磨浆过程中加水量的多少会影响米粉坯的水分含量，并最终影响米粉成品的品质。加水量的多少一般需达到既能满足淀粉的充分糊化，但其凝胶相中又不能有较多的游离水分，否则对米粉成品的黏弹性将有弱化影响。一般来说，淀粉体系充分糊化时，淀粉（以无水葡萄糖计）与水分子的最低比例为 1：14，此时的临界水分含量为 60%~61%。

4. 蒸片、挤压成型及复蒸

蒸片是将米浆坯送到传送带上，通过调节上浆的速度使其成为厚薄均匀的带状，并随着传送带的移动，连续地通过初蒸蒸汽槽。随后将初蒸好的米片送入挤压机中，通过机械挤压成圆柱形的长条。挤出来的米粉条以粗细均匀、表面光滑有弹性、无夹生、起泡少为宜。为了使米粉继续被熟化，需要送往复蒸汽槽复蒸。

以不同的性质为指标，则初蒸和复蒸的时间不同，实际生产中一般初蒸要使米粉熟化程度为 70%~80%，而复蒸则使米粉完全熟化。

5. 水洗冷却

挤压成型的湿粉切断后，温度仍较高，通常采用水洗冷却，目的在于使方便湿米粉迅速定型，从而获得理想的强度。米粉条遇冷收敛，其延伸性、黏弹性增加，更具凝胶特性；同时水洗可洗去米粉条表面的淀粉，使其表面更光滑、不粘条。一般冷却水的温度越低，越利于方便湿米粉骤冷收缩，从而提高其强度。考虑到方便性，方便湿米粉的工业生产中一般采用 0~10℃的冷水对米粉条进行淋洗，使其温度骤降至室温。水洗时间一般控制为 1.5~2.5min。

6. 酸浸与灭菌

方便湿米粉的水分含量高达 60%~70%，在贮存过程中存在腐败变质的危险，因而需灭菌处理。一般来说，微生物适宜生长的 pH 范围为 5.0~8.0，其中细菌生长的 pH 范围为 4.0~8.0，而酵母、霉菌的耐酸性较强，即使在低 pH 下也能生长。鉴于一般条件下以 pH4.5 为临界点，pH<4.5 的酸体系具有防腐作用，因此方便湿米粉的灭菌方式通常是将酸处理与热力杀菌相结合。方便湿米粉灭菌处理前经过酸浸工艺，能够降低灭菌的强度，因为未酸浸时采用高温高压长时间灭菌，对其品质会产生不良影响。

米粉酸浸一般采用乳酸或含乳酸的溶液。例如，鲜米粉经过 pH4.2 的乳酸/醋酸钠体系酸浸

1min 后，再采用 95℃、35min 的热力杀菌处理，其保质期可达 3 个月，且米粉品质保持良好。

（三） 品质改良措施

从理论上来说，糊化后的淀粉会不可避免地发生老化回生，导致方便米粉品质的下降，影响最终的商品价值。生产上可以采用物理法、酶法和加入添加剂等方法来保持方便米粉的柔软性。

物理法抗老化主要是通过控制淀粉类食品的贮存条件（温度或水分）来达到延缓老化的效果。一般而言，淀粉最易老化的温度为 2～4℃，防止淀粉类食品老化的贮存温度在 -7℃ 以下或 60℃ 以上。淀粉含水量为 30%～60% 时容易老化，因而控制淀粉类食品的水分含量在 10% 以下或 80% 以上时，可有效延缓老化的速度。然而，鲜湿米粉含水量通常在 60%～70%，其含水量正好在淀粉易发生老化的范围之内；同时，为了运输及销售的方便性，一般于室温下贮藏，因而传统的抑制淀粉老化的物理方法不能从根本上解决方便湿米粉的老化问题。

加入添加剂虽能达到一定的抗老化效果，例如，亲水胶体（瓜尔豆胶、刺槐豆胶、黄原胶等）、乳化剂（甘油脂肪酸酯、蔗糖酯、单甘酯等）和变性淀粉（环状糊精、马铃薯羟丙基羧甲基淀粉等）。但某些添加剂对方便湿米粉的口感会产生不良影响，且人体对添加剂的摄入量也有一定的限制，使用时需慎重。因而在方便湿米粉的工业生产中，添加剂需要选择性地适量添加。

🔍 思考题

1. 稻谷的物理性质有哪些？分别对稻谷加工有何影响？
2. 稻谷清理方法有哪些？各自的原理是什么？
3. 稻谷砻谷方式有哪些？谷糙分离方法有哪些？
4. 稻谷制米时为什么要进行碾米？碾米的主要方式有哪些？
5. 简述切粉和榨粉的主要工艺特点。
6. 分析速冻汤圆常见的品质问题及解决措施。
7. 简述米醋的加工工艺要点。
8. 提高 α - 方便米饭加工品质的方法有哪些？
9. 试分析综合利用稻谷加工副产物的加工产品种类及其优缺点。
10. 发芽糙米与普通大米的区别是什么？发芽糙米加工的关键工艺是什么？

推荐阅读书目

［1］林亲录，吴跃，王青云，丁玉琴，李丽辉. 稻谷及副产物加工和利用［M］. 北京：科学出版社，2015.

［2］黄亮，林亲录，孙术国. 稻谷加工机械［M］. 北京：科学出版社，2015.

［3］周显青. 稻谷加工工艺与设备［M］. 北京：中国轻工业出版社，2011.

［4］殷涌光. 食品机械与设备［M］. 北京：化学工业出版社，2007.

［5］周显青. 稻谷精深加工技术［M］. 北京：化学工业出版社，2006.

本章参考文献

［1］赵晋府．食品工艺学（第二版）［M］．北京：中国轻工业出版社，2008.

［2］于新，刘丽．传统米制品加工技术［M］．北京：中国纺织出版社，2014.

［3］傅晓如．米制品加工工艺与配方［M］．北京：化学工业出版社，2008.

［4］夏扬．米制品加工工艺与配方［M］．北京：科学技术文献出版社，2001.

第三章

CHAPTER

小麦制粉及面制品加工

3

[知识目标]

了解小麦制粉前小麦清理的方法及其原理；熟悉小麦制粉前的润麦和配麦方法以及原理；熟悉小麦制粉工艺及其操作特点；熟悉常见的小麦面制食品及其加工工艺与操作要点。

[能力目标]

学会分析小麦搭配的原则；能够解决小麦制粉过程中的关键问题；分析提高面包、蛋糕、挂面等面制食品品质的工艺改进方法。

第一节 小 麦 制 粉

小麦制粉是指小麦籽粒经清理和水分调节后将胚乳与麦胚、麦皮分开，再将胚乳磨细成粉的过程，然后再根据消费需要，进行不同等级面粉的配制或者通过面粉处理，制成各种专用粉。小麦制粉的工艺过程可分为两大部分，即小麦的清理（麦路）和制粉（粉路）。

一、 小 麦 清 理

小麦在生长、收割、扬晒、贮藏、运输以及预加工等过程中难免会有尘土、沙石、秸秆、玻璃、金属物、煤渣、鼠粪虫尸、异种粮粒等杂质混入，未经清理的进厂小麦称为毛麦。在制粉前必须把毛麦中的各种杂质清除干净，才能保证面粉的纯度和产品的质量，降低机械设备的受损，避免生产事故，保护生产的正常运行。小麦清理就是利用各种清理设备来清洗毛麦中所含的杂质，并对麦粒表面进行清理，使之达到入磨净麦的要求。

（一） 小麦清理的方法

1. 筛选法

依据小麦与杂质粒度的大小不同，将被清理的毛麦放在不同形状和大小筛孔的筛板上进行筛理，通过筛面与小麦的相对运动，使小麦发生运动、分层，粒度小、相对密度大的物质接触筛面成为筛下物，这样就可以逐步把粒度大于或者小于小麦的杂质从毛麦中清理出去。

2. 风选法

根据小麦和杂质空气动力学性质（一般用悬浮速度表示）的不同进行分选，在气流作用下，当气流速度大于物料的悬浮速度，则物料被吸走，而当气流速度小于该物料的悬浮速度，则物料在气流中下落。例如，带风选设备的吸风分离器、垂直吸风道等，可以分离小麦中的尘土、麦壳、草秆等轻杂质，而砂石、金属物、玻璃等被下沉到另一处装置收集。

3. 相对密度法

根据小麦和杂质相对密度不同进行分选，可用空气或者水作介质进行分离，轻者上浮或者上行，重者下沉或者下行。杂质在水中重的易下沉，轻的则漂在水面；经筛面振动，重的被沉到底层筛面，轻的浮于上层，被风吸走。相对密度法可以清除毛麦中粒度和小麦相似但是相对密度不同的杂质。

4. 磁选法

根据小麦和杂质磁性不同进行分选，利用磁力清除毛麦中的磁性金属物。小麦是非磁性物质，不会被磁铁所吸附，而混入小麦中的一些金属杂质（如铁钉、螺母、螺帽、铁屑等）是磁性物质，在磁场中会被磁化而被磁铁所吸附，从而从小麦中被分离出去。

5. 精选法

利用杂质与小麦的几何形状和长度的不同将其分离。利用几何形状不同进行清理需要借助斜面和螺旋面，通过小麦和球形杂质发生的不同运动轨迹来进行分离；利用长度不同进行清理是借助圆筒或圆盘工作表面上的袋孔及旋转运动形式，使短粒嵌入袋孔内并带到一定高度落入收集槽中，长粒留于袋孔外，从而使长于或者短于小麦的杂质得以分离。

6. 撞击法

利用小麦与杂质强度的不同，通过高速旋转构件的撞击、摩擦使强度低的杂质（如发芽霉变的小麦、土块等）破碎、脱落，利用合适的筛孔使其分离，从而达到清理的目的。

7. 光电分析法

根据小麦和杂质颜色的不同进行分离，可分离小麦中色泽比较深的杂质，如草籽、麦角、石子等。使用的设备为色选机，由于该设备价格昂贵，目前应用还不普遍。

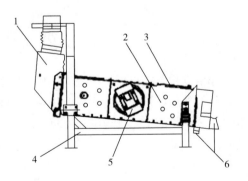

图 3-1 振动筛外形和结构图

1—进料装置 2—筛体 3—检查孔盖
4—机架 5—振动电机 6—出料装置

（二） 除杂设备

1. 振动筛

振动筛是一种筛理、筛选清理设备（图3-1），利用小麦与杂质粒度大小不同除杂。振动机构带动筛体倾斜往复运动，结合机器本身角度造成的重力作用推动物料，使形状与物料不同的杂质下落到设定的收料口。小麦经振动筛清理后，把杂质中的草秆、麦穗、瓦砾、塑料布及制品、非并肩泥、石块、砂粒、颗粒小的杂草种子、煤渣、水泥块等从小麦中分离出去。

2. 比重去石机

比重去石机是一种利用小麦和杂质的相对密度不同进行分选。相对密度分选法需要介质的参与，介质可以是空气和水。利用空气作为介质的称为干法相对密度分选，常用的设备有比重去石机、重力分级机等；利用水作为介质的称为湿法比重分选，常用的设备有去石洗麦机等。主要用来分离筛选设备难以处理的并肩泥块。

比重去石机主要由进料装置、去石装置、支承机构和振动电机等部分组成（图3-2）。去石筛面采用钢丝编织筛网，其下部设有匀风格和匀风板。去石机的筛体由支撑弹簧与带有弹性的撑杆支撑，由双振动电机驱动，沿特定的倾斜方向产生振动。筛面上方是吸风罩，气流经筛孔由下至上穿透料层，使筛面上的小麦悬浮起来。物料经带有弹簧压力门的喂料机构进入去石筛面，在上升气流与筛面振动的共同影响下，较重的并肩石贴在筛面上，沿筛面上行，由筛面上端的出石口排出；处于悬浮状态的小麦沿筛面向下流动，经筛面下端的小麦出口排出。

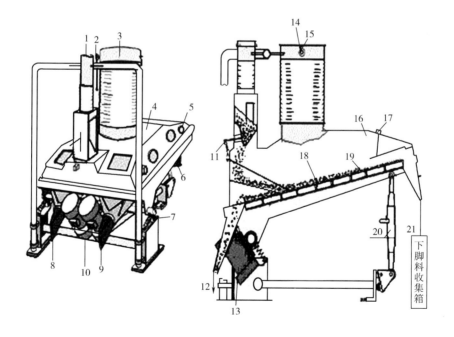

图3-2 TQSX型吸式比重去石机结构示意图

1—进料口 2，14—风门调节 3，15—吸风口 4—筛体 5—指示牌 6，21—石子出口
7—支撑弹簧 8，9，12—小麦出口 10，13—振动电机 11—弹簧压力门 16—吸风罩
17—反吹风调节 18—去石筛面 19—精选筛面 20—可调撑杆

3. 打麦机

打麦机是面粉厂对小麦表面进行干法处理的设备（图3-3）。一般筛选、风选等清理设备无法清除黏附在小麦表面和腹沟处的尘土，打麦机不仅能将混杂在小麦中的泥块打碎，还可以将强度较差的病害变质麦粒打碎清除，同时也可以去除部分表皮，将麦粒表面的灰土、嵌在麦沟里的泥沙、麦毛等杂质打下。打碎的泥灰、细杂通过筛筒的孔眼分离，经出灰口排出。打麦主要是利用机械的打和摩擦作用来清理小麦。摩擦作用力强的打麦机还能擦去部分麦皮，有利于降低面粉灰分。打麦机主要由风机支架、风机、进料口、机壳、机架、机门、转子、筛框、电动机及传动带轮、出料口、出灰口等部分组成，该设备利用转子打板对物料的反复打击及物料与筛筒和齿板的不断摩擦达到清除杂质的目的。

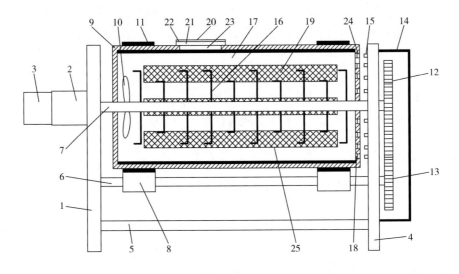

图3-3　卧式打麦机主要结构示意图

1—左挡板　2—减速器　3—电机　4—右挡板　5—连杆　6—第二转轴　7—第一转轴
8—轮辊　9—辊筒　10—风叶　11—橡胶带　12—第一齿轮　13—第二齿轮
14—护罩　15—水喷头　16—搅拌杆　17—摩擦层　18—滤网　19—筛网
20—滑槽　21—封板　22—锁紧螺丝　23—进出料口　24—开孔　25—槽孔

4. 洗麦机

洗麦机的主要功能是着水去石。去石洗麦机是根据物料的相对密度、大小形状不同来分离杂质。不同颗粒在水中不仅受其自身重力，且受水的浮力和阻力作用，相对密度小于水的颗粒上浮，因而一些病粒可以分离出去。相对密度大于水的颗粒下沉，按沉降速度不同，可将小麦和石子分离开，并肩石在水中沉降的速度比小麦快得多，利用具有一定速度的绞龙，将在水中下沉慢的小麦，从一端推向另一端，砂石下沉较快，便逐渐离开小麦绞龙而沉入水底的另一小绞龙中，从相反方向送出，达到将小麦和砂石分离的目的。洗麦过程还可增加小麦的水分，对于含水量低的小麦，起润水作用。去石洗麦机主要由进料装置、洗槽、甩干机、传动机构和供水系统组成（图3-4）。原料小麦首先进入洗槽内，被淘洗的同时，原料中的石子沉降下来，被反向送至洗槽的进料端，随清水管中的水流经喷砂管送入滤砂盒中，清水流入洗槽。小麦在洗槽中被淘洗后送入甩干机，甩去多余的水后由甩干机上部排出，小麦在甩干机中受到摩擦作用，得到进一步的表面清理。

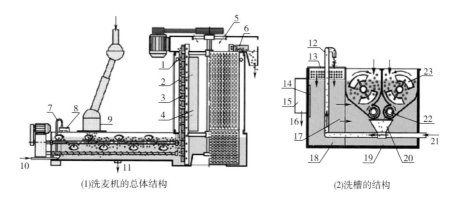

(1)洗麦机的总体结构　　　　　　　(2)洗槽的结构

图3-4　去石洗麦机结构示意图

1—喷淋管　2—鱼鳞筛板　3—甩板叶　4—风叶　5—进风口　6—刮板　7,12—喷砂管　8,13—滤砂盒
9—进料箱　10,21—清水入口　11,16—污水　14—水位控制门　15—排污口　17—回水
18—回水槽　19—洗槽　20—石子收集斗　22—石子绞龙　23—淘洗绞龙

5. 碟片滚筒组合精选机

滚筒精选机的特点是分选精度高，下脚含粮少，但产量较小，设备占地面积较大；碟片精选机的特点是产量较大，调节较方便，但物料对碟片的磨损较厉害，分选精度不高，适合用来分级。碟片滚筒组合精选机将碟片精选机和滚筒精选机组合在一台设备中，扬长避短，提高设备的精选产量及除杂效率，下脚含粮少，相对占地面积较小，在大、中型面粉厂应用较多。设备主要由上部同轴安装的两组碟片、下部并列的两个滚筒及相应的调节、输送、传动机构等部分组成（图3-5），处理量较大的碟片对物料进行分级，滚筒从分级副流中精选出杂质。物料进入机器后，先由大袋孔碟片组分级把进料分成两部分，一部分是短粒小麦及荞子，另一部分是大麦、燕麦和长粒小麦。前者由绞龙送入小袋孔碟片组进行分级，选出的短粒小麦和荞子等，再进入荞子滚筒处理，留下中粒小麦，即该机的主流。而后者送至大麦滚筒，选出长粒小麦，剩下的是燕麦和大麦。荞子滚筒将其中的荞子选出，留下短粒小麦。

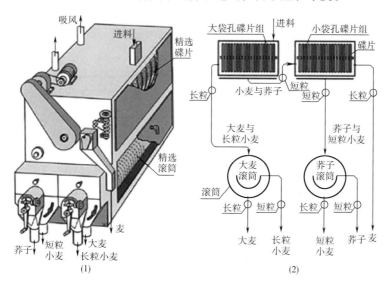

图3-5　碟片滚筒组合机工作原理示意图

6. 抛车

抛车又称为螺旋精选机，是利用小麦与杂质粒形差别进行除杂的设备，除杂对象是荞子，即豌豆类球形杂质，包括野豌豆和杂草种子。螺旋精选机的主要工作机构是与水平面具有一定倾角的螺旋面抛道（图3-6）。螺旋精选机不需动力，物料依靠自身的重力沿抛道向下运动，在运动过程中实现分选。小麦由进料斗通过料闸门均匀地分配到几层内抛道上，沿倾斜的螺旋面流下，因抛道面具有一定的倾角 β 与螺旋角，使得沿抛道不作规则滚滑动的麦粒运动的线速度较低，只可沿螺旋面内侧稳定地滑下，因此不离开抛道。而荞子、豌豆等球状颗粒则以滚动的形式沿螺旋面向下运动，在抛道上良好地滚动并逐渐加速，由此获得较大的离心惯性力而被甩出抛道，从而使荞子等球状颗粒和小麦分离，并分别从各自的出口管道流出机外。

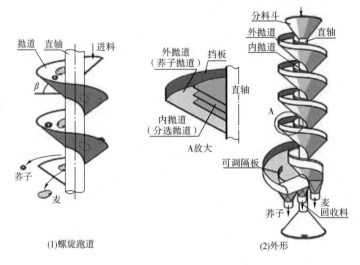

图3-6 螺旋精选机的工作原理示意图

7. 永磁滚动筒

永磁滚动筒主要由喂料机构、滚筒、永磁体及机壳等组成（图3-7）。滚筒采用有色金属制造，本身为非导磁体，工作时慢速转动，筒内部同轴线装置一块圆心角约170°的静止扇形永

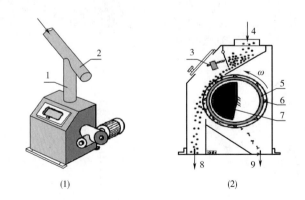

图3-7 永磁滚筒的结构示意图

1—垂直段 2—缓冲接头 3—压力门 4—进料 5—合金滚筒
6—拨齿 7—永磁体 8—小麦 9—铁杂

磁体。因扇形永磁体可透过筒面吸住原料中的铁杂，被吸住的铁杂随筒面转过磁体所影响的170°范围以后，铁杂自行落入设备的杂质出口。当小麦由进料口进入，喂料门使小麦均匀地流过滚筒，磁性物质在磁区被吸于滚筒上，当滚筒转到非磁区时，就把它卸掉，从而实现磁性物质与小麦的分离。

（三）小麦清理流程

麦路一般包括毛麦初清、毛麦处理、小麦水分调节、小麦搭配、净麦处理五个阶段。麦路是保证小麦粉质量和产品纯度的重要环节，完善合理的麦路可提高出粉率、提高产量、降低动力消耗。

1. 毛麦初清

近年来，联合收割机的使用，使小麦中含有大量的秸秆与麦糠，如直接进入配麦，经常会造成配麦器堵塞，导致配麦不准，在小麦进入毛麦仓之前进行一次清理很有必要，此清理过程称为毛麦初清。毛麦初清是粉厂的头道工序，清理效果的好坏，对后道工序影响较大，甚至会影响到产品质量。初清至少应通过一道风筛结合的初清筛。初清的任务是清除小麦中的大杂质（麦秸、麦穗、麻绳、木片等）和部分轻而小的杂质，以避免大杂质堵塞设备的进出口或输送管道、灰尘到处飞扬。小麦进入毛麦仓前，还应设置一道自动秤，以便及时了解小麦的品种、数量，有计划地进仓和为小麦搭配提供依据。

2. 毛麦清理

从毛麦仓到水分调节之间的清理过程称为毛麦清理。毛麦清理的任务是分离小麦中的各种杂质，使达到入磨净麦含杂标准以下。毛麦清理总的来说要做到清理大于或者小于小麦粒的尘芥杂质和部分粮谷杂质；精选出荞子、野草种子、大麦及燕麦；利用风选清除轻杂质和尘土；利用打麦、刷麦和擦麦，清理小麦表面；根据相对密度的不同去除石子；利用磁选设备清除金属杂质。毛麦处理一般采用筛选、去石、洗麦、打麦、磁选和精选设备。

3. 小麦的水分调节

水分调节是小麦入磨制粉前的重要准备工作，是任何制粉厂制粉前不可或缺的一道工序。小麦的水分调节包括着水和润麦，是将小麦加水到适合制粉要求的水分含量，并经一段时间水分向内扩散的过程。水分调节使得小麦表皮柔韧性增加、脆度降低，同时降低胚乳的强度，促使胚乳的结构疏松，易破碎，耗能低；小麦皮层与胚乳的结合力下降，皮层不易破碎，使麦麸不易混入面粉中，有利于提高产品纯度；水分调节后的小麦，出粉率高，色泽和质量较好；改善面粉的烘焙性能。小麦籽粒结构化学成分的不均匀性使水分调节对小麦加工品质产生显著影响，但水分太低籽粒坚硬，不易磨细；水分太高筛理又困难。水分影响小麦皮层的韧性，当水分从 12.7% 增加到 16.5% 时，小麦皮层的纵向抗破坏力增加 10%，横向抗破坏力增加 50%，皮层的抗破坏力达胚乳抗破坏力的 3～5 倍，这是研磨时保持麦皮完整的基础。一般希望小麦皮层与胚乳之间的水分比为（1.5～2.0）∶1。

小麦水分调节，可分为温室水分调节和加温水分调节。室温水分调节是在室温条件下将小麦着水并在麦仓内存放一段时间的水分调节；加温水分调节是将小麦着水后用水分调节器加热处理并在麦仓内存放一段时间的水分调节。小麦室温水分调节的流程是我国中小型面粉厂使用的着水润麦形式，它由洗麦机、着水绞龙、润麦仓三种设备组成，一般流程是，除杂后的小麦→洗麦机→着水绞龙→润麦仓。干法处理小麦的水分调节流程是在干法清理小麦之后，以高速着水机着水，或用蒸汽绞龙着水，然后润麦。

小麦首先经过着水设备对小麦进行着水，然后通过螺旋输送机搅拌混合，使水分在麦粒间的分配较为均匀，送到润麦仓，小麦着水后如果着水量达不到要求，可再经过第二次着水，然后再到润麦仓去润麦。着水后的小麦在润麦仓内存放一段时间，使水分由小麦籽粒外部向内部渗透，以达到净麦水分含量的要求。小麦着水后的润麦时间一般为 18 ~ 24h，加工硬质麦或者气温较低的地方可适当延长润麦时间，硬麦 24 ~ 30h（吃水量大，渗透速度慢）；软麦 16 ~ 20h。硬麦需要加入较多的水才能使胚乳充分软化；软麦只需加入较少的水就能使胚乳充分软化，如果加的水过多，则会造成剥刮和筛理困难的问题。硬麦的最佳入磨水分为 15.5% ~ 17.5%；软麦的最佳入磨水分为 14.0% ~ 15.0%；标准粉为 14.0% ~ 14.5%，高质量等级粉 14.5% ~ 15.0%；高精度的优质粉 15.0% ~ 16.0%。

润麦仓容量大小会影响润麦时间的长短。根据所需润麦时间和生产线的产量来确定润麦仓容量的大小。每个润麦仓仓容不宜过大，但只数不能太少，一个生产线至少要有 3 只润麦仓，以便于各种小麦分开存放和周转。正常生产时，一个仓在进麦，一个仓在出麦，两个仓只起一个仓的作用。

4. 小麦搭配

我国小麦的种植方式是以农户分散种植为主，小麦的品种和品质千差万别。品种及产地的不同，小麦的色泽、粉质、皮层薄厚、水分含量、面筋质含量和胚乳含量等存在一定差异，将直接影响小麦粉的品质。只用一种小麦进行加工不能满足面粉的质量要求，或者制粉性能不佳，不同等级、不同用途的面粉有不同的质量要求，两种以上小麦更能满足面粉的品质要求。小麦搭配是指将各种原料的小麦按照一定的比例混合搭配，搭配的目的是保证原料工艺性质的稳定性，保证产品质量符合国家标准，合理使用原料，提高出粉率。准确的小麦配混是稳定小麦粉品质的基础，确保小麦配混效果是小麦制粉的第一个关键技术。搭配时按照国家规定的小麦粉质量搭配小麦，使之能磨制出符合质量标准的小麦粉，搭配的原则首先要考虑面粉的色泽和面筋质量，其次是灰分、水分、杂质及其他项目。各批小麦水分差值不宜超过 1.5%，搭配后的小麦，按入磨净麦计赤霉病粒不超过 4%。

小麦的搭配使用交叉法计算，一是按照面筋值数量搭配，一是按照面筋质品质搭配。在此过程中还应考虑小麦粉的降落数值、酶活力等因素的影响，比如发芽小麦磨制的面粉，淀粉酶活力过高，降落值很小，制作食品时，面团发黏，质量很差。具体生产中小麦的搭配比例应根据小麦粉的某一质量指标来确定，搭配数量可用反比例方法来确定（表 3 - 1 和表 3 - 2）。

表 3 - 1　　　　　　　　　　小麦搭配比例的计算方法

名称	甲种麦	乙种麦	混合小麦
白麦含量/%	80	30	55
与混合小麦的白麦差/%	80 - 55 = 25	55 - 30 = 25	
混合麦比例	25	25	25 + 25 = 50
搭配百分比	25/50 × 100% = 50%	25/50 × 100% = 50%	100%

名称	甲小麦	乙小麦	丙小麦	混合小麦
面筋质	30	23	20	24
与混合麦面筋差：				
甲、乙麦组成时	30 − 24 = 6	24 − 23 = 1		
甲、丙麦组成时	30 − 24 = 6		24 − 20 = 4	
混合麦比例	1 + 4 = 5	6	6	5 + 6 + 6 = 17
搭配百分比	5/17 × 100% = 29.4%	6/17 × 100% = 35.3%	6/17 × 100% = 35.3%	100%

表 3 − 2　　　　　　　　　　　三批小麦搭配的计算方法

小麦搭配是将分仓存放的不同性质的小麦，同时打开仓门，由配麦控制器搭配比例，使小麦流入麦仓的输送设备中混合。配麦器实际上是流量控制器，一般安装在仓的下面，可以方便地调节其流量。配麦器有多种形式，如：手动（电动、气动）闸门、容积（叶轮）式配麦器、螺旋配麦器（变速绞龙）、流量平衡器等。小麦的混合搭配可以是毛麦，也可以是分别清理、着水、润麦完成的小麦再混合搭配。一般来讲，小麦配混分5步完成：接收配混，有条件的小麦制粉企业采取多点卸粮一点入仓，完成第一次配混；毛麦仓匀质，毛麦仓的作用除满足贮存需要外，更重要的是满足配混要求，少于 6 个仓时，可满足一次匀质；多于 8 个仓时，可满足 2 次匀质；多于 12 个仓时，可满足 3 次匀质；仓数越多，配混的次数越多，配混的均匀性越高；配麦仓搭配，同类小麦匀质后，进入配麦仓，按指定配比完成配麦；润麦仓匀质，仓内自动分级现象是不可避免的，当光麦清理单仓供麦时，用量超过仓容的85%，应开启下一个新仓，并按比例均匀添加；净麦仓匀质，根据仓容、仓型实际情况，设置适宜的进（出）仓匀质装置，除非长期停机，仓底的10%不宜独立使用。

5. 净麦处理

小麦在水分调节后至一皮磨之间的清理过程称为净麦处理。它是为了确保入磨净麦质量，提高产品纯度，对小麦做进一步彻底清理的过程。净麦处理主要采用打、筛、刷（均结合风选）等设备。打麦可采用立式花铁筛打麦机适当重打。刷麦能进一步对麦粒表面进行清理，降低灰分。为保证磁性杂质分离的效率，在小麦入磨前的一道磁选应采用永磁滚筒。净麦处理一般流程：润麦后小麦 → 磁选 → 打麦（重打）→ 筛选（带风选）→ 磁选 → 净麦仓 → 一皮磨。如有刷麦和喷雾着水时，则其流程为：润麦后小麦 → 磁选 → 打麦（重打）→ 筛选（带风选）→ 刷麦（带风选）→ 磁选 → 喷雾着水 → 净麦仓 → 一皮磨。如果在毛麦清理阶段设有去石洗麦机时，精选则应安排在润麦仓之后，打麦机之前。为了计算入磨净麦的数量，净麦仓应装自动秤。净麦仓仓容量一般应能保证半小时的贮存量，保证粉间连续生产，净麦仓还可以作为二次着水短时间润湿麦皮。

二、研磨制粉

研磨制粉是将净麦的皮层与胚乳分离，并把胚乳磨细至粉状，或经过配粉等处理，制成各种不同等级和用途的成品面粉。

（一）小麦制粉流程

将净麦制成面粉的过程中各种物料在各制粉设备中运行的线路也称"粉路"，包括研磨、筛理、清粉、刷麸等环节。现代制粉厂小麦制粉多数使用辊式磨粉机，并辅以撞击机、松粉机、清粉机等设备，小麦经研磨后，分散性较差，需要用撞击松粉机、打板松粉机处理后再进行筛理。

1. 研磨

研磨是指将净麦送入研磨机械设备（图3-8）中，利用机械作用力将胚乳和皮层分开，并将胚乳磨成一定细度的小麦粉的过程。辊式磨粉机小麦皮层厚，结构紧密而坚韧，并且有一条腹沟，腹沟所含麦皮占全部麦皮组织的1/10以上，要将皮层从麦粒上剥下来非常困难，不是只经过一道研磨设备就可以将小麦胚乳与皮层分类，并将胚乳研磨成粉的，需要多道连续的过程。经过第一道磨粉机研磨的净麦，使用筛理设备筛出面粉外，还有麸皮、麦渣、麦芯、粗粉等不同的物料，按照处理物料种类和方法的不同，将制粉系统分为皮磨系统（B）、渣磨系统（S）、心磨系统（M）和尾磨系统（T）。

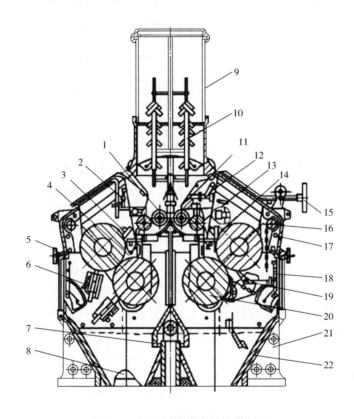

图3-8 MY型辊式磨粉机纵剖面

1—喂料绞龙 2—料门限位间螺钉 3—栅条护栏 4—阻料板 5—下磨门 6—弹簧毛刷
7—吸风道 8—机架墙板 9—有机玻璃筒 10—枝形浮子 11—喂料门 12—料门调节螺杆
13—下喂料辊 14—挡板 15—轧距总调手轮 16—偏心轴 17—上横挡 18—活动挡板
19—光辊清理刮刀 20—下磨辊 21—下横挡 22—排料斗

（1）皮磨系统 处理小麦和麸皮的系统，将麦粒剥开，分离出麦渣、麦心和粗粉，保证麦麸片不过分破碎，使得胚乳和皮层最大限度地分离。此混合物经筛理，将面粉筛出，并将不同质量和大小的颗粒分离开来，分别送往有关系统再处理。以后各道皮磨专门加工前一道皮磨平筛送来的大小麸片，从麸片上刮下胚乳，并磨成细粉，直至把麸片刮净。皮磨一般设 3～5 道，称为 1 皮、2 皮、3 皮等，常用 I B、Ⅱ B、ⅢB 等表示。

（2）渣磨系统　处理皮磨系统及其他系统分离出的带有麦皮的胚乳颗粒，是第二次将皮层和胚乳分离的操作，是用轻研的方法经过磨辊轻微的剥刮，将颗粒上的麦皮分开，得到质量较好的麦心和粗粉。通过筛理筛出少量面粉，将麦皮和胚乳分别送往不同系统处理。渣磨系统的来料，是前路皮磨筛出的第二层筛上物，粒度比麸片小，比麦心大，麸片上带有较厚的胚乳，又称大粗粒、中粗粒，在生产优质粉时，大、中粗粒是提取麦心的原料。渣磨一般设 1～3 道，称为 1 渣、2 渣等，常用 1S、2S 等表示。

（3）心磨系统　处理皮磨、渣磨及清粉系统获得的纯净的胚乳颗粒（麦心和粗粉）的系统。通过心磨系统将纯胚乳颗粒逐道研磨成具有一定细度的小麦粉，通过筛理，提出面粉，并将其余部分分级后，送往有关系统加工。由于心磨系统的来料大部分是不连麸皮的胚乳细粒，灰分低，质量好，故前路心磨在于大量出粉，后路心磨在于刮净细麸。心磨一般设 3～9 道，称为 1 心、2 心、3 心等，常用 1M、2M、3M 等表示。

（4）尾磨系统　尾磨系统设在心磨系统的中后段，处理从渣磨、心磨、清粉系统中提取出来的含有麸屑质量较次的胚乳粒，从麦麸上刮净所残存的粉粒，从而提取出小麦粉。尾磨一般设 1～3 道，称为 1 尾、2 尾等，常用 1T、2T 等表示。

2. 筛理

小麦经过磨粉机研磨，获得颗粒大小及质量不一的混合物，按粒度依此减少分为麸片、麸屑、麦渣、粗麦心、细麦心、粗粉、面粉等，筛理目的就是把研磨中间产品的混合物按颗粒大小和密度进行分级，筛出小麦粉，并分别送往不同的机器处理，以提高制粉设备的工作效率。

常用的筛理设备有平筛、圆筛。平筛是制粉厂最主要的筛理设备，筛理效率高，对研磨中间产品的分级目数多，筛理效果好。圆筛多用于处理刷麸机或打麸机刷下的麸粉和吸风粉，也可以用于流量小的末道心磨系统筛尽的面粉。筛面按筛理任务不同可分为粗筛面、分级筛面、细筛面和粉筛面。粗筛面是从皮磨系统下混合物中分离出麸片的筛面，其筛上物为麸片，一般用金属丝网；分级筛面是将同类粗粒，比如麦渣和麦心混合物等按照粒度大小进行分级的筛面，一般用金属丝网或者非金属丝网（蚕丝网、锦纶丝网等）；细筛面是经过等级粉时，分离麦心的筛面，其筛上物为粗麦心；粉筛面是筛出面粉的筛面，其筛下物为小麦粉，筛上物一般为麦心或粗粉，一般用非金属丝网。

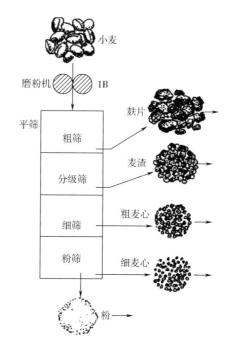

图 3 - 9　粉路中一皮磨系统设备处理物料的过程及各在制品的状态

筛网配置原则（图 3 - 9）：每层筛面"前密后稀"，逐段放大；同段筛面"上稀下密"，逐层加密；各段筛孔应与进机物料的粒度范围相适应，还要考虑气流的作用。筛路组合的原则：按照粗路设计中面粉的种类，在制品的种类安排筛分的级数。

根据各种物料的性质和数量比例安排筛理长度，防止产生物料少、筛路长而筛理"过枯"，或物料多、筛路短而又筛不透的现象。根据筛理工作的难易，在筛路中要安排先筛容积大，易筛理的物料。在流量大、筛出物含量高时，可采用双进口，降低流层厚度，提高筛理效果。

3. 清粉

清粉是通过气流和筛理的联合作用，将研磨过程中的麦渣、麦心或粗粉进行精选，按质量分成麸屑、带皮麦胚乳和纯胚乳三部分的过程。清粉机是利用物料中各颗粒的气体力学性质和颗粒大小来进行精选，纯粉粒的相对密度大于带皮粉粒而具有较大的悬浮速度，在一定的上升气流中能够穿过筛孔，按大小分级；较小的麸屑在一定的上升气流中将悬浮在空中，经过相互碰撞，不断地落在筛面上成为筛上物或者被气流吸走（图 3 – 10）。分选出来的麸屑进入皮磨系统处理，带皮粉粒则送往渣磨系统或次心磨处理，提取得到的纯粉粒直接经过心磨系统磨制成粉。清粉可以实现麦渣和麦心的提纯，提高研磨的效率以及面粉的精度和出粉率。

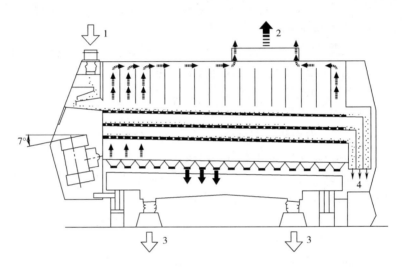

图 3 – 10　清粉机工作原理示意图
1—进料口　2—吸风　3—干净麦心　4—麦渣

4. 刷麸

得到小麦粉的同时，还残留有一些胚乳的片状或屑状麸皮，如果继续使用磨粉机来剥刮这些胚乳，不仅不能有效刮净胚乳，还会使带胚乳的麸皮变得更加细碎。生产上常采用擦刷、打击等办法来弥补磨粉机的不足，使黏附在麸皮上的胚乳得以分离。刷麸常用的机械设备包括刷麸机和打麸机，专门用来处理末道皮磨和心磨平筛筛出的麸皮。刷麸机结构示意图如图 3 – 11所示，工作时物料由进料口进入筛筒，筛筒中转子在传动机构的带动下转动，转子上的打板以一定的螺旋将物料推向出麸口的同时，转子上的刷子紧贴筛绢筛筒旋刷，将物料中的面粉刷下。由于刷麸机可以把麸皮上黏附的粉粒分离下来，刷后的麸片较完整，含粉量大为减少，起着磨粉机和平筛不能完成的独特作用，因此往往把刷麸机用在处理末道皮磨及尾磨平筛筛出的麸皮，以进一步降低麸皮含粉。筛后刷麸处理前路和中路皮磨的粗筛物（麸片），其作用是刷出其上附着的面粉，刷出物的质量较好，有利于好粉提前取出。降低后路负荷，刷后麸片干净、完整，有利于提高后路的研磨效率，节省动力消耗。

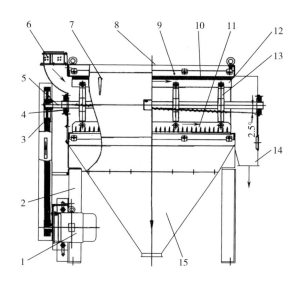

图 3 – 11　卧式刷麸机结构示意图

1—电机　2—机架　3—皮带传动轮　4—圆形带座轴承　5—转轴　6—进料口　7—机门
8—机壳　9—筛筒　10—筛绢　11—打板　12—刷子　13—打板座　14—出麸口　15—出粉斗

（二）小麦的制粉工艺

小麦制粉时采用的是逐道研磨的方法，制粉过程中根据出粉的部位不同可分为前路出粉、中路出粉和剥皮制粉工艺。

1. 前路出粉

前路出粉法指在系统的前路（1 皮、2 皮和 1 心）大量出粉（70%），是最简易的粉路。小麦经研磨筛理后，提取大量面粉后，分出的麸片（带胚乳的麦皮）和麦心由皮磨和心磨系统分别进行研磨和筛理，胚乳磨细成粉，麸皮剥刮干净。前路制粉法，通常磨辊全部采用齿辊，不使用清粉机，整个粉路由 3 ~ 4 道皮磨、3 ~ 5 道心磨系统组成，生产面粉等级较高时还可以增设 1 ~ 2 道渣磨，可以生产标准粉和特制粉。前路出粉流程比较简单，使用设备较少，生产操作简便，生产效率较高，但面粉质量差。

2. 中路出粉

中路出粉法是在整个系统的中路（1 ~ 3 心）大量出粉（35% ~ 40%），也称心磨出粉。小麦经研磨筛理后，筛出部分面粉，其余的制品按粒度和质量分成麸片、麦渣、麦心等物料，分别送往各系统进一步处理，麸片送到后道皮磨继续剥刮，麦渣和麦心通过清粉系统分开后送往心磨和渣磨处理，尾磨系统专门处理心磨系统送来的小麸片。中路出粉法大量使用光辊磨粉机，并配备各种技术参数的松粉机。整个粉路由 4 ~ 5 道皮磨，7 ~ 8 道心磨，1 ~ 2 道尾磨，2 ~ 3 道渣磨和 3 ~ 4 道清粉等系统组成，适合生产高等级粉或同时生产中、低等级粉。中路出粉法的主要特点是轻碾细分，粉路长，物料分级较多，单位产量较低，电耗较高，但面粉质量好。目前，大多数制粉厂采用的制粉方法为中路出粉法。

3. 剥皮制粉

剥皮制粉也称分层研磨制粉法。由于麦粒的物理结构及表面特点，完全剥皮难度很大，只能先碾去部分或大部分麦皮后逐道研磨制粉。小麦经剥皮后，灰分降低，并且由于把含有大量粗纤维的外果皮去掉了，使其再没有机会混入面粉，相对地有可能把含有蛋白质及多种营养成分的糊粉层磨入粉中，提高了面粉的营养价值，在食用上容易消化和吸收。在磨制等级粉时，剥皮制粉可提高好粉的比例。目前，有部分制粉厂采用剥皮制粉法进行生产。

毛麦经过筛理和吸风、相对密度去石处理，然后着水混合（着水量为小麦质量的1%），暂存仓（小麦滞留时间低于5min），再经过2~4道碾麦剥皮，剥取5%~8%的麦皮。由于仍会残留一部分内果皮和种皮，且这部分皮层韧性差、易碎，所以剥皮小麦进行二次着水、润麦（4h），以提高剩余皮层的韧性，最后入磨。剥皮后要尽量将剥掉的皮层与胚乳分离，否则会影响小麦的散落性，易造成管道堵塞。用分层研磨制粉工艺生产的小麦粉，其中糊粉层的含量较高，因而维生素和矿物质的含量也较高。由于剥去部分皮层，剥皮制粉可以使中路出粉法皮磨系统缩短1~2道，心磨系统缩短3~4道，但渣磨系统需增加1~2道。采用分层碾磨制粉工艺可以省去传统工艺的小麦表面清理工序；显著缩短润麦时间，甚至可以只用一个润麦仓进行动态润麦；分层碾麦为麦皮的分层利用创造了条件；简化粉路，不需渣磨和清粉系统；皮磨和心磨系统也可缩短；有利于出粉率的提高；利于发芽和霉变小麦的处理，可以大大减少发芽和霉变对成品面粉的不良影响；节省建厂投资费用；单位产量较高，面粉粉色较白；但麸皮较碎，电耗较高，剥皮后的物料在调质仓中易结拱。

（三）小麦的粉后处理工艺

小麦的粉后处理是小麦粉加工的最后阶段，包括小麦粉的收集与配制，小麦粉的散存、称量、杀虫、微量元素的添加，以及小麦粉的修饰与营养强化等。粉后处理的工艺流程一般为：小麦粉检查→自动秤→磁选机→杀虫机→小麦粉散存仓→配粉仓→批量秤→混合机→打包仓→打包机→成品。粉后处理的设备主要有杀虫机、震动卸料器、小麦粉混合机、批量秤、微量元素添加机等。

小麦籽粒不同部位的胚乳中，蛋白质、淀粉的含量和质量有所不同，不同系统的小麦粉来自小麦籽粒中的不同部位，其蛋白质、淀粉含量和质量及灰分也有所差别。将不同原料、同一原料不同加工的小麦粉分别收集起来，经过面粉撞击杀虫机杀死面粉中各个虫期的害虫和虫卵处理后，送到不同的小麦粉散存仓或者配粉仓。生产专用粉通过小麦配粉来实现。配粉是根据消费者对小麦粉的质量要求，结合配粉仓内基本粉的品质，计算出配方，再按照配方上的比例用散存仓内的基本粉配制出要求的小麦粉。配粉车间制成的成品小麦粉，可通过气力输送送往打包仓内打包。

小麦粉的修饰是指根据小麦粉的用途，通过一定的物理或化学方法来对小麦粉进行处理，以弥补小麦粉在食品制作时的某些缺陷和不足。常见的小麦修饰有减筋修饰、增筋修饰、酶处理修饰和漂白修饰。减筋修饰可以通过添加还原剂（L-半胱氨酸、亚硫酸氢钠、山梨酸等）或者添加淀粉、熟小麦粉来降低面筋筋力。增筋修饰可以添加氧化剂（维生素C等）或者添加活性面筋等来增强小麦粉的筋力。酶修饰是通过添加富含淀粉酶的物质（大麦芽、发芽小麦粉等）来增强淀粉酶的活力。漂白修饰常用添加过氧化苯甲酰作为漂白剂。

在营养学上，小麦粉的第一限制性氨基酸是赖氨酸，影响人体对蛋白质的吸收，高精度的小麦粉中的维生素和某些矿物质含量偏低。小麦粉的营养强化可分为氨基酸强化、维生素强化和矿物质强化。氨基酸强化主要是赖氨酸和色氨酸；维生素强化主要是维生素B_1和维生素B_2；矿物质强化主要是钙、铁和锌。

三、 小麦粉的分类

我国小麦粉可分为通用小麦粉、专用小麦粉和高、低筋小麦粉三大类。

1. 通用小麦粉

通用小麦粉，也称等级粉，适合制作一般食品，根据 GB 1355—2005《小麦粉》的规定，通用小麦粉按其加工精度的不同，从高到低可分为特制一等粉、特制二等粉、标准粉和普通粉4 个等级，如表 3-3 所示，质量指标有加工精度、灰分、粗细度、面筋质、含砂量、磁性金属物、水分、脂肪酸值、气味和口味等，不同等级的小麦粉主要在加工精度、灰分、粗细度的要求上有所不同。但目前我国小麦粉的国家标准已远远落后于市场标准，新的小麦粉国家标准的颁布已势在必行。

表 3-3　　　　　　　　　　等级小麦粉灰分、面筋质、含水量的规定

等级	灰分/%（以干重计）	面筋质/%（以湿重计）	水分/%
特制一等粉	≤0.70	≥26.0	13.5 ± 0.5
特制二等粉	≤0.85	≥25.0	13.5 ± 0.5
标准粉	≤1.10	≥24.0	13.0 ± 0.5
普通粉	≤1.40	≥22.0	13.0 ± 0.5

2. 专用粉

专用粉是利用特殊品种小麦磨制而成的面粉，或根据使用目的的需要，在等级粉的基础上加入食品添加剂，混合均匀而制成的能满足制品、食品工艺特性和食用效果要求的专一用途面粉。专用粉的种类多样，配方精确，质量稳定。对于各种粉的蛋白质含量、水分、粒度及灰分等方面的要求各不相同，比如面包用小麦粉要求蛋白质含量较高，即湿面筋含量较高，保证强度高，发气性好，吸水量大；饼干要求断面细、酥、软，饼干用小麦粉的强度、蛋白质可低一些，色泽要求也不高。

（1）面包类小麦粉　面包粉应采用筋力强的小麦加工，制成的面团有弹性，能生产出体积大、结构细密而均匀的面包。面包质量和面包体积与面粉的蛋白质含量成正比，并与蛋白质的质量有关。为此，制作面包用的面粉，必须具有高含量的优质蛋白质。

（2）面条类小麦粉　面条粉包括各类湿面、挂面和方便面用小麦粉，一般应选择蛋白质和筋力中等偏上的原料粉。面粉蛋白质含量过高，面条煮熟后口感较硬，弹性差，适口性低，加工比较困难，在压片和切条后会收缩、变厚，且表面会变粗糙。若蛋白质含量过低，面条易流变，韧性和咬劲差，生产过程中会拉长、变薄，容易断裂，耐煮性差，容易糊汤和断条。

（3）馒头类小麦粉　馒头的质量不仅与面筋的数量有关，更与面筋的质量、淀粉的含量、淀粉的类型和灰分等因素有关。馒头对面粉的要求一般为中筋粉，馒头粉对白度要求较高，灰分一般应低于0.6%。

（4）饺子类小麦粉　饺子、馄饨类水煮食品，一般和面时加水量较多，要求面团光滑有弹性，延伸性好、易擀制、不回缩，制成的饺子表皮光滑有光泽，晶莹透亮，耐煮，口感筋道，咬劲足。因此，饺子粉应具有较高的吸水率，面筋质含量在25%～32%，稳定时间大于

3min，与馒头专用粉类似。太强的筋力，会使得揉制很费力，展开后很容易收缩，并且煮熟后口感较硬。而筋力较弱时，水煮过程中容易破皮、混汤，口感比较黏。

（5）饼干小麦粉　饼干的种类很多，不同种类的饼干要配合不同品质的面粉，才能体现出各种饼干的特点。饼干粉要求面筋的弹性、韧性、延伸性都较低，但可塑性必须良好，故而制作饼干必须采用低筋和中筋的面粉，面粉粒度要细。

（6）糕点小麦粉　糕点种类很多，中式糕点配方中小麦粉占40%~60%，西式糕点中小麦粉用量变化较大。大多数糕点要求小麦粉具有较低的蛋白质含量、较少的灰分和较低的筋力。因此，糕点粉一股采用低筋小麦加工。

3. 高、低筋小麦粉

利用高筋小麦（高面筋质小麦），通过一定的制粉工艺生产出高面筋质的小麦粉，为高筋小麦粉，适合用于生产面包等高面筋食品。同样利用低筋小麦（低面筋质小麦），采取相应的制粉工艺生产出一定质量的低面筋质的小麦粉，为弱筋小麦粉，适合用于生产饼干、糕点等低面筋食品。高低筋小麦粉的面筋质含量和灰分及其他质量指标见表3-4，此外各小麦粉要求气味正常，含沙量均不得超过0.02%，磁性金属不得超过0.003g/kg，脂肪酸值（以湿基计）不得超过80。

表3-4　　　　　高、低筋小麦粉灰分、面筋质、蛋白质、含水量的规定

质量指标	高筋小麦粉		低筋小麦粉	
等级	1	2	1	2
灰分/%（以干基计）	≤0.70	≤0.85	≤0.60	≤0.80
面筋质/%（以湿基计）	≥30.0		<24.0	
蛋白质/%（以干基计）	≥12.2		≤10.0	
水分/%	≤14.5		≤14.0	

第二节　面制食品的加工

一、　面制食品对小麦粉品质的要求

面包、馒头等发酵食品，体积大而松软、富有弹性，需要面筋蛋白含量较高、富有弹性的小麦粉；面条、方便面等食品具有一定的强度、细度，煮而不糊、不断条，有一定的韧性，需要中等的面筋蛋白含量，并富有延展性的小麦粉；饼干定型后不干缩、不硬，松脆而不碎，需要灰分低，粒度细，面筋蛋白含量低，弹性差而延展性好的小麦粉；蛋糕、西点等食品柔软，有弹性，入口不粘牙，需要粒度细，面筋蛋白含量低，可以保持液体成分的面粉；油炸面制品，体积大，松脆，不硬，不疲，需要面筋蛋白含量较高的小麦粉；水果蛋糕需要面筋筋力较大的小麦粉。

二、面制食品

面制食品是指以小麦粉为主要原料制作的一大类食品。根据其加工方式的不同，可以分为焙烤面制食品、蒸煮面制食品和生面制食品三大类。

焙烤面制食品是指以小麦粉为主要原材料和油脂、糖、蛋品、乳品等为主要辅助材料，并添加适量其他辅料，经过调制、成型、高温焙烤或者油炸、包装等工序制成的食品。其种类繁多，风味诱人，食用方便，主要包括面包、饼干、蛋糕、点心、松饼、月饼等。

蒸煮面制食品是指以小麦粉为主要原料，经过汽蒸或者水煮方式熟制的一类食品。包括挂面、方便面、馒头、蒸包、水饺、拉面等。

生面食制品是指以小麦粉为主要原料，通过和面、制条、制片等多道工序，经（或不经）干燥处理制成的制品，包括干面制品（挂面、通心粉等）和湿面制品（面条、饺子皮、馄饨皮、烧卖皮等）。

（一）月饼类面制食品

月饼是使用小麦粉等谷物粉或植物粉、油、糖（或不加糖）等为主要原料制成饼皮，包裹各种馅料，经加工而成，在中秋节食用的传统节日食品。按地方派式特色有广式月饼、京式月饼、苏式月饼、潮式月饼、滇式月饼、晋式月饼、琼式月饼、台式月饼、哈式月饼等。

（二）糕点类面制食品加工

糕点是一种以小麦粉或米粉、糖、油脂、蛋、乳品等为主要原料，配以各种辅料、馅料和调味料，初制成型，再经蒸、烤、炸、炒等方式加工制成的食品。分为热加工糕点和冷加工糕点两大类。

1. 热加工糕点

热加工糕点是以烘烤、油炸、蒸煮、炒制等为最终熟制工艺和以除烘烤、油炸、蒸煮、炒制以外的热加工方式为最终熟制工艺的糕点。

（1）烘烤类糕点　烘烤类糕点是以烘烤为最终熟制工艺的糕点。

酥类糕点是用较多的食用油脂和糖等调制成可塑性面团，经成型、烘烤而成的组织不分层次、口感酥松的糕点。如京式核桃酥、芝麻酥、苏式杏仁酥、潮式杏仁酥、滇式金钱酥、晋式桃酥，西式糕点中的小西饼、苹果派、鲜果塔等。

松酥类糕点是用较少的食用油脂、较多的糖，辅以蛋品、乳品等并加入膨松剂，调制成具有一定韧性、良好可塑性的面团，经成型、烘烤而成的糕点。如京式冰花酥、苏式香蕉酥、广式德庆酥、滇式冰沙饼、晋式一口酥、桂花酥、豆沙饼、荷叶酥，西式糕点中的司康饼、小松饼、冰糖饼等。

松脆类糕点是用较少的食用油脂、较多的糖浆或糖调制成的面团，经成型、烘烤而成的口感松脆的糕点。如广式薄脆、滇式乐口酥、苏氏金钱饼等。

酥层类糕点是用水油面团包入油酥面团或食用油脂，经反复压片、折叠、成型后，烘烤而成的具有多层次的糕点。如广式千层酥、滇式乐口酥，西式糕点中的糖面酥、奶油千层酥、蝴蝶酥等。

酥皮类糕点是用水油面团包油酥面团或食用油脂制成酥皮，经包馅、成型后，烘烤而成的饼皮分层次的糕点。如京八件、苏八件、广式莲蓉酥、滇式酥皮鲜花饼、滇八件、苏式月饼、太史饼、潮式卷酥、香麻酥、晋八件，西式糕点中的咖喱饺、酥皮蛋挞等。

松酥皮类糕点是用较少的食用油脂、较多的糖，辅以蛋品、乳品等并加入膨松剂，调制成具有一定韧性、良好可塑性的面团，经制皮、包馅、烘烤而成的口感松酥的糕点。如京式状元饼、苏式猪油松子酥、广式莲蓉甘露酥、湘式宝斗酥、滇式莲花酥等。

糖浆皮类糕点是用糖浆面团制皮，然后包馅，经成型、烘烤而成的柔软或韧酥的糕点。如京式提浆月饼、苏式松子枣泥（麻）饼、广式月饼、广式鸡仔饼（小凤饼）、潮式月眉饼等。

硬皮类糕点是用较少的糖和饴糖，较多的食用油脂和其他辅料制皮，经包馅、成型、烘烤而成的外皮硬酥的糕点。如京式自来红、自来白月饼，滇式硬壳鲜花饼等。

水油皮类糕点是用水油面团制皮，然后包馅、成型、烘烤而成的糕点。如福建礼饼、春饼、滇式蛋清饼、荞饼等。

发酵类糕点是用发酵面团，经成型或包馅成型后，烘烤而成的口感柔软或松脆的糕点。

烤蛋糕类糕点是以谷物粉、蛋品、糖等为主要原料，经打蛋、注模或包馅、烘烤而成的组织松软的糕点。如苏式桂花大方蛋糕、广式莲花蛋糕、滇式重油蛋糕、晋式草籽糕点、云蜜糕、晋式蛋皮月饼，西式糕点中的清蛋糕、油蛋糕、烤芝士蛋糕等。

烘糕类糕点是以谷物粉等为主要原料，经拌粉、装模、炖糕、成型、烘烤而成的口感松脆的糕点。如苏氏五香麻糕、广式淮山鲜奶饼、绍兴香糕等。

烫面类糕点是以水或牛乳加食用油脂煮沸后烫制小麦粉，搅入蛋品，通过挤糊、烘烤、填馅料等工艺而制成的糕点。如西式糕点中的泡芙类糕点等。

（2）油炸类糕点　油炸类糕点是以油炸为最终熟制工艺的糕点。

酥皮类糕点是用水油面团包油酥面团或食用油脂制成酥皮，经包馅、成型后，油炸而成的饼皮分层次的糕点。如京式酥盒子、苏式花边饺、广式莲蓉酥饺、潮式浮饼等。

水油皮类糕点是用水油面团制皮，然后包馅、成型、油炸而成的糕点。如京式一品烧饼、滇式夹心麻花、苏式巧酥等。

松酥类糕点是用较少的食用油脂、较多的糖，辅以蛋品、乳品等并加入膨松剂，调制成具有一定韧性、良好可塑性的面团，经成型、油炸而成的糕点。如京式开口笑、苏式炸食、广式炸多叻、潮式酥饺、滇式巧酥，西式糕点中的美式糖纳子等。

酥层类糕点是用水油面团包油酥面团或食用油脂，经反复压片、折叠、成型后，油炸而成的具有多层次的糕点。如京式马蹄酥、潮式勝方酥等。

水调类糕点是以小麦粉和水等为主要原料制成韧性面团，经成型、油炸而成的口感松脆的糕点。如京式炸大排叉、潮式鸡蛋酥、滇式麻花等。

发酵类糕点是用发酵面团，经成型或包馅成型后，油炸而成的口感柔软或松脆的糕点。如滇式软皮饼，西式糕点中的豆沙糖纳子等。

（3）蒸煮类糕点　蒸煮类糕点是以水蒸、水煮为最终熟制工艺的糕点。

蒸蛋糕类糕点是以蛋品、谷物粉等为主要原料，经打蛋、调糊、入模、蒸制而成的组织松软的糕点。如苏式夹心蛋糕、广式莲蓉蒸蛋糕，西式糕点中的蒸布丁等。

印模糕类糕点是以熟或生的原辅料，经拌合、印模成型、蒸制而成的口感松软的糕点。如苏式绿豆糕、闽式福禄糕等。

韧糕类糕点是以糯米粉、糖等为主要原料，经蒸制、成型而成的韧性糕点。如京式百果年糕、苏式猪油年糕、广式马蹄糕、滇式年糕等。

发糕类糕点是以小麦粉或米粉等为主要原料调制成面团，经发酵、蒸制、成型而成的带有蜂窝状组织的松软糕点。如京式白蜂糕、苏式蜂糕、广式伦敦糕等。

松糕类糕点是以粳米粉、糯米粉等为主要原料调制成面团，经包馅（或不包馅）、成型、蒸制而成的口感松软的糕点。如苏式松子黄千糕、高桥式百果松糕、定胜糕等。

粽子类糕点是以糯米和其他谷物等为主要原料，裹入或不裹馅料，用粽叶包扎成型，煮（或蒸）至熟而成的糕点。如肉粽子、蛋黄粽子、豆沙粽子等。

水油皮类糕点是用水油面团制皮，然后包馅、成型、熟制而成的糕点。如晋式甜咸细点、太师饼等。

片糕类糕点是以米粉等为主要原料，经拌粉、装模、蒸制或炖糕，切片成型而制成的口感绵软的糕点。如苏式桂云云片糕等。

（4）炒制类糕点　炒制类糕点是以面粉、油、糖为主要原料，添加其他辅料，经炒制而成的制品，如油炒面等。

2. 冷加工糕点

冷加工糕点是在各种加工熟制工艺后，在常温或低温条件下再进行二次加工的糕点。

（1）熟粉糕点　熟粉糕点是将米粉、豆粉或小麦粉等预先熟制，然后与其他原辅料混合而成的糕点。如核桃云片糕、莲蓉水晶糕、油炒面等。

热调软糕类糕点是用糕粉、糖和沸水等调制成有较强韧性的软质糕团，经成型制成的糕点。如苏式橘红糕、青团等。

冷调韧糕类糕点是用糕粉、糖浆等调制成有较强韧性的软质糕团，经成型制成的糕点。如闽式食珍橘红糕、麻薯等。

冷调松糕类糕点是用糕粉、糖浆等调制成松散型的糕团，经成型制成的糕点。如苏式松子冰雪酥、青闵酥等。

印模糕类糕点是以熟制的米粉等为主要原料，经拌合、印模成型等工序而制成的口感柔软或松脆的糕点。如广式莲蓉水晶糕、四川仁寿芝麻糕等。

挤压糕点类糕点是以小麦粉、豆粉等为主要原料，以食用植物油、食用盐、白砂糖、辣椒或剁辣椒等为辅料，经挤压熟化、切分、拌料、包装等工艺加工制成的具有甜、咸、柔韧、香辣等特色的糕点。

（2）西式装饰蛋糕类　西式装饰蛋糕类是以谷物粉、蛋品、糖等为主要原料，经打蛋、入模成型、烘烤后，再在蛋糕坯表面或内部添加奶油、蛋白、可可、果酱等的糕点。如裱花蛋糕、蛋类芯饼、卷心蛋糕、慕斯蛋糕、糖膏（团）装饰蛋糕等。

（3）上糖浆类糕点　上糖浆类糕点是以谷物粉为原料，加入水、蛋液等调制、成型，经油炸后再拌（或浇、浸、喷）入糖浆制成的口感松酥或酥脆的糕点。如萨其马（沙琪玛）、京式蜜三刀、苏式枇杷梗、广式雪条、多纳圈（金麦圈）、滇式芙蓉糕、兰花根等。

（4）夹心（或注心）类糕点　夹心（或注心）类糕点是在两块熟制糕点产品中通过夹心工序添加芯料而制成的糕点。如夹心蛋糕、注心蛋糕、夹心蛋黄派、注心蛋黄派等。

（三）饼干类面制食品

饼干是以小麦粉（可添加糯米粉、淀粉等）为主要原料，加（或不加）糖、油脂及其他原料，经调粉（或调浆）、成型、烘烤（或煎烤）等工艺制成的食品。饼干口感酥松或松脆，水分含量高，质量轻，块形完整，易于保藏，便于包装和携带，食用方便，老少皆宜。根据GB/T 20980—2007《饼干》，按照加工工艺的不同，可分为13类饼干。

（四）面包类面制食品

面包是一种以小麦粉为主要原料，加入适量酵母、食盐、水、鸡蛋等辅料，经搅拌面团、发酵、整型、醒发、成型、烘烤或油炸、冷却等工艺制成的松软多孔的食品，以及烤制成熟前或后在面包坯表面或内部添加奶油、人造黄油、蛋白、可可、果酱等的制品。面包是烘烤食品中历史最悠久，消费量最大，品种最多的一大类食品。面包营养丰富，芳香可口，组织蓬松，易于消化，耐贮存，食用方便，易于机械化和大批量生产，对消费者需求适应性广。面包种类繁多，按不同的分类方式，分类各有不同。按照面包的物理性质和食用口感分为软式面包、硬式面包、起酥面包、调理面包和其他面包。

1. 软式面包

软式面包以小麦粉为主要原料，以酵母、鸡蛋、油脂、果仁等为辅料，加水调制成面团，经过发酵、整形、成型、焙烤、冷却等过程加工而成，配方中使用较多的食糖、油脂、鸡蛋、水等柔性原料，食糖、油脂用量均为面粉用量的4%以上，糖量一般可高达6%～12%，油脂8%～11%，讲究样式漂亮，形式繁多，整型制作工艺多用滚圆、辊压后卷成柱状的方法。软式面包表皮较薄，组织松软，气孔均匀，口感柔软，质地细腻，有甜味。大部分亚洲和美洲国家生产此类面包，比如小圆面包、牛油面包、小甜面包等餐用面包和干酪面包、牛乳面包、辫子面包、牛角面包等花式面包。

2. 硬式面包

硬式面包配方简单，主要是面粉、水、酵母和盐，配方中使用的糖、油脂均为面粉用量的4%以下。有两种制作方式，一种是使用面粉筋度较低、水分较少，但其他配料成分较高的配比与老面团一起搅拌的面坯，这种面坯质地较硬，调制后不需要基本发酵，可直接分割、整形；一种是以筋度较高的面粉为主料，与一般面包一样，将面团调好，经基本发酵后整形，然后经过很短时间的最后发酵，进行烘焙。硬式面包表皮硬脆、有裂纹，口感硬脆，质地较粗糙，缺乏弹性，内部组织柔软有韧性，咀嚼性强，麦香味浓。如法国棍式面包、维也纳面包、意大利橄榄形面包、德国黑面包、英国茅屋面包、荷兰脆皮面包及其硬式餐包，以及我国生产的赛义克、大列巴面包等。

3. 起酥面包

起酥面包是层次清晰、口感酥松的面包，属于面包中档次较高的产品，既保持面包的特色，又近似于馅饼及千层酥等西点类食品。以小麦粉、酵母、糖、油脂等为主要原料，搅拌成团，发酵后，采用冷藏技术，在面团中包入奶油，再进行反复折叠和压片、冷藏、整形、醒发、烘烤而成。其主要用油脂将面团分层，产生清晰的层次，加热汽化形成一层层又松又软的酥皮，外观呈金黄色，内部组织为一层层酥松层，柔软，入口即化，有明显的层次感，奶香味浓郁。如丹麦酥油面包等。

4. 调理面包

调理面包属于二次加工的面包，在烤制前醒发完成后的面包坯表面添加水果、蔬菜、肉制品等各种辅料，烘烤成熟，或烤制成熟的面包经切割加工后在其中间加入水果、蔬菜、肉类、色拉酱、果酱等而制成的面包。便餐面包、火腿面包、香肠面包、意大利薄饼包、馅饼式面包均是在烘烤前加上馅料，成型，再烘烤。汉堡包、热狗、三明治等是烤熟后深加工面包。汉堡包是小圆状面包（表面有或无芝麻），中间切开后夹入蔬菜、肉饼之类；热狗通常是梭形甜面包，中间剖开后夹入一段小红肠，再抹上黄油、干酪等佐料；三明治是将平顶或弧顶形主食面包切成片，夹入方火腿，再抹上黄油或干酪等佐料或夹入什锦蔬菜、色拉等调味副食品。

（五） 面条类面制食品的加工

我国是面条制品的故乡，据史料记载，面条制品始于东汉时期，成熟于魏晋，至今已有2000多年的历史。面条的种类繁多，如挂面、拉面、烩面、刀削面、板面、担担面、方便面等。

1. 挂面

挂面是以小麦粉、荞麦粉、高粱粉、绿豆（或绿豆粉、绿豆浆）、大豆（或大豆粉、大豆浆）、蔬菜（或蔬菜粉、蔬菜汁）、鸡蛋（或蛋黄粉）等为原料，添加食盐、食用碱或面质改良剂、营养强化剂，经和面机充分搅拌均匀，静止熟化后将成熟面团通过两个大直径的辊筒压成适当厚度的面片，再经过压薄辊连续压延面片 6～8 道，使之达到所要求的厚度，通过切面机进行切条成型，干燥后切割整齐即可包装成品。由于湿面条挂在面杆上干燥而得名挂面，是我国面条类面食制品中生产量最大，销售范围最广的首要品种，占全部面条制品的90%。挂面的品种多样，食用方便，保存期长，可以实现工业化生产，物美价廉，深受消费者喜爱。

（1）普通挂面　以小麦粉为主要原料，添加适量食用盐、食用碱或品质改良剂，经过加水调味、和面、熟化、碾压制片、切丝或挤压成型的挂面。按面条宽度不同分为龙须面或银丝面（<1.0mm）、细面（<1.5mm）、小阔面（<2.0mm）、大阔面（<3.0mm）、特阔面或玉带面（<6.0mm）。

（2）花色挂面　以小麦粉为主要原料，添加品质改良剂和风味、营养强化剂，经过加水调味、和面、熟化、碾压制片、切丝或挤压成型的挂面。如鸡蛋挂面、牛奶挂面、绿豆挂面、番茄汁挂面、肉松挂面、营养强化挂面、食疗挂面等。

（3）手工面　以小麦粉为主要原料，添加品质改良剂和风味、营养强化剂，经手工加工、晾晒或烘干制成的干面条。

2. 面饼

面饼是使用特制粉或标准粉加水、食用碱、鸡蛋或其他用于花色面饼的虾、鱼松、肉松等原料，经和面、熟化、轧片、切条等工序制作成湿面条，再用手工或模具把湿面条做成各种饼形状，经过蒸熟定型后，烘干的或不烘干的面条的制品。由于面饼制作的和面过程中加入了少量的食用碱，因此蒸熟后面饼表面略微呈黄色。不烘干的湿制品一般是当天生产当天销售，主要有鲜面条、煮面、湿面等各类面条制品；烘干的面饼有普通面饼和花色面饼两大类。面饼常见的有圆形、椭圆形、正方形、长方形、半球形、三角形、蝴蝶形、菊花形等多种形状，产品可根据形状命名，如鞋底面（椭蛋面）、圆蛋面、方蛋面等；或以添加辅料命名，如鸡蛋面、肉松面等；或以祝福意义命名，如长寿面、多字面等。

3. 方便面

方便面是一种可在短时间（3～5min）之内用热水泡熟食用的面制食品。具有节约时间、方便食用、加工专业化、包装精美、便于携带、品种丰富、价格低廉、老少皆宜等特点。方便面面块是以小麦粉为主要原料，经过和面、熟化、复合压延、连续压延、切丝成型、定量切断得到生面条，经过温度为90℃的隧道蒸煮机，使面条中的蛋白质充分变性，淀粉糊化，然后用油炸干燥或热风干燥快速脱水，经冷风冷却后包装。方便面的种类繁多，按包装方式可分为袋装、碗装、杯装；按产品风味可分为中华面、和式面、欧式面等。世界各国的方便面各有不同，方便面制造商致力于新产品的研发和口味创新，不断推陈出新，采用新的配方提高方便面的复水性和口感，如添加变性淀粉等；研制和生产高质量的方便面专用面粉，提高湿面筋质量；采用挤压成型同时完成糊化，不用油炸而且增强咬劲；根据各地饮食习惯改变产品配方，采用不同谷物产生不同风味的方便面，如玉米面、绿豆面、大豆面等，进行营养成分均衡；添加营养强化剂，生产营养型方便面。

4. 通心粉（通心面）

通心粉也称通心面，国际上统称麦卡罗尼，是西方国家的著名面制食品，有实心和空心之分。传统制作通心面使用的原料是杜伦小麦磨制成的粗粉粒（砂子面），其腹沟较浅，结构特别紧密，硬度大，蛋白质含量达 14% ~ 15%，筋力强，胡萝卜素含量高，制作出来的通心面光滑而透明，呈特殊的琥珀色。但杜伦小麦产量低、成本高、价格昂贵，故不少国家为降低制作成本，制作通心面使用的原料是普通小麦粉，通过在成型前给面团加入各种蛋白质、氨基酸混合物（如乳粉、谷朊粉与酶水解物等）来弥补普通小麦粉和杜伦小麦粉在化学组成上的差异，或通过适当的工艺改进来提高和改善小麦粉通心面的品质。其制作是首先将原料与适量的水经一次和面混合均匀后送至第二和面机内进行真空处理，以排去包含在面团中的空气，之后将面团送至螺旋挤压器中，由模板一端推送，强迫通过模孔即形成各种形状的湿通心面，经干燥、切条和包装成最终产品。

（1）长通心面　长度在 220 ~ 250mm，有空心和实心两种，断面圆形，空心外径 $\Phi4mm$、内径 $\Phi2mm$；实心的 $\Phi2mm$。通过各种模具可以挤压成不同的形状，比如空心管状和实心棒状、带状及椭圆形。

（2）短通心面　其是在生产长通心面的设备上改变模头和切刀速度而制成的异形产品，也有空心与实心之分，一般长度在 25mm 以内，花色品种很多，如弯管形的龙肠面、螺壳面等；环状的车轮面等；片状的桂花面、字母面等；粒状的大麦面等；雀巢形产品一般为扁圆形及球形；以及片状产品压成薄片并具有形状的面片，如碟形面。

第三节　典型面制品加工应用案例

一、　面包的加工

（一）面包生产的配方

面包生产的配方是根据面包对色、香、味、形、营养成分、组织结构等方面的要求来确定的，原料配比决定产品品质的优劣。面包配方中的基本原料有小麦粉、酵母、水、食盐，辅料有糖、油脂、蛋品、乳品、改良剂、膨松剂等，还可以添加甜味剂、营养强化剂、香精、食用色素、干果、蜜饯等原料。

主食类面包是以小麦粉为主料，加入适量食盐、酵母、水和糖，糖和油脂的添加量比较少，清淡可口，属于大众面包，老少皆宜；营养型面包也称强化面包，是将一定量的营养物质添加到面包配方中，以增加面包的营养；点心类面包除了小麦粉、油脂、糖，还加入牛乳、鸡蛋等辅料，配料丰富，糖和油脂的用量较多，品种花样较多，结构松软，风味多样，档次较高。表 3 - 5 所示为各种面包原辅料配方实例。

表 3 - 5 各种烘焙面包原辅料配方实例

原料	甜面包/%	主食面包/%	红豆面包/%	法式脆皮面包/%	鸡蛋面包/%
面包专用粉	100	100	100	100	100
细砂糖	20	8	22	—	18
酵母	1	0.8	3	1	1.4
食盐	0.5	0.4	1	2	0.5
乳粉	3	—	4	—	—
油脂	8	—	10	—	11
改良剂	0.4	0.5	—	0.5	0.5
鸡蛋	10	—	5	—	10
水	±50	±50	±50	±50	±50
其他	奶味香精0.5	—	红豆馅30	—	—

（二） 面包原辅料的选择与处理

1. 面粉

制作面包使用的小麦粉蛋白质和碳水化合物都比其他面粉高，蛋白质通常为10.8% ~ 11.3%。面包用小麦粉的理化指标应该满足表3－6的要求。面粉使用前需要进行调温和过筛的预处理。

表 3 - 6 面包用小麦粉理化指标

项目		精制级	普通级
水分/%	≤	14.5	
灰分（以干基计）/%	≤	0.60	0.75
粗细度	CB30 号筛	全部通过	
	CB36 号筛	留存量不超过15.0%	
湿面筋/%	≥	33	30
粉质曲线稳定时间/min	≥	10	7
降落数值/s		250~350	
含沙量/%	≤	0.02	
磁性金属物/（g/kg）	≤	0.003	
气味		无异味	

调温有利于面团的形成和发酵。温度过低时，面筋蛋白的吸水过程迟缓，面筋生成率较低。冬天投产前面粉应该置于车间或暖和的地方保温；夏天要置于低温干燥、通风良好的地方，以便降温。

面粉过筛可以打碎团块，使其松散成微粒状，并且可以除去杂质，同时混入空气，有利于面团的形成和酵母的生长繁殖，促进面团的成熟。有些面包生产厂的袋装面粉使用气流式筛粉机或者运用气流输送的方法处理面粉，使面粉中的空气含量增加，不仅能使面粉的吸水量增大，还可以使面团中的空气容量增多，使酵母呼吸作用更加旺盛，发酵能力增强。

2. 酵母

面包制作使用的酵母通常有鲜酵母、活性干酵母和即发活性干酵母三种。

鲜酵母也称压榨酵母，价格便宜，但活性和发酵能力较低，活性不稳定，不易贮存，使用前需要活化。刚从冷风仓库中取出的鲜酵母不能立即用温水浸泡溶化，因为温差过大会导致部分酵母细胞死亡，正确的做法是在使用前4~5h从冷风库中取出，待其逐渐升温软化，使酵母逐步恢复活力，然后用5倍以上的25~28℃温水搅拌溶化成悬浊液，5min后可投料生产。

活性干酵母是由鲜酵母经过低温干燥而制成的颗粒酵母，可以常温贮藏，使用方便，活性稳定，发酵力高，但成本较高，使用之前需要用温水活化。活性干酵母须用酵母量的4~5倍的培养液或40~43℃水直接将干酵母融化成悬浊液，保温静置，使酵母完全活化后再使用。

即发性干酵母是一种发酵速度很快、活性很高的新型干酵母，发酵力高，活性稳定，发酵速度快，使用时不需要活化，方便、省时省力，但价格较高。

在处理和使用各种酵母时，注意切勿使酵母同油脂或浓度较高的食盐溶液、砂糖溶液直接混合。

3. 糖

面包制作使用的糖原料有固体糖（白砂糖、绵白糖、细砂糖、糖粉等）和液体糖（葡萄糖、饴糖及玉米糖浆、果葡糖浆等）。颗粒的结晶砂糖在面团中极难溶解，使面团中带有粒状晶糖，而且对面团的面筋网络结构有破坏作用。同时会使酵母细胞受到高浓度的反渗透压力，造成细胞萎缩而死亡，因此结晶砂糖通常不能直接加入面粉中调粉。糖粉、绵白糖的粒度虽然稍细，但同样会有影响，故面团中使用的糖均需溶化成糖液。溶化糖液可使用蒸汽双重釜，将糖液熬到70%~75%的浓度。熬煮好的糖液或液体糖输送和贮存的过程中注意保温，避免高浓度糖液结晶，影响输送和使用。糖使用量极少的面包，可直接将砂糖用水溶化后使用，不必使用液体糖。

4. 油脂

大多数面包加工厂制作面包使用的油脂是固体起酥油或人造奶油。由于液状油流散度极大，会在面团的蛋白质分子及酵母细胞周围形成包围膜，影响蛋白质的吸水胀润，并影响酵母的代谢功能；除了液态起酥油外，大部分液体油本身不能包含气体，无起酥性，所以液体油不宜在面包制作中使用。固体油脂不能在高温下贮存，防止融化成液体。油脂在使用前8h从冷库中取出，使它稍稍软化后直接分割成块投入已成型的面团中搅拌，使其在调粉中逐渐分散到面团中去，以减少其对面团结构的影响。

5. 水

水的pH和矿物质含量和面团的调制有密切关系。水的pH呈微酸性，有助于酵母的发酵作用。但若酸性过大（pH<5.20），则会使发酵速度过快，并软化面筋（面筋溶解），面团失去韧性，导致面团的持气性差，面包酸味重，口感不佳，品质差。酸性水可通过添加可食用碱来中和。碱性水会中和面团中的酸度，抑制了酵母中酶的活力，不利于酵母生长，影响面筋成熟，延缓面团的发酵，使面团变软；如果碱性过大，还会使部分面筋变软、溶解，面团缺乏弹性，面团的持气性下降，面包制品颜色泛黄，内部组织不均匀，并伴有不愉快的异味。碱性水可通过加入少量食用醋酸、乳酸等有机酸来中和碱性物质，或增加酵母用量来改善面包的

发酵。

水质硬度过大，易使面筋硬化，过度增强面筋的韧性，抑制面团发酵，制品体积小，色泽较白，口感粗糙，易掉渣。硬质水可采用煮沸的方法降低其硬度，或者在面包制作工艺上采用增加酵母用量，减少面团改良剂用量，提高发酵温度，延长发酵时间等方式来改善。过软的水质，易使面团过于柔软而发黏，吸水率下降，面团不易起发，易塌陷，体积小，出品率下降。软质水可以通过添加碳酸钙、硫酸钙等钙盐，来使其达到一定的水质硬度。

面包生产用水应满足透明、无色、无臭、无异味、无有害微生物、无致病菌的要求；水以 pH < 7 为好，最适宜的 pH 为 5 ~ 6；水的硬度为中硬度（8° ~ 12°）。

6. 其他辅助原料

食盐尤其是非精制盐，按 3kg 水溶解 1kg 食盐的比例充分溶解过滤后再使用。乳粉与水按 1：3 的比例调成乳状液后使用；也可与面粉先拌均匀再加水，以防止乳粉结块。鲜鸡蛋清洗干净再去壳；冰蛋要预热融化成蛋液，随用随融化；蛋粉要经过加水后浸泡 4 ~ 8h，充分浸透溶解。果脯蜜饯需要切丁或水洗沥干后再使用。添加剂要符合国家卫生标准要求，对于微量添加剂在称量时要稀释，通常以小麦淀粉作为填充粉剂。

（三）面包的制作方法

1. 直接发酵法

一次调粉、一次发酵，也称一次发酵法，基本做法是将所有原料全部加入，调粉后经过一次发酵而制成面包。这种方法的生产周期短，操作简单，生产效率高，劳动力、人力和设备等损耗较少，发酵损失少，口感、风味不错，酸度较低。但酵母用量较大，面团耐机械性差，操作严格，生产灵活性差，产品质量不稳定，面包体积不够大，蜂窝壁厚，面包老化快，不耐贮藏。主食面包、法式面包和油炸面包等产品制作应用此法较多，需要即刻生产即刻消费。基本工艺流程：原料预处理→面团调制→面团发酵→面团制作→醒发→烘烤→冷却→包装。

2. 中种发酵法

二次调粉、二次发酵，也称二次发酵法、分醪法、预发酵法。首先将 30% ~ 70% 的面粉、全部酵母和适量水调制成"中种面团"，进行一次发酵，发酵完成后再将剩余的原辅料全部加入，进行主面团调粉，调制面团后进行第二次发酵。中种发酵法可以节约 20% 酵母，生产容易调节，有利于大量、自动化机械操作（机械耐性好）；面团充分吸水，面筋伸展性好，面包体积大，色泽好，瓤膜薄，面包组织均匀，蜂窝细密而且壁薄，柔软，弹性好，发酵风味浓，香味足，老化速度慢，贮存保鲜期长。但生产周期长，效率低，所需设备、厂房多（投资大），发酵损失大。基本工艺流程：原料预处理→第一次（中种）面团调制→第一次（中种）面团发酵→第二次面团（主面团）调制→第二次面团（主面团）发酵→面团制作→醒发→烘烤→冷却→包装。

3. 三次发酵法

三次调粉、三次发酵。用酒花引子制作面包时一般都采用三次发酵法。三次发酵法在欧洲国家较盛行，例如，法国面包、俄罗斯面包、意大利面包、维也纳面包等传统名特面包均采用三次发酵法生产。采用三次发酵法来生产面包，在风味上与大众化的其他方法生产的面包形成鲜明特色，产品香味浓，风味好，老化速度慢。但生产周期长。基本工艺流程：原料预处理→第一次面团（小醪）调制→第一次面团（小醪）发酵→第二次面团（二醪）调制→第二次面团（二醪）发酵→主面团调制→主面团发酵→面团制作→醒发→烘烤→冷却→包装。

4. 液体面团法

液体面团法，也称水种法，是将酵母生产和面包生产相结合，起源于德国、苏联等国，特别是制作黑面包时采用此法。我国北方的馒头、烙饼等发酵也常用此法。把小麦粉以外的原料如糖、水、酵母、食盐及脱脂乳粉等，或加少量的面粉与全部酵母，做成液态酵母（液种），在30℃发酵36h，待发酵完毕后，再添加面粉、糖、油脂等原料调制成面团，进行第二次发酵。常给液种中加入缓冲剂，以稀释发酵中产生的酸，使pH稳定在5.2。液体面团法的水种可大量制造，并在冷库中保存，分批使用，生产管理容易，适应性广，节约设备，缩短发酵时间，产品柔软，老化较慢，保鲜期长。但面包风味稍差，技术要求较高。基本工艺流程：原料预处理→液体发酵→冷藏贮存→面团调制→面团发酵→面团制作→醒发→烘烤→冷却→包装。

5. 快速发酵法

快速发酵法也称机械面团起发法。此法在英国、澳大利亚较普及，约80%相关企业采用。在面团中加入大量酵母和氧化剂，通过强烈的机械搅拌，把调粉和发酵两个工序结合在一起，调粉中完成发酵，而无需单独进行发酵。快速发酵法生产周期短，生产速度快，成本低。但酵母用量、氧化剂用量大，操作要求严格，产品质量不稳定，风味较差。基本工艺流程：原料预处理→面团调制（高速搅拌）→面团制作→醒发→烘烤→冷却→包装。

6. 冷冻发酵法

冷冻面团在生产过程中还须添加冷冻面团改良剂，并使用速冻机使面团温度很快低于冰晶点（约-5℃），再于-18℃的条件下贮藏。一般是由较大的面包厂或中心将已经搅拌、发酵、整型的面团在冷冻库中快速冻结和冷藏，然后将此冷冻面团销往各个连锁店，包括超市、宾馆、饭店、面包零售店等，用冰箱贮存。各连锁店只需备有醒发箱和烤炉即可。可做到随吃随烤，给消费者提供了"即烤"型面包。基本工艺流程如下：原料预处理→调制面团→发酵→压片→整形→冻结→冷库贮存→解冻→醒发→烘烤→冷却→包装。

（四）面包制作过程

1. 面团调制

面团的调制又称和面、调粉，是将处理好的小麦粉、酵母、盐、水及其他原辅料根据配方用量，按照一定的投料顺序和操作工艺，调制成适合加工的具有黏弹性和可塑性的面团。面包调制是面包制作最关键的工序之一，面团调制直接决定面包质量的优劣。

（1）原料混合阶段 配方中的原料相互混合在一起，水化作用仅在表面发生一部分，面团湿润不均匀，外表湿黏、粗糙，似泥状，无弹性和延伸性。

（2）面筋形成阶段 小麦粉充分吸收水分，面筋开始形成，将整个面团结合在一起，卷附在搅拌钩上，不再黏附容器壁，用手触摸稍粗糙，会粘手，无良好弹性和延展性，容易断裂。

（3）面筋扩展阶段 随着面筋的不断形成，面团表面变得干燥不粘黏，光滑有光泽，富有弹性，具有伸展性，但仍易断裂。硬式面包及一般不需要烤模、流性强的面团搅拌到此阶段即可。

（4）搅拌完成阶段 此阶段面团的面筋已经完全形成，有良好的弹性及伸展性，面团搅拌时因机械的转动，会黏附于容器壁，但随即又会随搅拌钩的带动而离开，产生嘶嘶黏壁声及打击声，此时面团光滑柔软，弹性和延展性俱佳，用手拉开面团时可拉出一块均匀的面筋薄膜，薄膜断裂时为光滑的圆洞，而非锯齿状。东方面包如甜面包及各种软式甜吐司等的制作，应该搅拌至此阶段。

（5）搅拌过度阶段　如果在搅拌完成阶段时还不停止，继续搅拌面团，则面筋就会被逐渐打断。面筋分子间的水分开始泄漏，面团外表会出现含水的光泽，出现黏性，渐渐地不随搅拌钩的转动离开而黏附容器壁上，如停止搅拌面团则会向四周流泻，用手拉面团时没有弹性和延伸性，且很粘手，这时严重地影响了面包的质量。

（6）面筋断裂阶段　若再继续搅拌，面团开始水化，越搅越稀且流动性很大，面团非常黏，搅拌钩已无法再将面团卷起，用手拉取时会看到线状透明胶质。这时面筋已经彻底被破坏，洗面筋时已无面筋可洗出，面团不能再用于制作面包。

面团调制时投料的顺序根据面团的发酵方法来确定，一次发酵法、液种面团法和快速发酵法是一次投料，二次发酵法是分两次投料。一次投料是先将水、糖、蛋品、甜味剂、面包添加剂置于搅拌机中，以钩状搅拌器用"低速"搅拌均匀；乳粉、即发干酵母与面粉混合，放入搅拌机，"低速"搅拌至"原料混合阶段"，然后将速度切换成"中速"，搅拌至"面筋扩展阶段"加入油脂及乳化剂混合均匀；最后在面筋还未充分扩展或面团搅拌完成前的 5 ~ 6min 加入食盐搅拌；搅拌至"完成阶段"（吐司类等产品需搅拌至此阶段），将面团移出搅拌锅，测量面团搅拌终温，以 26 ~ 28℃ 为最佳温度。

二次投料是将配方中 60% ~ 80% 的面粉及相对于面粉质量 50% ~ 60% 的水及所有配方中的酵母、改良剂全部倒入缸中，"低速"搅拌 8 ~ 10min，面团（温度应控制在 24 ~ 26℃）表面呈微光滑而均匀时即可；然后将搅拌好的面团（即种子面）置于发酵箱中（温度 26 ~ 28℃，相对湿度 75%，3.5 ~ 4.5h）发酵至面团为原体积的 4 ~ 5 倍大。第二次搅拌是先将水、糖、蛋品、添加剂加入到搅拌机中搅拌均匀，然后将第一次搅拌发酵好的面团放入搅拌缸，将其搅拌使之瀹开；再加入面粉和乳粉，搅拌至面筋初步形成；待面团至扩展阶段时，加入油脂及乳化剂继续搅拌均匀；最后加入食盐搅拌；使用"中速"搅拌至面筋完成阶段即可，搅拌后的面团温度以 26 ~ 28℃ 为宜。

2. 发酵

面团发酵是一个非常复杂的微生物学和生物化学的变化过程，是面包加工工序中最重要的关键工序之一。通过发酵使酵母大量繁殖产生二氧化碳，促进体积膨大；面团中积累的发酵产物，赋予产品芳香和风味；使面团具有良好的延展性和多孔结构；促进面团的氧化，强化面团持气能力。

首先给发酵槽擦上一层薄油，再将面团倒入槽后弄平使上面平滑，推入发酵室内发酵。发酵室的温度 25 ~ 30℃，相对湿度 70% ~ 75%。槽的大小要与面团质量相配合，中种面团的发酵体积较大，约为直接法的 2 倍，所以放中种面团的发酵槽要大些。但槽太大，会使面团胀不起来而流下去，使发酵不正常，这时必须用隔板来限制面团体积。发酵的时间根据采用的发酵方法而定，中种面团发酵开始温度为 2 ~ 26℃，发酵时间 3 ~ 4.5h，发酵完毕后进行主面团调粉，然后再进行第二阶段的发酵，称为延续发酵，时间为 20 ~ 45min。直接法面团一次投料加入了所有的配料，一些材料如乳粉、盐对于酵母的发酵有抑制作用，发酵温度稍高，为 25 ~ 27℃，时间 4.5 ~ 5.5h。

直接法与中种法不同，发酵到一定程度，需要翻面，也称撤粉，将已发起的面团中部压下去，除去一部分二氧化碳气体，补充新鲜空气，促进酵母发酵，使面团内的温度均匀，发酵均匀，增加气泡核心，增加面筋的延伸性和持气性。翻面不可过于激烈，否则容易使已熟成的面团具有易脆的性质，只宜将发酵槽四周的面拉向中间，并翻压下去，再把发酵槽底部的面团翻到槽的上面来。翻面的时间依据面团发酵成熟的程度来确定，发酵成熟是翻面的最好时间。

面团发酵成熟是调制好的面团经过适当时间的发酵，蛋白质和淀粉的水化作用已经完成，面筋的结合扩展已经充分，薄膜状组织的伸展性也达到一定程度，氧化也进行到适当程度，使面团具有最大的气体保持力和最佳风味条件。判断面团成熟的方法有以下几种。

（1）回落判断法　面团自然发酵到一定时间后，在面团正中央部位开始向下回落，即为发酵成熟。这种方法比较容易掌握，但要判断面团刚刚开始回落时刻，如果回落太大表示面团发酵过度。

（2）手触判断法　用手指轻轻按下面团，手指离开后，面团既不弹回也不下落，表示发酵成熟。如果很快恢复原状，表示发酵不足，是嫩面团。如果面团很快凹陷下去，表示发酵过度。

（3）拉丝判断法　将面团用手拉开，如内部呈丝瓜瓤状并伴有酒香，表示发酵成熟。如果无丝状表示发酵不足。如果面丝又细、又易断，表示发酵过度。

（4）温度判断法　面团发酵成熟后，一般温度上升 $4 \sim 6$℃。

（5）pH 判断法　面团发酵前 pH6.0，发酵成熟后 pH 下降到 5.0，pH < 5.0 表示发酵过度。

3. 整形与醒发

将发酵好的面团按照不同品种的要求做成一定形状的面包坯叫整形，包括面团分割和称量、搓圆、中间醒发、压片、成型和装盘或装模等工序。

面团分割与称量是将发酵成熟的面团按规格质量要求，分成质量相等的小块。将面团分割成小块时，面团发酵仍然在进行中，因此要求面团的分割时间越短越好，最理想是 $15 \sim 25min$ 完成，时间太长会导致发酵过度而影响面包成品的品质。称量是关系到面包成品大小是否一致的关键。由于面包坯在烘烤后将有 10% ~ 12% 的质量损耗，故在称量时要把这一重要损耗计算在内。

搓圆是将分割后的不规则小块面团搓成圆球状。经过搓圆之后，使面团内部组织结实、表面光滑，再经过 $15 \sim 20min$ 静置，面坯轻微发酵，使分块切割时损失的二氧化碳得到补充。

搓圆后静置，俗称中间醒发，是做好面包的一道很重要而又容易的工序，要求温度为27 ~ 29℃，相对湿度70% ~ 75%，主食面包面团的醒发时间为 $10 \sim 12min$，花色面包为 $12 \sim 17min$，硬面包为 $15 \sim 20min$。若没有经过中间醒发工序，面包成品往往会有瓤心粗糙，表面光洁度欠佳等缺点。

面团压片是将面团中不均匀的大气泡排除，使中间醒发产生新的气体在面团中均匀分布，保证面包成品内部组织均匀，无大气孔。

成型是一个技巧性很强的工序，是决定面包成品形状的操作，不同形状的面包有其不同的成型方法。

醒发室成型后的面包坯经过最后一次发酵，使面包坯达到应有的体积和形状。醒发的温度以 (38 ± 2)℃为宜，相对湿度85% ~ 90%，时间控制在 $50 \sim 60min$。醒发面团的体积应是成品体积的80%，其余20%留在炉内胀发或胀发到装盘时的 3 ~ 4 倍。

4. 烘烤

将醒发成熟的面包坯放入烤炉内，使其在烤炉热量下，由生变熟的过程。烘烤是面包加工的关键工序之一，使生面包坯变得结构疏松，具有特殊的香气。面包的烘烤时间和温度根据面包坯性质、配方、质量、产品要求等来确定。

（1）烘烤初期阶段　面包坯入炉初期，要求温度较低和湿度（60%～70%）较高。为了利于水分的蒸发和面包体积的膨胀，下火高于上火温度，上火不宜超过120℃，下火控制在200～240℃，不超过260℃，烘焙时间2～3min。

（2）烘烤的第二阶段　面包内部温度达到50～60℃，面包体积已基本达到成品体积要求，这个阶段的烘烤需要使面包定型成熟，上下火可同时提高温度，上火可达250℃，下火控制在250～270℃，烘焙时间2～5min。

（3）烘烤第三阶段　这个阶段主要是使面包皮上色和增加香气，提高面包风味。上火可高于下火温度，上火一般在180～250℃，下火140～160℃，但注意下火不宜过高，以免面包焦煳。

5. 冷却与包装

刚出炉的面包温度很高，皮硬瓤软没有弹性，经不起压力，容易变形，不能马上进行包装和切片；再者如若没有经过充分冷却就进行包装，热面包散发的热蒸汽会在包装袋壁上凝成水滴，导致面包容易发霉变质。面包冷却的方法有冷风冷却和真空冷却，目前最常用的是冷风冷却。

面包瓤部的平衡湿度约为90%，很容易散失水分而变硬；面包皮的平衡湿度较低，在潮湿条件下容易吸潮而变成湿软。因此，面包的裹包材料应具有中等的防潮性能。常用的包装材料有蜡纸、玻璃纸、塑料薄膜等。

二、 方便面加工

（一） 方便面生产的配方

方便面生产所需原辅料有小麦粉、精炼棕榈油、淀粉、全蛋粉、谷朊粉、魔芋粉、大豆分离蛋白、食用盐、食品添加剂（醋酸酯淀粉、羧甲基纤维素钠、碳酸钾、碳酸钠、六偏磷酸钠、磷酸二氢钠、三聚磷酸钠、焦磷酸钠、海藻酸钠、黄原胶、谷氨酸钠、栀子黄、5′-呈味核苷酸二钠）等。

（二） 方便面原辅料的选择与处理

1. 小麦粉

小麦粉中蛋白质含量和质量对方便面的制作至关重要，是影响方便面面块内在质量的主要因素。蛋白质含量过低，则不能形成良好的、细密均匀的面筋网络结构，导致产品强度低，易折断，内在质量差；蛋白质含量过高，对面块制作也有影响，容易导致面块色泽暗沉、发硬、适口性差、不易复合、易折断。小麦粉中的蛋白质与产品含油量的多少存在反比关系，即低蛋白质含量的方便面面块在油炸脱水过程中吸收的油脂较多；高蛋白质的面块油炸成品的含油量相对低一些，这样可以减少油脂消耗，也更易于保存。油炸方便面要求面条油炸后膨松，复水快，面条不烂，含油量尽量少，故油炸方便面加工使用的小麦粉蛋白质含量要高于非油炸方便面加工使用的小麦粉。

改善面条加工性能最重要的是小麦粉的湿面筋含量，一般用作油炸方便面的小麦粉，加工精度要达到特制一等粉的标准，面筋含量 32% ~ 34%，筋力较强；用作非油炸方便面的小麦粉，面筋含量 28% ~ 32%。

小麦粉灰分对方便面面块的生产也有较大的影响，会直接影响小麦粉的色泽和气味，影响小麦粉和面时对水分吸收的均匀性，从而影响到面筋网络的形成。我国小麦粉的灰分标准普遍高于外国同类小麦粉的，降低灰分，能直接提高面条的质量。日本方便面使用的小麦粉质量标准要求水分为 12% ~ 14%，灰分为 0.4%，蛋白质为 9% ~ 12%，湿面筋含量达到 28% ~ 36%。

对所用的小麦粉原料要进行过筛处理，以避免线头、金属丝、麦粒等杂质进去调粉机中。

2. 淀粉

面条是否有光泽和柔软适口，与小麦粉中淀粉的黏度直接相关，淀粉的黏度不宜过强或过弱。黏度过弱，面条脆散，缺乏光泽，弹性差，影响面条加工；黏度过强，面条发硬，适口性差。为改善面条的加工性，可以加入适量变性淀粉，如酯化淀粉和羟丙基淀粉。变性淀粉具有良好的增稠性、成膜性、稳定性、糊化特性，可以使方便面具有酥脆的结构和金黄色的外壳，降低油炸方便面的吸油量，延长产品的贮存时间；改善方便面的复水性和咀嚼弹性，减少黏性，增强面体的透明度和滑爽感，改善口感；减少老化作用，降低糊化温度，减少烹饪时间和冲泡时间。

3. 油脂

方便面脱水的方式有以热油为介质的油炸脱水和以热空气为介质的热风干燥脱水。由于油炸脱水加工时间短，热油能快速蒸发湿面条中的水分，使水分快速逸出后留下许多微孔，用沸水浸泡后，水分容易进入这些微孔中而复水。同时，热油具有润滑作用，还能防止湿面条在成型中相互粘结，赋予面条独特的风味。目前的方便面生产线中，绝大多数是采用油炸脱水工艺生产。油脂在油炸型方便面的生产中是与小麦粉同等重要的原材料，油脂的品质对方便面的品质和保质期均有很重要的作用，一旦油脂质量不稳定，很容易由于发生氧化酸败反应，产生哈喇味。目前方便面生产中普遍选择使用亚油酸、亚麻酸等不饱和脂肪酸含量较低，性质稳定，价格低廉的棕榈油，棕榈油还具有风味优良、保存性好、烟点高等优点。

4. 水

水在油炸方便面生产中约占面条的 30%，生产方便面使用的水会影响面团的物理状态，面条的淀粉糊化、老化稳定性和贮存期间的色泽变化。

方便面加工用水除了要符合饮用水标准，矿物质含量过高的水对制面工艺产生较大的影响。硬水会使小麦粉的亲水性能变劣，吸水慢，和面时间延长，削弱和面效果。水中的钙、镁离子会使小麦粉中的面筋强硬、弹性增大，但也会与蛋白质相结合，使蛋白质凝固变性，阻碍面团的延展性和可塑性的演化过程，给后面的面团压片增加困难。水中铁离子与淀粉结合，影响淀粉的正常糊化，延长面条蒸煮时间，使其容易回生，尤其会使得面块在高温脱水时迅速氧化成铁的氧化物，使面条色泽变暗，严重时会变成棕褐色，特别是热风干燥面更容易出现这一现象。铁离子还会催化加速油脂的氧化酸败，严重影响方便面的风味和保质期。

方便面制面时应该使用软水，硬度在 15 ~ 20mg/kg，自来水需经过软化处理，使用离子交换器将水软化一次。

5. 食盐

面块制作时添加适量的食盐，可以使小麦粉在和面时加快吸水速度且使吸水均匀，加速面团成熟；并且可以收敛面筋组织，增强面筋的弹性和延伸性，改善面条的工艺性能，减少面条的湿断条，提高出品率，使得面条有一定的保湿作用，在烘干时面条干燥速度容易控制。食盐还可以抑制杂菌生长和酶活力，防止面团发酵和酸败。食盐的添加量要结合使用的小麦粉的种类、加工季节、加水量等因素考虑，食盐过量会降低面团的黏合力，使面条变脆，一般加盐量为小麦粉的 1.5% ~ 2.0%。使用时先用水将其充分溶解，过滤一遍，再加入小麦粉中。

6. 碱

方便面制作中添加食用碱可以收敛面筋组织，使面条具有独特的韧性、弹性和光滑性，以及使面条产生特有的碱性风味，吃起来比较爽口，且保水性好，煮时不浑汤，碱与小麦粉中的黄酮醇发生反应，使面色变黄或淡黄，增进食欲。此外，食用碱还协助食盐共同产生抑菌和抑制酶活力等作用，使面条不易酸败变质。

碳酸钠使面条具有延伸性而且面体柔软，碳酸钾能使面条在蒸煮和干燥高温处理时不易褐变，使面条透明性好，也比较脆。生产中常常使用混合碱水：无水碳酸钠（57%）、无水碳酸钾（30%）、无水磷酸钠（7%）、无水焦磷酸钠（4%）。食用碱用量过多会产生令人厌恶的碱味，故添加量要适宜。一般来说，油炸方便面食用碱的用量是小麦粉质量的 0.1% ~ 0.3%；热风干燥面食用碱的用量是小麦粉质量的 0.3% ~ 0.5%。使用时先用水充分溶解，过滤，再加入小麦粉中。

7. 品质改良剂

为了有效增强方便面的复水性、弹性，延长耐煮、耐泡性，提高口感爽滑度，减少油耗，降低生产成本，在方便面制作过程中还需要加入适量的品质改良剂。常添加的品质改良剂有复合磷酸盐、增稠剂、乳化剂、抗氧化剂、色素等。

复合磷酸盐能增加淀粉的吸水作用，增强面团的持水性，故在面条蒸煮时能加速淀粉的 α 化，也因而使得面条有较高的成熟度，使面条在食用时复水速度比较快。磷酸盐在水溶液中能与可溶性金属盐类形成复盐，会产生对葡萄糖基团的"架桥"作用，即形成交联淀粉。交联淀粉具有耐高温和耐高压蒸煮的特点，使得面条在高温油炸时仍能保持淀粉胶体的黏弹性，复水后成品保持良好的嚼劲。复合磷酸盐还能提高光洁度，使产品色泽白而细腻。复合磷酸盐的主要成分是磷酸二氢钠、偏磷酸钠、聚磷酸钠、焦磷酸钠等，其配比为磷酸二氢钠：偏磷酸钠：聚磷酸钠：焦磷酸钠 = 13：55：29：3。其添加量控制在小麦粉质量的 0.01% ~ 0.06%。

增稠剂具有吸水性，能改善面团的吸水性和持水性，缩短和面时间；增稠剂黏度较强，增加面团的延展性和面条的弹性，增稠剂还具有疏油性，减小吸油量。增稠剂的种类繁多，方便面加工常使用的增稠剂有海藻酸钠、羧甲基纤维素钠、变性淀粉、瓜尔胶、聚丙烯酸钠等，海藻酸钠的添加量一般是小麦粉质量的 0.2% ~ 0.4%，瓜尔豆胶的添加量为 0.3%，聚丙烯酸钠用量为 0.1% ~ 0.2%。增稠剂的使用方法是将增稠剂与乳化剂或盐、糖、淀粉等一起混合均匀，再加温水放入打蛋机中快速搅拌成乳化液备用。

乳化剂能使面团中的水分分散均匀，并能提高面团的持水性，面团吸水能力增强有利于蒸煮时成熟。面饼在盘成波纹型的生面在连续常压蒸煮后，进入切块定量和自动入模时很容易发生生坯间黏连和面块自身的黏结，乳化剂能降低面条之间以及面块之间的黏连性和黏结性。乳化剂能够涂布于直链淀粉的束胶表面，减少束胶之间自由水的相互接触和束胶的相互黏连，抑制淀粉的老化。乳化剂还能使产品表面光亮，改善成品的外观和风味。方便面加工中常使用的乳化剂是硬脂酸甘油酯，其添加量控制在小麦粉质量的 0.1% ~ 0.3%。

为防止油炸方便面中油脂氧化酸败，延长食品的保质期，通常需要在油脂中加入抗氧化剂，方便面中常用的抗氧化剂有维生素 E、丁基羟基茴香醚（BHA）、二丁基羟基甲苯（BHT）、没食子酸丙酯（PG）、特丁基对苯二酚（TBHQ）等，这些抗氧化剂通常复配使用。

姜黄色素对高蛋白质含量的方便面着色力强，对热相对较为稳定，且在方便面面饼制作中可使面饼颜色鲜艳，光泽度增强，所以广泛应用于方便面中。另外，在方便面制作中添加栀子绿可以使面块呈现嫩黄色。

（三） 方便面的生产工艺

油炸方便面的生产工艺流程：

小麦粉、食盐、碱水等 → 和面 → 熟化 → 复合压延 → 切条成型 → 蒸面 → 着味 →

定量切断 → 脱水干燥 → 油炸干燥 → 冷却 → 加汤料包 → 包装 → 成品

非油炸方便面（热风干燥）生产工艺流程：

小麦粉、各种添加剂 → 和面 → 熟化 → 压片 → 切面 → 折花成型 → 连续蒸煮 →

切块 → 热风干燥 → 连续冷却 → 整列检测 → 加汤料包 → 包装 → 成品

1. 和面

和面也称揉面、面团调制，是将原辅料经过严格处理后放入调粉机中，经过一定时间的搅拌而形成面团的过程。这是方便面面块制作的头道工序，也是很关键的一道工序，与后面工序和产品品质直接相关，除小麦粉外所有原料都应分别充分溶解后一次性送入调粉机中搅拌。和面时要准确控制加水量、加盐量、和面的时间和温度，一般来说，方便面面团调制的加水量为小麦粉质量的28%~30%，面团温度控制在20~25℃，和面机搅拌速度70r/min，和面时间为15~25min。

（1）松散混合阶段　在此阶段主要是使各种固态和液态原料混合均匀，完成面粉与水进行有限的表面接触和黏合，面团结构松散，呈粉状或小颗粒状的混合，这一阶段需3~5min。

（2）成团阶段　已经润湿的面粉颗粒，水分从表面渗透到内部，大分子的蛋白质聚合物进行水化作用，在面团中局部形成面筋，使松散的小颗粒在搅拌作用下彼此黏连，形成网络结构，此时面团中出现较大的团状物，这段调制时间需5~6min。

（3）成熟阶段　团块状面团在机桨不断搅揉下，内聚力逐渐增强，面筋弹性更为强韧。此时因水分不断向蛋白质分子内部渗透，使游离水减少，面团黏性下降，由软变硬，面团表面逐渐光润，混合逐渐均匀。

（4）塑性增强阶段　通常是在成熟阶段后继续调制1~2min即可。和面的工艺要求是小麦粉中的蛋白质、淀粉均匀充分吸水，和成的料坯松散呈豆腐渣状颗粒，但具有一定黏性，不含生粉，干湿一致，色泽均匀，手握成团，轻揉则散。搅拌完成后由空气压缩机驱动，打开气动出料口，和好的散粒状面靠重力落入熟化机中。

2. 熟化

面团熟化也称醒面或存粉，是将面团在低温条件下静置一段时间，改善面团的黏性、柔软性和弹性。熟化时可以静置，但为了保证连续生产和防止面团结块也可以用低速的旋转搅拌代替静置熟化。面团在静置时，水分最大限度地渗透到蛋白质胶体粒子的内部，使之充分吸水膨胀，相互黏连，形成更好的面筋网络结构，进一步改善面团的工艺性质。熟化的过程还可以消除张力，使处于紧张状态的面团网络结构松弛，对粉粒起到调质的作用。

熟化时间一般是 30~40min，熟化后的面团不结成大块，整个熟化的过程注意不要升高温度。

3. 压片

压片包括复合压延和连续压片两个部分。和面熟化后的面团从供给机进入预压机压成厚片，经预压机初压成的面片结构十分松弛，表面比较粗糙，面片结构中的孔隙不均匀，必须经重叠复合辊轧，使孔隙充填，面片坚实，形成均匀的厚片。通过复合压延使面团成型，面团中的面筋网络结构分布均匀，面带具有一定的强度和韧性。面片复合压片以后，延展性增强，但表面仍然比较粗糙，还需经 4 道压片机逐步压延到所需的厚度，供切条成型用，每组轧辊直径逐渐缩小、转速逐渐增加，面片厚度逐渐减小。4 台压片机必须依次装在一条直线上，使面片在机台上连续运转，面片不易断裂，实现连续化生产流水线。压片能使面团中的物料、空气分布均匀，一旦面团中的空气没有均匀分布，将会使蒸煮和油炸后的面条膨松度有差异，而容易使油脂渗入结构中原有的空气部位，整个面块表面由于油脂冲塞不均匀而发生花斑，大滴的油脂还容易使汤汁中漂浮油花。压延后的面片达到厚薄均匀、光滑平整、无破边、无破洞、色泽匀称、具有一定的韧性和强度，压片操作过程中有两个关键控制参数，一个是面片的最终厚度，一个是面片的压延比。

面片的最终厚度与后工段的工艺参数相关，对面条的复水性能和面块的耐压强度也有较大的影响，也跟产品质量和经济效益密切相关。面片厚度大则切成的面条直径较粗，蒸煮时它的中心部位较难成熟，面条糊化的时间延长，油炸温度和时间也要相应延长，油脂吸收率高，复水时间长。但厚度大的面片会使单位时间内的产量比较高，对于工厂来说，既要考虑产品质量，又要讲究经济效益，应当通过试验确定出适当的厚度。各种不同品种的方便面应根据其产品的特点控制不同的厚度，杯装是冲泡型方便面，要求面条较细，复水速度更快，其面片最终压延厚度约为 0.3mm；袋装的煮食型油炸方便面的面片最终厚度可以达到 1~1.2mm；α 化软面及炒面的面片压延最终厚度则需在 1.2mm 以上，但不宜超过 1.4mm，不然即使大幅度提高油炸温度也难以复水。

适当的压延比会使面片每次受到的挤压力基本接近，面片逐步趋向于表面光滑，层次清晰整齐，结构均匀，制成的面条粗细一致。如果压延比过大，将会使面片表面粗糙，层次遭到破坏，结构过于紧密，而不利于蒸面时中心部位淀粉 α 化，并妨碍油炸时面条的体积膨松。应以逐步压薄为原则，严格控制面片的压延比。压延比可以通过如下两种方法计算：一种方法是压片前面片的厚度与压片后面片厚度之间的比例；另一种方法是压片后的厚度比压片前减薄的百分比。

4. 切条折花成型

切条折花成型是生产方便面的关键工序之一，这步工艺操作要求面条光滑、无并条，波纹整齐、密度适当、分行相等、行行之间不黏连。折花成型使得直线形的面条扭曲成波浪状，波峰竖起、彼此紧靠，这样不仅形状美观，而且能防止并排的直线面条在蒸煮时黏结在一起；条状波纹之间的空隙加大，使面条更利于脱水，成熟速度快；干燥固化后切断时碎面少；波纹面块结构结实，有利于包装，在贮藏和运输中不易破裂；食用时复水速度快。经过多次压延后的面片进入位于最后一道压延辊后的面刀（也称切条辊）切成面条，在面刀下方装有一个精密设计的波浪成型导箱，切条后的面条进入导箱后，与导箱的前后壁发生摩擦形成运动阻力，另外箱下部的成型传送带的线速度慢于面条的线速度，形成了阻力面，使面条在导箱的导向作用下弯曲折叠成细小的波浪形花纹，连续移动阻力面（形成传送带），就连续形成花纹（图 3-12）。折花

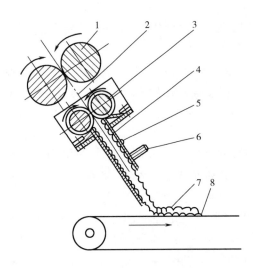

图3-12 切条折花成型装置结构示意图
1—轧辊 2—面带 3—切刀 4—成型导箱
5—压力门 6—配重 7—波纹状面条 8—网带

成型对方便面面块的制作很关键，需要各细节配合得当才能做出形美质优的面块。

面片的含水量和最后厚度会直接影响切条成型效果。若水分含量太高，面片湿软，切条成型的面条疲软，导致花纹塌陷，若水分偏少，面片干硬，不易成花，导致花纹稀疏。若有破边或孔洞，面片不连续，会使成型后的面条断条增加。面片最后形成的厚度必须符合标准，厚薄适宜，与面刀相契合，若面片的厚度超过了面刀两齿辊啮合深度，会造成切条成型的面条表面有皱纹。

面刀是成型器的主要组成部分，其质量是影响折花成型的主要因素之一。面刀由一对带沟槽的辊筒组成，当两辊啮合在一起时，便将进入的面片切成面条。若两齿辊啮合深度不够，可能引起并条现象，若篦齿压紧度不够，面刀齿槽中会积累杂质，导致面条的光洁度变差。

面块波纹的形成是利用面条线速度大于成型网带线速度，促使面条在成型箱内弯曲扭转堆集成波浪形花纹的面层。面条线速度 v_1 与成型网带线速度 v_2 比值的大小也会影响切条成型效果，速度比大，波纹小，反之则波纹就越大，一般的速度比是 $v_1/v_2 = (6～10):1$。速度比对折花成型效果与之相辅相成的还有型导箱前壁压力门上压力的大小，压力大则波纹密，压力小则波纹稀。在生产中需要精心调整速比与压力直至形成均匀一致的花纹，否则会导致花纹成型不均匀，既影响蒸面又影响定量工序的准确性。

5. 蒸面

面条折成波纹形后，即可进入蒸煮阶段。蒸面是使波纹面层在一定的时间内使面粉中的淀粉在吸收一定量水分后，经高温蒸煮尽可能地促使淀粉 α 化，蛋白质受热变性，由生面变成熟面的过程。由于设备、配方、吸水率及蒸面时的各种工艺参数等因素的影响，不可能使面条中的淀粉完全 α 化，但生产中应尽量优化工艺来提高淀粉的 α 化程度，因为蒸面后面条中的淀粉 α 化程度的高低直接关系到成品的复水性和食用口感，α 化程度越高，面条的黏弹性越佳，且复水快，含油率低，面条色泽及透明度均较理想，易被人体消化吸收。生产规定油炸方便面 α 化程度必须达到85%以上，热风干燥方便面 α 化程度必须达到80%以上。蛋白质变性面条在常压蒸煮时，物料温度上升到 45～50℃，蛋白质的变性现象即已产生，最终阶段的温度为 90～95℃。

蒸面机主体是一条长 12～15m 的方形隧道。工作时，网带在隧道中运行，面条在网带上面随网带一起运行，由蒸汽喷管喷出的蒸汽通过网带对面条加热从而使面条成熟。这种蒸面机进口较低，出口较高，其工作原理是利用热气向上升的特点，当隧道内的蒸汽喷管向底槽喷入直接蒸汽时，蒸汽将沿着倾斜面从低到高在蒸槽中分布，冷凝水向低处流，这样，必然是低的一端蒸汽量较少，湿度较大，进入槽内的湿面条温度较低，遇蒸汽易使部分蒸汽冷凝结露，结果使面条多吸收水分，有利于淀粉的糊化。在蒸面机高的一端，蒸汽量大，温度较高，湿度较低，有利于面条吸收热量，进一步提高糊化度。这种倾斜式连续蒸面机不但内部温度从低到高，湿度从高到低，符合淀粉糊化的要求，而且机身倾斜后，蒸槽的有效长度有所增加，蒸面时间相对延长，蒸汽利用率有所提高，有利于淀粉糊化。蒸面效果受蒸面温度、面条含水量、面条的粗细、面块的疏密厚度、蒸煮时间、蒸面压力、蒸煮工艺等工艺参数的影响。

不同的谷物淀粉，其糊化温度不同。小麦淀粉的糊化温度是 59.5 ~ 64℃。要使以小麦粉为原料的面条糊化，蒸面的温度一定要在 64℃ 以上。尤其方便面是由多层面条扭曲折叠而成的面块，因而要使具有一定厚度和密度的面块能在较短时间内蒸熟，需要的温度比糊化温度高。在方便面生产中，蒸面机进口温度为 90 ~ 95℃，出口温度为 100 ~ 105℃，进口温度低于出口温度，使面条进入蒸面机内有一个逐步升温过程。出口温度高，除了可提高面条的糊化度外，由于面条温度较高，出口后还会失去一些水分，起到一定的干燥作用。

面条含水量是影响淀粉糊化效果的第二重要因素，面条含水量与糊化程度成正比。在同样的蒸面温度和蒸面时间条件下，湿面条的含水量越高，面条的糊化程度也越高。在不影响压片的前提下，和面时尽可能的多加些水；另外，在蒸面过程中，也要使面条尽量多吸收水分，以促进淀粉的糊化。实践证明，蒸面时利用直接蒸汽进行所谓湿蒸，是一种让面条多吸收水分的有效方法，这样蒸出的面条起光、有透明感、外观好。

蒸面后生面条变成熟面条，其中淀粉糊化程度高低除了与温度、含水量有关外，还与蒸煮时间有关。蒸面时间与糊化程度成正比，延长加热时间，可以提高产品糊化率，因为淀粉糊化需要一定过程，缩短加热时间，会降低产品糊化率。根据许多厂家的实践，蒸面时间一般控制在 90 ~ 120s，在此条件下面条糊化度可达到 80%。在蒸面时，有时产品品种不同，蒸面时间也不同。如热风干燥方便面，由于其脱水速度慢，糊化的淀粉易"回生"，因而热风干燥方便面在贮存过程中比油炸方便面易老化回生，加之其不具备油炸方便面的多孔性，因而复水性较差。为了改善方便面的复水性，除了采取其他措施外，提高蒸面时的糊化度也是一个重要措施；所以，热风干燥方便面生产中，蒸面时间比油炸方便面长。但蒸面时间过长，不仅增加能耗，而且会造成蒸面过度，破坏面条的韧性及食用口感。

面条越细，在蒸面过程中，面条中心升温快，糊化度高。面条越粗，在蒸面过程中，面条中心升温慢，中心部分难糊化，因而整体糊化度低。面块密度松一些、厚度薄一些，与蒸汽的接触效果好，易于糊化，反之，面条花纹稠密且厚，与蒸汽的接触效果不好，当然面条不易糊化。为了将产品的糊化度提高，将面片的厚度减小是一个重要途径。

6. 切断折叠

从蒸面机出来的波纹面干燥前应该在面条具有一定柔韧性的时候进行定量切断，以便包装。方便面的定量切断操作是将质量转化成一定长度（双折）来计量的，这样可将复杂的质量定量系统变成长度定量系统，简化设备。但是每块面饼的质量会随波纹的疏松或紧密而发生变化，波纹密则重，波纹疏则轻，这样会影响定量操作的准确性，故要求前一道工序折花成型势必做到面块波纹的紧密和稀松程度保持稳定。然后将切断的面折叠为两层的面块，最后再经分路装置进入油炸机。

本工序采用定量切断二折设备装置（图 3 - 13），有连续切片、自动定量、折叠成型和分排输送四个作用。从蒸面机中出来的熟面带通过一对做相对运动的旋转和托辊，按一定的长度切断，切断后的单层面块由一个与折叠导辊紧密配合的折叠板将其送入导辊与分排输送带之间，面块被折叠起来。定量切断的工艺要求是定量基本准确，折叠整齐，喷淋均匀充分，落入油炸模基本准确。

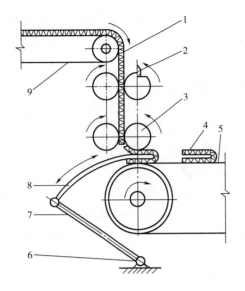

图 3 – 13 定量切断过程示意图
1—熟制面条 2—切刀 3—折叠导辊
4—折叠成型面块 5—分排输送带
6—铰链固定端 7—曲柄连杆
8—折叠板 9—进给输送带

影响定量切断效果的主要因素是面条的性质、各传动单元之间线速度的配合、旋转切刀与旋转托辊线速度的配合、折叠托辊线速度与分排输送网带线速度的配合等。方便面的定量是按切割长度确定的，面条本身的含水量、面片的厚度、波纹的疏密程度等都会影响每块面饼的重量；连续蒸面机网带线速度 v_1、面带供给网带线速度 v_2、旋转切刀与托辊的线速度 v_3、折叠板往复线速度 v_4、折叠托辊与分排输送的网带线速度 v_5，这五种线速度的配合应是后者的线速度大于前者，即 $v_5 > v_4 > v_3 > v_2 > v_1$；切刀刀刃的旋转线速度应该与托辊表面的线速度保持相等，或者使托辊线速度略快于切刀的线速度；折叠托辊与分排输送网带的线速度应相等，否则会引起二者产生相对运动使折叠的面块两层长度不一致。

7. 干燥

干燥是方便面生产的关键技术，干燥是通过快速脱水，固化 α 淀粉结构，防止面条回生，同时使面块组织和形状固定，便于包装和贮存运输。干燥的方法有油炸干燥和热风干燥两种。

油炸干燥是把定量切断的波纹面块（含水量 33% ~ 35%）放入自动油炸机的链盒中，使之连续通过高温的油槽，面块被高温的油包围起来，本身温度迅速上升，其中所含水分迅速汽化逸出，使面条中形成了多孔性结构。同时也进一步增加了面条中淀粉的糊化率，在面块浸泡时，热水很容易进入这些微孔，油炸方便面的复水性能好，食用口感较好。影响油炸效果的主要因素是油炸温度和时间、煎炸油质量、煎炸油的配比、面块的性质等。

一般油炸温度控制在 140 ~ 155℃，油炸时间以 70 ~ 80s 为宜。油炸温度偏低，造成油炸时间过长，会使膨松后的面条收缩，膨松性下降，变得易碎易脆；油炸温度过高，会使面条升温太快，油炸时间过短，影响油炸时淀粉 α 化程度的提高，甚至方便面炸不透，容易发霉变质。油炸时油温过高或时间过长，均会加深蛋白质的不可逆变性，使得面条颜色偏暗，透明度降低，极易碎裂，复水性变差，有小硬块感觉，复水后的面条体积膨胀度差，如果浸泡或水煮时间稍长，将会完全丧失黏弹性，胀成结构松散的烂面。一般油炸锅控制入浴温度为 120 ~ 125℃，出浴温度为 145 ~ 150℃。

油脂经过高温煎炸、反复使用，会发生氧化反应，颜色变深、黏度增加、持续气泡、有苦味、油炸时容易发烟，这样老化了的油脂不仅影响面条在保存期内的稳定性，其制品也会对人体健康极为有害。因此，生产中应防止油质的氧化。严格控制油炸的温度和时间，控制油炸锅内的液面，及时补充新鲜油脂，在油脂使用过程中添加适当的抗氧化剂，定期清洗油槽，控制原料油的品质，控制油脂的酸价，按照方便面的质量标准，方便面的酸价不超过 1.8，但油锅中的油脂的酸价应控制得更低一些，生产优质面条的煎炸油酸值如果超过 1.2，就应当全部更换新油。

油炸的工艺要求是油炸均匀、色泽一致、面块不焦不枯，含油少、复水性良好，其他指标符合有关质量标准。

热风干燥是生产非油炸方便面的干燥方法，是使用低湿度的热空气使面条的水分汽化，而达到干燥面块的目的。热风干燥的干燥温度较低，干燥时间稍长，得到的产品由于没有膨化现象而无微孔，食用时需要浸泡的时间较长，复水性也差一些，但是热风干燥方便面制品在贮藏中不会因为油脂氧化酸败而变质。采用此法干燥方便面应该在切条时尽量均匀切成较细的面条，以缩短干燥的时间，改善制品的品质。热风干燥的设备是链盒式连续干燥机。影响热风干燥效果的主要因素是干燥的时间、温度、相对湿度、鼓风机静压力、面块的性质等。一般干燥温度在 70~90℃，相对湿度低于 70%，干燥后的面块水分低于 12.5% 为宜。

8. 冷却和包装

油炸方便面经过油炸后有较高的温度，温度一般仍在 80~100℃。热风干操方便面从干燥机出来的温度也在 50~60℃，这些面块若不冷却而直接包装会导致面块及汤料不耐贮存，因而对面块进行冷却十分必要。

冷却方法有自然冷却和强制冷却。自然冷却就是利用室温低于面块的特点，在冷却室内，让周围空气吸收并带走面块热量，随着时间的推移而缓缓地进行冷却。强制冷却的原理与自然冷却的原理一样，但强制冷却是借助于冷却机来完成的，冷却机通过鼓风机、电风扇等促使空气加强流动，迅速降温散热。在连续生产中一般使用强制冷却法。冷却工艺的要求是冷却后的面块温度接近室温或高于室温 5℃。

冷却机一般有两种类型。一种是机械风冷，是通过若干直冷式电风扇吹到冷却室的冷风来冷却面块。另一种是强制风冷，是采用两个大型冷风机，其中一个当吹风机，另一个当引风机，在冷却室内形成冷风对流，这种冷却机效果更好，但是成本也更高些。

影响冷却效果的因素有冷却时间、冷却风速和风量、网带的行走速度、面块的性质等。

产品在进行包装前需通过金属检测和质量检查，检查合格的面块通过自动添加粉末汤料和液体汤料设备，进入自动包装机，完成包装，并自动打上包装日期。

袋装一般用玻璃纸和聚乙烯复合塑料薄膜，也可以用聚丙烯和聚酯复合塑料薄膜；杯装方便面一般用聚丙烯塑料作为包装材料。

思考题

1. 什么是麦路？什么是粉路？
2. 什么是小麦粉的修饰？为什么要对小麦粉进行修饰？
3. 根据相关国家标准，我国小麦粉可以分为几类？各自的特点是什么？
4. 简述面包制作过程中面团成型的几个阶段的特点。
5. 产生面包体积过小、产品酸度过大的原因是什么？应该如何改进？
6. 如何减少油炸方便面的含油量？
7. 如何提高方便面的复水性？

推荐阅读书目

［1］李新华．粮油加工工艺学［M］．郑州：郑州大学出版社，2011．

［2］李里特，江正强．焙烤食品工艺学［M］．北京：中国轻工业出版社，2010．

［3］朱蓓薇．方便食品加工工艺及设备选用手册［M］．北京：化学工业出版社，2002．

［4］陆启玉，陈颖慧．面制方便食品［M］．北京：化学工业出版社，2008．

［5］董全，闵燕萍，曾凯芳．农产品贮藏与加工［M］．重庆：西南师范大学出版社，2010．

本章参考文献

［1］陆启玉．粮油食品加工工艺学［M］．北京：中国轻工业出版社，2004．

［2］肖志刚．食品焙烤原理及技术［M］．北京：化学工业出版社，2008．

［3］叶敏．米面制品加工技术［M］．北京：化学工业出版社，2008．

［4］揭广川．方便与休闲食品生产技术［M］．北京：中国轻工业出版社，2007．

［5］陈忠，周家贵，徐接娣．FDMT 系列圆筒打麦机的研制与推广［J］．现代面粉工业，2006（6）：22－23．

［6］高云鹏．使用去石洗麦机应注意的几个问题［J］．现代面粉工业，2008（3）：18－20．

［7］邬大江．TQLZ 振动筛在小麦清理中的应用及其结构优化的探讨［J］．粮食与食品工业，2014，21（4）：16－19．

淀粉加工

第一节　淀粉加工基本原理

　　淀粉广泛分布在自然界中，主要存在于植物的果实、种子、根茎中，是空气中二氧化碳和水经光合作用合成的产物，是植物储存碳水化合物的主要形式。淀粉生产中应用较多的原料主要有玉米、甘薯、马铃薯、木薯和小麦等。除应用于食品工业外，淀粉及其制品还广泛应用于医药、化工、造纸、纺织、石油等各个领域。

　　淀粉生产的基本原理是在水的参与下，利用淀粉具有不溶于冷水和相对密度大于水的两个基本特性，通过物理性分离，在一定的机械设备中使淀粉、纤维及可溶性物质相互分开，获得较为纯净的淀粉。生产淀粉的方法比较简单，只要选用的原料与工艺适当，就可以得到成品。

一、 淀粉的结构

（一） 淀粉的分子结构

1. 淀粉的基本组成单位

淀粉是高分子碳水化合物，是由单一类型的糖单元组成的多糖，其基本构成单位为 $\alpha-D-$吡喃葡萄糖。淀粉分子式 $(C_6H_{10}O_5)_n$，严格的讲为 $C_6H_{10}O_6(C_6H_{10}O_5)_n$，$n$ 为不定数，被称为聚合度 （DP），一般为 $800 \sim 3000$；$C_6H_{10}O_5$ 为脱水葡萄糖单位或脱水葡萄糖基。因为末端的一个葡萄糖未脱去水，但是 n 太大，这个误差很小，为简便起见，仍以 $(C_6H_{10}O_5)_n$ 表示淀粉分子。

淀粉颗粒含有微量的蛋白质、脂肪酸、无机盐等非碳水化合物物质，其中除脂肪酸被直链淀粉分子吸附，磷酸与支链淀粉分子呈酯化结合以外，其他的物质都是混杂在一起。这些非碳水化合物物质与淀粉分子的化学结构没有什么关系，淀粉是纯粹的化合物。

2. 淀粉的分子组成

淀粉分子有直链和支链两种。直链淀粉是 $\alpha-D-$吡喃葡萄糖基单元通过 $\alpha-1,4$ 糖苷键连接成的线型聚合物，而支链淀粉是 $\alpha-D-$吡喃葡萄糖基单元通过 $\alpha-1,4$ 糖苷键连接成直链，再经由 $\alpha-1,6$ 糖苷键将直链接枝到另一直链上而形成的高支化聚合物。大多数植物所含的天然淀粉都是由直链和支链两种淀粉以一定的比例组合成的。根类淀粉含 $17\% \sim 20\%$ 的直链淀粉，而多数谷类淀粉含直链淀粉在 $20\% \sim 30\%$。也有一些糯性品种，其淀粉全部由支链淀粉组成，如糯玉米、糯稻等。

直链淀粉的相对分子质量为 5 万~20 万，相当于 $300 \sim 1200$ 个葡萄糖残基聚合而成；支链淀粉的相对分子质量要比直链淀粉大得多，为 20 万~600 万，相当于有 $4000 \sim 40000$ 个葡萄糖残基聚合而成。一般来讲，直链淀粉具有优良的成膜性和膜强度，支链淀粉具有很好的黏结性。

（二） 淀粉颗粒结构

显微镜下观察表明，淀粉颗粒是透明的且具有一定形状和大小。不同种类的淀粉颗粒具有各自特殊的形状，大致可以分为圆形、卵形和多角形 3 种。淀粉颗粒的形状主要与原料种类有关，而且受生长期间所受的压力和不同的生长部位所影响，如玉米淀粉，生长于胚芽两旁的呈多角形，生长于玉米粒中上部的呈圆形。

淀粉颗粒的大小一般以长轴长度表示，不同种类的淀粉大小存在很大的差别，介于 $2 \sim 150\mu m$。同一种淀粉粒因生长条件和成熟程度不同，大小也不同，如玉米淀粉最大为 $30\mu m$，最小为 $5\mu m$，平均约为 $15\mu m$；大米淀粉粒则比较均匀，为 $3 \sim 8\mu m$；马铃薯淀粉粒差别较大，为 $15 \sim 100\mu m$；禾谷类淀粉按其大小排列为：燕麦 < 稻米 < 玉米 < 大麦 < 小麦 < 黑麦，黑麦为 $14 \sim 50\mu m$，小麦为 $11 \sim 50\mu m$，大麦为 $10 \sim 35\mu m$。

二、 淀粉组分分离

为了研究不同品种淀粉中直链、支链淀粉的微观结构和性质，需要将直链淀粉和支链淀粉分离开来，具体的分离方法介绍如下。

（一） 温水浸出法

温水浸出法又称丁醇沉淀法或选择沥滤法，分离过程中淀粉保持颗粒状。它是将充分脱脂的淀粉悬浮液（玉米淀粉为2%）保持在糊化温度的情况下，这时由于天然淀粉颗粒中的直链淀粉易溶于热水，并形成黏度很低的溶液，而支链淀粉只能在加热加压的情况下才溶解于水，同时形成非常黏稠的胶体溶液。根据这一特性，可以用热水（60~80℃）处理，将淀粉颗粒中低相对分子质量的直链淀粉溶解出来，残留的粒状物可以离心分离除去，上层清液中的直链淀粉再用正丁醇使它沉淀析出。这时正丁醇可与直链淀粉生产结晶性复合物，而支链淀粉也可与正丁醇生成复合物，但不结晶。此复合物沉淀后再用大量乙醇洗去正丁醇，最后得到直链淀粉。

温度影响淀粉的抽提效率。一般抽提温度稍高于淀粉的糊化温度，若太高，则直链淀粉的抽提效率高，但支链淀粉也被抽提出来，纯度低；若太低，则抽提效率低，直链淀粉得率也低（表4-1）。

表4-1　　　　　　　　　　温水浸出法抽提玉米淀粉中直链淀粉

温度/℃	产率/%	纯度/%	分离效率/%
70	14.3	75	39
74	18.3	75	50
80	20.9	76	55
85	25.8	63	58
90	27.1	65	63

（二）完全分散法

完全分散法是先将淀粉颗粒分散成为溶液，然后添加适当的有机化合物，使直链淀粉成为一种不溶性的复合物而沉淀。常用的有机化合物有正丁醇、百里香酚及异戊醇等。

为了破坏淀粉内部的结构，使淀粉分散，须先进行预处理，预处理的方法有以下几种。

1. 高压加热法

调节1%~3%脱脂玉米淀粉悬浮液pH为5.9~6.3，以防止淀粉降解，在120℃温度下加热2h，高速离心热淀粉乳，除去分散不完全的淀粉颗粒和微量不溶性杂质，再在热糊中加入饱和正丁醇水溶液或异戊醇或其混合物，用量等于其在室温下的饱和溶液（异戊醇在20℃水中的溶解度为31g/L），在结晶器中于室温下缓慢冷却24h，这时直链淀粉与醇形成簇状细小结晶（5~20μm）。高速离心（5000r/min，离心力相当于重力的2000倍），沉淀为直链淀粉，分离效率达90%。直链淀粉碘吸附量为16.5%，母液喷雾干燥得支链淀粉（或甲醇沉淀）。再用10%正丁醇水溶液重结晶一次，碘吸附量可达19%。

2. 碱液增溶法

为了避免高压处理和升高温度时淀粉发生降解，采用了各种预处理方法降低淀粉的糊化温度，碱液增溶法即为用碱性物质处理淀粉，使其在温水中完全分散，常用的碱性物质有氢氧化钠和液氨等。如2%~3%玉米淀粉乳于25℃下分散在1.0mol/L碱液（或液氨处理15min）中，中和至pH6.2~6.3，加热至60℃，用正丁醇沉淀。

3. 二甲基亚砜法

二甲基亚砜不仅能破坏颗粒结构，而且还有完全排除脂类物质污染的优点，此法特别适用于直链淀粉含量特别高的淀粉。

基本操作：30g 谷类淀粉溶于 500mL 二甲基亚砜中，搅拌 24h，离心分离 15min，除去不溶性物质，然后注入 2 倍体积的正丁醇中使直链淀粉沉淀，用正丁醇反复洗涤以除去残留的二甲基亚砜。将沉淀在隔氧的条件下加入 3L 沸水中，煮沸 1h，使之完全溶解，待分散液冷却至 60℃，加入粉状百里香酚（1g/L），室温下静置 3d，离心得直链淀粉 – 百里香酚复合物。将复合物分散于不含氧的沸水中，煮沸 45min，冷却，加入正丁醇，静置过夜，离心，用乙醇洗涤，干燥，即得直链淀粉。残留液用乙醚将百里酚抽出后，加乙醇沉淀得支链淀粉。

（三） 分级沉淀法

分级沉淀法为工业提取直链淀粉的方法，它是利用直链淀粉和支链淀粉在同一盐浓度下盐析所需温度不同而将其分离。常用的无机盐有磷酸镁、硫酸铵和硫酸钠等。

直链淀粉和支链淀粉在室温下都能在 100 ~ 130g/L 硫酸镁溶液中沉淀，但在 80℃ 只有直链淀粉能沉淀。利用这种性质，工业上分离直链淀粉与支链淀粉的方法为：10% 马铃薯淀粉乳用二氧化硫和氧化镁调 pH 至 6.5 ~ 7.0，防止淀粉降解，加入 13% 硫酸镁溶液，160℃ 加压加热，使淀粉溶解。冷却至 80℃，高速离心，直链淀粉沉淀。母液继续冷却至 20℃，离心分离，沉淀为支链淀粉。

（四） 凝沉分离法

直链淀粉具有很强的凝沉性质，易于结合成结晶状沉淀出来，利用这种性质分离直链淀粉，不需要任何络合剂。玉米直链淀粉的聚合度为 700，凝沉性很强，最适用于此法。此法又称回生与控制结晶分离法。

基本操作：10% 玉米淀粉乳调 pH 至 6.5，引入喷射器中，同时喷入高压蒸汽，加热到 150℃，进入糊化桶糊化 10min，引入结晶器中，降压至常压，温度在 4h 内降至 30℃，直链淀粉结晶沉淀，15000r/min 高速离心，湿直链淀粉与 2 倍水混合，离心，即得直链淀粉产品。产率为淀粉质量的 17%，纯度为 90%。母液中剩余的支链淀粉用喷雾干燥或滚筒干燥得粉末产品。

此法优点是产品纯度高，支链淀粉不被化学试剂污染，但能耗高。

（五） 电泳法

马铃薯中支链淀粉含有不少磷酸，具有负电荷，可利用电泳将直链淀粉和支链淀粉分离。将马铃薯淀粉溶液置于电场中，支链淀粉移向阳极，沉积下来，直链淀粉仍留在溶液中。玉米淀粉不含磷酸酯，但直链淀粉吸附有脂肪酸，具有负电荷，置于电场中，直链淀粉向阳极移动沉淀下来，而支链淀粉仍留在溶液中。

（六） 纤维素吸附法

利用直链淀粉能被纤维素吸附而支链淀粉不被吸附的性质可将他们分离。将冷淀粉溶液通过脱脂棉花柱，直链淀粉被吸附在棉花柱上，支链淀粉流过，直链淀粉再用热水洗涤出来，此法可得高纯度的支链淀粉。沉淀法所得的支链淀粉常混有少量直链淀粉，可用此法纯化。

三、 淀粉的物理性质

（一） 淀粉的润胀

淀粉在冷水中不溶解，这是由于氢键的作用。氢键直接通过单个淀粉分子相邻的羟基或间接通过水桥所形成。这些氢键的结合力虽弱，但是在淀粉颗粒中氢键数量众多，决定了淀粉的冷水不溶性。将干燥的天然淀粉置于冷水中，水分子可简单地进入淀粉粒的非结晶部分，与许多无定形部分的亲水基结合或被吸附，淀粉颗粒在水中膨胀，这种现象称为润胀。

淀粉的润胀可分为两种：淀粉轻微膨胀后，经分离并处理达干燥状态，淀粉粒能缩回至原来大小的称为可逆润胀；膨胀后虽经处理仍不能恢复成原来淀粉粒的称为不可逆润胀。可逆润胀时，淀粉粒慢慢地吸收少量水分，只有体积上的增大，仍保持原有的特征和晶体的双折射，在偏光显微镜下观察，仍可看到偏光十字，说明淀粉粒内部晶体结构没有变化。可逆润胀起始于团粒中组织性最差的微晶之间无定形区，多数淀粉颗粒体积增大具有不均衡性，长向和径向的增大不等。如马铃薯淀粉长向增大47%，径向只增长29%。淀粉粒的晶体崩解，偏光十字消失，变成混乱无章的状态，无法恢复成原有的晶体状态，则属于不可逆润胀。受损伤的淀粉和某些经过改性的淀粉粒可溶于水，并经历一个不可逆的润胀。

（二） 淀粉的糊化

淀粉在冷水中搅拌可成乳状，停止搅拌则淀粉粒颗粒徐徐下沉。若将淀粉加热，水分即渗透到淀粉颗粒内部组织而使其膨胀。继续加温颗粒则继续膨胀而相互接触，变成糊状的黏稠液体，这个现象称为淀粉的糊化，生成的黏稠液体称为淀粉糊，此时所需的温度称为糊化温度。不同淀粉的糊化温度不同，同一种淀粉因颗粒大小不同其糊化难易程度也不一样，较大的淀粉粒较易糊化，且糊化温度较低（表4-2）。

表4-2	淀粉糊化温度		单位：℃
淀粉种类	膨胀开始温度	糊化开始温度	糊化终了温度
甘薯淀粉	52	60	65
马铃薯淀粉	50	59	63
小麦淀粉	50	61	65
大米淀粉	54	59	61
玉米淀粉	50	55	63

淀粉干燥与糊化温度的关系极大，干燥初期，一旦结块，过筛分离困难，故需以低于糊化温度的较低温度进行干燥，以防结块；干燥后期，适当提高干燥湿度可加快干燥速度，且无糊化之虑。淀粉糊具有黏性，温度提高，黏度增大；当达到黏度最大值后，继续加热，黏度下降，停止加温使其冷却黏度又增大。淀粉糊在高速搅拌下，黏度降低。搅拌速度越快，黏度降低的程度越大，但不同淀粉间具有显著差别，如玉米淀粉糊的黏度比马铃薯淀粉糊小，马铃薯淀粉糊又比木薯淀粉糊小。

淀粉一经糊化，即不可逆转，但其冷却后的状态与原料有关，如玉米淀粉为半固体的凝胶体。而马铃薯和木薯淀粉则仍然能保持其流动性，可以拉成长丝而不易中断；玉米和小麦淀粉糊则落下成较短的短丝，不同种类的淀粉糊具有不同的性质（表4-3），在使用时应根据需要加以选择。

表 4 - 3 不同淀粉糊的性质

淀粉种类	长度	热黏度	黏度的热稳定性	冷却时结成凝胶的程度	透明情况
小麦淀粉	短	低	较稳定	很强	不透明
玉米淀粉	短	较高	较稳定	强	不透明
高粱淀粉	短	较高	较稳定	强	不透明
黏高粱淀粉	长	较高	降低很多	不结成凝胶体	半透明
木薯淀粉	长	高	降低	很弱	透明
马铃薯淀粉	长	很高	降低很多	很弱	很透明

影响淀粉糊化主要有以下几方面的因素。

（1）晶体结构 糊化与淀粉粒的淀粉分子间缔合程度、分子排列紧密程度、微晶束的大小及密度有关 分子间缔合程度大，分子排列紧密、拆开分子间的聚合、拆开微晶束就要消耗更多的能量，淀粉粒就不易糊化；反之，分子缔合得不紧密，不需要很高的能量，就可以将其拆散，淀粉粒就易于糊化。一般较小的淀粉粒因内部结构比较紧密，糊化温度相对高些。直链淀粉分子间的结合力比较强，直链淀粉含量较高的淀粉粒糊化相对要难些。

（2）水分含量 淀粉颗粒水分含量低于30%时，对其加热淀粉不会糊化，只是淀粉粒在无定形区分子链的缠结有部分解开，以致少数微晶熔融；当加热到较高温度时，部分微晶束将熔融。颗粒晶体结构发生相对转移，聚合物变为具有黏性、柔韧、呈橡胶态，与糊化相比，这个过程是较慢的，淀粉颗粒的膨胀是有限的，双折射性有所降低，但不会消失，这种淀粉的湿热处理过程称为淀粉的韧化。天然淀粉的韧化将导致糊化温度升高，糊化温程缩短。

（3）脂质 直链淀粉和脂质直链淀粉与脂质形成螺旋状复合物，这种复合物对热比较稳定，糊化时润胀差，糊化温度高。谷类淀粉的这种情况较普遍，如高直链玉米淀粉难以糊化和润胀。脂质有抑制润胀的作用，但磷脂中卵磷脂的作用是特异的，它能显著地促进小麦淀粉的糊化和润胀，而对马铃薯淀粉糊化起抑制作用。

（4）碱和盐类 强碱能使淀粉粒在常温下就发生糊化。淀粉粒吸收碱，当吸收到某一极限量（如氢氧化钠量，玉米淀粉为0.4mmol/g，马铃薯淀粉0.32mmol/g）以上时便发生糊化。起破坏氢键作用的尿素（6mol/L）、盐酸胍（4mol/L）、二甲基亚砜等在室温情况下就能使淀粉糊化，其中二甲基亚砜可使淀粉粒在尚未润胀时就发生溶解，常被用作淀粉的溶剂。

（5）糖类 D - 葡萄糖、D - 果糖和蔗糖能抑制小麦淀粉颗粒溶胀。糊化温度随糖浓度加大而增高，对糊化温度的影响顺序为：蔗糖 > D - 葡萄糖 > D - 果糖。

（三）淀粉的回生

淀粉稀溶液或淀粉糊在低温下静置一定的时间，浑浊度增加，溶解度减少，在稀溶液会有沉淀析出，如果冷却速度快，特别是高浓度的淀粉糊，就会变成凝胶体，这种现象称为淀粉的回生，或称老化、凝沉，这种淀粉称为回生淀粉。

回生后的直链淀粉非常稳定，加热加压也难溶解；但如有支链淀粉分子混存，仍有加热成糊的可能。回生是造成面包硬化、淀粉凝胶收缩的主要原因，当淀粉制品长时间保存时（如爆米花），常常变得咬不动，这是因为淀粉从大气中吸收水分，并且回生成不溶的物质。回生后的米饭、面包等不容易被酶消化吸收。

影响淀粉回生的因素主要有分子组成（直链淀粉的含量）、分子的大小（链长）、淀粉溶液的浓度、温度、冷却速度、pH、各种无机离子及添加剂等。

（四） 淀粉糊与淀粉膜

1. 淀粉糊

淀粉在不同的工业中具有广泛的用途，然而几乎都需要加热糊化后才能使用。不同品种淀粉的糊化后，糊的性质，如黏度、透明度、抗剪切性能及老化性能，都存在着差别（表4-4），这显著影响其应用效果。

表4-4 淀粉糊的主要性质

性质	马铃薯淀粉	木薯淀粉	玉米淀粉	糯高粱淀粉	交联糯高粱淀粉	小麦淀粉
蒸煮难易程度	快	快	慢	迅速	迅速	慢
蒸煮稳定性	差	差	好	差	好	好
峰黏度	高	高	中等	很高	无	中等
老化性能	低	低	很高	很低	很低	高
冷糊稠度	长，成丝	长，易凝固	短，不凝固	长，不凝固	很短	短
凝胶强度	很弱	很弱	强	不凝结	一般	强
抗剪切性能	差	差	低	差	很好	中低
冷冻稳定性	好	稍差	差	好	好	差
透明度	好	稍差	差	半透明	半透明	模糊不透明

一般来说，在加热和剪切下膨胀时比较稳定的淀粉颗粒形成短糊，如玉米淀粉和小麦淀粉糊丝短而缺乏黏结力。在加热和剪切下膨胀时，不稳定的淀粉颗粒形成长糊，如马铃薯淀粉糊丝长、黏稠、有黏结力。

2. 淀粉膜

淀粉膜的主要性质如表4-5所示。马铃薯和木薯淀粉糊所形成的膜，透明度、平滑度、强度、柔韧性和溶解性等性质比玉米和小麦淀粉形成的膜更优越，因而更有利于作为造纸的表面施胶剂、纺织的棉纺上浆剂、黏胶剂等使用。

表4-5 淀粉膜的性质

性质	玉米淀粉	马铃薯淀粉	小麦淀粉	木薯淀粉	蜡质玉米淀粉
透明度	低	高	低	高	高
膜强度	低	高	低	高	高
柔韧性	低	高	低	高	高
膜溶解性	低	高	低	高	高

四、 淀粉的化学性质

（一） 淀粉颗粒的化学组成

除淀粉分子外，淀粉颗粒通常含有10%～20%（质量分数）的水分和少量蛋白质、脂类化合物、磷和微量无机物。

1. 水分

淀粉的含水量取决于贮存的条件（温度和相对湿度）。淀粉颗粒水分是与周围空气中的水分呈平衡状态存在的，大气相对湿度降低，空气干燥，淀粉就失水；如果相对湿度增高，空气潮湿，淀粉就吸水。水分吸收和散失是可逆的。

淀粉的平衡水分含量也取决于淀粉产品的类型，表4-6所示的水分含量是在相对湿度65%、25℃时的数据，在同类条件下，多数商品天然淀粉含10%~20%的水分。不同品种淀粉的水分含量有差别，源于多糖链密度与叠集的规则性上的差别，尤其是由于淀粉分子中羟基自行结合和与水分子结合的程度不同而导致的。玉米淀粉分子中的羟基自行结合的程度比马铃薯淀粉分子大，剩余的能够通过氢键与水分子相互结合的游离羟基数目相对减少，因而含水量较低。

表4-6　　　　　　　　　　　　　　淀粉的主要组成　　　　　　　　　　　单位:%

组成	玉米淀粉	马铃薯淀粉	小麦淀粉	木薯淀粉	蜡质玉米淀粉
淀粉	85.73	80.29	85.44	86.69	86.44
水分（25℃、相对湿度65%）	13	19	13	13	13
类脂物（以干基计）	0.8	0.1	0.9	0.1	0.2
蛋白质（以干基计）	0.35	0.1	0.4	0.1	0.25
灰分（以干基计）	0.1	0.35	0.2	0.1	0.1
磷（以干基计）	0.02	0.08	0.06	0.01	0.01
淀粉结合磷（以干基计）	0.00	0.08	0.00	0.01	0.00

2. 脂类化合物

谷类淀粉的脂类化合物含量较高，达0.8%~0.9%。玉米淀粉含0.5%的脂肪酸和0.28%的磷脂。马铃薯和木薯淀粉的脂类化合物含量则低得多，仅为0.1%或更低。

谷类淀粉中脂类与直链淀粉分子能形成螺旋包含物，它是不溶解的，但加热高于一定的温度就会离解，离解温度的高低取决于络合剂种类和结合键的强度。一般125℃以上才能分解螺旋包含物结构，使直链淀粉组分溶解。

3. 含氮物质

含氮物质包括蛋白质、缩氨酸、酰胺、氨基酸、核酸和酶。因蛋白质含量最高，通常把含氮物质含量习惯说成蛋白质的含量，其含量通过实测含氮量乘以6.25来计算。

马铃薯、木薯淀粉仅含少量蛋白质（0.1%），谷类淀粉蛋白质含量相对较高，为0.35%~0.45%。蛋白质含量高会带来许多不利的影响，如使用时会产生臭味或其他气味，蒸煮时易产生泡沫，水解时易变色等。

4. 磷

谷类淀粉中的磷主要以磷酸酯的形式存在，木薯淀粉含磷量最低，马铃薯淀粉含磷量最高，为0.07%~0.09%。它以共价键结合存在于淀粉中，约每300个脱水葡萄糖基就有一个磷酸酯键存在。

5. 灰分

灰分是淀粉产品在特定温度下完全燃烧后的残余物，它是由淀粉所含的少量或微量无机物组成。因此，马铃薯淀粉因含有磷酸酯基团，灰分含量相对较高，而其他品种淀粉的灰分相对较低，其灰分主要成分是磷酸钾，铜、钙和镁盐。

（二）　淀粉的化学特性

淀粉分子是由许多 $\alpha-D-$ 吡喃葡萄糖基单元通过糖苷键连接而成的高分子化合物，它的许多化学性质与葡萄糖相似，但因它的相对分子质量比葡萄糖大得多，所以也具有其特殊性质。

1. 淀粉的水解

淀粉与酸共煮时，即行水解，最后全部生成葡萄糖。此水解过程可分为几个阶段，同时有各种中间产物相应形成：淀粉 → 可溶性淀粉 → 糊精 → 麦芽糖 → 葡萄糖。

淀粉也可用淀粉酶进行水解，生成的麦芽糖和糊精，再经酸作用最后全部水解成葡萄糖。淀粉在水解过程中，有各种不同相对分子质量的糊精产生。

2. 淀粉的氧化作用

淀粉氧化因氧化剂种类及反应条件不同而变得相当复杂。轻度氧化可引起羟基的氧化，C_2-C_3 间键的断裂等。

3. 淀粉的成酯作用

淀粉分子既可以与无机酸作用，生成无机酸酯，也可以与有机酸作用生成有机酸酯。如淀粉与乙酸反应可以形成乙酸淀粉酯。

4. 淀粉的烷基化作用

除此之外，淀粉分子中的羟基还可以醚化、离子化、交联、接枝共聚等。

第二节　各类淀粉加工工艺

淀粉生产的原料有谷类、薯类、豆类等，商品淀粉的主要品种有玉米淀粉、马铃薯淀粉、木薯淀粉和小麦淀粉。淀粉生产的基本原理都是以水为媒介，利用淀粉颗粒与非淀粉成分在水溶性和密度上的差异，使淀粉与纤维、可溶性物质分开。

一、　玉米淀粉的加工

玉米淀粉是与玉米粒中的蛋白质、脂肪、纤维素、无机盐等组分共存的，以颗粒的形式存在，呈白色微带淡黄色的粉末。只要把淀粉颗粒分离出来，也就完成了淀粉的提取。玉米淀粉工业经过150多年的发展和完善，特别是采用水逆流利用工艺技术后，现已接近达到将玉米干物质全部回收，得到高纯度淀粉和多种高附加值副产品的水平。

玉米淀粉的生产有湿法和干法两种工艺，淀粉生产厂家大多采用湿法生产玉米淀粉。玉米湿磨法加工是将玉米各组成部分分离，得到淀粉和各类副产品，尽管在玉米浸泡时有化学和生物方面的作用，但整个工艺基本是一个物理分离过程，玉米被分成淀粉、胚芽、蛋白质、纤维和玉米浆等副产品，副产品也可以再混合而配制出一系列动物饲料产品。玉米淀粉工业现已成为向食品、发酵、化工、制药、纺织、造纸和饲料等行业提供原料的重要基础工业。

（一） 工艺流程

玉米淀粉生产包括3个主要阶段：玉米清理、玉米湿磨和淀粉的脱水干燥。如果与淀粉的水解或变性处理工序连接起来，可以考虑用湿磨的淀粉乳直接进行糖化或变性处理，省去脱水干燥步骤。生产工艺流程如图4-1所示。

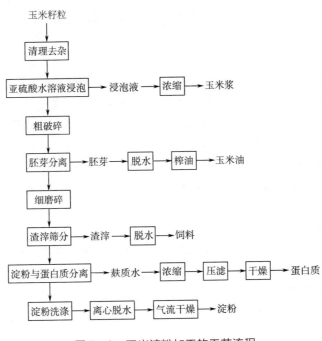

图4-1　玉米淀粉加工的工艺流程

（二） 操作要点

1. 清理

清理工序是为了除去玉米中所有的大粒和小粒杂质，如玉米芯、玉米衣、沙石及其他异物。玉米清理流程较为简单，所用设备较少。首先将原料经过振动筛除去大小杂质，然后经过比重去石机除去砂石，为了清除玉米中的金属杂质，常在去石机前采用永磁筒进行清理。

2. 浸泡

玉米浸泡是玉米淀粉生产工艺中重要的工序之一。浸泡的效果如何，会影响到后面的各个工序，甚至影响到淀粉的得率和质量。

（1）玉米浸泡的机理和作用　将玉米籽粒浸泡在2~3g/L浓度的亚硫酸水中，在48~55℃的温度下保持60~72h，即完成浸泡操作。

在浸泡过程中，亚硫酸水可以通过玉米籽粒的基部及表皮进入籽粒内部，使包围在淀粉粒外面的蛋白质分子解聚，角质型胚乳中的蛋白质失去自己的结晶型结构，亚硫酸氢盐离子与玉米蛋白质的二硫键发生反应，从而降低蛋白质的分子质量，增强其水溶性和亲水性，使淀粉颗粒容易从包围在外围的蛋白质网中释放出来。

亚硫酸作用于皮层，增强其透性，可加速籽粒中可溶性物质向浸泡液中渗透。亚硫酸可以钝化胚芽，使之在浸泡过程中不萌发。因为胚芽的萌芽会使淀粉酶活化，造成淀粉水解，对淀粉提取不利。亚硫酸具有防腐作用，它能抑制霉菌、腐败菌及其他杂菌的生命活力，从而抑制玉米在浸泡过程中发酵。亚硫酸在一定程度上引起乳酸发酵而形成乳酸，一定量的乳酸有利于玉米的浸泡作用。经过浸泡可以降低玉米籽粒的机械强度，有利于粗破碎，使胚乳与胚芽分离。

浸泡好的玉米含水量应达40%以上。

（2）浸泡方法 主要有静止浸泡法、逆流浸泡法和连续浸泡法。静止浸泡法是在独立的浸泡罐中完成浸泡过程，玉米中的可溶性物质浸出少，达不到要求，现已不再采用。

逆流浸泡法是国际通用的方法，该工艺是将多个浸泡罐通过管路串联起来，组成浸泡罐组。各个罐的装料、卸料时间依次排开，使每个罐的玉米浸泡时间都不相同。在这种情况下，通过泵的作用，使浸泡液沿着装玉米相反的方向流动，使最新装罐的玉米，用已经浸泡过的玉米的浸泡液浸泡，而浸泡过长时间的玉米再注入新的亚硫酸水溶液，从而增加浸泡液与玉米籽粒中可溶性成分的浓度差，提高浸泡率。

连续浸泡法是从串联罐组的一个方向装入玉米，通过升液器装置使玉米从一个罐向另一个罐转移，而浸泡液则逆着玉米方向流动，工艺效果很好，但工艺操作难度较大。

3. 玉米的粗破碎与胚芽分离

玉米的粗破碎，就是用齿磨将浸泡好的玉米破碎成要求大小的碎粒。一般经过2次粗破碎，第一次破碎成4~6瓣，经第一次胚芽分离后再进一步破碎成8~12瓣，将其中的胚芽再次进行分离。进入破碎设备的物料的固液比应该为1:3，以保证破碎要求。

玉米的浸泡为胚芽分离提供了条件，经过浸泡、软化的玉米容易破碎，胚芽吸水后仍保持很强的韧性，只有将籽粒破碎，胚芽才能完全暴露出来，并与胚乳分离。玉米的粗破碎是胚芽分离的条件，而粗破碎过程保持胚芽完整，是浸泡的结果。

破碎后的玉米浆料中，胚乳碎块与胚芽的密度不同，胚乳的相对密度小于胚乳碎粒，在一定浓度下的浆液中处于漂浮状态，而胚乳碎粒则下沉，可利用旋液分离器进行分离。应控制进入分离设备的浆料中的淀粉乳浓度，第一次分离应保持在11%~13%，第二次分离应保持在13%~15%。

粗破碎及胚芽分离过程中，大约有25%的淀粉破碎形成淀粉乳，经过筛分后与细磨碎的淀粉乳汇合。分离出来的胚芽经过漂洗，进入副产品处理工序。

4. 浆料的细磨碎

经过破碎和分离胚芽之后，由淀粉粒、麸质、皮层和含有大量淀粉的破碎胚乳等组成破碎浆料。在浆料中大部分蛋白质与蛋白质、纤维等仍是结合状态，要经过离心式冲击进行精细磨碎，以最大限度地释放出与蛋白质和纤维素相结合的淀粉，为这些组分的分离创造良好的条件。

5. 纤维分离

细磨浆料中以皮层为主的纤维成分通过曲筛逆流筛选工艺从淀粉和蛋白质乳液中被分离出去。曲筛筛面呈圆弧形，筛孔50μm，浆料冲击到筛面上的压力要达到2.1~2.8kg/cm²，筛面宽度为61cm，由6~7个曲筛组成筛选流程。曲筛逆流筛选流程的优点是淀粉与蛋白质能够最大限度地分离回收，同时节省大量的洗渣水。

6. 麸质分离

通过曲筛逆流筛洗流程的第一道曲筛的乳液中的干物质是淀粉、蛋白质和少量的可溶性成分的混合物，干物质中有5%~6%的蛋白质。由于二氧化硫的作用，蛋白质与淀粉已经基本游离开来，利用离心设备可以使淀粉与蛋白质分离。在分离过程中，淀粉乳的pH应调到3.8~4.2，稠度应调到0.9~2.6g/L，温度在49~54℃，最高不要超过57℃。分离出来的浆液，经过浓缩干燥制成蛋白粉。

7. 淀粉的清洗

分离出蛋白质的淀粉悬浮液干物质含量为33%~35%，其中还含有0.2%~0.3%的水溶性蛋白质、可溶性糖、无机盐、酸等可溶性物质，这部分物质的存在，对淀粉质量有一定的影响。特别是对于加工糖浆或葡萄糖来说，可溶性物质含量高，对工艺过程不利，严重影响糖浆和葡萄糖的产品质量。

为了排除可溶性物质的影响，降低淀粉悬浮液的可溶性物质含量，可利用真空过滤机或沉降式离心机进行洗涤，也多采用多级旋流分离器进行逆流清洗。进料温度控制在40℃，清洗时的水温应控制在49~52℃。

8. 淀粉的脱水干燥

经过上述的几道工序，完成了玉米的湿磨分离过程，分离出各种副产品，得到了淀粉含量为36%~38%的纯净淀粉糖乳悬浮液。如果连续生产淀粉糖等产品，可以将淀粉悬浮液转入糖化等下道工序；而要获得商品淀粉，则必须进行脱水干燥。因为湿淀粉不耐贮存，特别是在高温高压下会迅速变质。

（1）机械脱水 玉米淀粉的机械脱水常使用离心式过滤机或真空过滤机。过滤筛网一般选用120目金属网。淀粉乳机械脱水虽然效率很高，但是达不到淀粉干燥的最终目的，离心过滤机只能使淀粉中的含水量达到34%。真空过滤设备浓缩脱水后，淀粉乳尚含有40%的含水量。而商品淀粉需要干燥到12%~14%的含水量，必须在机械脱水的基础上，再进一步采用加热干燥的方法。

（2）加热干燥 要迅速地干燥淀粉，又要保证淀粉在加热时保持其天然淀粉的性质不变，主要采用气流干燥方法。气流干燥法是将经机械脱水后的湿淀粉经过疏松设备处理后而得到的松散湿淀粉，与已经净化、预热至120~140℃的热空气混合，在运动的过程中，使淀粉迅速脱水的过程。由于湿淀粉在热空气中呈悬浮状态，受热时间短，仅3~5s，而且热空气的温度也会因淀粉中的水分被汽化而降低。淀粉能迅速地脱水，又能保证淀粉的天然性质。干燥后的淀粉经过筛分设备从而得到含水量为12%~14%的纯净、粉末状淀粉。

二、薯类淀粉的加工

用于淀粉生产的薯类品种有马铃薯、木薯和甘薯，它们具有相似的组织结构和化学组成，因此淀粉生产的基本过程也是一致的。由于薯类的根块、块茎结构和化学组成水分含量高，没有胚芽，非水溶性蛋白质少，脂肪含量低，便于淀粉提取，其生产工艺比玉米淀粉简单。

（一）马铃薯淀粉

1. 工艺流程

薯块 → 清洗 → 破碎 → 筛理 → 沉淀 → 脱水 → 干燥 → 粉碎 → 包装 → 成品

2. 操作要点

（1）原料选择 所用原料应选择单位产量高、抗病性强、薯块大、淀粉含量高、淀粉颗粒大小均匀、可溶性蛋白质含量低（磨碎时泡沫少）、皮薄、凹凸少（容易清洗）和纤维素含量低的马铃薯品种，原料应当新鲜，并且未发芽。

（2）清洗　从田间采收的马铃薯，常常带有泥沙和杂草等夹杂物，必须在使用前进行洗涤，否则会增加成品的含灰量，并磨损机械。清洗方法有手工清洗、流水槽清洗和洗涤机清洗等。手工清洗适用于农村小型淀粉作坊使用，而机械化淀粉加工厂一般采用流水洗涤和洗涤机洗涤。对清洗用水无特殊要求，但自破碎操作起，一切加工用水均应为软水。

（3）破碎和筛理　破碎是使块茎细胞破裂释放出淀粉颗粒，以便于淀粉与其他成分的分离。破碎不充分，淀粉不能充分游离出来，则淀粉得率低。如果破碎过细，会增加粉渣的分离难度。一般要求破碎度在90%以上。常用的破碎机有石磨和锯齿式破碎机。在使用石磨破碎时，一般洗净的薯块用刀切成2cm粗细的碎块，加入薯块质量3~3.5倍的水，然后送入石磨中磨碎。为彻底破坏细胞组织，一般需磨制2~3次。每磨一次，即用筛子筛理一次，以分离磨碎物中的纤维及未磨碎的组织和杂质。筛下物即为淀粉乳，筛上物下次再磨。使用的筛子有筒筛和振动平筛两种。一般第一道用筒筛或平筛，筛面用50~60号钢丝布，第二、三道用精选平筛，筛面用70~100号钢丝布。筛理时，需喷水以洗出淀粉粒，用水量约为原料重的4倍。最后所得稀淀粉乳的浓度为4~7°Bè。

（4）沉淀　由筛理所得的淀粉乳，是含有淀粉粒、粗纤维和蛋白质的混合物，虽然它们的粒度接近，但相对密度不同，在悬浮液中的沉降速度也不同，可利用这一差异将它们分离。

①静置沉淀法：将淀粉乳置于沉淀桶或沉淀池中，相对密度大的淀粉首先下沉至容器底部，最后沉积的是细小的淀粉粒和粗纤维、蛋白质的混合物。上层液体又可分为上下两层，下层含有细微的淀粉、糊精、蛋白质、纤维素和糖等可溶性物质，称为"黄浆"；上层澄清液称为"清浆"。待淀粉沉淀后，弃去上层清液，注入清水，再静置沉淀。

②斜槽沉淀法：斜槽一般用砖砌成，全长30~40m，槽宽40~60cm，槽底坡度为每米2~3mm，槽头高度为25cm。当马铃薯淀粉乳以6~8m/s的速度流经斜槽时，相对密度最大的泥沙和大淀粉粒首先下沉，沉积于斜槽的前段，继而在中段沉淀的是中等大小的淀粉粒，最后沉积的是细小的淀粉粒和粗纤维、蛋白质混合物。密度最小的纤维、蛋白质、糊精等微粒则随浆液流出斜槽而进入浆液池中。斜槽的淀粉要定时刮取，并用水洗涤2~3次，排去废液。

（5）脱水　经过沉淀的淀粉乳，其中水分含量为50%~60%，不能直接进行干燥，而应先经脱水处理，使淀粉的水分降到40%后才能进行干燥处理。传统工艺常采用布包空沥法。采用这种方法时，先将沉淀的凝块包于洁净的白布内，悬挂在空中，以沥去淀粉中的水分，经过3~6h后，即可将淀粉从布包中取出，用人工分成每块0.5~1kg的小块予以干燥。

（6）干燥　脱水后的淀粉，含水量为40%，不便于贮存和运输，因而必须进行干燥处理，使水分含量降到安全水分以下。干燥方法有自然干燥和人工干燥两种。干燥前，先将淀粉团破碎，然后进行干燥。一般自然干燥需3~6d。人工干燥时，品温应控制在40~58℃，干燥至淀粉含水量降到20%结束。

（二）木薯淀粉

1. 工艺流程

以鲜木薯为原料的淀粉生产工艺常采用以下流程：

木薯 → 清洗 → 破碎 → 筛分 → 精制 → 脱水干燥 → 成品

2. 操作要点

（1）清洗　清洗的目的是清除木薯上的泥沙，并除去大部分的外表皮，同时还能够去除一部分氢氰酸。清洗所用设备为滚筒式清洗机。

（2）破碎　破碎的目的是破坏木薯的组织结构，使淀粉颗粒从细胞中释放出来。常用的破碎设备为锤式粉碎机和锉磨机。采用二次破碎工艺，按木薯与水的比例为1：1.2加水。第一次破碎的淀粉浆通过8.0mm的条形筛孔，第二次通过1.2~1.4mm条形筛孔。

（3）筛分　筛分使淀粉与纤维分开，工艺与马铃薯淀粉相同，所用设备有离心机或曲筛。

（4）精制　精制通过淀粉洗涤去除淀粉乳中不溶性蛋白质、可溶性蛋白质、脂肪及细纤维等杂质。一般是将2台碟片分离机串联使用。

（5）脱水和干燥　常采用刮刀离心机进行溢浆法脱水，要求脱水后湿淀粉含水率低于38%。使用气流干燥机进行干燥，干燥后淀粉成品含水率在13.5%以内。

如果以木薯干为原料，生产工艺需要增加浸泡和漂白工序。

（三）甘薯淀粉

鲜薯因不便运输，贮存困难，必须在收获后两三个月内及时加工。因此，用鲜薯加工淀粉的季节性强，不能满足常年生产的需要，一般工业生产都以薯干为原料。

1. 工艺流程

甘薯干 → 预处理 → 浸泡 → 磨碎 → 筛分 → 流槽分离 → 碱处理 →

清洗 → 酸处理 → 清洗 → 离心分离 → 干燥 → 成品

2. 操作要点

（1）预处理　甘薯干在加工和运输过程中混入了各种杂质，必须进行清理。方法有干法和湿法两种。干法是采用筛选、风选及磁选等设备，湿法是用洗涤机或洗涤槽清除杂质。

（2）浸泡　为提高淀粉出粉率，要用石灰水浸泡甘薯干。浸泡液的pH为10~11，浸泡时间约12h，温度控制在35~40℃。浸泡后甘薯片的含水量为60%，然后用水淋洗，洗去色素和灰尘。

用石灰水处理甘薯片的作用是使甘薯片中的纤维膨胀，以便在破碎后和淀粉分离，淀粉颗粒被破碎的也较少；使甘薯片中色素溶液渗出，留存于溶液中，可提高淀粉的白度；钙质可降低果胶类胶体物质的黏度，使薯糊易于筛分，提高筛分效率；保持碱性，抑制微生物活性；使淀粉乳在流槽中分离时回收率增高，并不被蛋白质污染。

（3）磨碎　磨碎是薯干淀粉生产的主要工序。磨碎的好坏直接影响到产品的质量和淀粉的回收率。浸泡后的甘薯片随水进入锤式粉碎机进行破碎。一般采用二次破碎，即甘薯片经第一次破碎后，过筛分离出淀粉；再将筛上薯渣进行二次破碎，破碎细度比第一次细些，然后过筛。在破碎的过程中，为降低瞬时升温，根据二次破碎粒度的不同，调整粉浆浓度，第一次破碎为3~3.5°Bè，第二次破碎为2~2.5°Bè。

（4）筛分　经过磨碎得到的甘薯糊，必须进行筛分，分离出薯渣，筛分一般分粗筛和细筛二次处理。在筛分过程中，由于浆液中所含有的果胶等胶体物质易滞留在筛面上，影响筛的分离效果，因此应经常清洗筛面，保持筛面通畅。

（5）流槽分离　经筛分所得的淀粉乳，还需进一步将其中的蛋白质、可溶性糖类、色素等杂质除去，一般采用沉淀流槽。淀粉乳流经流槽，相对密度大的淀粉沉于槽底，蛋白质等胶体物质随汁水流出至黄粉槽，沉淀得到的淀粉用水冲洗入漂洗池。

（6）碱、酸处理和清洗　为进一步提高淀粉乳的纯度，还需对淀粉进行碱、酸处理。碱处理的目的是除去淀粉中的碱溶性蛋白质和果胶杂质。酸处理的目的是溶解淀粉浆中的钙、镁等金属盐类。淀粉乳在碱洗的过程中往往增加了这类物质，如不用酸处理，会引起总钙量过高。用无机酸溶解后再用水洗涤除去，可得到灰分含量低的淀粉。

（7）离心脱水　清洗后得到的湿淀粉的含水量达50%～60%，用离心机脱水，使湿淀粉含水量降到38%。

（8）干燥　湿淀粉经烘房或气流干燥系统干燥至水分含量为12%～13%，即得成品淀粉。

三、 小麦淀粉的加工

（一）工艺流程

小麦中的蛋白质含量高达14%，比玉米的9.5%、稻米的8.5%高很多，故其淀粉的分离比玉米及薯类困难，但在生产小麦淀粉的同时又可获得活性小麦面筋粉（谷朊粉）。

小麦淀粉生产原料有小麦和小麦粉之分，但其生产的基本原理相同，都是利用小麦蛋白质可以形成不溶于水的面筋网的特性。加水于小麦淀粉中，让离散的蛋白质分子结合成面筋网，然后利用洗涤的办法将淀粉颗粒从面筋网中洗脱出来。国内企业多数以小麦粉为原料，生产基本工艺如图4-2所示。

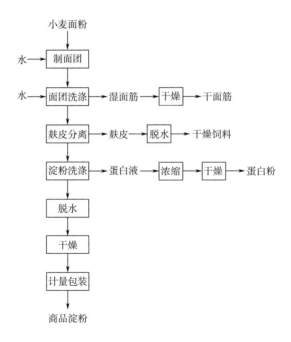

图4-2　以小麦粉为原料的淀粉生产工艺流程

（二）操作要点

以小麦粉为原料湿法生产小麦淀粉、谷朊粉的方法有马丁法、拉西奥法、旋流法、高压分离法等多种。马丁法是一种传统加工方法，其主要工艺过程包括和面、面筋洗涤、面筋干燥、淀粉精制和淀粉脱水干燥等工序。

1. 和面

将面粉和水按大约 2∶1 的比例调制成面团，水温控制在 20～25℃，可适当加些食盐（约 0.5%），起到增强筋力的作用。和好的面团要静置 15～25min，使蛋白质充分水合形成面筋。这种方法由于面团体积较大，不易将面筋洗透，影响淀粉与面筋的分离，影响产品纯度和出品率。

2. 面筋洗涤

常用的面筋洗涤机是用两根并列的反向异速旋转的呈螺旋形排列安装有搅拌叶片的轴，使面团受到揉搓和挤压，完成面筋洗涤。洗涤出的淀粉悬浮液从槽体上部溢流排出，含有固形物大约 10%。面筋从底部的出料口排出。

3. 分离麸质

所得淀粉浆用振动筛分离出面筋碎片，这些面筋碎片同面团洗涤机的湿面筋一起干燥成谷朊粉。用离心筛分离纤维与淀粉，一般采用二级或三级离心筛串联工艺。

4. 精制

将筛分后的淀粉乳送入沉淀池自然沉淀，其上清液中包括可溶性蛋白质、粗纤维等杂质，抽吸去上清液，获得浓稠淀粉浆。加清水反复沉淀几次，获得精制淀粉乳。此法效率低，质量差，可用碟片离心机代替此操作。精制后的淀粉浆经过脱水干燥获得小麦淀粉产品。

四、 豆类淀粉的加工

（一） 工艺流程

豆类原料 → 清理 → 浸泡 → 磨碎 → 过滤 → 沉淀 → 干燥 → 豆类淀粉

（二） 操作要点

1. 选料

豆类淀粉以绿豆为原料最佳，其次为蚕豆，再次为豇豆、豌豆、赤豆、杂豆等。

2. 浸泡

分二次浸泡。第一次浸泡绿豆与水的比例为 1∶120。夏季水温为 60℃，冬季用 100℃ 开水，浸泡 4h。使豆子吸收一定量水分，待浸泡水被绿豆吸干，然后用水冲去绿豆中的泥沙杂质。洗净后，再用冷水将豆粒进行二次浸泡，如果温室浸泡，夏天用时 6h，冬天约 18h，使绿豆的皮呈现横裂状。豆粒的裂纹太大则为浸泡过熟，没有裂纹则太生，太生或太熟都对成品的得率和质量有影响。

3. 磨碎

将浸泡后的绿豆用磨磨碎。上磨时，一边进豆一边掺水，原料在上磨时掺水比例约为 1∶5。掺水均匀，可使绿豆磨得均匀细腻。

4. 过滤

采用 80 目筛眼的平筛过滤，去除豆渣，筛面上用喷管洒水 2～3 遍，使豆渣内的淀粉充分洒滤出来，喷洒水的用量为原料的 150%。

5. 沉淀

沉淀采用酸浆沉淀，夏季加酸浆 7%，冬季加酸浆 10%，在缸内放置约 15min 即行沉淀，然后将面粉上面的清水撇净，留下较浓的浆水。

将较浓的浆水用泵提到80目筛眼小水平筛上，进行第二次过滤，以进一步清除豆浆内的豆粕。

将经过第二次过滤的浆水置入缸内，加入浆水量80%～100%的水，搅拌后，待其自然沉淀。夏季需耗时约8h，冬季约18h。待自然沉淀完全，分离出淀粉层，然后进一步干燥，即可得到绿豆淀粉成品。

第三节 变性淀粉加工

一、 变性淀粉概述

（一） 变性淀粉的基本概念

天然淀粉的可利用性取决于淀粉颗粒的结构和淀粉中直链淀粉和支链淀粉的含量，不同种类的淀粉其分子结构和直链淀粉、支链淀粉的含量都不相同，因此不同来源的淀粉原料具有不同的可利用性。大多数的天然淀粉，都不具备有效的能被很好利用的性能，为此开发了淀粉的变性技术。

在保持淀粉固有特性的基础上，采用物理方法、化学方法（以及生物化学方法），使原淀粉的结构、物理性质和化学性质改变，从而出现特定性能和用途的淀粉产品称为变性淀粉或改性淀粉。

淀粉变性的主要作用是改变糊化和蒸煮的特性。

1. 糊化温度

解聚时糊化温度下降；非解聚时糊化温度有升高也有下降，一般淀粉分子中引入亲水基团可增强淀粉分子与水的作用，使糊化温度下降。交联起阻挡作用，不利于水分子进入，使糊化温度升高。高直链淀粉结合紧密，晶体能高，较难糊化。

2. 淀粉糊化的热稳定性

一般谷类淀粉的热稳定性大于薯类；通过接枝或衍生某些基团，从而改变基团大小或架桥，可使淀粉糊化的热稳定性增加。

3. 淀粉糊化的冷稳定性

淀粉结构中引入亲水基团，造成空间障碍，分子不易重排。此外亲水基团的引入使亲水作用增强，强化了与水的结合力，使淀粉脱水作用下降。

4. 抗酸的稳定性

尽可能使淀粉结构改变为网状结构，使淀粉能耐pH3～3.5的酸性环境。

5. 抗剪切力

一般抗酸的淀粉也抗剪切。

（二） 变性淀粉的分类

目前，变性淀粉的品种、规格达2000多种，变性淀粉的分类一般是根据处理方式。

1. 物理变性淀粉

预糊化（α-化）淀粉、γ射线、超高频辐射处理淀粉、机械研磨处理淀粉、湿热处理淀粉等。

2. 化学变性淀粉

用各种化学试剂处理得到的变性淀粉。其中有两大类：一类是使淀粉分子质量下降，如酸解淀粉、氧化淀粉、焙烤糊精等；另一类是使淀粉分子质量增加，如交联淀粉、酯化淀粉、醚化淀粉、接枝淀粉等。

3. 酶法变性淀粉

各种酶处理淀粉。如 α、β、γ - 环状糊精、麦芽糊精、直链淀粉等。

4. 复合变性淀粉

采用两种以上处理方法得到的变性淀粉。如氧化交联淀粉、交联酯化淀粉等。采用复合变性得到的变性淀粉具有两种变性淀粉的各自优点。

另外，变性淀粉还可按生产工艺路线进行分类，有干法（如磷酸酯淀粉、酸解淀粉、阳离子淀粉、羧甲基淀粉等）、湿法、有机溶剂法（如羧基淀粉制备一般采用乙醇作溶剂）；挤压法和滚筒干燥法（如天然淀粉或变性淀粉为原料生产预糊化淀粉）等。

二、 变性淀粉的生产方法

随着淀粉使用领域的不同，淀粉变性的生产方法及变性程度也各不相同，目前工业上应用最广泛的生产方法为湿法、干法。变性淀粉湿法生产工艺就是指将淀粉分散在水或醇类介质中，形成非均相反应体系，在一定的反应条件下进行降解或取代等改性反应而生成变性淀粉。由于淀粉的变性反应在液相（水或醇类）条件下进行，称为湿法，其生产工艺流程如图 4 - 3 所示。

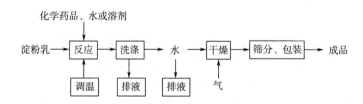

图 4 -3　变性淀粉湿法生产工艺流程图

变性淀粉干法生产工艺是指淀粉的变性反应在固相条件下进行。目前干法生产工艺常常用于白糊精、黄糊精、磷酸酯变性淀粉等。干法生产的产品收率高，无污染，其生产工艺流程如图 4 -4 所示。

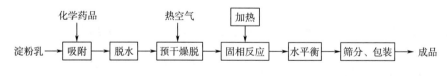

图 4 -4　变性淀粉干法生产工艺流程

淀粉变性的方法主要有降解、交联、稳定化、阳离子化、接枝共聚等。主要产品有预糊化淀粉、酸变性淀粉、氧化淀粉、交联淀粉、酯化淀粉、阳离子淀粉、接枝淀粉等。

三、变性淀粉的加工

（一）预糊化淀粉

1. 加工工艺

天然淀粉颗粒中分子间存在许多氢键，当其在水中加热升温时，首先水分子进入颗粒的非结晶区，水分子的水合作用使淀粉分子间的氢键断裂，随着温度上升，当非结晶区的水合作用达到某一极限时，水合作用即发生于结晶区，淀粉即开始糊化，完成水合作用的颗粒已失去了原形。若将完全糊化的淀粉在高温下迅速干燥，将得到氢键仍然断开的、多孔状的、无明显结晶现象的淀粉颗粒，这就是预糊化淀粉。

预糊化淀粉的生产工艺包括加热原淀粉乳使淀粉颗粒糊化、干燥、磨细、过筛、包装等工序。根据生产预糊化淀粉所使用的设备不同，其生产方法分为喷雾法、挤压膨胀法、微波法和热滚法等。

（1）喷雾法 要求淀粉浆浓度控制在10%以下，一般为4%~5%，故能耗高，生产成本高。

（2）挤压膨化法 利用螺旋挤压机的原理，通过挤压摩擦产生热量来使淀粉糊化。此法能耗较低，生产成本也低，但由于受高剪切力的影响，产品黏度低，黏弹性差。

（3）微波法 此法基本上消除了剪切力的影响，但尚未见在工业上实施。

（4）热滚法 利用辊筒干燥机来进行加工生产，是传统的生产预糊化淀粉的方法。辊筒干燥机分单滚筒和双滚筒两种。双滚筒干燥机剪切力大、能耗也大，但容易操作。单辊筒干燥机剪切力、能耗较双滚筒低，但不宜控制，因此在大规模的工业生产中，双滚筒正在逐渐被单滚筒所替代。

2. 性质与应用

预糊化淀粉能重新快速地溶于冷水而形成高黏度、高膨胀性的淀粉糊，在冷水中稳定性好，保水性强，并且有增黏、保型、速溶等特点。广泛应用于各种方便食品如沙拉酱、速溶布丁粉、糕点中，可起到增稠、改进食品口感等作用。

（二）酸变性淀粉

1. 加工工艺

酸变性淀粉是用稀酸处理淀粉乳，在低于糊化温度的条件下，搅拌至所要求的程度，然后用水洗涤至中性或先用碳酸钠中和后再水洗，最后干燥而得到的成品。具体生产过程：将稀盐酸或硫酸加入质量分数约40%的淀粉乳中，在低于糊化温度（40~60℃）下保持搅拌加热一定时间，达到要求的反应程度后，将pH中和至6，过滤、水洗、干燥。

2. 性质与应用

酸变性淀粉具有以下特性：较低的热糊黏度，即有较高的热糊流度。冷热糊黏度比值大于原淀粉，易发生凝沉。组分的相对分子质量随流度升高而降低。随着酸处理程度的增高，淀粉分子减小，碱值逐渐升高。酸解淀粉的特性黏度随流度增加而降低。酸解反应发生在颗粒的表面和无定形区，颗粒仍处于晶体结构，具有偏光十字。

与原淀粉相比，酸变性淀粉有同样的团粒外形，黏度比原淀粉低，在热水中糊化时颗粒膨胀较小，不溶于冷水，易溶于热水。糊化后冷却物可形成结实的凝胶。酸变性淀粉适合在软糖、胶姆糖、淀粉果冻、胶冻婴儿食品等制品中应用。

（三） 氧化淀粉

1. 加工工艺

氧化淀粉是指利用氧化剂放出氧原子对淀粉分子的局部氧化，使其部分性状发生改变而得到的淀粉。氧化反应的作用机制是氧化剂进入淀粉团粒结构的深处，在团粒的低结晶区发生作用，在一些分子上发生强烈的局部化学反应，生产高度降解的酸性片段。这些片段在碱性反应介质中可溶解，在水洗氧化淀粉时溶出。氧化淀粉的团粒结构虽无大的变化，但团粒上会出现断裂和缝隙。

氧化剂的种类很多，但是效果较好的是次氯酸钠或次氯酸钙。常用的方法是碱性氧化：向反应釜加入浓度 35%～40% 的淀粉乳，保持不停搅拌，搅拌器速度 60r/min 较适当。加入 20g/L 氢氧化钠调 pH 至 8～10，缓慢加入次氯酸钠溶液，并加稀盐酸保持要求的反应 pH。次氯酸钠用量随要求的氧化程度而定，氧化程度越高，需要用量越多。

2. 性质与应用

氧化淀粉不溶于冷水，糊化温度低，黏度下降，糊化物较清亮，冷却时不易形成凝胶体，糊化后再干燥可形成高强度的淀粉膜。经轻度氧化的淀粉可以用于炸鸡、鱼类食品的敷面料和拌料中，对于食品有良好的黏合力并可得到酥脆的表层。

（四） 交联淀粉

1. 加工工艺

交联淀粉是淀粉的醇羟基与交联剂的多元官能团形成二醚键或二酯键，使两个或两个以上的淀粉分子之间"架桥"在一起，呈多维网络结构反应，称为交联反应。交联淀粉是指淀粉与具有两个或多个官能团的化学试剂（如磷酸酯、醋酸酯或羟丙基醚类等）反应，使不同淀粉分子羟基间联结在一起而得到的一种淀粉衍生物。

交联剂种类很多，由于制备交联淀粉的交联剂有三氯氢磷、三偏磷酸盐、乙酸、双环氧化合物、乙醛、丙烯醛等。国内常用的交联剂有三偏磷酸钠、三聚磷酸钠、甲醛、三氯氧磷、环氧氯丙烷。制备交联淀粉的方法一般是加交联剂于碱性淀粉乳中，在 20～50℃发生反应，达到要求的反应程度后进行中和、过滤、水洗和干燥。

2. 性质与应用

由于交联作用，在分子之间架桥形成化学键，加强了分子之间氢键的作用。当交联淀粉在水中加热时，可以使氢键变弱甚至破坏，然而由于化学架桥的作用，淀粉的颗粒将不同程度地保持不变。具有抗高温、耐剪切、耐酸性等特点。常用于罐装的汤、汁、酱、婴儿食品和奶油玉米等产品中，还用于甜饼果馅、布丁和油炸食品的面料中。

（五） 酯化淀粉

1. 加工工艺

酯化淀粉是指淀粉羟基被无机酸或有机酸酯化而得到的产品，故酯化淀粉又分淀粉无机酸酯和淀粉有机酸酯两大类。

2. 性质与应用

以淀粉磷酸酯为例，玉米淀粉磷酸酯的分散液透明，黏度高，具有较长的内聚组织和老化稳定性，有良好的分散性和乳化性。在火腿肠、冰淇淋等食品中应用有很好的效果。

（六） 醚化淀粉

1. 加工工艺

醚化淀粉是淀粉分子中的羟基与反应活性物质反应生成的淀粉取代基醚，包括羟烷基淀粉、阳离子淀粉、羧甲基淀粉等。

2. 性质与应用

如羟丙基淀粉糊黏度稳定，特别是用于冷冻食品中时可使食品在低温下具有良好的保水性，其也可以加强食品的耐热、耐酸和抗剪切的性能。用作肉汁、沙司、果汁馅、布丁的增稠剂，使之平滑、浓稠透明和具有良好的冻融稳定性及耐煮性。

（七） 接枝淀粉

1. 加工工艺

接枝淀粉是指淀粉经物理化学方法引发，与丙烯腈、丙烯酰胺、丙烯酸、乙酸乙烯、甲基丙烯酸甲酯、苯乙烯等单体进行接枝共聚反应而形成的接枝共聚淀粉。

2. 性质与应用

目前用接枝淀粉制造的高吸水性树脂已开始应用于果蔬的保鲜中，具有良好的效果。

第四节　淀粉糖加工

以淀粉为原料，采用酸法、酶法或酸酶法制造的所有糖品称为淀粉糖。淀粉糖品种较多，有液体、固体等不同形态，有单糖、双糖、低聚糖和多糖等不同结构。按其组成可以分为液体葡萄糖、麦芽葡萄糖、麦芽糊精、果葡糖浆等。

一、 转化糖浆的加工

（一） 麦芽糊精

麦芽糊精甜度低，黏度高，溶解性好，吸湿性小，增稠性强，成膜性好。麦芽糊精的生产常用二步法工艺。第一步通过酸或酶将淀粉液化到葡萄糖当量（DE 值）<3%，然后调整 pH，降温到 82～105℃，由 α-淀粉酶进行第二步转化，达到理想 DE 值后，升温灭酶终止水解反应。水解物经过脱色、浓缩、喷雾干燥得粉末状产品。若浓缩后再喷雾干燥，则为浓浆状产品。

（二） 中、高转化糖浆

1. 中转化糖浆

中转化程度糖浆加工一般采用酸法工艺。主要工序为调浆、糖化、中和、脱色、浓缩。浓度约40%的淀粉乳，用盐酸调节 pH 至 1.8～2.0，引入压力糖化罐中。在压力约 294.2kPa（143℃）下糖化，达到转化程度后放出。用碳酸钠中和 pH 至 4.8～5.2，活性炭脱色，用多效真空蒸发罐浓缩到浓度为 80%～83% 即为成品糖浆。糖浆经喷雾干燥，可得含水量在 5% 以下的白色粉末状产品。

2. 高转化糖浆

（1）酸酶法　用酸法将浓度为 30% ~45% 的淀粉乳液化到 DE 值38% ~50%，中和、过滤、脱色，引入糖化桶中调温，加入酶制剂继续糖化至所需要 DE 值。

（2）双酶法　先用淀粉酶液化得 DE 值15% ~20% 的液化液，再用糖化酶糖化，得到高转化糖浆。

（三）麦芽糖浆

麦芽糖是由两个葡萄糖残基通过 $\alpha-1,4-$ 葡萄糖基连接而成的二糖，是麦芽糖浆的主要成分。麦芽糖浆是以淀粉或淀粉质为原料，经液化、糖化、精制而成的，主要成分为麦芽糖（一般为40% ~90%）的糖浆。按制法和麦芽糖含量不同可分别称为饴糖、高麦芽糖浆、超高麦芽糖浆等。

1. 大米为原料

（1）原料处理　大米经清理后，先进入淘洗桶，加水浸泡 1h，沥干水，冲净，放入磨粉机加水研磨成浆。

（2）调浆　将粉浆泵至调浆罐，同时调节至浓度为 18 ~20°Bx，并用稀碱液调节 pH 至 6.2 ~6.6，再加入 3.5g/L 氯化钙溶液。然后加入 $\alpha-$ 淀粉酶，使用量为100IU/g 大米粉，并充分搅拌 30min。

（3）液化　液化温度一般为 85 ~90℃，时间为 10 ~15min。

（4）冷却　糖化糖液打入糖化罐后，需进行循环冷却。当温度降低至62℃时，加入 1.5% 预先粉碎好的大麦芽或麸皮，搅拌均匀后，在温度60 ~62℃条件下糖化3h 至还原糖值达38% 时终止糖化。

（5）过滤浓缩　糖化完成后，打开蒸汽升温，使温度升至80℃，以终止糖化，再使糖液流入压滤机进行压滤和洗槽。压滤液先行开口浓缩，再送入列管式真空浓缩罐进行真空浓缩。

（6）成品处理　浓缩后的饴糖出锅时还可用细布过滤一次，以进一步除去杂质，冷却后即得 DE 值34% ~50% 的成品。

2. 玉米酶法

玉米粉酶法生产饴糖是直接用玉米脱去胚芽，磨成 80 ~140 目的细粉，用自来水调成乳状，加细菌 $\alpha-$ 淀粉酶进行糊化，再加麦芽进行糖化、脱色、过滤、蒸发浓缩制成。

3. 超高麦芽糖浆

高麦芽糖浆大多用真菌 $\alpha-$ 淀粉酶做糖化酶来生产，而超高麦芽糖浆的生产应加入 $\beta-$ 淀粉酶、支链淀粉酶和异淀粉酶，以提高麦芽糖的浓度。结晶麦芽糖的生产方法有结晶法、吸附法、膜分离法。

（四）低聚糖

1. 麦芽低聚糖

以精制玉米淀粉为原料，调成淀粉乳，用盐酸调节 pH，再加入麦芽低聚糖生成酶和淀粉分支酶，保温 60 ~72h 进行糖化。然后用活性炭脱色，过滤，阴、阳离子交换树脂脱盐，真空浓缩，可获得含固形物 74% 以上的麦芽低聚糖。

2. 异麦芽低聚糖

将淀粉调配成 250 ~300g/L 的淀粉浆，添加 $\alpha-$ 淀粉酶液化到 DE 值6% ~10%，再加 $\beta-$

淀粉酶和 α - 葡萄糖苷酶，在 pH5 ~ 6，温度 55 ~ 60℃ 条件下糖化 72h。然后灭酶、过滤、精制，获得异麦芽低聚糖产品。

二、 葡萄糖的加工

各种淀粉都可以作为生产葡萄糖的原料，其生产工艺有酸法和酶法两种。酸法工艺以无机酸作为水解淀粉的唯一催化剂，而酶法工艺以 α - 淀粉酶和糖化酶为催化剂，其工艺流程如下：

淀粉 → 调粉 → 液化 → 糊化 → 中和 → 压滤 → 浓缩 → 脱色 →

压滤 → 离子交换 → 浓缩 → 结晶 → 干燥 → 葡萄糖

葡萄糖是淀粉完全水解的产物，由于生产工艺的不同，所得葡萄糖产品的纯度也不同，一般分为结晶葡萄糖和全糖两类。

1. 结晶葡萄糖

以酸法糖化液为原料，经过一次冷却结晶得到的含水 α - 葡萄糖，可作为口服葡萄糖和工业用葡萄糖；品质较高的注射用含水 α - 葡萄糖则需经过二次冷却结晶工艺。

无水 α - 葡萄糖在工业上有三种生产方法：冷却结晶、煮糖蒸发结晶、真空蒸发结晶，常用的方法是煮糖蒸发结晶。煮糖蒸发结晶大体分三个阶段：起晶与整晶、晶体生长、结晶完全。

2. 全糖

淀粉经酶法水解、液化、糖化所得到的糖化液，葡萄糖纯度高，甜味纯正，净化后不经结晶分离，直接喷雾成颗粒状产品，也可冷却浓糖浆成块状，切割成粉末产品，全部变成的商品淀粉糖称全糖。全糖的主要组成为葡萄糖，还有少量低聚糖等。甜度不如蔗糖，仅是其70%（但两者的混合物其甜度增效达95%）。这类产品纯度不及结晶葡萄糖，但适于食品和其他工业应用。

全糖用酸法糖化液，经脱色、过滤、浓缩、结晶固化，可得酸法全糖。

全糖酶法糖化液经脱色、离子交换，浓缩至75%以上，得到全糖浆；糖浆结晶固化，切削碎或经喷雾结晶得到全糖粉。

三、 果葡糖浆的加工

果葡糖浆是用酶法将淀粉水解成葡萄糖，再通过葡萄糖异构酶的异构化作用，将其中一部分葡萄糖转化成果糖，而制成的一种糖分组成为果糖和葡萄糖的混合糖浆。

果葡糖浆的生产主要以淀粉为原料，也可以采用大米、低脂玉米粉等淀粉质原料，其生产工艺基本相同，都要经过糊化、液化及糖化制备高纯度葡萄糖浆，再由固定化异构酶将葡萄糖浆转化成 F - 42 果葡糖浆，用柱层析或色谱分离技术，由 F - 42 果葡糖浆提纯获得 F - 90 果葡糖浆。

第五节　典型淀粉加工应用案例

一、红薯粉丝的加工

（一）工艺流程

淀粉 → 打浆 → 调粉 → 漏粉 → 冷却、漂白 → 冷冻 → 解冻 → 干燥 → 成品

（二）操作要点

1. 打浆

先将少量淀粉用热水调成稀糊状，再将沸水冲入调好的稀粉糊，并不断朝一个方向快速搅拌，至粉糊变稠、透明、均匀，即为粉芡。传统红薯粉丝生产需要添加明矾（十二水合硫酸铝钾），以增加韧性，不易断条。然而随着铝的安全性存在隐患，寻找明矾替代物而加工的无矾红薯粉丝逐渐进入市场。

2. 调粉

先在粉芡内加入5%绿豆淀粉、0.3%复合磷酸盐和0.4%黄原胶等，充分混匀后再将湿淀粉和粉芡混合，搅拌搓揉至无疙瘩、不粘手、能拉丝的软粉团即可。漏粉前可先试一下，看粉团是否合适，如漏下的粉丝不粗、不细、不断即为合适。如下条太快，发生断条现象，表示粉浆太稀，应掺干淀粉再揉，使面韧性适中；如下条困难或速度太慢，粗细不匀，表明粉浆太干，应再加些湿淀粉。调粉以一次调好为宜。粉团温度在30~42℃为好。

3. 漏粉

将揉好的粉团放在带有小孔的漏瓢中，漏瓢孔径7.5mm，粉丝细度0.6~0.8mm，用手挤压瓢内的粉团，透过小孔，粉团即漏下成粉丝。距漏瓢下面55~65cm处放一开水锅，粉丝落入开水锅中，遇热凝固煮熟。水温应保持在97~98℃，开水沸腾会冲坏粉丝。在漏粉时，要用竹筷在锅内搅动，以防粉丝粘锅底。生粉丝漏入锅内后，要控制好时间，掌握好火候。煮的时间太短，粉丝不熟；煮的时间太长，容易胀糊，使粉丝脆断。

4. 冷却、漂白

粉丝落到沸水锅中后，待其将要浮起时，用小竹竿捞起，拉到冷水缸中冷却，目的是增加粉丝的弹性。冷却后，再用竹竿绕成捆，放入酸浆中浸3~4min，捞起凉透，再用清水漂过，并搓开互相黏着的粉丝。酸浆浸泡的目的是漂去粉丝上的色素，除去黏性，增加光滑度。为了使粉丝色泽洁白，还可用二氧化硫熏蒸漂白。

5. 冷冻

红薯粉丝黏性强，韧性差，因此需要冷冻。冷冻温度为-10~-8℃，达到全部结冰为止。然后，将粉丝放入30~40℃的水中使其融化，用手拉搓，使粉丝全部成单丝散开，放在架上晾晒。

6. 干燥

晾晒架应放在空旷的晒场，晾晒时应将粉丝轻轻抖开，使之均匀干燥，干燥后即可包装成

袋。成品红薯粉丝应色泽洁白，无可见杂质，丝干脆，水分不超过 2%，无异味，烹调加工后有较好的韧性，不易断，具有红薯粉丝特有的风味。

二、双酶法工艺生产液体葡萄糖

双酶法工艺最大的优点是液化、糖化都采用酶法水解，反应条件温和，对设备几乎无腐蚀；可直接采用原粮如大米（碎米）作为原料，有利于降低生产成本，糖液纯度高，得率也高。

（一）工艺流程

淀粉 → 调浆 → 液化 → 糖化 → 脱色 → 离子交换 → 真空浓缩 → 成品

（二）操作要点

淀粉乳浓度控制在 30%（如用米粉浆则控制在 25%～30%），用碳酸钠调节 pH 至 6.2，加适量的氯化钙，添加耐高温 α-淀粉酶 10U/g（以干淀粉计），调浆均匀后进行喷射液化，温度一般控制在（110±5）℃，液化 DE 控制在 15%～20%，以碘液显色反应为红棕色、糖化液中蛋白质凝聚好、分层明显、液化液过滤性能好为液化终点时的指标。糖化操作较为简单，将液化液冷却至 55～60℃后，调节 pH 至 4.5，加入适量糖化酶，一般为 25～100U/g（以干淀粉计），然后进行保温糖化，到所需 DE 时即可升温灭酶，进入后道净化工序。淀粉糖化液经过滤除去不溶性杂质，得到澄清糖化液，仍需再进行脱色和离子交换处理，以进一步除去糖化液中水溶性杂质。脱色一般采用粉末活性炭，控制糖化液温度 80℃，添加相当于糖化液固形物 1% 的活性炭，搅拌 0.5h，用压滤机过滤，脱色后糖化液冷却至 40～50℃，进入离子交换柱，用阳、阴离子交换树脂进行精制，除去糖化液中各种残留的杂质离子、蛋白质、氨基酸等，使糖化液纯度进一步提高。精制的糖化液真空浓缩至固形物为 73%～80%，即可作为成品。

（三）性质及应用

液体葡萄糖是我国目前淀粉糖工业中最主要的产品，广泛应用于糖果、糕点、饮料、冷饮、焙烤、罐头、果酱、果冻、乳制品等各种食品中，还可作为医药、化工、发酵等行业的重要原料。该产品甜度低于蔗糖，黏度、吸湿性适中。用于糖果中能阻止蔗糖结晶，防止糖果返砂，使糖果口感温和、细腻。葡麦糖浆杂质含量低，耐贮存性和热稳定性好，适合生产高级透明硬糖；此外，该糖浆黏稠性好、渗透压高，适用于各种水果罐头及果酱、果冻中，可延长产品的保存期。同时，液体葡萄糖具有良好的可发酵性，适合面包、糕点生产中的使用。

🔍 **思考题**

1. 影响淀粉糊化的主要因素有哪些？
2. 淀粉的化学性质有哪些？
3. 简述玉米淀粉加工的工艺流程。
4. 简述变性淀粉的生产方法。
5. 举例说明双酶法生产液体葡萄糖的工艺流程。
6. 举例说明变性淀粉在食品工业中的应用。

推荐阅读书目

［1］余平，石彦忠．淀粉与淀粉制品工艺学［M］．北京：中国轻工业出版社，2013.

［2］曹龙奎，李凤林．淀粉制品生产工艺学［M］．北京：中国轻工业出版社，2013.

［3］张力田，高群玉．淀粉糖（第三版）［M］．北京：中国轻工业出版社，2011.

本章参考文献

［1］秦文．农产品加工工艺学［M］．北京：中国质检出版社/中国标准出版社，2014.

［2］余平，石彦忠．淀粉与淀粉制品工艺学［M］．北京：中国轻工业出版社，2013.

［3］曹龙奎，李凤林．淀粉制品生产工艺学［M］．北京：中国轻工业出版社，2013.

［4］张力田，高群玉．淀粉糖（第三版）［M］．北京：中国轻工业出版社，2011.

［5］张力田．变性淀粉（第二版）［M］．广州：华南理工大学出版社，1999.

［6］扶雄，黄强．食用变性淀粉［M］．北京：中国轻工业出版社，2016.

第五章

CHAPTER

5

植物油脂加工

[知识目标]

　　熟悉植物油料及其前处理方法；掌握植物油脂制取方法、精炼方法与氢化改性方法的原理、工艺操作及影响因素等。

[能力目标]

　　在植物油制取时，能够选择合适的油料前处理方法和优化传统植物油制取方法，以提高出油率和油脂品质；针对不同品质要求的植物油，能够选择合理的精炼方法和工艺控制。

第一节　植物油及油料

一、油料种类

　　凡是油脂含量达10%以上，具有制油价值的植物种子和果肉等均称为油料。

　　植物油料种类很多，资源十分丰富。根据植物油料的植物学属性，可将植物油料分为4类：草本油料、木本油料、农产品加工副产物油料和野生油料。草本油料包括大豆、油菜籽、棉籽、花生、芝麻、葵花籽、紫苏籽等；木本油料包括棕榈、椰子、油橄榄、核桃、油茶籽等；农产品加工副产物油料包括米糠、玉米胚、小麦胚、葡萄籽、西瓜籽等；野生油料包括野茶籽、松籽、月见草籽等。根据植物油料的含油率高低，也可将植物油料分成2类，高含油率油料有油菜籽、棉籽、花生、芝麻等，含油率大于30%；低含油率油料有大豆、米糠等，含油率在20%。

二、 油料籽粒结构和化学组成

（一） 油料籽粒结构

油料籽粒的形态结构是判别油料种类、评价油料工艺性质、确定油脂制取工艺与设备的重要依据之一。油料籽粒由壳、种皮、胚、胚乳或子叶等部分组成，不同油料籽粒具有不同的形态结构。以种子为例，虽然油料种子的种类繁多，外部形状各异，但基本结构相同。种皮包在油料籽粒外层，起保护胚和胚乳的作用，种皮含有大量的纤维物质，其颜色及厚薄随油料的品种而异，具此可鉴别油料及其质量。胚是种子最重要的部分，大部分油料的油脂储存在胚中。胚乳是胚发育时营养的主要来源，内存有脂肪、糖类、蛋白质、维生素及微量元素等。但有些种子（如大豆）的胚乳在发育过程中已被耗尽，可分为有胚乳种子和无胚乳种子两种，无胚乳种子的营养物质储存在胚内。

油料也由大量的细胞组织组成，不同的油料及油料不同组成部分细胞大小及形状不同，以大豆、花生的细胞最大，棉籽的细胞最小。油料细胞的形状一般呈球形、圆柱形、纺锤形、多角形等。组成油料种子各组织的细胞其形状、大小及所具有的生理功能虽不相同，但基本构造相似，都是由细胞壁和细胞内容物构成。细胞壁由纤维素、半纤维素等物质组成，犹如细胞的外壳，使每个细胞具有一定的特殊形状，且具有一定的硬度和渗透性。用机械外力可使细胞壁破裂，水和有机溶剂能通过细胞壁渗透到细胞的内部，引起细胞内外物质的交换，细胞内物质吸水膨胀可使细胞壁破裂。细胞的内容物由油体原生质、细胞核、糊粉粒及线粒体等组成，油料中的油脂主要存在于原生质中，通常把油料种子的原生质和油脂所组成的复合体称作油体原生质。油体原生质在细胞中占有很大体积，由水、无机盐、有机化合物（蛋白质、脂肪、碳水化合物）等组成。在成熟干燥的油料中，油体原生质呈一种干凝胶状态，富有弹性。根据油脂在籽粒中的存在状态，可以选择合理的物理或化学方法对油脂进行提取。

（二） 油料化学组成

虽然植物油料种类丰富，但所含化学组成几乎相似，含有油脂、蛋白质、糖类、脂肪酸、磷脂、色素、蜡质、烃类、醛类、酮类、醇类、油溶性维生素、水分及灰分等物质，如表5-1所示。

表5-1　　　　　　　　　常见植物油料的主要化学成分　　　　　单位:%，湿基含量

名称	水分	脂肪	蛋白质	磷脂	碳水化合物	粗纤维	灰分
大豆	9~14	16~20	30~45	1.5~3.0	25~35	6	4~6
花生仁	7~11	40~50	25~35	0.5	5~15	1.5	2
棉籽	7~11	35~45	24~30	0.5~0.6	—	6	4~5
油菜籽	6~12	14~25	16~26	1.2~1.8	25~30	15~20	3~4
芝麻	5~8	50~58	15~25	—	15~30	6~9	4~6
葵花籽	5~7	45~54	30.4	0.5~1.0	12.6	3	4~6
油橄榄（青）	75	15	1	—	4	3.3	1.6
核桃（仁）	3.2	60.8	17.7	—	16.4	—	—
米糠	10~15	13~22	12~17		35~50	23~30	8~12
玉米胚	—	35~56	17~28		5.5~8.6	2.4~5.2	7~16
小麦胚	14	14~16	28~38		14~15	4.0~4.3	5~7

注："—"为不要求。

三、　油料籽粒的物理性质

油料种子的物理性质，如容重、散落性、自动分级、导热性与吸附性等对油料的安全贮存、输送、加工生产均有直接或间接的影响。

油料的质量热容指使1kg油料温度升高1℃所需要的热量，以 kJ/（kg·℃） 表示。油料质量热容的大小与油料的化学成分及其比例、油料的含水量有关。热导率为面积热流量除以温度梯度，热导率越大，导热性越好。油料是热的不良导体，其热导率很小，一般为 0.12～0.23W/（m·℃）。由于油料的导热性差，因此在贮存、加热等过程中应注意散热及加热的均匀性。

从油料表面到内部分布着无数直径很小的毛细管，这些毛细管的内壁具有从周围环境中吸附各种蒸汽和气体的能力。当被吸附的气体分子达到一定饱和程度时，气体分子也能从油料表面或毛细管内部释放出来而散发到周围的空气中，油料的这种性能称为吸附性和解吸性。由于油料具有吸附性，当油料吸湿后水分增大时，容易发热霉变，给油料的安全贮存带来困难；吸附有毒气体或有味气体后不易散尽，造成油料污染，因此应避免油料接触有毒或有味的气体；在制油过程中，因较强的吸附性会将制取出的油脂吸附在油料组织中，降低出油率。

油料基本力学特性主要包括油料颗粒和油料散体的出油压力、出油应变、剪切强度、摩擦因数、侧压系数等与压榨有关的力学性能参数，这些力学性质对油料前处理或制油过程也有一定影响。

四、　油料预处理方法

油脂制取之前的油料预处理在制油工艺选择、制油成本、制油效率和油脂品质等方面都具有重要的意义。油料种类较多，但是在制油时都具有相似的预处理工艺，包括清理除杂、剥壳、破碎、软化、轧坯、蒸炒、挤压膨化等工序。同时，由于油料种类的多样性，在实际的油料预处理中，这些工序并不一定全部都采用，需要视油料的自身特性（如含油率高低、含水量多少、形态大小等）和制油工艺而定。

（一）清理除杂

油料清理是指利用各种清理设备去除油料中所含杂质的工序的总称，与稻谷制米和小麦制粉的原料清理类似。进入油厂的植物油料不可避免地夹带一些杂质，一般含杂质为1%～6%，最高达10%。这些杂质在制油时会吸附油脂而存在于饼粕内，造成油分损失，出油率降低。混入油料中的有机杂质会使油色加深或使油中沉淀物过多影响油的品质，同时饼粕质量较差，影响饼粕资源的开发利用。采用各种清理设备将这些杂质清除，可以减少油料油脂损失、提高出油率、提高油脂及饼粕的质量、提高设备的处理能力、保证设备的安全运行和保证生产的环境卫生。

清理后油料不得含有石块、铁杂、绳头、蒿草等杂质，油料清理后杂质总量及杂质中油料含量应符合规定。花生、大豆含杂量不超过0.1%，棉籽、油菜籽、芝麻含杂量不超过0.5%，花生、大豆、棉籽清理下脚料中含油料量不超过0.5%，油菜籽、芝麻清理下脚料中含油料量不超过1.5%。

（二）剥壳

大多数植物油料都具有外壳，除了大豆、油菜籽、芝麻等含壳率较低外，大部分油料，如核桃、花生、葵花籽、棉籽等含壳率都在20%以上。含壳率高的油料必须进行脱壳处理，而含壳率低的油料仅在考虑其蛋白质利用时才进行脱皮处理。因为皮壳中含油率极低，制油时不仅不出油，反而会吸附油脂，造成出油率降低。皮壳中色素、胶质和蜡含量较高，制油时这些物质溶入毛油中，造成毛油色泽深、含蜡高、精炼处理困难。油料带壳制油，体积大造成设备处理能力下降，皮壳坚硬造成设备磨损，影响轧坯的效果。剥壳后制油，能减少油脂损失、提高出油率，同时毛油质量好、精炼率高、制油设备磨损程度小，且提高生产效率。

油料经剥壳机处理后，还须仁壳分离，方法主要有筛选和风选法。

（三）破碎

植物油料在剥壳或不剥壳后，所具有的尺寸也不利于细胞内的油脂被提取出来，只有将油料的尺寸降低到一定程度后才有利于油脂的提取，在机械外力作用下将油料粒度变小的工序即为破碎。对于大粒油料如大豆、花生仁破碎后粒度有利于轧坯操作，对于预榨饼经破碎后其粒度应符合浸出或二次压榨的要求。对油料或预榨饼的破碎要求是破碎后粒度均匀、不出油、不成团且粉末少；对大豆、花生仁要求破碎成 6～8 瓣，预榨饼要求块粒长度控制在 6～10mm。为了使油料或预榨饼的破碎符合要求，必须正确掌握破碎时油料水分的含量：水分过低将增大粉末度，粉末过多，容易结团；水分过高，油料不容易破碎，易出油。

破碎的设备种类较多，常有辊式破碎机、锤片式破碎机、圆盘剥壳机。其中辊式破碎机是借助一对拉丝辊相向差速运动产生剪切挤压作用使油料破碎的设备；锤片式破碎机是利用安装于高速旋转转子上的锤片的打击作用使油料破碎，并由筛网控制破碎的粒度的破碎设备。

（四）软化

软化是指调节油料的水分和温度，使油料可塑性增加而便于后续处理和油脂从细胞内提取出的工序。对于直接浸出制油而言，软化也是调节油料入浸水分的主要工序。通过调节油料水分和温度，改变其硬度和脆性，使之具有适宜的可塑性，为轧坯和蒸炒创造良好操作条件。对于含油率低且水分含量低的油料，软化必不可少；对于含油率较高的花生且水分含量高的油菜籽等一般不予软化。

软化的水分调节量、温度及时间等参数需要根据油料种类和含水量而定。一般原料含水量低，软化时可多加水，原料含水量高则少加水；软化温度与原料含水量相互配合，才能达到理想的软化效果。一般水分含量高时，软化温度应低一些，反之软化温度应高一些。软化时间应保证油料吃透水汽，温度达到均匀一致。软化要求是油料碎粒具有适宜的弹性、可塑性和均匀性。

（五）轧坯

轧坯指利用机械的作用，将油料由粒状压成片状的过程。喂入的破碎油料受辊面之间摩擦力作用被拉入轧辊中心线的工作缝隙，物料受到轧辊施加的机械碾压作用而发生变形由粒状轧成胚片状，部分细胞结构发生破坏。两辊转速相同时，物料只受挤压，产生弹性变形和塑性变形；两辊转速不同时，物料同时受挤压、搓碾、剪切作用，细胞破坏较严重。

轧坯在于破坏油料的细胞组织，减小厚度，增加表面积，缩短油脂流出的路程，有利于油脂的提取。蒸炒时片状料坯有利于水热的传递，从而加快蛋白质变性，细胞性质改变，提高蒸炒的效果，最终利于出油。以大豆轧坯为例，轧坯时可以利用机械外力的作用破坏大豆的细胞组织，破坏部分细胞的细胞壁。大豆碾轧越薄，细胞组织破坏越多。轧坯使大豆由粒状变成片状，在溶剂浸出取油时料坯与溶剂的接触表面增大，油脂的扩散路程缩短，有利于提高浸出速度和增加浸润深度。

油料轧坯主要采用轧坯机。轧坯机由喂料系统、轧辊、轧距调节装置、挡板、刮刀和传动装置等组成。按轧辊排列方式可分为平列式轧坯机和直列式轧坯机，其中前者使用较多。油料轧坯后要求厚薄均匀、大小适度、不露油、粉末度低，并具有一定的机械强度。生坯厚度要求：大豆<0.3mm、棉仁<0.4mm、菜籽<0.35mm、花生仁<0.5mm。粉末度要求过20目筛的物质<3%。

（六）蒸炒

油料蒸炒指生坯经过湿润、加热、蒸坯、炒坯等处理，成为熟坯的过程。蒸炒在于使油脂凝聚，为提高油料出油率创造条件；调整料坯的组织结构，借助水分和温度的作用，使料坯的可塑性、弹性符合入榨要求；改善毛油品质，降低毛油精炼负担。蒸炒的作用具体表现在以下几个方面。

1. 破坏细胞结构

蒸炒时，由于细胞中蛋白质等成分的表面具有极强的亲水基，当对生坯进行湿润时，水分便渗透穿过细胞壁进入完整的细胞内部，被蛋白质等成分吸收，并产生膨胀，在加热和机械搅拌的联合作用下，使细胞壁破裂，油体原生质外流。

2. 使蛋白质变性

蒸炒过程中，在温度和水分的作用下，蛋白质亲水基吸水膨胀，稳定的结构受到破坏而变性。这时蛋白质的亲水基互相吸引而凝聚，导致其结构重新排列。这样，原来被包围在球蛋白内部的油脂被翻到外围，利于油脂的制取。

3. 磷脂吸水膨胀

湿润时，游离磷脂首先吸水膨胀发生凝聚。由于蒸炒时蛋白质变性而结构受到破坏，使与蛋白质疏水基结合在一起的结合磷脂被"释放"出来。如果在蒸炒过程中尽量使料坯"吃足"水分，让释放出的这一部分磷脂也吸水膨胀发生凝聚，磷脂凝聚后就不再溶解于油脂。

4. 降低油脂黏度

由于加热作用可使料坯保持较高的温度，使其内油脂黏度降低，从而增大了油脂的流动性。

5. 调整料坯性能

在蒸炒过程中，通过水分和温度的调节，可使料坯具有适宜的可塑性和抗压力，以适应不同榨腔压力的榨油机榨油。在操作中，温度低、水分低时，可塑性小，抗压力就大；而温度高、水分高时，可塑性大，抗压力就小。

6. 对棉酚的破坏作用

高水分蒸炒法可促进棉酚与蛋白质结合，从而减少棉酚与磷脂结合和变性的机会。棉酚与蛋白质结合后，不溶于油脂而留在饼粕中，提高毛油的质量，减少毛棉油精炼时去除棉酚的困难。因结合棉酚无毒，故不影响饼粕的使用价值。

料坯中部分蛋白质、糖类、磷脂等在蒸炒过程中，会和油脂发生结合或络合反应，产生褐色或黑色物质会使油脂色泽加深。蒸炒后的熟坯生熟均匀，内外一致，熟坯水分、温度及结构性满足制油要求。以湿润蒸炒为例，蒸炒采用高水分蒸炒、低水分压榨、高温入榨、保证足够的蒸炒时间等措施，从而保证蒸炒达到预定的目的。

按制油方法和设备不同，蒸炒一般分为湿润蒸炒法和加热蒸坯法。湿润蒸炒是指生坯先经湿润过程，水分达到要求，然后进行蒸坯、炒坯，使料坯水分、温度及结构性能满足压榨或浸出制油的要求。湿润蒸炒法又分高水分蒸炒法和一般湿润蒸炒法，主要区别是在湿润环节中加水量的不同，即前者比后者的加水量要多得多。大多数油料均可采用一般湿润蒸炒法，而高水分蒸炒法特别适用于棉籽油生产。一般湿润蒸炒中，料坯湿润后水分不超过13%~14%，适用于浸出法制油以及压榨法制油。高水分蒸炒中，料坯湿润后水分可高达16%以上，适用于压榨法制油。

（七）挤压膨化

大多数油脂厂均采用浸出法制油，生产过程一般包括油料预处理、浸出、精炼等工序。其中，油料预处理在整个工艺中具有十分重要的地位，对油脂的品质、提取率、生产效率等影响较大。传统的油料预处理方法由于对轧胚工艺要求高、浸出效率低而逐渐被新的挤压膨化预处理技术所代替，油料生坯的挤压膨化浸出工艺大有取代直接浸出和预榨浸出制油工艺的趋势。

油料生坯由喂料机送入挤压膨化机，料坯在挤压膨化机内被螺旋轴向前推进的同时受到强烈的挤压作用，物料密度不断增大。由于物料与螺旋轴和机腔内壁的摩擦发热以及直接蒸汽的注入，使物料受到剪切、混合、高温（110~130℃）、高压（1.4~4.1MPa）联合作用，油料细胞组织被较彻底地破坏，蛋白质变性，酶类钝化，容重增大，游离的油脂聚集在膨化料粒的内外表面。物料被挤出膨化机时，压力骤降，造成水分在物料组织结构中迅速汽化，物料受到强烈的膨胀作用，形成内部多孔、组织疏松的膨化料。物料从膨化机末端的模孔中挤出，并立即切割成颗粒物料。

生坯经过挤压膨化处理后在浸出时，溶剂对料层的渗透性和排泄性都大为改善，浸出溶剂比减小，浸出速率提高，混合油浓度增大，湿粕含溶降低，浸出设备和湿粕脱溶设备的产量增加，浸出毛油的品质提高，并能明显降低浸出生产的溶剂损耗以及蒸汽消耗。

挤压膨化设备有3类：单螺杆挤压膨化机、双螺杆机压膨化机和三螺杆挤压膨化机。三螺杆挤压膨化机有混合效果好、自洁性强、适用范围广、调质效果好等优点，前景很可观，但目前设计与制造方面经验不足，仍处于理论阶段。相比之下，单螺杆挤压膨化机生产成本低，能耗少，与双螺杆膨化机相比在混合效果和剪切频率等指标上稍有逊色。在综合投入成本与满足产出等方面，单螺杆挤压膨化机在油脂工业、饲料工业中运用较为广泛。图5-1所示为YJP系列油料挤压膨化机的示意图，主要用于各种油料浸出前的预处理和各种预榨饼浸出前的处理，可提高产量30%~50%，并且能改善产品质量，降低粕中残油，减少能耗。

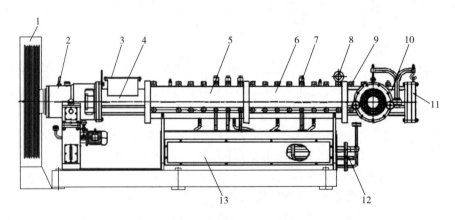

图5-1 YJP系列油料挤压膨化机结构示意图

1—带轮　2—轴承箱　3—进料口　4—进料管段　5—挤压管段一　6—挤压管段二　7—蒸汽分布管
8—吊环螺杆　9—剪切螺栓　10—出料管段　11—出料模板　12—蒸汽分配系统　13—底座

第二节　植物油制取

植物油脂的制取方法包括物理压榨法、有机溶剂浸提法、超临界流体萃取法、水溶剂法和水酶法。生产上主要以物理压榨和有机溶剂浸提为主，而后者多见于大型油厂。超临界流体萃取法主要用于特种油脂或精油提取。水溶剂法主要用于特殊油脂的制取，如水代法制取芝麻油。水酶法则主要见于试验阶段，但是水酶法具有多种优点，具有大力发展的潜在优势。

一、　物理压榨法

物理压榨法，也称机械压榨法，是指借助机械外力把油脂从料坯中挤压出来的过程。压榨过程中，榨料粒子发生物料变形、摩擦生热、水分蒸发、油脂分离等物理变化，同时伴随蛋白质变性、酶钝化失活、某些物质之间结合等生物化学反应。目前，压榨法制油主要以动态压榨制油为主，使用的设备是连续式螺旋榨油机。

压榨法取油与其他取油方法（尤其是浸提法）相比具有以下特点：工艺简单、配套设备少、对油料品种适应性强、生产灵活、油品质量好、色泽浅、风味纯正；但压榨后的饼残油量高、出油效率较低、饼粕质量差，动力消耗大，零件易损耗。

（一）压榨过程和基本原理

1. 压榨过程

压榨取油过程中，料坯粒子受到强大的压力作用，使其中的油脂液体部分和非脂物质的凝胶部分分别发生两个不同的变化：油脂从榨料空隙中被挤压出来和榨料粒子经弹性变形形成坚硬的油饼。

油脂从榨料中被挤压出来的过程：在压榨开始阶段，粒子发生变形，在个别接触处结合，粒子间空隙缩小，油脂开始被压出；在压榨中间阶段，粒子进一步挤压变形结合，其间空隙缩得更小，油脂大量压出；在压榨结束阶段，粒子结合完成，其内空隙横截面显著缩小，油路封闭，油脂很少被榨出。解除压力后的油饼，由于弹性变形而膨胀，其内形成细孔，有时有粗的裂缝，未排走的油反而被吸入。

油饼形成的过程：在压榨取油过程中，在压力作用下，料坯粒子间随着油脂的排出而不断挤紧，由于粒子间直接接触产生压力而造成某些粒子的塑性变形，尤其在油膜破裂处将会相互结成一体。榨料已不再是松散体，而是完整的可塑体，称为油饼。油饼成型是压榨制油过程中形成排油压力的前提，更是压榨制油过程中排油的必要条件。

2. 基本原理

上述两个过程主要涉及压榨压力、油脂黏度和油饼成型三个要素。压榨压力和油脂黏度是决定榨料排油的主要动力和可能条件，油饼成型是决定榨料排油的必要条件。

（1）排油动力　榨料受压之后，料坯间空隙被压缩，空气被排出、料坯体积减小、料坯密度增加、料坯互相挤压变形和移位。结果，料坯外表面被封闭，内表面孔道迅速缩小。孔道小到一定程度后，常压油变为高压油，具有流动能量。在流动中，小油滴聚成大油滴，甚至形成独立液相存在于料坯间隙内。当压力大到一定程度，高压油打开流动油路，摆脱榨料中蛋白质分子与油分子、油分子与油分子等的结合阻力，冲出榨料，与塑性饼分离。

榨料在压榨中，机械能转为热能，物料温度上升，分子运动加剧，分子间摩擦阻力降低，表面张力减少，油脂黏度变小，为油脂的迅速流动聚集以及与塑性饼分离提供了方便。

（2）油饼成型　如果榨料塑性低，受压后榨料不变形或很难变形，油饼不能成型，排油压力无法形成，料坯外表面不能被有效封闭，内表面孔道不被压缩变小，密度也不能增加。在这种状况下，油脂不能从不连续相变为连续相，不能由小油滴集聚成为大油滴，常压油不能被封闭起来变为高压油，也就无法产生流动的排油动力，油脂就无法排出。相反，料坯受压形成饼，压力顺利形成，适当控制温度，减少排油阻力，出油率就会提高。

油饼能否成型与以下因素有关：物料含水量和温度。当含水量和温度适当时，物料就有一定的受压变形可塑性，当抗压能力减小到一个合理数值时，压力作用就可以充分发挥起来。排渣排油量适当（压榨过后的料渣和油脂需要及时引走）。物料应封闭在一个容器内，形成受力而塑性变形的空间力场。

（3）排油深度　压榨取油时，榨料中残留的油量可反映排油深度（程度），是压榨制油中重要的评价出油效率的指标。残留量越低，排油深度越深。排油深度与施加的压力大小、压力递增量、油脂黏度等因素有关。

压榨过程中必须有一定的压榨压力使料坯被挤压变形、体积减小、空气排出、间隙缩小与内外表面积缩小。压力大，物料变形也就大。合理递增压榨过程的压力才能获得良好的排油深度。压力递增量小，增压时间不能过短，榨料间隙逐渐变小，给油脂聚集流动充分的时间，聚集的油脂又可以打开油路排出榨料外，排油深度就可以提高。土法榨油总结的"轻压勤压"经验适用于一切榨机的增压设计。榨料温度升高，油脂黏度降低，油脂在榨料内运动阻力减少，有利于出油。但温度太高将会影响油脂品质。调整适宜的压榨温度，使黏度阻力减少到最小，可提高排油深度。

（二）影响压榨效果的因素

从压榨法制油的过程和原理可以看出，影响压榨出油效果的因素很多，但总结起来主要包括榨料结构性质和压榨条件两个方面。

1. 榨料结构性质

压榨取油过程中，榨料的结构性质主要取决于油料自身性质和油料预处理效果。

压榨取油对榨料结构的一般要求是榨料颗粒大小应适当且均匀一致。如果榨料颗粒粒子过大，易结皮封闭油路，不利于出油；若粒子过细，也不利于出油，因为压榨中会带走细粒，增大油脂流动阻力，甚至堵塞油路。另外，颗粒过细会使榨料塑性加大，不利于压力提高。榨料内外结构均匀一致，榨料中完整细胞的数量就越少，这样有利于出油。榨料容重在不影响内外结构的前提下越大越好，这样有利于提高设备处理量。榨料中油脂黏度与表面张力尽量降低，榨料粒子具有足够的可塑性。榨料可塑性对压榨取油效果的影响最大，必须有一定的范围：过低，榨料没有完全的塑性变形；过高，榨料流动性大，不易建立压力，压榨时会出现榨料"挤出"、提前出油和形成坚硬油饼等现象。榨料的这些性质都取决于油料所采取的各种预处理手段的合理性。

压榨取油的效果决定于榨料本身的性质，包括水分含量、温度和蛋白质变性。如果水分太低，可塑性降低，粒子结合松散，不利于油脂榨出。随着水分含量的增加，可塑性也逐渐增加。当水分达到某一点时，压榨出油情况最佳，但超过此含量，则会产生很剧烈的"挤出"

现象。榨料加热，可塑性提高；榨料冷却，则可塑性降低。压榨时，若温度显著降低，则榨料粒子结合不好，所得饼块松散不易成型。但是，温度也不宜过高，否则将会因高温而使某些物质分解成气体或产生焦味。因此，保温是压榨过程重要的条件之一。榨料中蛋白质变性充分与否，衡量着油料内胶体结构破坏的程度。压榨时由于加热与高压的联合作用，会使蛋白质继续变性，但是温度、压力不适当，会使变性过度，降低榨料塑性，从而提高榨油机的"挤出"压力，这与提高水分含量和温度的作用相反。因此，榨料蛋白质变性，既不能因变性过度使可塑性太低，也不能因变性不足而影响出油效率和油品质量，例如，油脂中带入未变性胶体物质而影响精炼。

实际上，榨料性质由油料水分含量、温度、含油率、蛋白质变性等因素的相互配合体现出来。在实际生产中，榨料水分与温度的配合是水分越低则所需温度越高。较低的残油率需要榨料的合理低水分和高温。但榨料温度过高且超过了一定限度（如130℃）则会严重影响油脂品质。不同的预处理过程可能得到相同的入榨水分和温度，但蛋白质变性程度则大不一样。榨料性质是否有利于压榨出油，需要选择合适的预处理方法和条件。

2. 压榨条件

压榨条件即压榨过程中的工艺参数，包括榨膛压力、压榨时间、温度等，是提高出油效率的决定因素。

（1）榨膛压力　压榨法取油的本质在于对榨料施加压力取出油脂。与榨膛压力有关的影响要素有压力大小、榨料受压状态、施压速度以及压力变化规律等。

压榨过程中榨料的压缩主要由于榨料受压后固体内外表面的挤紧和油脂被榨出造成。但是，水分蒸发、油脂排出带走饼屑、凝胶体受压凝结以及某些化学转化使榨料密度改变等因素也会造成榨料体积收缩。压榨时所施压力越高，粒子塑性变形的程度也越大，油脂榨出也越完全。然而，在一定压力条件下，某种榨料的压缩总有一个限度，此时即使压力增加至极大值而其压缩也微乎其微，因此被称为不可压缩体。此不可压缩开始点的压力，称为"极限压力"（或临界压力）。生产时需要根据榨料性质合理控制施加压力。压力大小与榨料的压缩比有关，两者之间呈指数或幂函数关系。在同样的出油率要求下，动态压榨所需最大压力将比静态压榨低而且压榨时间也短。

对榨料施加的压力必须合理，压力变化必须与排油速度一致，即做到"流油不断"，对榨料突然施加高压将导致油路迅速闭塞。压力在压榨过程中的变化一般呈指数或幂函数关系。为了适应不同油料取得最大出油效果，压榨过程可分级进行，有一级、二级和多级压榨之分。然而，每一级压榨的压力变化仍应连续并符合上述变化规律。螺旋榨油机的最高压力区段较小，最大压力一般分布在主榨段。对于低油分油料的一次压榨，其最高压力点一般在主压榨段开始阶段；对于高油分油料籽粒的压榨或预榨，最高压力点一般分布在主压榨段中后段。长期实践中总结的施压方法——"先轻后重、轻压勤压"具有非常显著的实际意义。

（2）压榨时间　压榨时间是影响榨油机生产能力和排油深度的重要因素。通常认为，压榨时间长，出油率高，这在静态压榨中比较明显。然而，压榨时间过长，会造成不必要的热量散失，对出油率的提高和油脂品质不利，还会影响设备处理量。适当的压榨时间必须综合考虑榨料特性、压榨方式、压力大小、料层厚薄、油料含油量、保温条件以及设备结构等因素。一般情况下，在满足出油率的前提下，应尽可能缩短压榨时间。

（3）温度　温度直接影响榨料的可塑性及油脂黏度，影响压榨取油效率，最终关系到榨出油脂和饼粕的质量。压榨时榨膛温度过高，导致饼色加深甚至发焦，饼中残油率增加，榨出油脂的色泽加深。低温压榨时，不能实现油饼成型和榨出最多的油脂。因此，压榨过程中必须保持适当的温度。

合适的压榨温度范围通常是指榨料入榨温度（100~135℃），不同油料和不同压榨方式有不同的温度要求。此参数只是控制入榨时才有必要和可能，因为实现压榨过程中的温度的控制实际上很难做到。对于静态压榨，由于其本身产生的热量少，而压榨时间长，多数考虑采用加热保温措施。对于动态压榨，其本身产生的热量高于需要量，故以采取冷却或保温为主。

（三） 压榨方法及常见设备

植物油压榨方法按照压榨原理可以分为静态压榨和动态压榨。静态压榨属于间歇式压榨，一般由液压榨油机实现；而动态压榨属于连续式压榨，一般由螺旋榨油机实现。按照压榨取油过程中的温度高低，可以分为普通压榨法和低温压榨法。

1. 静态压榨

静态压榨指榨料受压时颗粒间位置相对固定，无剧烈位移交错，因而在高压下粒子因塑性变形易结成坚实的油饼。静态压榨过程采用的液压榨油机有多种形式，但工作原理都相同，即均按液体静压力传递原理（巴斯喀原理）设计，在密闭系统内，凡加于液体上的压力均能以不变的压强传遍传到该系统内任何方向。

掌握好压力与排油速率的关系才能确保"流油不断"。榨料受压过程一般分成预压成型（快榨）、塑性变形结成多孔物（慢榨）、压成油饼（沥油）等阶段，最主要的出油阶段在榨料塑性变形的前期（一般占总排油量的75%以上，时间15~20min）。此时阻力不宜突然升得太高，否则易闭塞油路和使饼过早硬化。因此，分阶段施压形成曲线变化，在液压式榨油机操作中十分重要。同时，在榨料相对固定的饼中，出油还受到油路长短的影响。因此液压式榨油机必须保持较长时间的高压，以排尽饼中间剩留的油分，不致"返吸"，即"沥油"操作。但是，沥油时间过长也毫无意义，随着压榨时间的延长，榨料温度的下降不利于出油，故榨膛保温（或车间保温）十分必要。

液压式榨油机按榨料暴露于环境的形式分为开式（板式）、半开式（盘式）与闭式（笼式）三类；按油饼叠放的位置分为卧式、立式和斜式；按油饼外形又可分为方饼车、圆饼车；按照液压泵的结构类型则分为手搬式和电动式。

卧式液压榨油机由主油缸、副油缸、圆柱螺杆、榨缸、进浆阀、液压系统、电气系统等组成（图5-2）。工作时，齿轮泵将浆料打入榨机，经进浆总管分配到10支进浆阀，使浆料充满10个榨板空腔，随即开启压缩空气阀，依靠空气的压力迫使阀杆关闭进浆阀门。由液控系统输来的高压油，进入主缸体推动柱塞前移，迫使榨板空腔体积缩小，内压逐渐增高；腔内浆料在压力作用下，油脂与浆料分离并经过多层不锈钢筛网和滤油板排出，汇集流入油池。当压榨达到预定工艺要求时，主缸释放油压，同时副油缸中进入高压油推动活塞，通过出饼拉杆等机构使榨膛打开，油饼脱落排出，经皮带输送机输出。油饼经粉碎机粉碎和颗粒压制机造粒，可送往浸出车间浸出，以提取残留油脂。副油缸释压，榨板在弹簧作用下复位，又形成空腔，重复上述循环。

卧式液压榨油机的特点是饼块横叠，便于滤油，且流油顺畅。油脂不会积于饼圈上，有利于提高出油效率。在同样条件下，卧式榨油机比立式榨油机出油率高0.2%~0.5%。采用液压自动退榨有利于清渣和卸饼自动化。卧式液压榨油机的缺点是占地面积大、稳定性差、装饼时

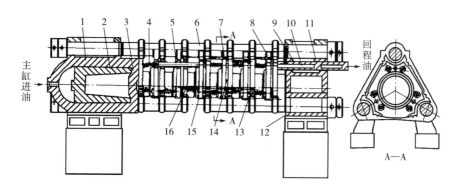

图 5-2 卧式液压榨油机结构示意图

1—油缸 2—活塞 3—嵌入板 4—弹簧 5—回程杆 6—榨柱（连续柱） 7—出饼推杆

8—榨腔顶端导轨轴承 9—回程油缸 10—回程杆 11—回程活塞 12—顶盖

13—出饼拉杆 14—榨腔 15—底部导轨轴承 16—压盖（蒸汽板）

易受重力影响而错位，必须装重锤式或液压式等退榨装置。卧式液压榨油机适用于可可仁、芝麻、花生仁等软质高油分油料的制浆连续成型压榨。

立式液压榨油机由分油缸、机架、挡饼装置、油盘及承饼盘等几部分组成（图 5-3）。工作时，先将预制成型的料坯放置在承饼盘和顶板之间，当压力油进入榨机油缸后，由于活塞上升，使固定在活塞上的承饼盘随之一起上升，而容纳在承饼板与顶板之间的饼块因顶板位置固定而受压出油，榨出的油脂经中座从油槽流出。压榨结束后，压力油自榨机油缸回入油箱，此时活塞、承饼盘及上面放置的饼块一起下降，进行卸榨。特点是占地面积小、操作使用方便，其缺点是装卸饼的劳动强度大，装卸料饼自动化组合较困难，其属于间歇操作，仅适于小型榨油厂使用。

液压榨油机优点是结构简单、油饼品质好、消耗动力小，甚至不需电力等特点。设备具有高压高温压榨油料，几乎所有可以出油的油料都可以压榨；缺点是出油率相对低，单机能小，油料在压榨前预处理工作繁多，需要破碎、蒸炒和包饼，设备占地面积大，生产成本高，设备投资大，产量小。压榨法制油一般用来生产高档油，液压榨油机逐渐被螺旋榨油机所取代，但是就其对特殊油料榨油工艺的效果而言，又有其他榨油设备不可替代的优势。

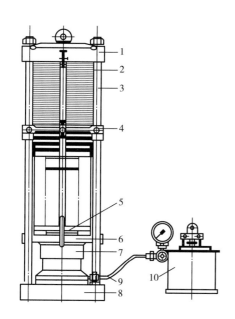

图 5-3 立式液压榨油机

1—顶板 2—支柱 3—拉杆 4—支架

5—承饼板 6—中座 7—油缸

8—底板 9—管路 10—油泵及油箱

2. 动态压榨

榨料在榨油过程中呈运动变形状态，粒子间在不断运动中压榨成型，且油路不断被压缩和打开，有利于油脂在短时间内从孔道中被挤压出来。螺旋榨油机的主要部分是榨腔，榨腔由榨笼和在榨笼内旋转的螺旋轴组成。螺旋榨油机工作原理是由旋转着的螺旋轴在榨膛内的推进作用，使榨料连续地向前推进；由于榨料螺旋导程的缩短或根圆直径逐渐增大，使榨膛空间体积不断缩小而产生压榨作用。螺旋轴有三个作用：推进榨料、将榨料压缩后油脂从榨笼缝隙中挤压流出和将残渣压成饼块从榨轴末端不断排出。

压榨取油概括地可分为三个阶段即进料（预压）段、主要榨（出油）段、成饼（重压沥油）段，逐渐从进料端向出饼端方向推进。由于榨螺螺纹底径由小到大的变化，使榨膛内各段容积逐渐缩小；又因榨螺螺纹连续不断将料坯推入榨膛，这样前阻后推地产生压力，压缩料坯，把油挤压出来。同时调节出饼间隙来改变饼的厚度，间隙越小，出饼越薄，榨膛内压力也越大。料坯在榨膛内呈运动状态，造成料坯与笼壁、料坯与榨螺、料坯与料坯之间的摩擦，并产生大量热量，使料坯在榨膛内温度急剧上升，这样有利于料坯内油脂流出，提高出油率。

螺旋榨油机是国际上普遍采用的较先进的连续式榨油设备。螺旋榨油机无论什么机型，其工作原理相同，结构上均由进料装置、榨膛（包括榨笼和螺旋轴）、调饼机构、传动系统、机架等几部分组成（图5-4）。螺旋榨油机取油的特点是连续化生产、单机处理量大、劳动强度低、出油效率高、饼薄易粉碎、有利于综合利用，故应用十分广泛。根据压榨次数，螺旋榨油机可分为一次压榨和预榨机型。一次压榨机的特点是通过一次挤压，最大限度地将油料中的油脂压榨出来，使饼中的残油尽量的低，压榨饼作为最终产品，一般残油率在5%～7%，其缺点是榨料在榨膛中停留时间长、压缩比大、单机处理量相对预榨机小，动力消耗大；预榨机多用于高含油油料的预榨工艺中，通过预榨可将油料中60%油脂挤出，而后再进行浸出制油，使最终粕中残油率低于1%。

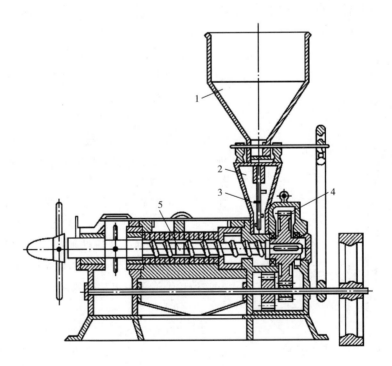

图5-4　螺旋榨油机结构图

1—存料斗　2—进料斗　3—拨料杆　4—齿轮箱　5—螺旋轴

3. 低温压榨

低温压榨技术也称冷榨法,在传统机械压榨工艺基础上逐步发展起来。相对于榨料入榨温度在100~135℃的常规压榨制油,低温压榨制油时榨料入榨温度和在压榨出油过程中的温度一般不超过65℃。传统压榨制取油脂因为高温,油料中蛋白质和还原性糖类发生较为严重的美拉德反应,产生颜色较深的产物,从而使得毛油颜色加深,增加后续精炼处理的压力;高温使得脂溶性的热敏性营养或活性成分发生结构变化而受到损失,降低植物油的功能性质。因此,低温压榨制油避免了高温压榨时产生对人体有害的杂质,较好地保持了维生素E、角鲨烯、甾醇等活性成分,以及保持了油料的天然风味和颜色,将不溶性杂质分离后即可作为食用油出售,如特级初榨橄榄油或初榨橄榄油。

低温压榨与传统压榨制油最大的区别在于对榨料初始温度和榨腔温度的控制,用于低温压榨的设备也主要包括液压榨油机和螺旋榨油机,其中以螺旋榨油机在低温压榨中应用较多。

在对小型双阶多级压榨的冷榨机的性能试验中,其结果表明未经预处理的脱皮菜籽仁(水分6.3%;湿基含油44.7%)的油脂提取率在85%以上,干饼残油率为10.8%,榨笼的最高温度为60.5℃。在喂料段通过增大输送螺旋的封料长度,设置带阻转槽的衬套成功解决了这种高油、低粗纤维含量的软油料的输送,无需专门的强制喂料装置。该小型冷榨机能适用于中国乡村的双低油菜籽和其他特种油料冷榨的小规模化生产。

生产试验及推广应用的实践证明:LYZX系列低温螺旋预榨机不仅可用于油菜籽脱皮、低温压榨制油新工艺,在入料温度室温65℃,入榨水分7%~9%条件下,一次压榨可使饼中残油率达16%~18%,串联进行二次压榨可使残油率达到8%以下。适当调整技术参数还可广泛应用于其他油料的低温压榨,目前已经成功地应用于紫苏籽仁、花生仁、葵花籽仁、核桃仁等的低温压榨。

低温压榨也存在较为显著的劣势,以花生油的低温压榨为例,尽管低温压榨花生油的氧化稳定性、维生素E及甾醇含量均远远高于高温压榨花生油,并且采用低温压榨工艺制油可以得到高附加值的低温压榨花生饼,但是低温压榨花生油风味无法满足消费者需求。其次,低温压榨制油出油率较低,冷榨饼中残油率一般在10%~20%。冷榨饼在渗透性、扩散性等方面都劣于热榨饼,因此冷榨饼直接浸出性能差,其浸出粕的残油也略高。

二、 有机溶剂浸提法

有机溶剂法浸提油脂在生产上称作浸出,属于固-液萃取范畴。固-液萃取是利用选定的溶剂分离固体混合物中的组分的单元操作。浸出法制油就是用溶剂对油料料坯进行浸泡或淋洗,使料坯中的油脂被萃取溶解在溶剂中,经过滤得到含有溶剂和油脂的混合油。由于溶剂的挥发温度低于油脂,通过蒸发和蒸馏加热混合油,使溶剂挥发并与油脂分离便得到毛油。浸出分离混合油后所得的固体物称作湿粕,湿粕进行干燥脱溶后生产出饲料所需的成品粕;混合油蒸发和蒸馏以及湿粕干燥脱溶挥发出来的溶剂气体,经过冷却回收,循环使用。

浸出法制油是现代植物油脂提取率最高的一种方法。与压榨法相比,浸出法具有以下优点:出油率高,粕中残油可控制在1%以下,出油率明显提高。粕的质量好,由于溶剂对油脂有很强的浸出能力,浸出法取油完全可以不需要高温加工而取出其中的油脂,使大量水溶性蛋白质得到保护,饼粕可以用来制取植物蛋白。浸出法制油容易实现温度、压力、液位、真空、流量、料位等工艺的自动控制,生产规模增大,加工成本降低,生产过程自动化控制程度提高，劳动强度降低。

浸出法制油工艺也具有显著的缺点：①一次性投资较大：由于浸出工艺采用的溶剂易燃易爆，且对人体有害，故生产车间建筑、火灾危险类别应为甲类，最低耐火等级应达二级。车间设备要做接地处理，采用防爆型电器，车间要设避雷装置。此外，车间内设备、管道需要严格密封。整个浸出车间建设就要增大总投资。②浸出溶剂一般生产安全性差：现阶段浸出法选用的溶剂主要是烃类化合物，如轻汽油，以己烷为主要成分。这类溶剂易燃易爆，且对人的神经系统具有强烈的刺激作用。当轻汽油在空气中的蒸汽浓度达到 1.20% ~ 7.50% 时，遇火就会爆炸；当其浓度达 30 ~ 40mg/L 时，人直接接触后即会致死。当然，严格执行《浸出制油工厂防火安全规范》，遵守操作规程，保持高度警惕，一般不会发生事故。③浸出毛油质量差：由于有机溶剂的溶解能力很强，不仅能溶解油脂，也会将油料中的油溶性色素、类脂物溶解出来，使油脂色泽变深，杂质增多。浸出毛油的品质比压榨毛油差，精炼率也低，增加精炼工序的工作负担。④浸出溶剂在油脂中有残留：虽然经过混合油分离和毛油精炼处理，成品油中溶剂残留可以达到国家规定的安全标准，但其少量的残留仍然对油脂品质和食用安全产生不利的影响。

（一）浸出法制油原理

在浸出时，油料用有机溶剂处理，其中易溶解的成分（主要是油脂）就溶解于溶剂。当油料浸出在静止情况下进行时，油脂以分子的形式进行转移，属分子扩散。但浸出过程中大多是在溶剂与料粒之间有相对运动的情况下进行，除了有分子扩散外，还取决于溶剂流动情况的对流扩散过程。

分子扩散是指物质以单个分子的形式进行的转移，由分子无规则的热运动引起。当油料与溶剂接触时，油料中的油脂分子借助于自身热运动，从油料中渗透出来并向溶剂中扩散，形成混合油。同时，溶剂分子也向油料中渗透扩散，这样在油料和溶剂接触面的两侧就形成了两种浓度不同的混合油。由于分子的热运动及两侧混合油浓度的差异，油脂分子将不断地从其浓度较高的区域转移到浓度较小的区域，直到两侧的分子浓度达到平衡为止。一般情况下，在分子扩散过程中，扩散物通过某一扩散面进行扩散的数量，应与该扩散面的面积成正比，与该扩散面垂直方向上扩散物分子的浓度梯度成正比，与扩散时间成正比，与分子扩散系数成正比。分子扩散系数取决于扩散物分子的大小、介质黏度和温度。提高温度，可加速分子的热运动并降低液体的黏度，因此分子扩散系数增大，分子扩散速度提高。

对流扩散是指物质溶液以较小体积的形式进行的转移。与分子扩散一样，扩散物的数量与扩散面积、浓度差、扩散时间及扩散系数有关。在对流扩散过程中，对流的体积越大，单位时间内通过单位面积的体积越多；对流扩散系数越大，物质转移的数量也就越多。

油脂浸出过程的实质是传质过程，由分子扩散和对流扩散共同完成。在分子扩散时，物质依靠分子热运动的动能进行转移。适当提高浸出温度，有利于提高分子扩散系数，加速分子扩散。而在对流扩散时，物质主要是依靠外界提供的能量进行转移。一般是利用液位差、泵或搅拌桨使溶剂或混合油与油料处于相对运动状态下，促进对流扩散。

（二）浸出溶剂

浸出法制油的关键在于有机溶剂种类的选择。理论上，凡是对油脂有较强溶解能力的试剂都可以用于油脂的制取，但是出于工艺参数、生产成本、过程安全和产品质量等考虑，有机溶剂的选择必须慎重。

1. 浸出法制油对溶剂的要求

良好的溶剂能够保证在浸出过程中获得最高出油率，高质量油脂和成品粕，溶剂应尽量避免对人体产生伤害，保证生产操作的安全。具体要求表现在溶剂的性质和对油脂的溶解性能方面。物质溶解一般遵循"相似相溶"的原理，即溶质分子与溶剂分子的极性越接近，相互溶解程度越大。分子极性大小通常以介电常数表示，分子极性越大，其介电常数也越大。植物油的介电常数较小，常温下一般在 3.0 ~ 3.2。所选用的浸出溶剂极性也应较小。主要有机溶剂理化性质见表 5 - 2。

表 5 - 2 　　　　　　　　　　　几种常见浸出溶剂的性质

溶剂	轻汽油	正己烷	正丁烷	丙烷	乙醇	异丙醇
相对分子质量	91（平均）	86.176	58	44	46	60
介电常数（20℃）	2.0	1.89	1.78	1.69	24.3	18.3
沸点（常压）/℃	70 ~ 85	68.7	- 0.5	- 42.2	78.5	82.4
黏度（20℃）/（mPa·s）	—	0.66	—	—	1 ~ 3	2.43
爆炸极限/%（v/v）	1.25 ~ 4.9	1.1 ~ 7.5	1.6 ~ 8.5	1.9 ~ 8.5	3.4 ~ 19.0	2.0 ~ 8.0

通过多年的生产实践和科学调查，油脂工业界认为理想的浸出溶剂应具备以下几个条件：对油脂有较好的溶解度；化学性质稳定；不溶于水；易与油脂分离；安全性能好；来源广；油料综合开发利用效果好。

在室温或稍高于室温的条件下，溶剂能以任意比例溶解油脂，而对油料中的非脂成分溶解能力要尽可能的小，甚至不溶。这样就能尽可能把油料中的油脂提取出来而使混合油中少溶甚至不溶解非脂成分，提高毛油质量。

溶剂在生产过程中循环使用，反复不断地被加热和冷却。一方面要求溶剂本身物理、化学性质稳定，不起变化；另一方面要求溶剂不与油脂和粕中的成分发生化学变化，更不允许产生有毒物质；另外对设备不产生腐蚀作用。

在生产过程中，溶剂不可避免与水接触，料料本身也含有水。要求溶剂与水互不相溶，便于溶剂与水分离，减少溶剂损耗，节约能源。

为了容易脱除混合油和湿粕中的溶剂，使毛油和成品粕不带异味，要求溶剂容易汽化，即溶剂沸点低，汽化潜热小。同时，在脱除混合油和湿粕的溶剂时产生的溶剂蒸汽容易冷凝回收，要求沸点不能太低，否则会增加溶剂损耗。实践证明，溶剂的沸点在 65 ~ 70℃ 范围内比较合适。

溶剂在使用过程中不易燃烧，不易爆炸，对人、畜无毒。在生产中，往往因设备、管道密闭不严和操作不当，会使液态和气态溶剂泄漏出来。因此，应选择闪点高、不含毒性成分的溶剂。

油脂浸出的溶剂要满足较大工业规模生产的需求，即溶剂的价格要便宜，来源要充足。

对浸出溶剂的要求，主要作为选择浸出溶剂时的参考依据。在选择工业溶剂时，应该选择优点较多的溶剂，至于其缺点，可以通过工艺和操作方面采取适当的措施加以克服。

2. 常见的浸出溶剂

按照溶剂极性可分成三类：低极性（$\varepsilon = 9 \sim 12$）、中极性（$\varepsilon = 12 \sim 50$）和高极性（$\varepsilon >$

50）溶剂。按照黏度大小可分成三类：低黏度（$\eta < 2 \times 10^{-3} \mathrm{Pa \cdot s}$）、中黏度 $[\eta = (2 \sim 10) \times 10^{-3} \mathrm{Pa \cdot s}]$ 和高黏度（$\eta > 10^{-3} \mathrm{Pa \cdot s}$）溶剂。按照溶剂沸点大小可分成三类：低沸点（$T < 100℃$）、中沸点（$T = 100 \sim 150℃$）和高沸点（$T > 150℃$）溶剂。工业用的植物油浸出溶剂一般是低黏度、低沸点、低极性或中极性的物质。在国内和国外浸出植物油的实践中，轻汽油、工业己烷是目前工业化制取植物油脂中应用最广泛的溶剂。

（1）轻汽油　我国目前普遍采用的浸出轻汽油俗称 6 号轻汽油，因为所含主要成分为 6 碳烷烃。6 号轻汽油比较便宜，对设备材料呈中性，对油脂有很好的溶解特性，具有广泛的应用。6 号轻汽油是石油原油的低沸点分馏物，为多种碳氢化合物的混合物（表 5 - 3、表 5 - 4、表 5 - 5），沸点是一个范围（馏程）。

表 5 - 3　　　　　　　　　　　　　　6 号轻汽油的质量标准

项目	馏程初沸点	98% 馏出温度	水溶性酸和碱	机械杂质	水分含量	油渍试验
数值	> 60℃	< 90℃	无	无	无	合格

表 5 - 4　　　　　　　　　　　　　　6 号轻汽油的理化性质

项目	色泽及透明度	气味	相对密度	平均相对分子量	碘价
描述	无色透明	刺鼻	0.6742	93	4.2g/100g

表 5 - 5　　　　　　　　　　　　　　6 号轻汽油的组成情况　　　　　　　　单位：%

组分	5 碳烷烃	6 碳烷烃	7 碳烷烃	5 碳环烷烃	6 碳环烷烃	7 碳环烷烃	苯	甲苯	8 碳芳烃	烯烃
占比	1.56	16.43	0.16	2.57	74.08	3.52	0.046	0.017	0.0025	1.55

6 号轻汽油对油脂的溶解能力强，在室温条件下可以以任何比例与油脂互溶，并且对油中胶状物、氧化物及其他非脂肪物质的溶解能力较小，因此浸出的毛油比较纯净。6 号轻汽油的物理和化学性质稳定，对设备腐蚀性小，不产生有毒物质，与水不互溶，沸点较低易回收，来源充足，价格低，且能满足大规模工业生产的需要。但是 6 号轻汽油的最大缺点是容易燃烧爆炸，并对人体有害，损伤神经。另外，6 号轻汽油的沸点范围较宽，在生产过程中沸点过高和过低的组分不易回收，造成生产过程中溶剂的损耗。

（2）正己烷　工业己烷是目前应用于油脂浸出的主要溶剂，其浸出制油工艺已经比较稳定：油料经过预处理后，进入浸出设备进行萃取，然后对浸出的混合油采用过滤、沉降方法将其中的固体粕分离，再对其进行蒸发和气提，使溶剂与油脂进行分离；对浸出后的湿粕进行脱溶、干燥和冷却处理。虽然工业己烷已成为全球普遍采用的浸出溶剂，但正己烷对神经系统有明显毒害作用，质量比超过 1.8g/kg 时，暴露其中，会引起多发性神经炎和末梢神经障碍。正己烷蒸气在大气中经光化学降解会形成臭氧，作为臭氧的前驱物，已达到美国环境空气质量标准所规定的作为监控物质的要求。

异己烷也是以六号溶剂为原料，采用精馏技术而制得的馏出物，沸点 58 ~ 63℃。异己烷以其低沸点、馏程窄、汽化潜热低及不在污染空气有害物质之列等诸多优点，且易于脱除，安全性优于正己烷，浸出装置与正己烷浸出无大变动，成为优先考虑的替代溶剂。虽然异己烷浸出制油工艺技术工业应用难题不多，但是由于国内生产异己烷厂家较少，价格偏高，厂家设备需改造等问题，导致国内还没有油脂生产厂家应用异己烷浸出制油。

（3）正丁烷　正丁烷是4号轻汽油的主要成分。在常温下为无色无臭的气体，常压下沸点为 -0.5℃，在常温（18.9℃）和压力高于2000kPa时，呈液体状态。采用液态正丁烷（或丙烷混合物）在低压条件下浸出油脂时，浸出速度大大提高，毛油中非脂肪物质含量下降。而且脱脂粕的脱溶方法十分简单，只需在常温或稍加温（40~50℃）条件下便可很容易回收丁烷和丙烷。由于油脂浸出在常温下进行，脱脂粕中蛋白质变性程度极低，提供了制取高质量蛋白质的基础。缺点是对浸出设备条件和安全要求较高。优点是工艺简单、设备少、生产灵活、投资省；低温低压浸出确保毛油和脱脂粕蛋白质的高质量；可利用工艺系统内部热交换技术，大大降低生产成本与能耗；浸出车间基本无三废排放，减少环境污染。

丙烷的资源比丁烷丰富，在国外丙烷作为浸出溶剂已成功地应用于植物油脂的工业化生产。美国食品及药品管理局规定，2000年以后美国国内工业己烷和轻汽油不能用作浸出溶剂。因此，用丙烷或丁烷作为浸出溶剂是浸出法制油的发展方向。

对于浸出法取油的生产来说，如何选择一种适合于生产用的溶剂，是一个极为重要的问题。因为它不仅影响产品的质量和数量，而且也影响浸出的工艺效果、各种消耗和安全生产。

（三）浸出工艺

1. 浸出工艺的分类

浸出法制油工艺按操作方式分为间歇式浸出和连续式浸出。间歇式浸出是指料坯进入浸出器，粕自浸出器中卸出，新鲜溶剂的注入和浓混合油的抽出等工艺操作，都是分批、间断、周期性进行的浸出过程；连续式浸出是指料坯进入浸出器，粕自浸出器中卸出，新鲜溶剂的注入和浓混合油的抽出等工艺操作，都是连续不断进行的浸出过程。

按接触方式，浸出法制油工艺分为浸泡式浸出、喷淋式浸出和混合式浸出。浸泡式浸出是指料坯浸泡在溶剂中完成浸出过程，浸泡式的浸出设备有罐组式，另外还有弓形、U形和Y形浸出器等。喷淋式浸出是指溶剂呈喷淋状态与料坯接触而完成浸出过程，喷淋式的浸出设备有履带式浸出器等。混合式浸出是一种喷淋与浸泡相结合的浸出方式，混合式的浸出设备有平转式浸出器和环形浸出器等。

按生产方法，浸出法制油工艺分为直接浸出和预榨浸出。直接浸出也称"一次浸出"，是将油料经预处理后直接进行浸出制油工艺过程，此工艺适合于加工含油量较低的油料。预榨浸出是指油料经预榨取出部分油脂，再将含油较高的饼进行浸出的工艺过程，此工艺适用于含油量较高的油料。

2. 浸出工艺的选择

油脂浸出生产能否顺利进行，与所选择的工艺流程关系密切，它直接影响到油厂投产后的产品质量、生产成本、生产能力和操作条件等诸多方面。因此，应该采用既先进又合理的工艺流程。选择工艺流程的依据有以下几个方面。

（1）根据原料的品种和性质进行选择　根据原料品种的不同，采用不同的工艺流程，如加工棉籽，其工艺流程为：

棉籽 → 清洗 → 脱绒 → 剥壳 → 仁壳分离 → 软化 → 轧胚 → 蒸炒 → 预榨 → 浸出

若加工油菜籽，工艺流程则是：

油菜籽 → 清洗 → 轧胚 → 蒸炒 → 预榨 → 浸出

根据原料含油率的不同，确定是否采用一次浸出或预榨浸出。如上所述，油菜籽、棉籽仁都属于高含油原料，故应采用预榨浸出工艺。而大豆的含油量较低，则应采用一次浸出工艺：

大豆 → 清洗 → 破碎 → 软化 → 轧胚 → 干燥 → 浸出

（2）根据对产品和副产品的要求进行选择　对产品和副产品的要求不同，工艺条件也应随之改变，如同样是加工大豆，大豆粕用于提取蛋白粉，就要求大豆脱皮，以减少粗纤维的含量，相对提高蛋白质含量，工艺流程如下：

大豆 → 清选 → 干燥 → 调温 → 破碎 → 脱皮 → 软化 → 轧胚 →

浸出 → 豆粕 → 烘烤 → 冷却 → 粉碎 → 高蛋白大豆粉

（3）根据生产能力进行选择　生产能力大的油厂，有条件选择较复杂的工艺和较先进的设备；生产能力小的油厂，可选择比较简单的工艺和设备。如日处理能力50t以上的浸出车间可考虑采用石蜡油尾气吸收装置和冷冻尾气回收溶剂装置。

3. 浸出制油的一般工艺及关键参数

从浸出法制油的原理及上述各种浸出工艺可以看出，浸出制油的一般工艺如下：

油料 → 预处理 → 油脂浸出 → 湿粕脱溶 → 混合油蒸发和汽提 → 溶剂回收

（1）油料预处理　经过前面所述预处理操作后的料坯，如蒸炒后的料坯、挤压膨化料坯和预榨料坯等，可以直接输送至浸出容器中。作为直接浸出的油料生坯、预榨浸出的油料预榨饼、膨化浸出的油料颗粒等的性质由于处理技术和方法不同，油脂在油料中存在的状态和形式不同，往往在工艺加工过程中要经过一定程度的处理。如生坯进行烘干，控制浸出油料的水分；榨机出饼经过破碎变成适宜浸出的饼块，方可进行浸出；膨化颗粒应进行温度和水分的调节。

（2）油脂浸出　浸出工序是植物油料浸出工艺中最重要的工艺过程。不同油料或相同油料生产目的不同时，浸出工艺参数和所选择的溶剂不同。生产手段和生产规模是浸出过程中选择浸出设备的主要依据，油料浸出的深度和浸出效率取决于油脂在油料结构中存在的状态，油脂在物料中的状态取决于油料预处理方法。油脂浸出时需要控制好操作温度和时间，经预处理后的料坯送入浸出设备完成油脂萃取分离的任务，经油脂浸出工序分别获得混合油和湿粕。

（3）湿粕脱溶　从浸出设备排出的湿粕，一般含有25%～35%的溶剂，必须进行脱溶处理才能获得质量合格的成品粕。湿粕脱溶通常采用加热解吸方法，使溶剂受热汽化与粕分离，生产中称为湿粕蒸烘。湿粕蒸烘一般采用间接蒸汽加热，同时结合直接蒸汽负压搅拌等措施，促进湿粕脱溶。湿粕脱溶过程中要根据粕的用途来调节脱溶的方法及条件，保证粕的质量。如要求生产大豆分离蛋白产品时，需采用低温脱溶豆粕，可以采用减压蒸发以实现在较低温度下蒸发溶剂，保证大豆蛋白不发生变性。油料在蒸脱层停留时间不小于30min；蒸脱机气相温度为74～80℃；蒸脱机粕出口温度，高温粕不低于105℃，低温粕不高于80℃。带冷却层蒸脱机（DTDC）粕出口温度不超过环境温度10℃。经过处理后，粕中水分不超过8.0%～9.0%，残留溶剂量不超过0.07%。

（4）混合油蒸发和汽提　从浸出设备排出的混合油中含有溶剂、油脂、非油物质等组分，混合油经蒸发和汽提，从混合油分离出溶剂而获得浸出毛油。混合油蒸发是利用油脂与溶剂的沸点不同，将混合油加热至沸点温度，使溶剂汽化与油脂分离。混合油沸点随油脂浓度增加而提高，相同浓度的混合油沸点随蒸发操作压力降低而降低。混合油蒸发可以采用二次蒸发法：

第一次蒸发使混合油浓度由 20% ～25% 提高到 60% ～70% ，第二次蒸发使混合油浓度达到 90% ～95% 。

混合油汽提是指混合油的水蒸气蒸馏。混合油汽提能使高浓度混合油的沸点降低，从而使混合油中残留的少量溶剂在较低温度下尽可能地完全脱除。混合油汽提一般在负压条件下进行油脂脱溶，毛油品质更优。为了保证混合油气提效果，用于汽提的水蒸气必须是干蒸汽，避免油脂直接与蒸汽中的水接触，造成混合油中磷脂沉淀，影响汽提设备正常工作，同时可以减少汽提液泛现象。

溶剂回收在油脂浸出过程中，所用溶剂都需循环使用。溶剂回收是浸出生产中的一个重要工序，它直接关系到生产的成本和经济效益，浸出毛油和粕的质量，生产过程安全，废气、废水对环境的污染以及车间的工作条件等。油脂浸出生产过程中的溶剂回收包括溶剂气体冷凝和冷却、溶剂和水分离、废水中溶剂回收、废气中溶剂回收等。由湿粕蒸脱机、混合油蒸发器、汽提塔、蒸煮罐等设备排出的溶剂气体，通常采用冷凝器进行冷凝回收，一般经冷凝后的冷凝液需经分水处理后方可进行循环使用。

（四）　影响浸出制油的因素

1. 料坯和预榨饼性质

料坯和预榨饼性质主要取决于料坯结构和料坯入浸水分。料坯结构应均匀一致，料坯细胞组织应最大限度被破坏且具有较大孔隙度，以保证油脂能向溶剂迅速扩散。料坯应具有必要的机械性能，容重和粉末度小，外部多孔性好，以保证混合油和溶剂在料层中有良好渗透性和排泄性，提高浸出速率和减少湿粕含溶。

料坯水分应适当。料坯入浸水分太高会使溶剂对油脂溶解度降低，溶剂对料层渗透发生困难，同时会使料坯或预榨饼在浸出器内结块膨胀，造成浸出后出粕困难。料坯入浸水分太低，会影响料坯结构强度，从而产生过多粉末，同样削弱溶剂对料层的渗透性，增加混合油含粕末量。物料最佳入浸水分含量取决于被加工原料特性和浸出设备形式，一般认为料坯入浸水分应低一些为好。

采用油料膨化工艺进行前处理，经膨化后油料具有细胞组织最大限度被破坏，料坯机械性能好，容重大，粉末度小，多孔性好等特点，非常利于浸出。

2. 浸出温度

浸出温度对浸出速度有很大影响。提高浸出温度，增强分子热运动，促进扩散作用，油脂和溶剂黏度减少，因而提高浸出速度。但浸出温度过高，会造成浸出器内汽化溶剂量增多，油脂浸出困难，压力增高，溶剂损耗增大，同时浸出毛油中非油物质量增多。一般浸出温度控制在低于溶剂馏程初沸点 5℃，如采用 6 号轻汽油，浸出温度为 50～55℃。若有条件的话，也可在接近溶剂沸点温度下浸出，以提高浸出速度。

3. 浸出时间

根据油脂与物料的结合形式，浸出过程在时间上可分为两个阶段：第一阶段提取位于料坯内外表面游离油脂；第二阶段提取未破坏细胞和结合态油脂。浸出时间应保证油脂分子有足够时间扩散到溶剂中去；但随浸出时间延长，粕残油降低已很缓慢，且浸出毛油中非油物质含量增加，浸出设备处理量也相应减小。因此，浸出时间过长并不经济。在实际生产中，应在保证粕残油量达到指标情况下，尽量缩短浸出时间，一般为 90～120min；在料坯性能和其他操作条件理想的情况下，浸出时间可缩短为 60min。

4. 料层高度

料层高度影响浸出设备的利用率及浸出效果。料层提高，对同一套而言，使浸出设备生产能力提高，同时料层对混合油自过滤作用也好，混合油中含粕沫量减少，混合油浓度也较高。但料层太高，溶剂和混合油渗透、滴干性能会受到影响。高料层浸出要求料坯机械强度要高，不易粉碎，且可压缩性小。一般来说，应在保证良好效果前提下，尽量提高料层高度。

5. 溶剂比和混合油浓度

浸出溶剂比是指使用溶剂与所浸料坯质量之比。溶剂比越大，浓度差越大，对提高浸出速率和降低粕残油量越有利；但混合油浓度会随之降低，混合油浓度太低，增大溶剂回收工序工作量。溶剂比太小，达不到或部分达不到浸出效果，而使干粕中残油量增加。若干粕中残油降得太低，则将会增加毛油中一些伴随物含量，加大精炼难度和损耗，得不偿失。因此，要控制适当溶剂比，以保证足够浓度差和一定粕中残油率。对于一般料坯浸出，溶剂比多选用为 $(0.8 \sim 1):1$。混合油质量分数要求达到 18% ~ 25%。对于料坯膨化浸出，溶剂比可降为 $(0.5 \sim 0.6):1$，混合油浓度可更高。入浸料坯含油 18% 以上，混合油浓度不小于 20%；入浸料坯含油大于 10%，混合油浓度不小于 15%；入浸料坯含油大于 5% 而小于 10%，混合油浓度不小于 10%。

6. 沥干时间和湿粕含溶量

料坯经浸出后，尚有一部分溶剂（或稀混合油）残留在湿粕中，须经蒸烘操作将这部分溶剂回收。为减轻蒸烘设备负荷，往往在浸出器内要有一定时间让溶剂（或稀混合油）尽可能与粕分离，这种使溶剂与粕分离所需时间，称为沥干时间。生产中，在尽可能减少湿粕含溶量前提下，尽量缩短沥干时间。沥干时间按浸出所用原料而定，一般为 15 ~ 25min。

综上所述，油脂浸出过程能否顺利进行由许多因素决定，而这些因素又错综复杂、相互影响。在浸出生产过程中需要辩证地掌握这些因素并很好地加以运用，提高浸出生产效率和产品品质，降低粕中残油。

三、 超临界流体萃取法

超临界流体指的是物体处于其临界温度和临界压力以上状态时，向该状态气体加压，气体不会液化，只是密度增大，具有类似液体的性质，同时还保留气体性能。利用超临界流体来溶解和分离物质的技术称之为超临界流体萃取技术。超临界流体萃取技术综合了"蒸馏"和"液 – 液萃取"两个化工单元操作的优点，是一种非常独特的分离工艺，在医药工业、化学工业、石油工业、食品工业、日用品工业等领域中都得到了不同程度的应用。此处有关超临界流体萃取技术只简单讨论超临界流体特性、萃取原理、萃取工艺，以及在植物油制取中的应用。

（一）超临界流体基本性质

在相图上，气液平衡线的终点——临界点对应的温度和压力即临界温度 (T_c) 和临界压力 (P_c)（图 5 – 5）。临界点处气相和液相差别消失。温度和压力高于 T_c 和 P_c 的状态称超临界状态。此时，该物质成为既非液态又非气态的单一相，称为超临界流体。超临界流体的相区在图的右上方，气液两相共存线自三相点（B）延伸到临界点（C）。超过临界点，气体不再因压缩而液化。当温度、压力均大于 T_c 和 P_c 时，便进入了超临界区。超临界流体的性质介于液相与气相之间，其密度和溶解能力类似液体，而迁移性和传质性类似于可压缩气体（表 5 – 6）。

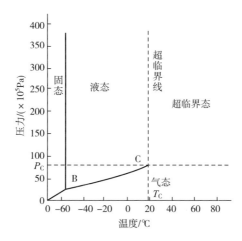

图 5 - 5　二氧化碳的相平衡图

表 5 - 6　　　　　　　　　　　气体、超临界流体和液体物质的性质

状态	密度/（g/cm³）	黏度/（Pa·s）	扩散系数/（cm²/s）
气体	$(0.6 \sim 2.0) \times 10^{-3}$	$0.05 \sim 0.35$	$0.01 \sim 10.00$
超临界流体	$0.2 \sim 0.9$	$0.20 \sim 0.99$	$(0.5 \sim 3.3) \times 10^{-4}$
液体	$0.8 \sim 1.0$	$3.00 \sim 24.00$	$(0.5 \sim 2.0) \times 10^{-5}$

（二）超临界流体萃取原理

溶质在超临界流体中的溶解度，随压力和温度的变化有明显改变，特别是在临界点附近 $0.9 < T_r < 1.2$、$1.0 < P_r < 3.0$（$P_r = P/P_C$，$T_r = T/T_C$，分别为对比压力和对比温度）的区域内，温度和压力的微小变化导致流体密度的极大变化，从而可相当大地改变溶质的溶解度。实际萃取分离过程中，将超临界流体与待预处理的油料相互接触，使其有选择性地依次将溶解度大小、沸点高低、分子质量大小不同的成分萃取出来，超临界流体的密度和介电常数将随着密闭体系压力的增加而增加，利用程序升压可将不同极性的分子逐步提取。当然，对应各压力范围内所得的萃取物不可能是单一的，但可以通过控制温度、压力等条件而得到最佳比例的混合成分，之后再借助减压、升温等方法使超临界流体转变为普通气体，被萃取物质成分则自动析出从而实现分离提纯的目的。实际上，萃取过程和分离过程在同一工艺过程中实现。

（三）超临界流体的种类和技术优点

用作萃取剂的超临界流体应具备以下条件：化学性质稳定，对设备没有腐蚀性，不与萃取物发生反应。临界温度应接近常温或操作温度，不宜太高或太低。操作温度应低于被萃取溶质的分解变质温度。临界压力低，以节省动力费用。对被萃取物的选择性高（容易得到纯产品）。纯度高，溶解性能好，以减少溶剂循环用量。货源充足，价格便宜，无毒。到目前为止，在植物油萃取中应用最广泛的超临界流体萃取剂是二氧化碳。

如果向溶质和超临界流体组成的二元体系中加入第三种组分，结果可以改变原来溶质的溶解度。例如，在 2×10^4 kPa 和 70℃ 条件下，棕榈酸在超临界二氧化碳中的溶解度是 0.25%；在同样条件下，于体系中加 10% 乙醇，溶解度可提高到 5.0% 以上。这些新加的组分还可有效改变超临界流体的选择性溶解作用。在超临界流体相平衡及萃取的研究中，通常将具有这些作用的物质称作夹带剂。寻求良好的夹带剂，对提高溶解度、改善选择性和增加收率、实现超临界流体的工业化生产起到关键作用。一般来说，具有很好溶解性能的溶剂，也往往是很好的夹带剂，例如甲醇、乙醇、丙酮、水等。

超临界二氧化碳萃取技术应用于植物油生产的优点：二氧化碳临界温度接近室温（31.1℃），特别适合热敏性物质的萃取分离，可防止热敏性物质的氧化和降解，使高沸点、低挥发度、易热解的物质远在其沸点之下萃取出来。二氧化碳的临界压力（7.38MPa）处于中等压力，对设备的要求不高，就目前工业水平，其临界状态一般易于达到。二氧化碳具有化学惰性、不燃、无毒、无味、无腐蚀性，且价格便宜、易于精制、易于回收等优点。二氧化碳超临界萃取无溶剂残留问题，属于环境无害工艺。超临界二氧化碳具有抗氧化灭菌作用，有利于保证产品的质量。超临界状态下二氧化碳能与众多非极性或弱极性的脂质相溶，而与大多数矿物无机盐、极性较强的物质（如糖、氨基酸、淀粉、蛋白质等）几乎不溶，在超临界二氧化碳萃取时它们就会留在萃取物中，从而实现对脂类的提取和分离。

（四）超临界流体萃取工艺

超临界流体萃取工艺是以超临界流体为溶剂，萃取所需成分，然后采用升温、降压或吸附等手段将溶剂与所萃取的组分分离。超临界流体萃取工艺主要由超临界流体萃取溶质和被萃取的溶质与超临界流体分离两部分组成。根据分离过程中萃取剂与溶质分离方式的不同，超临界流体萃取可分为 3 种工艺形式。

1. 恒压萃取法

从萃取器出来的萃取相在等压条件下，加热升温，进入分离器溶质分离。溶剂经冷却后回到萃取器循环使用。

2. 恒温萃取法

从萃取器出来的萃取相在等温条件下减压、膨胀，进入分离器溶质分离，溶剂经调压装置加压后再回到萃取器中。

3. 吸附萃取法

从萃取器出来的萃取相在等温等压条件下进入分离器，萃取相中的溶质由分离器中吸附剂吸附，溶剂再回到萃取器中循环使用。

四、水溶剂法

水溶剂法制油是根据油料特性、水、油物理化学性质的差异，以水为溶剂，采取一些加工技术将油脂提取出来的制油方法。根据制油原理及加工工艺的不同，水溶剂法制油有水代法制油、水溶法制油和水酶法制油三种。

（一）水代法制油

水代法是传统的制油工艺，有着悠久的历史。水代法是利用油料中非油成分对水和油的亲和力不同，以及油水之间的相对密度差，经过一系列工艺过程，将油脂和亲水性蛋白质和碳水化合物等分开的制油方法。水代法在许多制油工艺中，如芝麻油、花生油和玉米油等制取中有着广泛的应用。油料细胞中除含有油分外，还含有蛋白质、磷脂等，它们相互结合成胶状物，经过炒制，使可溶性蛋白质变性，成为不溶性蛋白质。当加水于炒熟磨细的芝麻酱中时，经过适当的搅动，水逐步渗入到芝麻酱中，油脂就被代替出来。

水代法制取小磨香油是我国所独有的制油工艺，以其绿色环保、安全无毒、产品品质优良为特色。水代法具有制取的油脂品质好、设备和生产工艺简单、投资少及生产规模灵活机动等优点，用机械或天然的方法，不用化学方法精炼、漂白和除臭，从而得到保留了更多的生物活性成分的一种天然油脂。

但这种制油方法与现代制油技术相比，具有明显的劣势：水代法与其他制油工艺相比，劳动强度大，得油率低（最高仅达47%～48%，最低只有31%～32%）；水代法工艺一般经过炒籽工序，温度过高，导致芝麻蛋白变性，麻渣中的蛋白质不仅品质差而且难分离利用，实用价值很低，麻渣水分含量过高，麻渣易发酵变质，副产物不能充分利用，造成污染；水代法工艺没有经过精炼，仅经过简单的静置沉淀，会产生大量的油脚，不仅影响着油的品质，同时大大降低了经济效益，增加生产成本，面临如何处理油脚的问题。

（二）水溶剂法

水剂法，也称水浸法，是利用水或稀碱液能溶解油料中可溶性蛋白质、糖类等的特性，继而调节溶液 pH 至蛋白质等电点后，进行沉淀、离心分离、喷雾干燥等步骤获得蛋白质与油脂的一种特殊方法。水剂法提取的油脂颜色浅、酸价低、品质好，无需精炼即可作为食用油。同时，可以获得变性程度较小的蛋白粉以及淀粉渣等产品。但是，水剂法在制油过程中对花生施加的机械剪切力和压延力不足以彻底破坏花生细胞因而导致出油率低、蛋白质得率低，且蛋白质产品中含有较高油脂（9%～10%），易氧化酸败，不便贮存。

水剂法制取花生油和花生蛋白的工艺流程如图 5-6 所示。

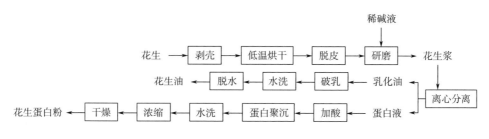

图 5-6　水剂法生产花生油和花生蛋白粉的工艺流程

（1）花生剥壳和脱皮　品质优良的花生经剥壳机剥壳后获得带有皮的花生仁，然后采用筛选的方法除去杂质，清理后的花生仁要求杂质 <0.1%。清理后的花生仁可以在远红外烘干设备中进行二次低温烘干，原料温度不超过 65℃，时间 2～3min，水分降至 5% 以下，有利于脱除花生红皮。烘干后的物料立即冷却至 40℃ 以下，然后经脱皮机脱皮，通常采用奢谷机脱除花生红皮。仁皮分离后要求花生仁含皮率 <2%。

（2）碾磨破坏细胞的组织结构　碾磨后固体颗粒细度在 10μm 以下，使其不至于形成稳定的乳化液，有利于分离。碾磨可用湿法研磨或干法研磨。湿法研磨：将花生仁按仁水比 1∶8 的质量比，在 30℃ 温水中浸泡 1.5～2h，然后直接用磨浆机或电动石磨磨成花生浆。磨后的浆状液以油为主体，其悬浮液不会乳化。

（3）浸取　利用水将料浆中的油与蛋白质提取出来，要求油和蛋白质充分进入溶液，不使它们在浸取过程中形成稳定的乳状液，以免分离困难。浸取采用稀碱液，因为蛋白质在碱性条件下易溶解，同时碱性环境能起到一定的防腐和防乳化作用。干法研磨浸取时固液比为

1：8，调节 pH 至 8 ~ 8.5，浸取温度 62 ~ 65℃。浸出设备一般采用带搅拌的立式浸出罐，浸取过程中不断搅拌以利于蛋白质充分溶解。浸取时间 30 ~ 60min，保温 2 ~ 3h，上层为乳状油，下层为蛋白液。

（4）分离蛋白浆与残渣的混合液　凡固液分离（如残渣和蛋白浆）选用卧式螺旋离心机，而液体分离（如油与蛋白溶液）则选用管式超速离心机或碟片式离心机效果较好。选用新型高效的三相（蛋白浆、油与残渣）自清理碟式离心机可以减少分离工序设备与降低损失。

（5）破乳　破乳浸取分离出的乳状油含水分24% ~ 30%，蛋白质1%，很难用加热法去除水分，因而破乳工序十分必要。破乳的方法以机械法最为简单。将乳状油加盐酸调节 pH4 ~ 6，然后加热至 40 ~ 50℃，并剧烈搅拌而破乳，使蛋白质沉淀，水被分离出来。再用超高速离心机将清油与蛋白液分开。清油经水洗、加热及真空脱水后便可获得高质量的成品油。另外，酶法破乳也有一定效果，且分离出的油脂品质较高。

（三）水酶法

1. 水酶法制油原理和特点

（1）水酶法提取植物油的原理　植物油脂通常与蛋白质、碳水化合物等大分子结合构成脂蛋白、脂多糖复合体的形式集中在含油细胞中。用机械破碎法首先将油料组织细胞结构和油脂复合体破坏，再利用纤维素酶、果胶酶和蛋白酶等处理。纤维素酶、果胶酶可分别降解油料细胞壁的纤维素骨架和细胞间黏连，使油料细胞内油脂和蛋白质等有效成分充分游离，提高胞内物质提取率；蛋白酶可解除蛋白质大分子对油脂分子的束缚，提高油与蛋白质分离效果，降低蛋白质中残油率。

（2）水酶法制油的特点　水酶法制油工艺条件温和，其降解物一般不与提取物发生反应，可以很好地保护油脂中营养物质，尤其是蛋白质及胶质等可利用成分。

①水酶法制油的优点：与传统工艺相比，水酶法制油整个工艺过程都在较温和的条件下进行，即使原料的预处理加热也采用蒸煮，但与传统工艺的蒸炒相比，避免了对营养物质的破坏。与浸出法相比，不使用有机溶剂，工艺简单，采用酶降解的方法处理油料，减少了设备投资和对环境的污染，提高了工艺的经济性和安全性。水酶法在提取油脂的同时，能够将糖和可溶性蛋白等非油成分富集，得到营养丰富的酶解液，可以用来培养微生物或超滤浓缩后制成碳水化合物粉和低脂蛋白质粉，作为饲料配料和食品添加剂。水酶法制取的油脂，澄清透明，色泽好，油脂品质高，而抗营养因子因溶于水而得到去除，在得到油脂的同时还可以得到高生物学效价的无毒低变性蛋白，可以作为良好的食用蛋白资源，弥补油脂得率不高的缺陷。在生产过程中产生的废水与传统溶剂浸出法比较含有少量的有毒物质，化学需氧量值与生化耗氧量值分别比传统工艺低35% ~ 45%和75%，具有污染少、废弃物容易处理、能源消耗低等优点，符合"安全、绿色、高效"的生产要求。

②水酶法制油的缺点：比起传统的压榨和浸出制油方法，水酶法尚有未克服的缺点：酶的选择需要根据具体油料种类而定；酶的价格一般比较昂贵，其很难回收利用；酶的最佳作用条件需要严格控制；乳化现象的产生使得酶法出油率较低。

2. 水酶法制油工艺和影响因素

水酶法实际上是在水剂法制油工艺的基础上发展而来，其加工工艺也颇为相似，差异在于使用了各种酶对破碎以后的油料 - 水浆状物进行了酶解处理。在水酶法制油时，与制油效果密切相关的因素有油料的破碎程度、酶的种类和用量、破乳方法，以及酶解条件如 pH、温度和时间等。

（1）破碎程度 破碎程度会影响水酶法提油率的高低。一般油料破碎度越大，出油率越高；但并不是所有油料作物都是粒度越小越好，在合适的尺寸范围内，颗粒度越小酶解效果才会越好，反之则会使油料体系中的乳状液增多，从而降低了油脂提油率。不同油料细胞大小和细胞壁的厚度不同，在进行机械破碎时应考虑油料作物本身的细胞壁厚和细胞大小，如水分含量低的油料作物工艺颗粒大小要求在 0.75 ~ 1.0mm；水分含量高的油料作物要求颗粒大小要小于 0.2mm，有些物料（椰子、花生仁、芝麻等）则需要研磨成微粒（150 ~ 200 目）。因此，在水酶法制油的工艺中，考虑到诸多因素的影响和出油率的高低，找到油料的最佳破碎度是关键点。

（2）酶的种类和用量 油料作物中含有多种成分，而酶的高度专一性使得单一酶在酶解工艺中只能水解相应的产物，有很大限制性。一般认为油脂出油率和分离效果会随着酶浓度的增加而增加，但也应适当考虑油料作物的品种、含油率和制油方式等，须通过试验确定酶制剂的种类和酶用量。目前使用的酶有蛋白酶、淀粉酶、果胶酶以及纤维素酶、半纤维素酶等多种单一酶；而复合酶具有多种酶的生物活性，对细胞破壁能够产生协同作用，相比较单一酶来说效果更佳。通过预试验找到能够完全酶解油料作物的酶制剂混合使用效果更好。

（3）破乳方法 与水剂法制油一样，在油水分离时，也会因蛋白质的乳化性而产生较强的乳化现象，进而降低出油率或增加油中蛋白质的含量。水酶法制油工艺中形成的稳定乳状液是影响油脂和蛋白质提取率的主要因素，是制约水酶法提油工艺产业化的最大"瓶颈"。为了提高水酶法提油的提取率，乳状液的破乳工序成了提油过程中一项重要工艺。乳状液的破乳方法主要分为物理破乳、化学破乳和酶法破乳。物理破乳有加热破乳、微波辐照破乳、冷冻解冻破乳和离心破乳；化学破乳有有机溶剂破乳、无机盐破乳和 pH 破乳。在破乳过程中，物理破乳方法的破乳效果不是很明显，而化学破乳需要设备的投入，油脂中还容易残留有机溶剂，降低油脂的品质；采用酶法对乳状液进行破乳，破乳率相对较高，最高可达 95%。

（4）pH pH 是酶解工艺中的重要参数，对酶制剂的活力和油脂与蛋白质的分离、提取具有一定的影响。酶解过程中，对于单一的酶制剂有特定的最适 pH 范围，容易确定；而对于复合酶制剂，因为酶种类较多，影响因素多，最适 pH 的确定比较困难，需要在实际生产中通过试验进行优化。另外，在酶解工艺中，不能只考虑酶活力的最适 pH，还要考虑油与蛋白分离提取时的最适 pH，在两两影响因素间找到一个平衡点。

（5）温度 在酶解过程中温度对提油率的影响也很重要，温度过高过低都会使酶失去活力，降低反应速率，油和蛋白质的品质也会受到影响。酶解过程中的温度会因为油料作物和酶制剂的种类的不同而变化，大部分酶的水解温度为 40 ~ 55℃。在采用水酶法提取花生油的过程中，酶解温度在 37℃时的提油率要低于 40℃的提油率。因此，对于酶解温度也应通过优化实验确定。

（6）其他 提取过程中料液比的增加不仅有利于油水分离，而且减少了废水的排放。一般水酶法工艺提取的花生油固液比在 1:5 ~ 1:12。酶解时间也会影响油料作物的提油率。酶解时间过长会增加水相破乳的难度，时间太短会使油脂不能有效地酶解。酶解时间会由于油料作物种类和酶制剂的不同而有所变化，应从油脂的产油量、蛋白质的品质和回收率以及经济效益等多方面综合考虑确定最佳酶解时间。在整个工艺过程中是否有搅拌或搅拌速度大小、离心大小、添加剂的使用也会影响油的提取率。影响原油萃取效率的因素很多，需要在实际生产实践中根据具体条件进行试验分析。

虽然利用水酶法提取植物油与传统方法比较有很大的优越性，但目前仍存在许多问题，如乳化体系中油的回收在设备及技术上存在的问题很大程度上限制了水酶法提油技术的扩大应用，酶用量比较大，破乳效率不高，与实际工业化应用存在一定距离等。

第三节　植物油精炼

经压榨、浸出、水代法或水酶法得到的未经任何处理的植物油称为毛油。毛油中混有非脂成分，而这些非脂成分对于植物油的口感、稳定性、外观、营养性等品质有重要的影响。随着人们生活水平的提高，对食用油脂的品质的要求也逐步提高。通过对油脂进行精炼，可以除去油脂中所含杂质，使油脂获得良好的色泽和风味以及较为稳定的贮藏特性。油脂精炼是一个复杂的多种物理和化学过程的综合过程，能够对油脂中的杂质进行选择性地作用，使其与油脂主要组分结合减弱并从中分离出来。同时，最大限度地从油脂中分离出的杂质可以提高副产物的经济价值。

一、　毛油的组成情况和精炼目的

1. 组成情况

毛油的主要成分是混合脂肪酸甘油三酯，俗称中性油。此外，还含有数量不等的各类非甘油三酯成分，统称为油脂的杂质。油脂杂质一般分为机械杂质、水分、胶溶性杂质、脂溶性杂质、微量杂质等。

机械杂质指在制油或贮存过程中混入油中的泥沙、料坯粉末、饼渣、纤维、草屑及其他固态杂质。机械杂质的存在对毛油输送、贮存和后续精炼效果有不良影响，须及时除去。这类杂质不溶于油脂，可采用过滤、沉降等方法除去。

水分的存在，易与油脂形成油包水型（W/O）乳化体系，影响油脂透明度，使油脂颜色较深；产生异味，促进酸败，降低油脂的品质及使用价值，不利于其安全贮存，工业上常采用常压或减压加热法除去，但以减压法最好。

胶溶性杂质以极小的微粒状态分散在油中，尺寸一般在 $1nm \sim 0.1\mu m$，与油一起形成胶体溶液，主要包括磷脂、蛋白质、糖类、树脂和黏液物等，其中最主要的是磷脂。胶溶性杂质的存在状态易受水分、温度及电解质的影响而改变其在油中的存在状态，生产中常采用水化、加入电解质进行酸炼或碱炼的方法将其从油中除去。

磷脂是一类结构和理化性质与油脂相似的类脂物。油料种子中呈游离态的磷脂较少，大部分与碳水化合物、蛋白质等组成复合物，呈交替状态存在于植物油料种子内，在取油过程中伴随油脂溶出。在毛油中的含量除了与油料品种有关外，还与取油方式有关。几种植物毛油中磷脂含量如表 5 - 7 所示。虽然磷脂是一类营养价值较高的物质，但混入油中会使油色变深暗、浑浊；磷脂遇热会焦化发苦，吸收水分促使油脂酸败，影响油品的质量和利用。

表5-7　　　　　　　　　　几种植物毛油中磷脂含量　　　　　　　　单位:%

植物油	磷脂含量	植物油	磷脂含量	植物油	磷脂含量
大豆油	1.0~3.0	芝麻油	0.1~0.5	红花籽油	0.4~0.6
菜籽油	0.8~2.5	米糠油	0.5~1.0	葵花籽油	0.2~1.5
芝麻油	0.7~1.8	玉米油	1.0~2.0	小麦胚芽油	0.1~2.0
花生油	0.3~1.5	亚麻籽油	0.1~0.4		

脂溶性杂质主要有游离脂肪酸、色素、甾醇、生育酚、烃类、蜡、酮，还有微量金属和由于环境污染带来的有机磷、汞、多环芳烃、黄曲霉毒素等。游离脂肪酸的存在，会影响油品的风味和食用价值，促使油脂酸败。生产上常采用碱炼、蒸馏的方法将其从油脂中除去。

色素能使油脂带较深的颜色，影响油的外观，可采用吸附脱色的方法将其从油中除去。某些油脂中还含有一些特殊成分，如棉籽油中含棉酚，菜籽油中含芥子苷分解产物等，它们不仅影响油品质量，还危害人体健康，也须在精炼过程中除去。

微量杂质主要包括微量金属、农药、多环芳烃、黄曲霉毒素等，虽然它们在油中的含量极微，但对人体有一定毒性，因此须从油中除去。

油脂中的杂质并非对人体都有害，如生育酚和甾醇都是营养价值很高的物质。生育酚是合成生理激素的母体，有延迟人体细胞衰老、保持青春等作用，它还是很好的天然抗氧化剂；不仅可以防止油脂的自动氧化，还对光氧化有较好的延缓作用。甾醇在光的作用下能合成多种维生素D，能够抑制胆固醇的合成。

2. 油脂精炼目的和方法

油脂精炼通常是指对毛油进行精制，因为毛油中杂质的存在，不仅影响油脂的食用价值和安全保藏而且给深加工也带来困难。但是精炼时，又并不是将毛油中的非油成分全部除去，而是将其中对食用、保藏、工业生产等有害无益的杂质除去，如棉酚、蛋白质、磷脂、黏液等，而有益的杂质，如生育酚、甾醇等需要保留。因此，油脂精炼的目的是根据不同的用途与要求，除去油脂中的有害成分，并尽量减少中性油和有益成分的损失，得到符合一定质量标准的成品油。

根据操作要点和所选用的原料，油脂精炼的方法大致可以分为机械法、化学法和物理化学法，如表5-8所示。

表5-8　　　　　　　　　　油脂精炼常见方法

机械法	化学法	物理化学法
沉淀	酸炼	水化（脱胶）
		中和（脱酸）
过滤	酯化	吸附（脱色）
		冷冻（脱蜡、硬脂）
离心分离	氧化还原（脱色）	蒸馏（脱臭）
		液液萃取
		混合油精炼

在实际生产过程中，一种方法往往是不能达到预期的精炼效果或者与其他精炼方法密不可分。如碱炼是典型的化学法，然而，中和反应产生的皂脚能够吸附色素、黏液和蛋白质等，从而一起脱除。即碱炼时伴随着物理化学过程。油脂精炼是比较复杂而具有灵活性的单元操作，必须根据油脂精炼的目的，兼顾技术条件和经济效益，选择合适的精炼方法。

油脂精炼技术是将上述精炼方法有机结合，实现油脂品质的提升的过程。大体可分为化学精炼与物理精炼两大类方法。油脂的化学精炼是指精炼过程中采用了化学精炼方法，如碱炼脱酸；而物理精炼则是指在精炼过程中只用到纯物理的精炼方法，如图 5-7 所示。在化学精炼时，因为脱胶之后伴随的脱酸工序可以进一步将残余磷脂等胶质去除，在化学精炼中脱胶工序后磷脂等物质允许有一定的残留量；但在物理精炼过程中，如果脱胶后的磷脂残留量超标，往往在其后工序中很难完全去除，会影响最终产品的风味和氧化稳定性。相对化学精炼，物理精炼方法虽然无需脱酸，可减少废弃物的产生，有利于环境保护，但其对脱胶效果要求极高。

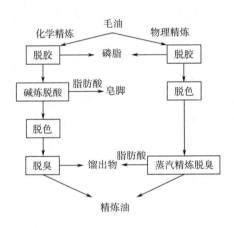

图 5-7 物理精炼和化学精炼的区别

二、 毛油的初级处理

毛油经过简单的油渣分离后仍混有料坯粉末、饼渣粗屑、泥沙、纤维等杂质。这些杂质粒度在 0.5 ~ 100μm，在油体中形成悬浮体系，也称为悬浮杂质。这些悬浮杂质的存在会促使油脂水解酸败，在精炼加工中容易造成设备管路堵塞、在水化脱胶或碱炼脱酸时造成过度乳化。悬浮杂质的去除是必不可少的环节。毛油的初级处理则是针对这些悬浮杂质的去除，主要包括沉降、过滤和离心分离。

利用油脂和杂质间的相对密度不同并借助重力将它们自然分开的方法称为沉降法，所用设备简单，凡能存油的容器均可利用。然而，毛油中都有以细粒子、大粒子密聚体以及细分散的悬浮体出现，因油的黏度较高，使得这些粒子和悬浮液在自然情况下根本无法自动沉淀。这种方法沉降时间长、效率低，生产实践中已很少采用。澄清法则是利用重力场的重力去分离毛油中的杂质，沉降过程稳定地自动进行。沉降设备有沉降池、暂存罐、澄油箱等，国内目前已有油脂加工企业在油脂初步精炼流程中应用沉降塔或连续沉降罐等设备，效果显著。

借助重力、压力、真空等外力的作用，在一定温度条件下使用滤布过滤的方法统称为过滤法。过滤是提高油脂得率并最大限度地保留有经济价值的伴随物必不可少的工艺环节。必须充分了解被过滤物质的性质，有针对性地配置过滤设备和工艺方案，才能使过滤工艺实现稳定、高效。被过滤的混合物（滤渣）通常可分为非压滤和压滤两类：非压滤滤渣的疏松性在压差高时不会减少，而压滤滤渣在同等条件下却反而会减少。由此可见，滤渣的液相流体阻力会随着压差增加而增加。增加压力是提高过滤速度的有效途径。过滤时，过分增加压力既受设备结构的限制，又受已分离粒子的渗漏等因素的影响，以免劣化滤液质量。过滤设备包括厢式压滤机、板框式压滤机、叶片过滤机和圆盘过滤机。

利用离心力的作用进行过滤分离或沉降分离油渣的方法称为离心分离法。离心场对多相物质分离的作用力大于重力场，效率明显提高。当然，作用力的大小还取决于分离机械的性能及被分离体系的相行为。离心设备的选型是关键。在几乎相同的条件下，不同型号标准的离心机分离作用差异很大，有的离心机只能分离悬浮液；而有的虽能对乳化、黏度较高、分散细的悬浮液进行分离，但却无法清除沉淀物。根据分离系数与旋转数的平方和旋转的半径成正比的定律可知，分离系数是离心机性能最重要的特性。因而，要根据精炼工艺的目标来选用离心设备。常用的离心分离设备包括卧式螺旋卸料沉降式离心机和 CYL 型离心分渣筛，离心分离效果好，生产连续化，处理能力大，而且滤渣中含油少，但设备成本较高。

三、脱　胶

脱胶是指脱除毛油中的胶溶性杂质的工艺过程。因毛油中胶溶性杂质主要是磷脂，生产上常把脱胶称为脱磷。在碱炼前先除去胶溶性杂质可以减少中性油的损耗，提高碱炼油的质量，节约用碱量。脱胶的方法较多，包括水化法、酸炼法、吸附法、热聚法、酶法和膜法等。生产上使用较多的是水化法脱胶和酸炼脱胶。

（一）水化法脱胶

1. 水化法脱胶原理

水化脱胶是利用磷脂等胶溶性杂质的亲水性，把一定数量的水或电解质稀溶液在搅拌下加入毛油中，使其中的胶溶性杂质吸水膨胀，凝聚并被分离除去的一种脱胶方法。在水化脱胶过程中，能被凝聚沉降的物质以磷脂为主，以及与磷脂结合在一起的蛋白质、黏液物和微量金属离子等。水化脱胶的原理在于胶体体系的分散性与不稳定性，以及毛油中胶溶性杂质的胶体性。胶体体系的分散性与不稳定性是胶体体系的基本特性，与体系中所含胶粒的比表面积或粒子大小等有关。

毛油中的磷脂是多种含磷类脂的混合物，主要有卵磷脂和脑磷脂。磷脂分子比油脂分子中的极性基团多，属于双亲性的聚集胶体，既有酸性基团，也有碱性基团，磷脂分子能够以游离羟基式和内盐式的形式存在，如图 5-8 所示。

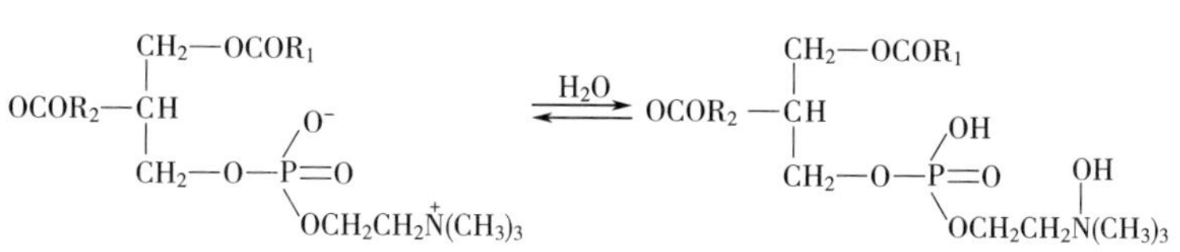

图 5-8　磷脂分子在胶体体系中的存在形式

当毛油中水很少时，磷脂以内盐结构存在，这时极性很弱，能溶解于油中；毛油中有一定数量水时，水分就能与磷脂分子中的成盐原子结合，以游离羟基式结构存在。当水分散成小滴加入油中时，磷脂分子便在水滴和油的界面上形成定向排列，疏水的长碳氢链留在油相，亲水的极性基团则投入水相。磷脂具有强烈的吸水性，其极性基团会结合相当数量的水，水分子会渗入极性基团邻近的亚甲基周围，以及进入两个磷脂分子之间。水分子的进入并没有破坏磷脂分子的结构，只是引起磷脂的膨胀。在水的作用下，磷脂分子可电离成既带正电荷又带负电荷的两性离子，磷脂不再以单分子分散在油相中，而是以多分子聚集体——胶粒分散在油中，并且疏水基聚集在胶粒内部，亲水基朝向外部，胶粒表现为亲水性而从油体中析出。如果水化时加入的是电解质的稀溶液，由于电介质能电离出较多的正离子，使表面双电子层的厚度受到压缩，这样就降低了动电位，胶粒间的排斥力减弱，因此电解质的加入有利于胶粒的凝聚。电解质浓度越高，凝聚作用越显著。

在水化时，在水、加热、搅拌等联合作用下，磷脂胶粒逐渐合并、长大，最后絮凝成大胶团。胶团因密度比油体大而发生沉降，可以采用自然沉降或离心的方式进行分离。胶团内部疏水基之间持有一定数量的油脂，当磷脂与油脂比例为 7：3 时，油脂、水、磷脂结合力最强，须通过其他适当的方法克服。

2. 影响水化法脱胶效果的因素

影响水化法脱胶的因素主要有操作温度、加水量、混合强度、作用时间、电解质和原料油的质量。

（1）操作温度　将胶体分散相在一定条件下开始凝聚时的温度，称为胶体分散相凝聚的临界温度。只有当体系的温度等于或低于该温度时，胶体才能凝聚。临界温度与分散相质点粒度有关，质点粒度越大，质点吸引圈也越大，凝聚温度也越高。毛油中胶体分散相的质点粒度随水化程度的加深而增大；胶体分散相吸水越多，凝聚临界温度越高。毛油水化脱胶过程中，温度必须与加水量相配合。工业生产中往往是先确定工艺操作温度，再根据毛油胶质含量计算加水量，最后再根据分散相水化凝聚情况，调整操作的最终温度。温度低，加水量少；温度高，加水量多。加水少，磷脂吸水少，胶粒小，密度小，因布朗运动所引起的扩散作用与沉降方向相反，使胶粒难以凝聚，即凝聚临界温度较低。操作温度必须相应降低，才能使油脂和磷脂实现较好的分离。加水多，磷脂吸水多，胶团大，容易凝聚，临界温度高，即在较高温度下磷脂也能凝聚析出。

加水的温度必须基本相同或略高于油温，以免油水温差悬殊，产生局部吸水不均而造成局部乳化。终温不能太高，不超过 85℃，因为高温油接触空气会降低油的品质。生产实践证明，加水水化后油温升高 10℃，有利于油与油脚的分离。

（2）加水量　水在脱胶过程中润湿磷脂分子，使磷脂由内盐式转变成水化式；使磷脂发生水化作用，改变凝聚临界温度；使其他亲水胶质吸水改变极化度；促使胶粒凝聚。加水及适量加水才能实现良好的脱胶效果。加水量（m）与粗油胶质含量（w）有如下关系：低温水化（20～30℃），$m = (0.5～1) w$；中温水化（60～65℃），$m = (2～3) w$；高温水化（85～95℃），$m = (3～3.5) w$。

在相同温度下，间歇式脱胶工艺加水量较多，连续式脱胶加水量较少。

（3）混合强度和作用时间　在加入水后，需要对油水两相进行混合；在混合时，要求水分在油相中能分散均匀，又不能形成稳定的 W/O 型或 O/W 型乳化体系。在低温下胶质水化速度慢，过度搅拌会使较快完成水化的那部分胶质在大量水存在的情况下形成 O/W 型乳化，从而导致分离困难。连续式水化脱胶的混合时间短，可适当提高搅拌速度。间歇式水化脱胶时，混合强度要求较高，搅拌速度以 60～70r/min 为宜；随着水化的进行，混合强度应逐渐降低，到水化结束时，搅拌速度控制在 30r/min 为宜。

水化脱胶过程中，由于水化作用发生在油水界面上，加之胶体分散相各组分性质上的差异，因此胶质从开始润湿到完成水化，需要一定时间。在一定混合强度下，给予充分作用时间十分必要。在连续式脱胶工艺中，油水快速混合后，一般经过另一设备絮凝一段时间才能进入离心机分离。间歇脱胶中，加水后必须继续搅拌，直到胶粒开始长大，然后升高终温，促进胶团聚集。当油中胶体杂质较少时，胶粒絮凝较慢，应适当延长水化时间。

（4）电解质　对于胶质物中分子结构对称而不亲水的部分 β - 磷脂、钙、镁复盐式磷脂、蛋白降解产物等物质，同水发生水合作用而成为被水包围着的水膜颗粒，具有较大的电斥性，导致水化时不易凝聚。对这类分散相胶粒，应添加食盐、明矾、硅酸钠、磷酸、氢氧化钠等电解质或电解质的稀溶液，中和电荷，促进凝聚。电解质的选用需根据毛油品质、脱胶油质量、水化工艺或操作情况而定。实际生产中一般采用食盐作为水化电解质。在间歇水化中，常加食盐或食盐的热水溶液，加盐量为油重的 0.5%～1%，并且往往在乳化时才加。连续脱胶时常按油量的 0.05%～0.2% 添加磷酸（浓度为 85%），可以大大提高脱胶效果。

（5）原料油质量　用未完全成熟或变质油料制取的毛油，脱胶比较困难，胶质难以脱净。制油过程中，使用没有蒸炒好的油料的脱胶也较困难。另外，原料油本身含水量过大，难以准确确定加水量，水化效果难以控制。原料油含饼末量过多，一定要过滤后再进行水化，否则因机械杂质含量过多，会导致乳化或油脚含中性油脂过高。

3. 水化法脱胶工艺

水化工艺可简单分为间歇式和连续式两种。前者适用于规模较小或优质品种更换频繁的企业；后者适用于生产规模较大的企业。间歇式脱胶的一般工艺如图 5-9 所示。

图 5-9　间歇式水化工艺流程

水化过程中根据温度高低可分为高温水化法、中温水化法和低温水化法。高温水化法是将过滤毛油预热到较高温度进行水化的方法，温度一般为 75～80℃。高温水化的优点是回收油脂投资少，操作方便，处理费用低，能减轻油脚回收油的劳动强度，改善卫生条件；出油率增加 0.2%～0.3%，出粕率增加 0.5%～0.8%，提高粕的营养价值。缺点是回收油色较深，与浸出毛油混在一起，会加深毛油颜色，磷脂脚送入蒸烘机，会对蒸烘机的操作产生不利影响。中温水化是中小型油厂普遍采用的方法，与高温水化的区别在于加水量较少，为磷脂含量的 2～3 倍，水化温度一般为 50～60℃，静置时间较长，不少于 8h，以及要求严格的操作条件及控制。低温水化又称简易水化，温度一般为 20～30℃，加水量为毛油胶质含量的 0.5 倍，静置时间不少于 10h；缺点是操作周期长，油脚含油量高，处理过程复杂，只适用于规模较小的企业。

连续式水化是较为先进的脱胶工艺，水化和油脚分离连续进行。按照油 - 油脚分离设备不同，可分为离心分离和沉降分离两种。

（二）酸炼脱胶

传统水化脱胶仅可对水化磷脂有效，磷脂按其水化特性可分为可水化和非可水化两类。其中 α - 磷脂很容易水化，而 β - 磷脂则不易水化。另外，钙、镁、铁等磷脂复合物也不易水化。在正常情况下，非水化磷脂占胶体杂质总含量的 10%。在脱胶时，对这些非水化磷脂需要尤其重视。生产上可采用碱或酸处理除去 β - 磷脂，而磷脂金属复合物则必须采用酸处理才可除去。酸炼脱胶常采用的酸有硫酸和磷酸。

1. 硫酸脱胶

硫酸脱胶一般用于工业用油脂的精炼，如制取肥皂。浓硫酸具有强烈的脱水性，能把油脂胶质中的氢氧以 2∶1 的比例吸出而发生碳化现象，使胶质与油脂分开。浓硫酸也是一种强氧化剂，可使部分色素氧化而起到脱色作用。稀硫酸是强电解质，电离出的离子能中和胶质的电荷，使之聚集成大颗粒而沉降。稀硫酸还具有催化水解的作用，使磷脂发生水解而易于从油脂中去除。

2. 磷酸脱胶

食品中允许有微量的磷酸，所以磷酸可以用于油脂脱胶。磷酸可以除去某些非水化胶质，可以把 β - 磷脂和磷脂金属复合物转变成水化磷脂，从而降低油脂中胶质和微量金属的含量。菜籽毛油中含铁量 2.0mg/kg，采用磷酸处理后，可降至 0.77mg/kg；不用磷酸处理而仅采用常规水化，含铁量仅能降到 1.2mg/kg。大豆毛油含铁量 1.3mg/kg，经磷酸和水化处理后，含铁量可降至 0.2mg/kg。使叶绿素转化成色浅的脱镁叶绿素。磷酸处理也可以在一定程度上降低油脂的红色，使铁、酮等离子生成络合物钝化微量金属对油脂氧化的催化作用，增加油脂氧化稳定性，改善油脂风味。

四、脱　酸

毛油中含有一定量的游离脂肪酸，其含量与制油方式和油料质量有关。游离脂肪酸的存在会使得油脂不耐贮藏，尤其是在有水分或其他杂质存在的情况下，油脂更容易发生水解等化学反应，一些高度不饱和的脂肪酸甘油酯还容易发生氧化反应，散发出令人厌恶的异味，使油脂品质下降。脱除毛油中的游离脂肪酸的过程称为脱酸。脱酸的方法有碱炼、蒸馏、溶剂萃取及酯化等，在工业生产上应用最多的是碱炼法和水蒸气蒸馏法（即物理精炼法）。

（一）碱炼法脱酸

传统的脱酸方法是利用酸碱中和的原理，向油脂中加入一定量的碱，将游离脂肪酸中和。最常用的碱是氢氧化钠，相对于氢氧化钾便宜，也不会像碳酸钠一样发生中和反应时生成二氧化碳气体，影响油与皂的分离。但是采用氢氧化钠进行脱酸，所产生的皂脚和废水还需进一步处理，否则对环境影响较大。氢氧化钾虽相对于氢氧化钠售价高，但当以氢氧化钾代替氢氧化钠后，游离脂肪酸就变成了钾皂，将脱酸废水采用氨或氢氧化铵处理，就可以将废水转变成含 N - P - K 的液体营养肥料。目前，生产上普遍使用的还是氢氧化钠，俗称烧碱。

碱炼脱酸的过程：碱能中和毛油中绝大部分的游离脂肪酸，生成的脂肪酸钠盐（钠皂）在油中不易溶解，成为絮凝状物而沉降；中和生成的钠皂属于表面活性物质，吸附和吸收能力都较强，可将相当数量的其他杂质（如蛋白质、黏液质、色素、磷脂及含有羟基或酚基的物质）也带入沉降物内，甚至悬浮固体杂质也可被絮状皂团挟带下来。因此，碱炼本身具有脱酸、脱胶、脱固体杂质和脱色等综合作用；碱和少量甘三酯的皂化反应引起炼耗的增加。因此，必须选择最佳工艺操作条件，以获得成品的最高得率。

1. 基本原理

碱炼过程中发生的化学反应有以下几种类型（以氢氧化钠为例）：

（1）中和

$$RCOOH + NaOH \Longrightarrow RCOONa + H_2O$$

（2）不完全中和

$$2RCOOH + NaOH \Longrightarrow RCOONa \cdot RCOOH + H_2O$$

（3）水解

$$
\begin{array}{l}
CH_2-O-\overset{\overset{O}{\parallel}}{C}-R_1 \\
CH-O-\overset{\overset{O}{\parallel}}{C}-R_2 + H_2O \\
CH_2-O-\overset{\overset{O}{\parallel}}{C}-R_3
\end{array}
\Longrightarrow
\begin{array}{l}
CH_2-O-\overset{\overset{O}{\parallel}}{C}-R_1 \\
CH-O-\overset{\overset{O}{\parallel}}{C}-R_2 + R_3COOH \\
CH_2-OH
\end{array}
$$

（4）皂化

$$
\begin{array}{l}
CH_2-O-\overset{\overset{O}{\parallel}}{C}-R_1 \\
CH-O-\overset{\overset{O}{\parallel}}{C}-R_2 + 3NaOH \\
CH_2-O-\overset{\overset{O}{\parallel}}{C}-R_3
\end{array}
\Longrightarrow
\begin{array}{l}
CH_2-OH \\
CH-OH + R_1COONa + R_2COONa + R_3COONa \\
CH_2-OH
\end{array}
$$

影响碱炼反应速率的因素包括中和反应速率、非均态反应、相对运动、扩散作用和皂膜形成。

中和反应速率与油中游离脂肪酸的含量和碱液浓度有关。对于酸值不同的不同种类的油脂，当用同样浓度的碱液碱炼时，酸值高的比酸值低的油脂易于碱炼；对于同一批的油脂，可通过增大碱液浓度来提高碱炼速度。但是，碱液浓度并不能任意增大，因为碱液浓度越高，中性油被皂化的可能性也会增加；同时，碱液分散所形成的碱滴大，表面积小，从而影响界面反应速率。

脂肪酸是具有亲水和疏水基团的两性物质，当与碱液接触时，虽不能相互形成均态真溶液，但由于亲水基团的理化特性，脂肪酸亲水基团会定向围包在碱滴的表面，而进行界面化学反应。这种反应属于非均态化学反应，其反应速度取决于脂肪酸与碱液的接触面积。碱炼操作时，碱液浓度要适当稀一些，碱滴应分散细一些，使碱滴与脂肪酸有足够大的接触界面，以提高中和反应的速度。

碱炼中，中和反应速率还与游离脂肪酸和碱滴的相对运动速度有着密切的关系。在静止状态下，这种相对运动仅由游离脂肪酸中心、碱滴中心分别与接触界面之间的浓度差所引起，其值较小，意义不大；但在动态情况下，这种相对运动的速度对提高中和反应的速率，起着重要的作用。在运动状态下，除了浓度差推动相对运动外，还有机械搅拌所引起的游离脂肪酸、碱滴的强烈对流，从而增加它们彼此碰撞的机会，并促使反应产物迅速离开界面，加剧反应的进行。因此，碱炼一般都要配合剧烈的混合或搅拌。

中和反应在界面发生时，碱分子自碱滴中心向界面转移的过程属于扩散现象。反应生成的水和皂围包界面形成一层隔离脂肪酸与碱滴的皂膜，膜的厚度称之为扩散距离。碱分子扩散速率与毛油中的胶性杂质的多少有关，因毛油中胶性杂质会被碱炼过程中产生的皂膜吸附形成胶态离子膜，从而增加反应物分子的扩散距离，减少扩散速率。因此，碱炼前需要先进行有效的脱胶处理。

碱炼过程中，随着单分子皂膜在碱滴表面的形成，碱滴中的部分水分和反应产生的水分渗透到皂膜内，形成水化皂膜，使游离脂肪酸分子在其周围做定向排列（羟基向内，烃基向外）。被包围在皂膜里的碱滴，受浓度差的影响，不断扩散到水化皂膜的外层，继续与游离脂肪酸反应，使皂膜不断加厚，逐渐形成较稳定的胶态离子膜。同时，皂膜的烃基间分布着中性油分子。随着中和反应的不断进行，胶态离子膜不断吸收反应所产生的水而逐渐膨胀扩大，使自身结构松散。此时，胶膜里的碱滴因相对密度大，受重力影响，将胶粒拉长，在搅拌的情况下，因机械剪切力而与胶膜分离。分离出来的碱滴又与游离脂肪酸反应形成新的皂膜。如此周而复始地进行，直至碱耗完为止。

碱炼操作时须力求做到以下两点：增大碱液与游离脂肪酸的接触面积，缩短碱液与中性油的接触时间，降低中性油的损耗；调节碱滴在粗油中的下降速度，控制胶膜结构，避免生成厚的胶态离子膜，并使胶膜易于絮凝。

2. 影响碱炼法脱酸效果的因素

油脂碱炼是一个相当复杂的过程，为了获得良好的碱炼效果，需要选择最适宜的操作条件。影响碱炼效果的因素主要有碱及其用量、碱液浓度、操作温度、处理时间、混合与搅拌、杂质等。

（1）碱及其用量　油脂碱炼常见的碱包括氢氧化钠、氢氧化钾、氢氧化钙和碳酸钠，不同的碱在碱炼中有不同的工艺效果。氢氧化钠和氢氧化钾的碱性强，反应生成的皂能与油脂较好地分离，脱酸效果好，并且对油脂有较高的脱色能力；但存在皂化中性油的缺点，尤其是当碱液浓度高时，皂化更严重。氢氧化钙碱性较强，反应所生成的钙皂重，很容易与油分离，来源也很广，但它很容易皂化中性油，脱色能力差。碳酸钠碱性适宜，具有易与游离脂肪酸中和而不皂化中性油的特点；但反应过程中所产生的二氧化碳，会使皂脚松散而上浮于油面，造成分离困难。此外，它与油中其他杂质的作用很弱，脱色能力差，因此，很少单独应用于工业生产。

碱炼时，耗用的总碱量包括两个部分，一是用于中和游离脂肪酸的碱，通常称为理论碱，可通过计算求得。另一部分则是为了满足工艺要求而额外添加的碱，称为超量碱。超量碱需综合平衡诸影响因素，通过小样试验来确定。

理论碱量可按毛油的酸值或游离脂肪酸的百分含量进行计算。当游离脂肪酸含量以酸值表示时，则中和所需理论氢氧化钠量按式（5-1）计算。

$$m_{\text{NaOH,理}} = 7.13 \times 10^{-4} \times m_{\text{油}} \times \text{AV} \tag{5-1}$$

式中　$m_{\text{NaOH,理}}$——氢氧化钠的理论添加量，kg；

　　　$m_{\text{油}}$——毛油的质量，kg；

　　　AV——毛油酸值。

当游离脂肪酸以百分含量表示时，则中和所需理论氢氧化钠量按式（5-2）计算。

$$m_{\mathrm{NaOH},理} = m_油 \times \mathrm{FFA} \times \frac{40}{M}$$ (5-2)

式中　$m_{\mathrm{NaOH},理}$——氢氧化钠的理论添加量，kg；

　　　$m_油$——毛油的质量，kg；

　　　FFA——油脂中游离脂肪酸百分含量，%；

　　　M——脂肪酸的平均相对分子质量，一般取油脂中主要脂肪酸。

碱炼操作中，为了阻止逆向反应弥补理论碱量在分解和凝聚其他杂质、皂化中性油以及被皂膜包容所引起的消耗，需要超出理论碱量而额外增加一些碱量，这部分超加的碱称为超量碱。超量碱的确定直接影响碱炼效果。对于间歇式碱炼常以纯氢氧化钠占毛油量的百分数表示，选择范围一般为0.05%～0.25%，质量较差的毛油可控制在0.5%以内。对于连续式的碱炼工艺，超量碱则以占理论碱的百分数表示，选择范围一般为10%～50%，油、碱接触时间长的工艺应选取较低值。

（2）碱液浓度　油脂工业生产中，大多数企业使用碱溶液时，习惯采用波美度（°Bé）。适宜的碱液浓度是碱炼获得较好效果的重要因素之一。碱炼前进行小样试验时，应该用各种浓度不同的碱液作比较试验，以优选最适宜的碱液浓度。碱液浓度的确定一般与毛油酸值与脂肪酸组成、制油方式、中性油皂化损失、皂脚稠度、皂脚含油损耗、操作温度、毛油脱色程度等有关。粗油的酸值及色泽是决定碱液浓度的最主要的依据。粗油酸值高、色深的应选用浓碱；粗油酸值低、色浅的应选用淡碱。碱炼粗棉油通常采用12～22°Bé碱液。大豆油、亚麻油、菜籽油和鱼油宜采用较高浓度的碱液，椰子油、棕榈油等则宜采用较低的碱液浓度。

（3）操作温度　碱炼脱酸过程中的温度对碱炼效果影响较大，主要体现在碱炼的初温、终温和升温速度。初温是指加碱时的毛油温度；终温是指反应后油-皂粒呈现明显分离时，为促进皂粒凝聚加速与油分离而加热所达到的最终操作油温。当其他操作条件相同时，中性油被皂化的几率随操作温度的升高而增加。

碱炼温度与粗油品质、碱炼工艺及用碱浓度等有关。对于间歇式碱炼工艺，当毛油品质较好，选用低浓度的碱液碱炼时，可采用较高的操作温度；反之，操作温度要低些。中和反应过程中，最初产生W/O型乳浊液，为了避免转化成O/W型乳浊液以致形成油-皂不易分离的现象，反应过程中温度必须保持稳定和均匀。中和反应后，油-皂粒呈现明显分离时，加热在于破坏分散相（皂粒）的状态，释放皂粒的表面亲和力，吸附色素等杂质，并促进皂粒进一步絮凝成皂团，从而有利于油-皂分离。为了避免皂粒的胶溶和被吸附组分的解吸，加热到操作终温的速度越快越好。升温速率一般以1℃/min为宜。

（4）处理时间　处理时间对碱炼效果的影响体现在中性油皂化损失和综合脱杂效果上。当其他操作条件相同时，油、碱接触时间越长，中性油被皂化的几率越大。间歇式碱炼工艺中，由于油、皂分离时间长，故由中性油皂化所致的精炼损耗高于连续式碱炼工艺。综合脱杂效果是利用皂脚的吸收和吸附能力以及过量碱液对杂质的作用而实现。在综合平衡中性油皂化损失的前提下，适当地延长碱炼操作时间，有利于其他杂质的脱除和油色的改善。值得注意的是，碱炼操作中，适宜的操作时间需综合碱炼工艺、操作温度、碱量、碱液浓度以及粗、精油质量等因素加以选择。

（5）混合与搅拌　碱炼时，碱与游离脂肪酸的反应发生在碱滴表面上，碱滴分散越细，碱液总表面积越大，从而增加碱液与游离脂肪酸的接触机会，加快反应速度，缩短碱炼过程，有利于精炼率的提高。混合或搅拌不足，碱液无法形成足够的分散度，甚至会出现分层现象，而增加中性油皂化的几率。混合或搅拌的作用首先就在于使碱液在油相中出现高度的分散。为此，加碱时的混合或搅拌强度必须强烈。搅拌可以增强碱液与游离脂肪酸的相对运动，提高反应速率，并使反应生成的皂膜尽快地脱离碱滴。这一过程的混合或搅拌强度要温和些，以免在强烈混合下造成皂膜的过度分散而引起乳化现象。中和阶段的搅拌强度，应以不使已经分散的碱液重新聚集和引起乳化为度。在间歇式工艺中，中和反应之后，搅拌目的在于促进皂膜凝聚或絮凝，提高皂脚对色素等杂质的吸附效果。为避免皂团因搅拌而破裂，搅拌强度应该缓慢，一般以 15 ~ 30r/min 为宜。

（6）杂质的影响　毛油中除游离脂肪酸外，胶溶性杂质、羟基化合物和色素等对碱炼的效果有重要的影响。磷脂、蛋白质以影响胶态离子膜的结构而增大炼耗；甘一酯、甘二酯以其表面活性而促使碱炼产生持久乳化；棉酚及其他色素则由于带给油脂深的色泽，造成因脱色而增大中性油的皂化几率。碱液中的杂质对碱炼效果的影响也不容忽视。它们除了影响碱的计量之外，其中的钙、镁盐类在中和时会产生水不溶性的钙皂或镁皂，给洗涤操作增加困难。

3. 碱炼脱酸工艺

碱炼脱酸工艺也可以分为间歇式和连续式两种，间歇式工艺适宜于生产规模小或油脂品种更换频繁的企业，生产规模大的企业多采用连续式脱酸工艺。间歇式碱炼脱酸工艺如图 5 – 10 所示。

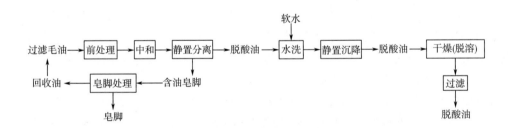

图 5 –10　间歇式碱炼脱酸工艺流程

间歇式碱炼脱酸按操作温度和用碱浓度分有高温淡碱、低温浓碱以及纯碱 – 烧碱工艺等。高温淡碱脱酸法是在推广高水分蒸胚制取棉油，通过长期科学实验和生产实践而总结出来的一种先进碱炼工艺。由于推广了高水分蒸胚，提高毛棉油的品质（胶质少、色泽浅），结合采用高温淡碱的碱炼操作，可以大大提高精炼率。低温浓碱工艺又称干法碱炼工艺，适用于酸值较高、色泽较深油品的精炼。浓碱有利于色泽的改善，低温控制了中性油的皂化损失。"湿法"碱炼即中和反应后添加一定量的软水或电解质溶液，冲淡过剩碱液，使皂脚吸水提高沉降速度或使皂脚稀释溶解呈皂浆而有利于油皂分离的工艺。"湿法"碱炼适宜于精炼酸值较高、杂质较少的油品。纯碱 – 烧碱脱酸法，即碱炼时先按理论碱量的 25% ~ 35% 添加纯碱（碳酸钠）溶液，除去部分游离脂肪酸后，再将剩余碱量改用烧碱溶液完成中和反应的一种碱炼方法。由于纯碱碱性较弱，不易皂化中性油，烧碱有较强的脱色能力，因而配合使用时，在操作技术不甚高的情况下，也能获得较好的精炼效果。

连续式碱炼是一种先进的碱炼工艺。该工艺的全部生产过程是连续进行的。工艺流程中的某些设备能够自动调节，操作简便，具有处理量大、精炼效率高、精炼费用低、环境卫生好、精炼油质量稳定、经济效益显著等优点，是目前国内外大中型企业普遍采用的先进工艺。

（二）　蒸馏法脱酸

蒸馏脱酸法也称物理精炼法，即粗油中的游离脂肪酸不是用碱类进行中和反应，而是借真空水蒸气蒸馏达到脱酸目的的一种精炼方法。目前为止，任何一种以碱中和脱酸的工艺，尽管各具有一定的优点，但共同的缺点是耗用辅助剂（碱、食盐、表面活性剂等）；一部分中性油不可避免地被皂化；废水污染环境；从副产品皂脚中回收脂肪酸时，需要经过复杂的加工环节（水解、蒸馏）；特别是用于高酸值粗油的精炼时，油脂炼耗大，经济效果欠佳。

在相同条件下，游离脂肪酸的蒸汽压远远大于甘三酯的蒸汽压，根据这一物理性质，利用它们在同温下的相对挥发性的不同进行分离。天然油脂多属于热敏性物质，在常压高温下稳定性差，往往当达到游离脂肪酸的沸点时，即已开始氧化分解。但是，当油脂中通入与油脂不相溶的惰性组分时，游离脂肪酸的沸点即会大幅度地降低。在真空条件下，采用水蒸气作辅助剂，即可在低于甘三酯热分解温度下脱除游离脂肪酸。蒸馏脱酸和油脂脱臭都是应用水蒸气蒸馏的原理进行的。

毛油品质及其预处理质量是物理精炼工艺的前提条件。酸败油脂由于天然抗氧剂的破坏，氧化中间产物复杂而影响产品的风味和稳定性。蒸馏脱酸适合于椰子油、棕榈油、动物油脂等低胶质油脂的精炼。毛油中非亲水性磷脂多为钙、镁、铁等金属离子的载体。它们的存在会导致产品色泽加深、透明度下降、风味和稳定性降低，甚至使脱酸、脱臭过程失败。因此，确保毛油品质和物理精炼预处理质量尤为重要。

另外，毛油脱酸的方法还包括酯化、液液萃取法、超临界萃取法、膜分离、分子蒸馏法等。

（三）　脱酸可能产生的不利影响

在使用碱炼法进行脱酸处理时，对于品质较差（冷饼浸出制得的酸值在 $10 mgKOH/g$ 以上）的毛菜籽油，需加入浓度较高的碱液，这样会生成较多的皂脚，大量的中性油被带入皂脚中，致使炼耗明显偏高。同时，碱炼过程中产生的漂洗水如不处理又会污染环境。

物理精炼水蒸气汽提脱酸，油脂需要在较长时间的高温下处理，影响油脂品质，油脂中一些有效成分如维生素 E 和甾醇等会随蒸汽汽提而溢出，降低了保健营养价值。维生素 E 为天然抗氧化剂，广泛存在于油脂中，可以阻止氧气、光、热、重金属等对油脂的作用，保护油脂不变质。然而在精炼的脱酸过程中，由于其性质活泼，很容易损失。

五、脱　色

纯净的甘油三酯在液态时呈无色，在固态时呈白色。但常见的各种植物油都带有不同的颜色，是因为油脂中含有数量和品种各不相同的色素。这些色素有些是天然的，有些是在油料贮藏和制油过程中新生成的。第一类是有机色素，主要有叶绿素（使油脂呈绿色）和类胡萝卜素（胡萝卜素使油脂呈红色、叶黄素使油脂呈黄色）。个别油脂中还有特殊色素，如棉籽油中的棉酚使油脂呈深褐色。这些油溶性的色素大多是在油脂制取过程中进入油中的，也有一些是在油脂生产过程中生成的，如叶绿素受高温作用转变成叶绿素红色变体，游离脂肪酸与铁离子作用生成深色的铁皂等。第二类是有机降解物，即品质劣变油籽中的蛋白质、糖类、磷脂等成分的降解产物（一般呈棕褐色），这些有机降解物形成的色素很难用吸附除去。第三类是色原体，色原体在通常情况下无色，氧化或特定试剂作用会呈现鲜明的颜色。绝大部分色素都无毒，但会影响油脂的外观。要生产较高等级的油脂产品，如高级烹调油、色拉油、人造奶油的原料油以及某些化妆品原料油等，就必须对油脂进行脱色处理。

工业生产中应用最广泛的油脂脱色是吸附脱色法，此外还有加热脱色、氧化脱色、化学试剂脱色法等。事实上，在油脂精炼过程中，油中色素的脱除并不全靠脱色工段，在碱炼、酸炼、氢化、脱臭等工段都有辅助的脱色作用。碱炼可除去酸性色素，如棉籽油中的棉酚可与烧碱作用，因而碱炼可比较彻底地去除棉酚。碱炼生成的肥皂可以吸附类胡萝卜素和叶绿素，但肥皂的吸附能力有限，如碱炼仅能去除约25%的叶绿素。碱炼后的油脂还要用活性白土进行脱色处理。氢化能破坏可还原色素。如类胡萝卜素分子内含有大量共轭双键，易氢化，氢化后红、黄色褪去。叶绿素中含一定数量共轭和非共轭双键，氢化时部分叶绿素被破坏。脱臭可去除热敏感色素。类胡萝卜素在高温高真空条件下分解而使油脂褪色，它适用于以类胡萝卜素为主要色素的油脂。

脱色的作用主要是脱除油脂中的色素，同时还可以除去油脂中的微量金属，除去残留的微量皂粒、磷脂等胶质及一些有臭味的物质，除去多环芳烃和残留农药等。如用活性炭作脱色剂时，可有效地除去油脂中分子质量较大的多环芳烃，而油脂的脱臭过程只能除去分子质量较小的多环芳烃。

（一）吸附脱色的原理

毛油吸附脱色依靠吸附剂完成。物质在相界面上浓度自动发生变化的现象称为吸附。能在表面吸附某种物质而降低自身表面能、且吸附容量达到具有实用价值的固体物质称为吸附剂。吸附剂对于毛油中的色素的吸附主要表现为物理吸附和化学吸附两类。

物理吸附一般在低温下进行，靠吸附剂和色素分子间的范德华力，不需要活化能，无选择性，吸附物在吸附剂表面上可以是单分子层，也可以是多分子层吸附。吸附放出的热量较小，吸附速率和解吸速率都较快，已达到吸附平衡状态。

吸附剂内部的原子或原子团所受的引力是对称的，使引力场达到饱和状态，而表面上的原子或原子团，尤其是超微凹凸表面上的原子或原子团，所受到的引力是不对称的，即表面分子有剩余价力（表面自由能）。剩余价力有吸附某种物质而降低表面能的倾向。这时，吸附物和吸附剂之间发生电子转移或形成共用电子时，类似于发生化学反应，称为化学吸附。这类化学键并不牢固，较为松懈，但比物理吸附牢固得多。因为是靠剩余价力吸附，而化学吸附只能进行单分子层吸附，放出的吸附热也比物理吸附大得多，吸附和解吸达到平衡也慢得多，故多在高温下进行。

化学吸附有选择性，某一吸附剂只对某些吸附物发生化学吸附。吸附量与色素等吸附物在油中的平衡浓度有关，与温度也有关。当吸附物平衡浓度一定时，吸附量随温度而变化。当温度很低时，主要是物理吸附，由于物理吸附过程放热，因此吸附量随温度升高而降低。温度升到一定值后，物理吸附量继续下降，化学吸附加快，总的吸附量增加。化学吸附也是放热反应，当温度达到某一数值以后，吸附量反而会下降。

（二）吸附剂种类

适用于毛油脱色的吸附剂种类较多，不同种类的吸附剂因其表面结构的不同而具有特定的性质。

1. 天然漂土

学名为膨润土，其主要组分是蒙脱土 $[Al_4Si_8O_{20}(OH)_4 \cdot nH_2O]$，还混有少量 Ca、Mg、Fe、Na、K 等成分。其悬浮液的 pH 为 5~6，呈酸性，又称酸性白土。天然漂土从开矿到最后研磨分级，仅经物理方法处理。其结构呈微孔晶体或无定形，比表面积比其他黏土大得多，具有一定活性，但其脱色系数较低（指同批油脂脱色前后，同时观察达到相同色度时油柱高的比率），吸油率也较高，因而逐渐被活性白土所替代。

2. 活性白土

活性白土是以膨润土为原料经加工处理成的活性较高的吸附剂，在油脂工业的脱色中应用最广泛。活性白土经开矿、粗碎、酸活化、水洗、干燥、碾磨、过筛等工序制成。其中酸活化是最重要的一步，酸活化是用硫酸或盐酸使蒙脱土结构中的铝离子被氢离子取代到某一合适的程度，同时溶解掉一部分氧化铁、氧化镁、氧化钙等，使微孔增加，有效地提高其吸附脱色的能力。活性白土对色素，尤其是叶绿素及其他胶性杂质吸附能力很强，对于碱性原子团和极性原子团吸附能力更强。油脂经白土脱色后，会残留少许土腥味，可在脱臭过程除去。

3. 活性炭

活性炭是由木屑、蔗渣、谷壳、硬果壳等炭化后，再经化学或物理活化处理而成。其主要成分——碳的含量高达$90\% \sim 98\%$，密度$1.9 \sim 2.1 t/m^3$，松密度$0.08 \sim 0.45 t/m^3$，具有疏松的孔隙，比表面积大，脱色系数高，并具有疏水性，能够吸附高分子物质，对蓝色和绿色色素的脱除特别有效，还能脱除微量矿物油带给油脂的闪光。活性炭对气体、多环芳烃和农药残毒等也有较强的吸附能力。由于价格昂贵，吸油率较高，在油脂脱色操作中往往与漂土或活性白土一起使用，混合比通常为$1 : (10 \sim 20)$。混合使用可明显提高脱色能力，并能脱除漂土腥味。

4. 沸石

沸石属酸性火山熔岩与碎屑沉积间层的多旋回、多矿层的湖盆沉积，多系火山玻璃的熔解或水解作用而成斜发沸石矿床，经采矿、筛选、碾磨、筛分即得沸石吸附剂。其化学组成主要为二氧化硅，其次是氧化铝。沸石具有较好的脱色效果，脱色时还能降低油脂的酸价和水分，价格比活性白土便宜，是油脂脱色的新材料。

5. 硅藻土

硅藻土由单细胞类的硅酸钾壳遗骸在自然力作用下演变而成。纯度较高的硅藻土呈白色，一般为浅灰色或淡红褐色，主要化学成分为二氧化硅，对色素有一定的吸附能力，但脱色系数较低，吸油率较高，油脂工业生产中多用作助滤剂。

虽然吸附剂种类较多，但是毛油脱色时对于吸附剂的选择主要基于：对油脂中色素有强的吸附能力，即用少量吸附剂就能达到吸附脱色的工艺效果；对油脂中色素有显著的选择吸附作用，即能大量吸附色素而吸油较少；化学性质稳定，不与油发生化学作用，不使油带上异味；方便使用，能以简便的方法与油脂分离；来源广、价廉、使用经济。

（三）影响吸附脱色效果的因素

影响毛油吸附脱色的因素主要包括原料油质量和脱色工艺参数或操作要点两个方面。

原料油质量主要涉及水分、磷脂含量、残皂量、金属离子和氧化程度。在脱色前，必须在真空条件下进行脱水，使脱色原料油水分控制在1%为宜。若油中磷脂含量较大时，脱色效果差，吸附剂用量将增加，并影响脱色过滤。油中残皂量较大或部分油溶性皂的存在，因其本身无固定外形，黏性大，具有较强的极性基团。在进行脱色时，加入吸附剂后，这部分残皂就会首先与吸附剂结合，占据吸附剂的一部分活性表面，从而降低脱色效率，或增加吸附剂的用量。在脱色时，吸附剂中的 H^+ 很容易被游离的金属离子或含有金属离子的极性基团所取代，占据吸附剂的部分活性表面，降低吸附剂的活性，使吸附剂对色素的有效吸附面积减小，从而导致吸附剂对色素的吸附能力下降而影响脱色效果。原料油的氧化程度越高，醛类、酮类和酯类等极性低分子的氧化产物越多，吸附剂的表面活性就会降得越低，因而对脱色效果的影响就越大。加上油脂氧化后固定色素的生成，造成脱色更加困难。

脱色工艺参数或操作要点主要包括操作温度、压力、搅拌速度、时间和吸附剂用量。

由理论分析可知，物理吸附所需要的温度应控制在 40~80℃，化学吸附所需要的温度应控制在 80~110℃。当物理吸附和化学吸附的温度在同一范围内时，这时吸附剂对色素的吸附就可以顺利地进行，否则这种吸附剂就不能用。因此，食用油脂脱色温度一般控制在 80℃。但不同品种的油脂在脱色时，应结合所采用的工艺及吸附剂先进行小试，以确定其最佳操作温度，还应考虑到过滤操作，以保证油脂的脱色效果。

吸附剂（如活性白土）的脱色活性是由于其具有很大的表面积，这个表面积是由无数的毛细管组成的，在常压进行脱色时很容易被空气所饱和，从而降低对色素的吸附能力，会造成脱色效果时好时差，不易控制。而且，常压脱色还会引起油脂的氧化。为此，在油脂工业生产中，油脂脱色多采用减压（即真空）脱色。在 6.6~9.3kPa 压力下可以控制水分的蒸发速度，提高脱色效果。

吸附剂的相对密度大于油脂，容易下沉，搅拌可以使吸附剂在油中均匀分布，而且还可以强制增加吸附剂与色素接触机会，使色素与吸附剂充分接触，有利于吸附平衡的建立。常压脱色时，搅拌强度以达到吸附剂在油中呈均匀悬浮状态即可，过于强烈会增加油脂的氧化程度。在减压脱色中，搅拌强度可剧烈些，但以不引起油脂飞溅为宜。

脱色需要在适宜的温度和搅拌速度的条件下进行，吸附剂对色素的吸附在 15~20min 即可达到吸附平衡。在较高的温度下，随着时间的延长，部分色素将会解析，这种吸附平衡就会被打破。且由于吸附剂的存在，脱色过程始终伴随着对油脂的催化氧化，导致油色加深，这都不利于脱色效果的提高。尤其是间歇式脱色，过滤前冷却还需要在较高的温度下停留一定的时间，故脱色的时间应控制在 20~30min。

食用油脂的脱色所需吸附剂用量不是定值，是随脱色原料油的品种、油中所含色素种类、脱色原料油的前处理效果、油脂的氧化程度、所采用的脱色工艺、使用吸附剂的种类和脱色油的色泽要求的不同而有很大变化。一般情况下，国内企业使用吸附剂的数量多为 1%~3%。脱色油要达到较理想的色泽要求，就要增加吸附剂的用量，甚至要与活性炭以（10~20）:1 的比例混合进行。

六、脱　臭

纯净的甘油三酯没有气味，但用不同制取工艺得到的油脂都具有不同程度的气味，有些为人们所喜爱，如芝麻油和花生油的香味等；有些则不受人们欢迎，如菜籽油和米糠油所带的气味。通常将油脂中所带的各种气味统称为臭味，包括天然的和在制油和加工中新生的。

引起油脂臭味的主要组分有低分子的醛、酮、游离脂肪酸、不饱和碳氢化合物等。如已鉴定的大豆油气味成分就有乙醛、正己醛、丁酮、丁二酮、3-羟基丁酮、庚酮、辛酮、乙酸、丁酸、乙酸乙酯、二甲硫等。在油脂制取和加工过程中也会产生新的异味，如焦煳味、溶剂味、漂土味、氢化异味等。个别油脂还有其特殊的味道，如菜籽油中的异硫氰酸酯等硫化物产生的异味。油脂中的臭味组分含量很少，仅0.1%。气味物质与游离脂肪酸之间存在一定关系。当降低游离脂肪酸的含量时，能相应地降低油中一部分臭味组分。当游离脂肪酸达0.1%时，油仍有气味，当游离脂肪酸降至0.01%~0.03%（过氧化值为0）时，气味即被消除，可见脱臭与脱酸关系密切。

油脂脱臭既可以除去油中的臭味物质，提高油脂的烟点，改善食用油的风味，还能使油脂的稳定度、色度和品质有所改善。因为在脱臭的同时，还能脱除游离脂肪酸、过氧化物和一些热敏性色素，除去霉烂油料中蛋白质的挥发性分解物，除去小分子质量的多环芳烃及残留农药，使之降至安全程度内。因此，脱臭在高等级油脂产品的生产中备受重视。

（一）脱臭方法

脱臭的方法有真空蒸汽脱臭法、气体吹入法、加氢法、聚合法和化学药品脱臭法等。其中真空蒸汽脱臭法，也称蒸汽蒸馏法，是目前国内外应用得最为广泛、效果较好的一种方法。它是利用油脂内的臭味物质和甘油三酸酯的挥发度的极大差异，在高温高真空条件下，借助水蒸气蒸馏的原理，使油脂中引起臭味的挥发性物质在脱臭器内与水蒸气一起逸出而达到脱臭的目的。气体吹入法是将油脂放置在直立的圆筒罐内，先加热到一定温度（即不起聚合作用的温度范围内），然后吹入与油脂不起反应的惰性气体，如二氧化碳、氮气等，油脂中所含挥发性物质便随气体的挥发而除去。

（二）影响油脂脱臭效果的因素

影响汽提脱臭效果的因素包括脱臭温度、操作压强、通气速率及时间、待脱臭油和成品油的质量等。

在一般范围内，脂肪酸及臭味组分的蒸汽压的对数与它的绝对温度成正比例。在真空度一定的情况下，升高温度，则油中游离脂肪酸及臭味组分的蒸汽压力也随之升高。例如，棕榈酸在温度为177℃时，蒸汽压力为0.24kPa；当温度升到204℃时，蒸汽压力即相应升高到0.98kPa；同时，游离脂肪酸及臭味组分由油脂中逸出的速率也在增大。如脂肪酸蒸馏温度由177℃升高到204℃时，游离脂肪酸的汽化速率可以提高3倍，当温度升至232℃时，又可提高3倍。也就是说，欲获得具有一定气味、滋味标准的产品，在177℃温度下脱臭要较204℃温度下增加3倍时间，较232℃温度下增加9倍时间。由此可知，温度升高，脂肪酸及臭味组分蒸汽压力就升高，蒸馏脱臭也越易进行。但是，温度的升高也有极限，因为过高的温度会引起油脂的分解，影响产品的稳定性能并增加油脂的损耗。因此，工业生产中，一般控制蒸馏温度为230~270℃，载热体进入设备的温度以不超过285℃为宜。

脂肪酸及臭味组分在一定的压力下具有相应的沸点，随着操作压力的降低，脂肪酸的沸点也相应降低。如操作压力为0.65kPa时，棕榈酸的沸点为188.1℃、油酸沸点为208.5℃；而在5.33KPa下，它们的沸点则分别为244.4℃和257℃。因此，在固定操作温度的前提下，根据脂肪酸蒸汽压与温度的正比例关系，低的操作压力将会降低汽提蒸汽的耗用量。

在汽提脱臭过程中，为了使油中游离脂肪酸及臭味组分降低到要求的水平，需要有足够的蒸汽通过油脂。脱除一定量的游离脂肪酸及臭味组分所需的蒸汽量，随着油中游离脂肪酸及臭味组分含量的减少而增加。当油中游离脂肪酸及臭味组分含量从0.2%降到0.02%时，脱除同样数量的游离脂肪酸及臭味组分，过程终了所耗蒸汽的量将是开始时所耗蒸汽量的10倍。应注意在脱臭的最后阶段，要有足够的时间和充足的蒸汽量。蒸汽量的大小，以不使油脂的飞溅损失过大为限。欲使游离脂肪酸及臭味组分降低到产品的要求的质量标准，就需要有一定的通汽时间。汽提脱酸脱臭时，直接蒸汽量（汽提蒸汽量）对于间歇式设备一般为 5% ~ 15%（占油量），半连续式设备为 4.5%，连续式为 4%。通常间歇脱臭需 3 ~ 8h，连续脱臭需 15 ~ 120min。

待脱臭油和成品油的质量主要涉及待脱臭油中异味成分的种类和多少，以及脱臭以后成品油的质量要求。待脱臭油一般已经过了脱胶、脱酸、脱色处理，若毛油是极度酸败的油，它已经通过氧化失去了大部分天然抗氧剂，那么它很难精炼成稳定性好的油脂。脱臭前的油脂要很好地除去胶质、色素、微量金属后才能得到优质的成品油，成品油质量取决于成品油的要求，不要随意提高品级。要求越低，脱臭越易完成，各方面消耗也少，成品油的贮藏性能也较好。

七、脱 蜡

油脂中的蜡是高级一元羧酸与高级一元醇形成的酯。植物油料中的蜡质主要存在于皮壳、胚芽和细胞壁中。蜡在 40℃ 以上能溶解于油脂，因此无论是压榨法还是浸出法制取的毛油中，一般都含有一定量的蜡质。各种毛油含蜡量有很大的差异，大多数毛油的含蜡量极微，但有些毛油的含蜡量则较高。如米糠油含蜡量 3% ~ 9%、玉米胚芽油含蜡量 0.01% ~ 0.05%，葵花籽油含蜡量 0.01% ~ 0.35%。一般油脂中的含蜡量随料胚含壳量的增加而增加。

（一）脱蜡的作用与原理

常温及以下，蜡质在油脂中的溶解度降低，析出蜡的晶粒而成为油溶胶，具有胶体的一切特性，随着贮存时间的延长，蜡的晶粒逐渐增大而变成悬浮体，此时体系变成"粗分散系"悬浊液，体现了溶胶体系的不稳定性。可见含蜡毛油既是溶胶又是悬浊液。油脂中含有少量蜡质，即可使浊点升高，使油品的透明度和消化吸收率下降，并使气滋味和适口性变差，从而降低了油脂的食用品质、营养价值及工业使用价值。另外，蜡是重要的工业原料，可用于制蜡纸、防水剂、光泽剂等。因此，从油中脱除或提取蜡质可达到提高食用油脂品质和综合利用植物油脂蜡源的目的。

蜡分子的酰氧基使其呈现弱极性，因此蜡是一种带有弱亲水基的亲脂性化合物。温度高于 40℃ 时，蜡的极性微弱，溶解于油脂中，随着温度的下降，蜡分子在油中的游动性降低，蜡分子中的酯键极性增强，特别是低于 30℃ 时，蜡形成结晶析出，并形成较为稳定的胶体系统。在此低温下持续一段时间后，蜡晶体相互凝聚成较大的晶粒，相对密度增加而变成悬浊液。可见油和蜡之间的界面张力随着温度的变化而变化。两者界面张力的大小和温度呈反比关系。脱蜡工艺必须在低温条件下进行。

（二）影响脱蜡效果的因素

影响油脂脱蜡效果的因素有操作温度、降温速度、结晶时间、搅拌速度、添加辅助剂和原料油质量等。

1. 操作温度

蜡分子中的两个烃基碳链都较长，在结晶过程中会有较严重的过冷现象；蜡烃基的亲脂性使其达凝固点时，呈过饱和现象。为了确保脱蜡效果，脱蜡温度一定要控制在蜡凝固点以下，但也不能太低，否则，不但油脂黏度增加，给油、蜡分离造成困难，而且熔点较高的固脂也析出，分离时固脂与蜡一起从油中分出，增加了油脂的脱蜡损耗。采用常规法脱蜡，其结晶温度多为 20 ~ 30℃；采用溶剂法脱蜡，其结晶温度多控制在 20℃。

2. 降温速度

蜡的结晶是一个缓慢的物理变化过程，可分为三步：熔融含蜡油脂的过冷却、过饱和；晶核的形成；晶体的成长。蜡熔点较高，在常温下就可自然结晶析出。自然结晶的晶粒很小，且大小不一，有些在油中呈现胶溶，使油和蜡的分离难以进行。在结晶前必须调整油温，使蜡晶全部熔化，然后控制结晶过程，才能创造晶粒大而结实的分离条件。晶粒的大小取决于晶核生成的速度（W）和晶体成长速度（Q）。晶粒的分散度与 W/Q 成正比，结晶过程中应降低 W，增加 Q。

降温速度与 W、Q 关系很大。当降温速度足够慢时，高熔点的蜡首先析出结晶，同时放出结晶热。温度继续下降，熔点较低的蜡也开始析出结晶。即使析出的蜡分子与已结晶析出的蜡碰撞，以已析出蜡为核心长大，使晶粒大而少。如果降温的速度较快，高熔点蜡刚析出，还未来得及与较低熔点的蜡相碰撞，较低熔点的蜡就单独析出，使晶粒多而小，夹带油也较多。为了保持适宜的降温速度，要求冷却剂和油脂的温度差不能太大，否则，会在冷却面上形成大量晶核，不利于传热和油蜡分离。从生产角度来说，降温过程也不能太慢，适宜的降温速度可通过冷却试验确定。

3. 结晶时间

为了得到易于分离的结晶，降温必须缓慢进行。而且，当温度逐渐下降到预定的结晶温度后，还须在该温度下保持一定时间，进行养晶（或称老化、熟成）。养晶过程中，晶粒继续长大。从晶核形成到晶体成长为大而结实的结晶，需要足够的时间。

4. 搅拌速度

结晶是放热过程，且要求在低温下进行，必须冷却。搅拌可使油脂中各处均匀降温，同时可使晶核与将要析出的蜡分子碰撞，促进晶粒有较多机会均匀长大。不搅拌只靠布朗运动，结晶太慢；但搅拌太快，会打碎晶粒。一般搅拌速度控制在 $10 \sim 13 \text{r/min}$，大直径的结晶罐用较低的速度，搅拌速度以有利于蜡晶成长为准。搅拌可减少"晶簇"的形成。结晶中，除了晶核长大，几颗晶体还可能聚集成晶簇，晶簇能将油包合在内，增加脱蜡损耗。

5. 原料油质量

原料油中的胶性杂质会增大油脂的黏度，既影响蜡晶形成，降低蜡晶的硬度，给油、蜡分离造成困难，还会降低分离出来的蜡质的质量（含油及含胶杂量均高）。因此，油脂在脱蜡之前要先脱胶。油脱胶后先经脱蜡，然后再进行碱炼、脱色、脱臭，这样操作是比较合理的。国内常采用脱臭后的油进行脱蜡，是由我国采用的精炼工艺所决定。我国一般都采用常规法脱蜡，又不加助滤剂，为了尽量降低油脂的黏度，就用脱臭油脱蜡。最后进行脱蜡，还可以与成品油过滤相合并，节省一套过滤设备。

6. 输送及分离方式

在输送含有蜡晶的油脂时采用往复式柱塞泵、压缩空气或者真空吸滤，可以避免蜡晶受剪切力而破碎。油蜡分离时，过滤压力要适当，因为蜡具有可压缩性，滤压过高会造成蜡晶滤饼变形，堵塞过滤缝隙而影响过滤速率。但滤压太低，过滤速度降低。可采用助滤剂提高过滤速率。

7. 辅助剂或辅助处理

添加辅助剂或辅助处理的作用在于促进蜡质在冷却过程中的结晶析出，包括有机溶剂、表面活性剂、凝聚剂和静电处理等。溶剂的存在使蜡易于结晶析出，有助于固（蜡晶）液（油脂）两相较快达到平衡，得到的结晶结实（包油少），降温速度也可高一些。同时溶剂可降低体系的黏度，改善了油蜡分离的效果。表面活性剂具有较强的极性基团因而共聚体的极性远大于单体蜡，使油蜡界面的表面张力大大增加，而且共聚体晶粒大，生长速度也快，与油脂也易于分离。

（三）脱蜡方法

油脂脱蜡方法有常规法、溶剂法、表面活性剂法等。

1. 常规法

常规法脱蜡就是单靠冷冻结晶，然后用机械方法分离油、蜡而不加任何辅助剂和辅助手段的脱蜡工艺。分离时常用布袋过滤、加压过滤、真空过滤和离心分离等方法。

脱臭后的米糠油，温度在50℃以上，移入有冷却装置的贮罐，慢速搅拌，在常压下充分冷透至25℃。整个冷却结晶时间为48h，然后过滤分离油、蜡。过滤压强维持在0.3～0.35MPa。过滤后要及时用压缩空气吹出蜡中余油。但是脱蜡温度低、黏度大，分离比较困难，对米糠油这种含蜡量较高的油脂，通常采用两次结晶过滤的方法。将脱臭米糠油在冷却罐中充分冷透到30℃，冷却结晶24h，用滤油机进行第一次过滤，除去大部分蜡，滤机压强不超过0.35MPa。滤出的油进入第二个冷却罐，继续通入低温冷水，使油温降至25℃以下，24h后，再进行第二次过滤，即为脱蜡油。经两次过滤后，油中含蜡量（以丙酮不溶物表示）在0.3%以下。用常规法脱蜡设备简单，投资省，操作容易，但油、蜡分离不完全，脱蜡油得率低，浊点高。

2. 溶剂法

溶剂法脱蜡是在蜡晶析出的油中添加选择性溶剂，然后进行油蜡分离和溶剂蒸脱的工艺。溶剂法脱蜡可以使油蜡的分离温度保持在30℃以下仍不会有很大的黏度，而常规法脱蜡在此温度下油脂黏度很大，给油蜡分离造成困难。可供工业使用的溶剂有己烷、乙醇、异丙醇、丁酮和醋酸乙酯等，常用的溶剂为工业己烷。

3. 表面活性剂法

在蜡晶析出的过程中添加表面活性剂，强化结晶，改善蜡、油分离效果的脱蜡工艺称为表面活性剂脱蜡法。此法主要是利用表面活性物质中某些基团与蜡的亲和力（或吸附作用）形成与蜡的共聚体而有助于蜡的结晶及晶粒的成长，利于油蜡分离。

4. 中和冬化法

中和冬化法是将脱胶、脱酸和脱蜡组合在化学精炼工艺中的连续脱蜡方法。该方法机理是利用阴离子洗涤剂（脂肪酸钠稀碱溶液）的亲和力，将蜡分子富集浓缩于水相，通过离心分离连续脱蜡。

第四节　油脂氢化

油脂氢化属于油脂改性的方法之一。油脂氢化过程中可形成多种双键位置和空间构型不同的脂肪酸异构体，使氢化油脂的组成复杂化，氢化过程中会产生一定量反式脂肪酸（TFAs）。近年来，有关TFAs对人体危害和潜在危险的问题受到国内外消费者的普遍关注。因此，选择低或零TFAs的氢化工艺成为人们追求的目标。

一、 油脂氢化原理

油脂氢化是指油脂在催化剂作用下于一定的温度、压力、机械搅拌条件下，不饱和双键与氢发生加成反应，使油脂中的双键得到饱和的过程。目的：①提高熔点，增加固体脂肪含量；②提高油脂的抗氧化能力、热稳定性，改善油脂色泽、气味和滋味并防止回味；③改变油脂的塑性，得到适宜的物理化学性能，拓展用途。油脂氢化是油脂改性的一种有效手段，具有很高的经济价值。

根据加氢反应程度的不同，有轻度氢化（选择性氢化）和深度（极度）氢化之分。选择性氢化是指在氢化反应中，采用适当的温度、压强、搅拌速度和催化剂，使油脂中各种脂肪酸的反应速度具有一定的选择性的氢化过程，主要用于制取食用的油脂深加工产品的原料脂肪，如制取起酥油、人造奶油、代可可脂等的原料脂，产品要求有适当碘值、熔点、固体脂指数和气味。极度氢化是指通过加氢，将油脂分子中的不饱和脂肪酸全部转变成饱和脂肪酸的氢化过程，主要用于制取工业用油。其产品碘值低，熔点高。质量指标主要是要求达到一定的熔点。因此，极度氢化时温度、压力较高，催化剂用量也多一些。

油脂氢化是油脂加工业中最为复杂、规模最大的化学反应工程，包括气态氢、液态油、固态催化剂三相非均相催化反应过程。为了得到更高的氢化反应速率，不仅需要高活性催化剂，而且需要气液之间及液体和催化剂之间具有良好传质条件。在油脂氢化过程中，油脂的脂肪酸发生结构变化，这些变化与油脂原料的质量和预处理有关。

（一） 氢化机理

油脂分子中的碳碳双键与氢的加成反应：

$$—CH=CH— + H_2 \longrightarrow —\overset{H}{C}H—\overset{H}{C}H— + 热量$$

非催化的加氢反应活化能较高，即使在高温下反应速率依然很慢。现在多借助金属催化剂来降低反应活化能。氢化反应是液相、固相和气相参与的非均相界面反应。

催化剂表面的活化中心具有剩余键力，与氢分子和油脂分子中的双键的电子互相影响，从而削弱并打断 H—H 中的 σ 键和 C=C 中的 π 键形成氢 - 催化剂 - 双键不稳定复合体（图5 - 11）。复合体在一定条件下分解，双键碳原子首先与一个氢原子加成，生成半氢化中间体，然后再与另一个氢原子加成而饱和，并立即从催化剂表面解析扩散到油脂主体，完成加氢过程。催化剂在参与化学反应的过程中，将加氢反应分成两步，以两个活化能较低的反应取代了原来活化能较高的反应，从而提高氢化速率。

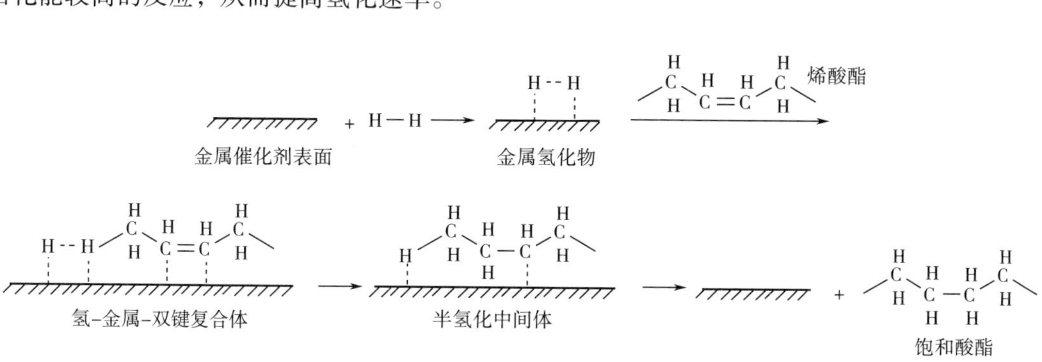

图5 - 11　油脂催化氢化的过程机理

半氢化中间体在完成加氢饱和的同时，还可能通过下属三种途径恢复反应底物的原结构或形成各种异构体（图5-12）。若氢原子 H_a 脱氢回到催化剂表面，恢复原双键后解析，则恢复到底物原结构；若 C-10 或 C-9 上的氢原子 H^b 脱氢回到催化剂表面，则生成反式异构体；若 C-8 或 C-11 上的氢原子 H_c 脱氢回到催化剂表面，则产生 C-8 或 C-10 位置的反式异构体。

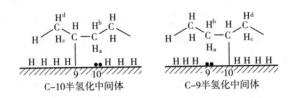

图5-12　氢化过程中异构体形成示意图

（二）氢化过程

虽然油脂氢化过程反应物在相界面接触时发生的具体反应尚无定论，但这种多相催化反应可归纳为5步。

（1）扩散　氢气加压溶于油体中，与油脂分子中的双键向催化剂表面扩散。

（2）吸附　催化剂的活化中心吸附溶于油中的氢分子和油分子双键，分别形成金属-氢及金属-双键配合物。

（3）表面反应　两种配合物的反应活化能降低，互相反应生成半氢化中间体，进而再与被配合的另一个氢反应，完成双键加氢。

（4）解吸或脱氢　吸附是可逆的动态平衡，无论是双键还是已经完成加氢的饱和碳链，均能从催化剂表面解吸下来；若半氢化中间体不能与另一个氢反应，则已加上去的氢或与原双键碳原子相邻的碳上的两个氢或双键碳原子上原有的那个氢都有可能脱氢。解吸或脱氢均会导致双键位移或反式异构化。

（5）扩散　氢分子由催化剂表面解吸下来，向油体中扩散。

多烯酸中的任何一个双键加氢时，同样经历这些步骤。具有戊二烯结构的多烯酸酯加氢前易共轭化，从而优先被吸附氢化，并产生更多的异构体。这种优先被吸附氢化即使在较低浓度下也可发生。

1. 选择性氢化

选择性应用于油脂氢化及其产品有两层含义：一是亚麻酸氢化成亚油酸、亚油酸氢化成油酸以及油酸氢化成硬脂酸几个转化过程相对快慢的比较，是相对于化学反应速率而得出的，也称化学选择性；二是对催化剂而言，如果某一种催化剂具有选择性，在它作用下生产的硬化油在给定的碘值下具有较低的稠度或熔点。

2. 异构化

油脂氢化时，碳链上的双键被吸附到催化剂表面，双键首先与一个氢原子发生反应，产生一个十分活泼的中间体；然后有两种可能：一种是中间体与另一个原子反应，双键被饱和，形成饱和分子；另一种是中间体不能与另一个氢原子反应，中间体重新脱除一个氢原子而产生异构化，既有位置异构（脱去的氢原子是邻位上时，双键位置发生改变），也有几何异构（脱去的氢原子是原先加上的，形成反式异构体）。随着氢化的进行，异构化的双键倾向于沿着碳链转移到更远的位置上，反式异构体的含量将上升到单烯被饱和为止。

3. 氢化反应的热效应

油脂氢化反应是放热反应，据测定，在氢化时，每降低一个碘价就使油脂本身的温度升高1.6~1.7℃，相对于每摩尔双键被饱和时，放出热量约120kJ。

二、 影响油脂氢化的因素

尽管氢化油脂产品在很大程度上取决于油脂和催化剂的种类，但对于相同的油脂和催化剂，改变氢化反应是条件，却可得到不同品质的氢化油。氢化反应诸条件之间相互关联和相互制约。

（一） 反应物

油脂的组成和结构是影响氢化速率的内因，包括组成甘油三酯的烯酸种类、数量及其在甘油上的位置。双键越多，氢化速率越快；靠近羧基的双键比靠近甲基的双键氢化速率快；共轭双键比所有非共轭双键氢化速率快；顺式双键比反式双键氢化速率快；1,4-戊二烯酸（酯）比被多个亚甲基隔离的二烯酸（酯）氢化速率快。原料油中的杂质，如游离脂肪酸、磷脂、蛋白质、硫化物及碱炼油中残存的微量金属，会引起催化剂的中毒。

未经净化的氢气含有少量硫化氢、二氧化碳和一氧化碳等杂质，也能使催化剂中毒，0.5%~5.0%的硫足以使镍完全失去催化活性。一氧化碳和氮气虽只引起可逆性中毒，但是在低温（149℃）下，即使氢气中只有0.1%的一氧化碳，氢化反应也会终止。因此，氢气纯度十分重要。

（二） 催化剂

催化剂的种类和活性是决定氢化反应的关键因素。催化剂的表面积大，活性好，反应速率快；催化剂的用量增加，反应速率也增加。不同产品要求选择不同特性的催化剂（表5-9）。工业催化剂一般以金属镍为基本，尤其在国外，镍单元催化剂的应用更为普遍。常用的催化剂还有：镍-铁催化剂；铜-镍二元催化剂；铜-铬-锰三元催化剂。

表5-9 催化剂种类与常用反应条件

种类	用量	氢化温度/℃	氢气压强/MPa
铜	0.3	170	0.02
铜-镍	0.1~1.0	200	常压吹入
铜-铬	0.1~0.26	1770~200	0.02
铜-镍-锰	—	170~190	0.34~0.69
铜-铬-锰	1.0~2.0	100~200	常压吹入
钯	0.00015~0.00056	65~185	常压~0.29

注："—"为不要求。

（三） 温度

温度是影响氢化反应速度的主要因素，温度高，分子动能大，传质速度、反应速度均较快。但温度过高，氢在油中的溶解度小，在催化剂上氢的吸附量减少，容易产生反式异构酸，反应反而受阻。反应温度适宜才能获得好的工艺效果。最佳反应温度的选择，必须按原油情况和对最终产品的要求综合考虑。常用温度为 100 ~ 180℃，脂肪酸深度氢化的温度高达 200 ~ 220℃，选择性氢化常控制温度在 130 ~ 150℃。

（四）压力

压力的大小直接影响到氢气在油中的溶解度，压力越大，浓度越高，催化剂上吸附的氢浓度越大，氢化速率以线性规律成倍增长，但当压力增大到一定程度度后，反应速率增大并不显著，是因为一定的压力已经使足够的氢进入油中进行氢化反应。另外，在较低压力下，催化剂表面吸附的有效氢可能满足不了氢化反应的需要，易导致异构化，且对选择性影响较大；在较高压力下，催化剂表面吸附的有效氢可以满足氢化反应的需要，对异构化和选择性影响小。选择性氢化时，压力按催化剂含量和其活性的不同一般设定为 0.02 ~ 0.5MPa。生产极低碘值的脂肪酸和工业用油，为缩短反应时间，工作压力可高达 1.0 ~ 2.5MPa。

（五）搅拌

足够的搅拌能使氢化反应中的催化剂呈悬浮状，气相、液相和固相之间才能进行有效的物质交换，反应放出的热量也能迅速引发反应体系，气相的氢气也能迅速回到液相中。但搅拌速度过高会导致异构酸数量的增加，而且增大动力消耗，因此应选择适当的搅拌速度。

（六）反应时间

温度、催化剂用量及其活性、压力等因素决定反应时间，其中有一个或几个因素上升，反应速度就会加快，得到同碘值产品所需要的时间也就缩短。选择性氢化反应时间常为 2 ~ 4h。连续式和间歇式氢化工艺相比较，在氢化条件相同（如温度、压力催化剂含量和活性均相同）时，欲获得相同的碘值产品，连续式所需要的反应时间需稍长一些，因为间歇式为塞流形反应，三相物可以反复搅拌混合反应，传质效果好。

三、氢化工艺过程

油脂氢化工艺可分为间歇式及连续式。这两类工艺又可以根据选用设备的不同及氢与油脂混合接触方式的不同，衍生出不同特点的氢化工艺，如循环式、封闭式间歇氢化工艺、塔式及管道式连续氢化工艺等。这些氢化工艺虽各有特点，但都包括以下基本过程：

原料→ 预处理 → 除氧脱水 → 氢化 → 过滤 → 后脱色 → 脱臭 →成品氢化油

为了保证氢化反应顺利进行、催化剂的活性及尽量减少其用量，在进入氢化反应器之前，原料油脂中的杂质应尽量去除。

水分的存在会占据催化剂的活化中心，氧会在高温和催化剂的作用下与油脂起氧化反应，故油脂在氢化之前，必须除氧脱水。间歇式氢化工艺的除氧脱水一般在氢化反应器中进行，连续式氢化工艺则一般另加除氧器。除氧脱水的真空度为 94.7kPa，温度为 140 ~ 150℃。

催化剂先与部分原料油混匀，借真空将催化剂浆液吸入反应器，充分搅拌混合。停止抽真空，通入一定压力的氢气，这时反应开始进行。反应条件根据油脂的品种及氢化油产品质量的要求而定。例如，大豆油轻度氢化去除亚麻酸的反应条件：温度 175℃，压力 0.1MPa，催化剂量 0.02%（镍/油），搅拌速度 600r/min。豆油选择性氢化，用作人造奶油原料，其反应条件为：温度（180 ± 5）℃，压力 0.3MPa，催化量 0.1%（镍/油），产品熔点为（43 ± 1）℃。

过滤的目的在于将氢化油与催化剂分离。过滤前，油及催化剂混合必须先在真空下冷却至70℃，然后进入过滤机。

油中的催化剂残留量只通过过滤达不到食用标准，必须借白土吸附和借加入柠檬酸钝化镍加以去除。脱色的目的是去除油中残留的镍。后脱色时，白土加入量0.4%~0.8%，反应温度100~110℃，时间10~15min，压力6.7kPa。后脱色处理后，油脂中镍残留量可由原来的50mg/kg降至5mg/kg。

氢化过程中会出现少量的断链、醛酮化、环化等反应，因而氢化油具有异味，称为氢化臭。脱臭就是去除原有的异味以及氢化产生的氢化臭。脱臭完毕后，在油中加入0.02%柠檬酸作抗氧化剂，柠檬酸可与镍结合成柠檬酸镍，使油中游离镍含量接近于零。

四、 反式脂肪酸的降低措施

食品中TFAs的主要来源是氢化植物油（80%）。不同氢化油中TFAs的含量因加工工艺的不同而差异很大，一般占油脂含量的10%，最多可达到60%。其中人造奶油为7.1%~17.7%，最高可达31.9%；起酥油为10.3%，最高为38.4%。油脂氢化过程中TFAs的含量控制或者降低处理，成为了油脂氢化工艺的重点。

（一） 精确控制氢化条件

在使用传统油脂氢化催化剂基础上降低TFAs生成量，只能严格控制油脂部分氢化反应条件，如氢化压力、氢化温度和催化剂用量等，从而将TFAs含量控制在最低。一般而言，降低反应温度、提高反应压力、增加反应系统搅拌速率并减少催化剂用量，可获得低TFAs含量产品。但实现这些操作，必须使用性能优良的加工设备。如为了使氢化油脂TFAs含量达到10%以下，需要反应器能承受高达5~6MPa的反应压力。

（二） 使用贵金属 （如钯等） 作为催化剂

一方面原因在于贵金属催化剂特有的表面结构和其活性位点吸附能力；另一个原因在于贵金属催化剂天然化学结构会促使被吸附氢与不饱和脂肪酸双键在催化剂表面形成平衡分布浓度。另外，采用均相催化剂，也可有效减少TFAs的生成。

（三） 添加特殊物质

加入正丁醇、山梨醇与甘油三酯中单烯酸竞争催化剂表面活性位点，因而降低催化剂表面单烯酸分子浓度并导致其反应速率下降，从而会出现高选择性氢化结果；同时单烯酸异构体和饱和脂肪酸生成量也会相应减少。另外，添加游离脂肪酸及一些氨基酸、胺类等含氮化合物，也可以提高氢化反应选择性，从而降低氢化过程TFAs的生成。

（四） 采用其他氢化反应器， 如电化学反应器和超临界流体氢化

在电化学氢化反应器中，氢化催化剂作为阴极。电化学反应介质中水或质子还原，并在催化剂表面生成氢原子；氢原子与脂肪不饱和键加成。催化剂表面氢浓度取决于电解电流大小，在电化学氢化中，温度和压力大大降低，异构化和热解反应显著减少。通过添加对氢气和待氢化原料油都有较好溶解性溶剂，提高氢气溶解性。因为一旦氢在油中溶解度减少将会导致催化剂表面氢原子缺乏，会促使更多TFAs生成。如丙烷溶剂在超临界状态下能使油脂、氢气均相，大大增加催化剂表面氢原子浓度，加速不饱和双键加成或饱和反应，TFAs形成几率降低。在超临界状态下，反应体系传质阻力降低，氢化反应速度提高10~100倍。

第五节　植物油脂加工食品和副产物综合利用

一、植物油脂深加工产品

（一）人造奶油

人造奶油是指精制食用油添加水及其他辅料，经乳化、急冷捏合成具有天然奶油特色的可塑性制品。人造奶油传统配方中油脂含量一般在80%，是人造奶油的主要成分。近年来，国际上人造奶油新产品不断出现，其规格在很多方面已超过了传统规定，在营养价值及使用性能等方面超过了天然奶油。目前，人造奶油大部分是家庭用，一部分是行业用。我国人造奶油的起步较晚，产量不高，大部分用于食品工业。

1. 人造奶油的种类

根据用途，人造奶油可分为两大类：家庭用人造奶油和食品工业用人造奶油。

（1）家庭用人造奶油　家庭用人造奶油直接涂抹在面包上食用，少量用于烹调。市场上销售的多为小包装。目前国内外家庭用人造奶油主要有以下几种类型。

①硬型餐用人造奶油：熔点与人的体温接近。国外20世纪50年以硬型人造奶油为主。

②软型人造奶油：调配时使用较多的液体植物油，亚油酸含量在30%，改善了低温下的延展性。由于涂抹方便及营养方面的优越性，发展很快。

③高亚油酸型人造奶油：亚油酸含量在50%～63%。

④低热量型人造奶油：1974年国际人造奶油组织提出"低脂人造奶油"的标准方案，其中规定脂肪含量39%～41%，乳脂1%以下，水50%以上。

家庭用人造奶油的特点：保形性，置于室温时，不熔化，不变形等；在外力作用下，易变形，可做成各种花样；延展性，置于低温时，在面包上仍易于涂抹；口熔性，置于口中应迅速熔化；风味，通过合理的配方和加工使具有愉快的滋味和香味；营养价值，一般包括功能性和提供多不饱和脂肪酸。

（2）食品工业用人造奶油　食品工业用人造奶油是以乳化液型出现的起酥油，除具备起酥油的加工性能外，还能够利用水溶性的食盐、乳制品和其他水溶性增香剂改善食品的风味，使制品带上具有魅力的橙黄色等。

①通用型人造奶黏油：属于万能型人造奶油，可塑性、酪化性、熔点一般都较低。

②专用人造奶油：如面包用人造奶油、起层用人造奶油、油酥用人造奶油。

③逆相人造奶油：一般人造奶油是 W/O 乳状物，逆相人造奶油是 O/W 乳状物。由于水相在外侧，加工时不粘辊，延伸性好，这些优点对加工糕点有利。

④双重乳化型人造奶油：这种人造奶油属于 O/W/O 乳化物。由于 O/W 型人造奶油与鲜乳一样，水相为外相，因此风味清淡，受到消费者的欢迎，但容易引起微生物侵蚀，而 W/O 型人造奶油不易滋生微生物而且起泡性、保形性和保存性好。O/W/O 人造奶油同时具备 W/O 型和 O/W 型的优点，既易于保存，又清淡可口，无油腻味。

2. 人造奶油的原辅料与配方

人造奶油的原料油脂主要包括植物油及其氢化油、动物油及其氢化油和动植物油的酯交换油，且要求都是经过有效的碱炼、脱色和脱臭以后的精炼油，以及以植物性油脂为主。

油相是人造奶油的主要部分（80%），在成本中费用最大，合理地选择原料油脂，是降低成本，同时又能保持产品质量的首要问题。一般原料油由一定数量的固体脂和一定数量的液体油搭配调合而成。固体脂和液体油的比例和品种需根据产品要求和各国资源来确定，一般可根据以下三方面选择：根据产品的用途和气温，确定固体脂肪指数（SFI）的值和熔点，使之符合产品口熔性、稠度等要求，再根据 SFI 值和熔点确定固、液体油脂的比例；选择原料油脂合适的结晶性；营养性的考虑。

人造奶油是油脂和水乳化后进行结晶的产物。使用的水必须经严格的消毒，除去大肠杆菌等，使之符合食用的卫生要求。另外，还必须除去各种有害的金属元素及有害的有机化合物。为了改善制品的风味、外观、组织、物理性质、营养价值和贮存性等，还要使用各种添加剂。人造奶油常用辅料包括牛乳或乳粉、食盐、乳化剂（如卵磷脂和单硬脂酸甘油酯）、防腐剂（苯甲酸或苯甲酸钠）、抗氧化剂（维生素 E、BHT、BHA、PG）、香味剂、着色剂、维生素（维生素 A 或维生素 D）等。

采用两种以上油脂混合作为原料油脂，目的在于调节合适的塑性范围。食品工业用人造奶油的原料油脂配比有：氢化花生油（熔点 32 ~ 34℃）70% + 椰子油（熔点 24℃）10% + 液体油 20%；氢化棉籽油（28℃）85% + 氢化棉籽油（42 ~ 44℃）15%；氢化葵花籽油（熔点 44℃）20% + 氢化葵花籽油（熔点 32℃）60% + 液体油 20%；氢化菜籽油（熔点 42℃）10% + 氢化菜籽油（熔点 32℃）38% + 牛脂（熔点 46℃）10% + 液体油 42%。家庭用软型人造奶油的原料油脂配比有：氢化大豆油（熔点 34℃） + 氢化棉籽油（熔点 34℃） + 红花籽油 20% + 大豆色拉油 20%。

3. 人造奶油的加工工艺

人造奶油的一般加工工艺：

原辅料 → 调和 → 乳化 → 急冷捏合 → 包装熟成 → 成品

其中包括原辅料的调和、乳化、急冷捏合、包装、熟成五个阶段。

（1）调和 原料油按一定比例经计量后进入调合锅调匀。油溶性添加物（乳化剂、着色剂、抗氧化剂、香味剂、油溶性维生素等）在用油溶解后倒入调合锅。若有些添加物较难溶于油脂（也较难溶于水），可加一些互溶性好的丙二醇，帮助它们很好分散。水溶性添加物（食盐、防腐剂、乳成分等）在用经杀菌处理的水溶解成均匀的溶液后备用。

（2）乳化 加工普通的 W/O 型人造奶油，可把乳化锅内的油脂加热到 60℃，然后加入计量好的相同温度的水（含水溶性添加物），在乳化锅内迅速搅拌，形成乳化液，水在油脂中的分散状态对产品的影响很大。水滴直径太小，油感重，风味差；水滴过大，风味好，易腐败变质；水滴大小适当（直径 1 ~ 5μm 的占 95%，5 ~ 10μm 的占 4%，10 ~ 20μm 的占 1%，1cm³ 的人造奶油中小水滴约一亿个），风味好，细菌难以繁殖。水相的分散度可通过显微镜观察。

（3）急冷捏合 乳状液由柱塞泵在 2.1 ~ 2.8MPa 压强下喂入急冷机，利用液态氨急速冷却，在冷却壁上冷冻析出的结晶被筒内的刮刀刮下。物料通过急冷机时，温度降到 10℃，此时料液已降至油脂熔点以下，析出晶核，由于受到强有力的搅拌，不致很快结晶，成为过冷液。

急冷机的过冷液已生成晶核，如果让过冷液在静止状态下完成结晶，会形成固体脂结晶的网状结构，形成硬度很大的整体，没有可塑性。食品工业用人造奶油必须通过高效的捏合机，打碎原来形成的网状结构使它重新结晶，降低稠度，增强可塑性。捏合机对物料剧烈搅拌捏合，并慢慢形成结晶。由于结晶产品的结晶热（209kJ/kg）和搅拌产生的摩擦热，出捏合机的物料温度升至20～25℃，此时结晶完成70%，但仍呈柔软状态。家庭用软型人造奶油如果进行过度捏合，会有损风味，因而急冷机出来的物料不经捏合机，而是进入滞留管（静止管）进行适当强度的捏合。

（4）包装与熟成 从捏合机出来的人造奶油为半流体，要立即送往包装机。有些需成型的制品则先经成型机后再包装。包装好的人造奶油，置于比熔点低10℃的仓库中保存2～5d，使结晶完成，这项工序称为熟成。

（二）起酥油

起酥油是指用这种油脂加工饼干等，可使制品酥脆易碎，因而把具有这种性质的油脂称为起酥油。传统的起酥油是具有可塑性的固体脂肪，它与人造奶油的区别主要在于起酥油没有水相。新开发的起酥油有流动状、粉末状产品，均具有可塑性产品相同的用途和性能。因此，起酥油的范围很广，下一个确切的定义比较困难，不同国家、不同地区起酥油的定义不尽相同。起酥油的一般概念是指精炼的动、植物油脂、氢化油或上述油脂的混合物，经急冷捏合制造的固态油脂或不经急冷捏合加工出来的固态或流动态的油脂产品。起酥油一般不宜直接食用，而是用来加工糕点、面包或煎炸食品，必须具有良好的加工性能。

1. 起酥油的加工特性

起酥油的加工特性包括可塑性、起酥性、酪化性、乳化性、吸水性、氧化稳定性和油炸性。对其加工特性的要求因用途不同而重点各异。其中，可塑性是最基本的特性。

（1）可塑性 起酥油是有可塑性的固体乳白色油脂，其外观和稠度近似猪油。它在外力小的情况下不易变形，可作塑性流动。温度高时变软，温度低时变硬。一般要求在10～15℃时不能太硬，在32～37℃时不能太软。脂肪的可塑性可粗略地由稠度来衡量。

（2）起酥性 指烘焙糕点具有酥脆易碎的性质，各种饼干就是酥脆点心的代表。起酥油呈薄膜状分布在小麦粉颗粒的表面，阻碍面筋质相互黏结，使烘烤出来的点心松脆可口。可塑性适度的起酥油，起酥性好。油脂过硬，在面团中呈块状，制品酥脆性差，而液体油使制品多孔，显得粗糙。油脂的起酥性用起酥值表示，起酥值越小，起酥性越好。

（3）酪化性 把起酥油加到混合面浆中后，高速搅打，于是面浆面积增大。这是由于起酥油裹吸了空气，使空气变成了细小的气泡。油脂的这种含气性质称酪化性。酪化性可用酪化价表示。把1g油脂中所含空气毫升数的100倍表示酪化价。起酥油的酪化性要比奶油和人造奶油好得多。加工蛋糕若不使用酪化性好的油脂，则不会产生大的体积。蛋糕体积与面团内的含气量成正比。

经熟成处理的起酥油酪化性明显高于非熟成品。原料油脂的成分也直接影响结晶的性质，在 β 型结晶的油脂中添加 β' 型结晶的油脂和在天然油脂中添加氢化油均能提高其酪化性。饱和程度较高的油脂酪化性较好。

（4）乳化性 通常起酥油中含有一定量的乳化剂，因而它能与鸡蛋、牛乳、糖、水等乳化并均匀分散在面团中，促进体积的膨胀，而且能加工出风味良好的面包和点心。

（5）吸油性 起酥油的吸水性取决于自身的可塑性和添加的乳化剂。据贝雷测定，在

21.1℃时，猪油、混合型起酥油的吸水率为25%～50%，氢化猪油为75%～100%，全氢化型起酥油为150%～200%，含甘油一酸酯的起酥油吸收率可达400%。吸水性对于加工奶酪制品和烘焙点心有着重要意义。如在饼干生产中，可以吸收形成面筋所必需的水分，防止挤压时变硬。

（6）氧化稳定性　与普通油脂相比，起酥油的氧化稳定性好，因为原料中使用了经选择性氢化的油。其中全氢化型植物性起酥油效果最好，动物性油脂则必须使用 BHA 或生育酚等抗氧化剂。起酥油的氧化稳定性不一定和烘焙制品的稳定性成正比，因为起酥油中所含抗氧化剂有一部分在热的作用下分解、挥发。另外，烘焙时，糖和氨基酸产生的黑色素具有很强的抗氧化能力，砂糖也具有抗氧化作用。

（7）油炸性　起酥油在油炸的持续高温下不易氧化、聚合、水解和热分解。起酥油常用来油炸存放期较长的食品，在炸面包圈时，还可以防止表面砂糖脱落。

2. 起酥油的种类

起酥油种类较多，可满足不同消费者的需要。按原料种类可分为植物型起酥油、动物型起酥油和动植物混合型起酥油。按制造方法，可分为全氢化起酥油、氢化油和液体油混合型起酥油和酯交换型起酥油。按照添加剂使用的不同，可分为乳化型（添加乳化剂，用于面包、糕点和饼干生产）和非乳化型起酥油（不添加乳化剂，用于煎炸或喷涂）。按产品性能，可分为通用型（应用范围广，熔点范围宽，冬季30℃、夏季42℃，主要用于面包和饼干生产）、乳化型（添加10%～20%单脂肪酸甘油酯，加工性能好，用于西式糕点加工或配糖量多的重糖糕点，产品特点是体积大、松软、口感好、不易老化）、高稳定型。从产品形状，可分为可塑性起酥油、液体起酥油（具有流动性，液相内有固体脂悬浮物，且为透明液体，多以 O/W 型存在）、粉末起酥油（也称粉末油脂，含油脂量50%～90%，是在油脂中加入蛋白质、胶质或淀粉形成乳化物，后经喷雾干燥而成）。

3. 起酥油的原辅料

生产起酥油的原料油有两大类：植物性油脂如豆油、棉籽油、菜籽油、椰子油、棕榈油、米糠油及它们的氢化油；动物性油脂如猪油、牛油、鱼油及它们的氢化油。油脂都需精炼，氢化油必须是选择性氢化油。

一般起酥油的塑性范围，要求比人造奶油宽。其熔点较高，在接近体温时的 SFI 值较高。通常用氢化油作为基料，配合一定数量的硬料，也有些再掺入一定数量的液体油组成原料油脂，制取不同要求的起酥油。硬料是指碘价为5～10的硬脂，用量不超过10%～15%。

原料油脂的选择，因国情有别而有所不同。我国的起酥油原料中，除了选择性氢化油外，棕榈油使用量较多，这一方面是价格具有竞争性，而且其自然特性适于生产起酥油。棕榈油是天然的固体脂，在室温下呈半固体状，不需氢化处理就可作为起酥油原料，且棕榈油饱和脂肪酸含量较高，不含亚麻酸，故氧化稳定性较好。

起酥油的辅料有乳化剂、抗氧化剂、氮气等，有时还要加入一些消泡剂、着色剂和香料。

4. 起酥油的加工

可塑性起酥油的连续生产工艺与人造奶油加工相似，主要包括原辅料的调和、急冷捏合、包装、熟成四个阶段，具体过程如下。

几种原料油按一定比例经计量后加入调和罐。添加物用油溶解后倒入调和罐（若有些添加物较难溶于油脂，可加一些互溶性好的丙二醇，帮助它们很好分散）。在调和罐内预先冷却到

49℃，再用齿轮泵（两台齿轮泵之间导入氮气）送到急冷机。在急冷机中用液氨迅速冷却到过冷状态（25℃），部分油脂开始结晶。然后通过捏合机连续捏合并在此结晶，出口时30℃。在急冷机和捏合机都是在2.1～2.8MPa压力下操作，压强是由于齿轮泵作用下特殊设计的挤压阀而产生的。当起酥油通过最后的背压阀时，压强突然降到大气压而使充入的氮气膨胀，使起酥油获得光滑的奶油状组织和白色的外观。刚生产出来的起酥油是液状的，当充填到容器后不久就成半固体状。若刚开始生产时，捏合机单元出来的起酥油质量不合格或包装设备有故障时，可通过回收油槽后回到前面重新调合。

生产粉末起酥油的方法有多种，目前大部分用喷雾干燥法生产。其制取过程是将油脂、被覆物质、乳化剂和水一起乳化，然后喷雾干燥，使呈粉末状态。使用的油脂通常是熔点30～35℃的植物氢化油，有的也使用部分猪油等动物油脂和液体油脂。使用的被覆物质包括蛋白质和碳水化合物。蛋白质有酪蛋白、动物胶、乳清、卵白等。碳水化合物是玉米、马铃薯等鲜淀粉，也有使用胶状淀粉、淀粉糖化物及乳糖等，还有纤维素或微结晶纤维素。乳化剂使用卵磷脂、单脂肪酸甘油酯、丙二醇酯和蔗糖酯等。

（三）代可可脂

巧克力是一类深受广大群众喜爱的糖果食品。块状巧克力具有独特的物理性质，在室温下很硬，拿在手中不熔化，并且有脆性；放在嘴里能很快熔化，并且不使人感到油腻。在显微镜下观察巧克力，可以发现，它是由脂肪连续地围绕分布在许多非常微小的粒子周围而构成。这些固体颗粒是可可粉、糖粉和乳粉，它们的直径小于30μm。巧克力的优良特性主要是因为采用了可可脂这种有特殊性质的脂肪作为基础原料。

1. 可可脂的特点

可可脂呈乳黄色或淡黄色，具有可可特有的香味，具有很小的塑性范围，27℃以下几乎全部是固体（27.7℃开始熔化），随着温度的升高迅速熔化，到35℃就完全熔化。因此，它是一种具有一定硬度，熔化又快的油脂。油脂只有快速熔化，才能尝到香味。可可脂还有良好的氧化稳定性。

当贮存巧克力的时候会有多晶型转换的危险，这种转换会破坏产品的光泽。加工中，如果采用可可脂制巧克力，必须对巧克力进行调温处理，否则就较软，不符合巧克力硬度的要求。再加上天然可可脂价格昂贵，目前很多巧克力生产商已经转向可可脂代用品的生产。

2. 可可脂的代用品和种类

可可脂代用品在物理性质方面，与起酥油、人造奶油的塑性相反，它以保持硬度为特征。作为可可脂的代用品，需要满足合适的速熔性、收缩性、相容性、塑性、稳定性、耐热性等。根据采用的原料油脂和加工工艺不同，可概括成两大类。

（1）类可可脂　类可可脂是富含对称型甘油三酸酯的天然植物油中提取的特种脂肪，其化学成分与天然可可脂类似，具有与可可脂相似的对称型甘油三酸酯分子结构。国外通常采用棕榈油、婆罗脂、双罗脂、芒果脂和牛油果脂等几种原料油脂，我国采用乌桕脂。通过分提工艺来提高它们对称性脂的含量。除了棕榈油外，上述原料在国际市场上较少，价格也较高，远远满足不了巧克力发展的需要。但制得的类可可脂成本仍比可可脂便宜。由于类可可脂具有与可可脂相同类型的三甘油酯，它们与可可脂有很好的相容性，在不同温度下都可以任意比例相混合，其熔化曲线变化很小。在制取巧克力时也需要调温，也称调温型硬脂。在添加类可可脂后，巧克力的成本降低，还增强了抗起霜的能力，从而延长其保质期。

（2）代可可脂 代可可脂是一类能迅速熔化的人造硬脂。其三甘油酯的组成与天然可可脂不同，而物理性能上接近于天然可可脂。在20℃都很硬，25～35℃都能迅速熔化。由于制巧克力时无需进行调温，因此也称为非调温型硬脂。由于脂肪酸组成不同于可可脂，相容性较差。按照选用原料油脂的不同，代可可脂可分成月桂型代可可脂（或月桂型硬奶油）和非月桂型代可可脂。前者以椰子油、棕榈仁油等含月桂酸酯为主要成分的原料油脂经选择性氢化，再分提出其中接近于天然可可脂物理性能的部分，特点是黏度较低，适用于食品的涂层。后者也称反式异构型硬奶油或反式异构型硬脂，是用棉籽油、棕榈油、豆油和米糠油等含 C18 和 C16 脂肪酸三甘酯为主的植物油脂，经过选择性氢化，再分提出其中物理性能近似于天然可可脂的部分。这种代可可脂的脂肪酸组成与天然可可脂近似，主要是硬脂酸、棕榈酸和油酸，因此和天然可可脂相容性相比，月桂型代可可脂更好。

3. 代可可脂的生产

代可可脂的制取工艺主要是由氢化、酯交换和分提三大工艺组成。制取类可可脂通常采用单一的分提工艺，制取月桂型代可可脂和非月桂型代可可脂通常都是由上述三大工艺中，选用两种工艺组合而成。

将棕榈油、豆油、棉籽油及菜油等分别进行氢化，然后混合，或先将上述几种油脂按一定比例混合，然后氢化。再对上述混合物进行溶剂分提。例如，将50%的棕榈油（碘价58.3）和50%大豆油（碘价129.5）相混合，加入0.5%用过的废镍催化剂，在200～210℃，氢气压力为0.1MPa下进行氢化，反应产物碘价为66.3，反式酸含量为47.5%，熔点为33.1℃。上述产物再加入3份丙酮，在20℃下结晶，过滤，滤液再冷却至0℃，过滤除去滤液。得到的月桂型代可可脂碘价为59，反式酸为46.2%，熔点为34.7℃，脂肪酸组成为棕榈酸25.4%，硬脂酸4.5%，油酸61.7%。将溶剂分提棕榈仁油或椰子油，然后进行氢化可制得非月桂型代可可脂。

（四）煎炸油

食品工业生产的煎炸食品，如油炸方便面、麻花等，应具有良好的外观、色泽和较长的保存期。因此，并不是所有的油脂都可以适用，必须具备下列性质：①稳定性高：大部分食品的油炸温度在150～200℃，个别的需要温度更高（如油炸酥脆饼250～270℃）。要求所使用的油脂在持续高温下不易氧化、分解、水解、热聚合，油炸食品在贮藏过程中不易变质。②烟点高：烟点太低会导致油炸的操作无法进行。③具有良好的风味。

1. 煎炸油的原料

含饱和脂肪酸多的油脂，在煎炸时起酥性能好，稳定性高，但熔点高，作业性差，特别当熔点超过人体温度时，吸收率很低，且过量摄取饱和脂肪酸高的油脂，容易引起心血管疾病。因此，一般含饱和脂肪酸高的油脂不宜作煎炸油。含不饱和脂肪酸高的，尤其是多不饱和脂肪酸高的油脂，营养价值高，熔点低，使用方便，对心血管病有一定治疗和预防作用，但其双键多，使油脂在空气中易氧化，特别在煎炸的高温条件下，更容易发生氧化、聚合、分解及水解等一系列复杂反应，使油脂变劣，甚至产生有害物质。因此含不饱和脂肪酸太多的油脂也不宜作煎炸用油。除了棕榈油和乌桕皮油外，一般天然油脂均含较高的多不饱和脂肪酸，稳定性都不很高，不宜作煎炸用油。

高稳定性煎炸油的主要原料是经选择性氢化的食用氢化油，辅料为少量抗氧化剂、助抗氧化剂及防止油脂高温劣化有特殊效果的硅酮油等稳定剂。普通的煎炸油常用棕榈油、乌桕皮油作为主要原料，添加的稳定剂提高煎炸油稳定性。采用的选择性氢化油要求其饱和脂肪酸比例恰当，具有一定的熔点和碘价，使产品既满足稳定性的要求，又尽可能多的保留不饱和脂肪酸。BHT、BHA、TBHQ、PG 等抗氧化剂对油脂有较好的抗氧化作用，但在高温下稳定性差，会遭到破坏，失去抗氧化作用。助抗氧化剂常用柠檬酸。硅酮油对非共轭双键的油脂有明显的保护作用，它可以在油与空气的界面上呈单分子膜，保护油面，减少空气与油脂接触，还可以阻止油脂的聚合和抑制起泡。添加 1 ~ 2mg/kg 硅酮油能延长煎炸油使用寿命 5 ~ 10 倍。但是，硅酮油只能延长煎炸油的使用期，却不能延长油炸食品的保质期。只有使用稳定性高的煎炸油，才能解决这个问题。

2. 煎炸油的加工和卫生标准

煎炸油的生产可以采用毛油经过脱胶和脱酸处理，然后进行选择性氢化，再添加稳定剂实现。这种全部用轻度氢化油制成的煎炸油稳定性相当高，活性氧法测定值（AOM 值，表示油脂氧化稳定性的数据，时间长，稳定性好）在 100h 以上；而一般动植物油脂的 AOM 值仅为十几小时，甚至几小时。

随着煎炸食品的增加，煎炸油逐步被人们所重视，从深度氧化油中，可分离出百种以上的挥发性与非挥发性的物质，其中变质油的麻、涩、苦、哈喇等异味来自非挥发性的羰基混合物。这些成分可以使试验动物体重减轻，肝脏增大，危害健康。如丙二醛可能是一种癌症诱发剂，丙二醛与脱氧核糖核酸发生反应，降低肝脏模板的活性。GB 7102.1—2003《食用植物油煎炸过程中的卫生标准》对食用煎炸油卫生要求如下：

感官指标：具有正常煎炸各种食品过程中植物油的色泽、气味和滋味，无异味、杂质和残渣。

理化指标：酸价≤5mgKOH/g，羰基值≤50meq/kg，极性成分≤27%。

二、 植物油加工副产物综合利用

在植物油脂制取及精炼过程中，除了得到成品油以外，还可以获得饼粕和油脚等副产物。这些副产物中含有较多经济价值和营养价值较高的物质，可以进一步利用，为人类和饲养业提供营养丰富的蛋白质，还可以生产出许多化工产品。

（一） 饼粕利用

植物油饼粕中大多数含有较高含量的优质蛋白质、膳食纤维，以及其他的活性成分，是良好的饲料原料和食品原料。以脱脂豆粕为例，可以进一步加工生产大豆分离蛋白、大豆浓缩蛋白和大豆组织蛋白等产品。

除大豆、花生、芝麻饼粕可以直接作为食用或饲用蛋白质外，菜籽饼粕、棉籽饼粕都涉及脱毒问题。菜籽饼粕中含有硫代葡萄糖苷、植酸、单宁、芥子碱、皂素等有毒物和抗营养因子；棉籽饼粕中则含有游离棉酚等有毒物质，综合利用前需要有效除去。脱毒后的饼粕可作饲料蛋白质。常用饼粕脱毒方法分为两类：一类是使饼粕中的抗营养素发生钝化、破坏或结合等作用；另一类是将有害物从饼粕中分离出来。具体有热处理、水洗处理和碱处理等。

热处理法可分为干热处理法、湿热处理法、加热处理法和蒸汽汽提法。干热处理法是将碾碎的饼粕不加水，在 80 ~ 90℃温度下蒸 30min，使饼粕中的酶钝化。湿热处理法是先碾碎饼粕，在开水中浸泡数分钟，然后再按干热处理法加热。加热处理法和蒸汽汽提法是将饼粕在 0.2MPa 压力下加热处理 60min，通入蒸汽，温度保持在 110℃，处理 1h 后，饼粕的饲喂效果较好。

饼粕用热水浸泡可去除其中的有毒物质，并可连续水洗，也可 2 次水洗，以此法应用较多。第一种方法是将饼粕用水浸泡 8h 后过滤，然后再放在水中浸泡 2h。第二种方法是第一次用水浸泡 14h 后过滤，再用水浸泡 1h。饼水比例以 1∶5 为宜。此法用水量大，饼粕中干物质损失较多。

碱液用氨水或纯碱溶液，按照 100 份菜籽饼粕加 7% 氨水 22 份或 150g/L 纯碱溶液 24 份的比例，迅速充分搅拌，装入容器，用塑料布覆盖或加盖密封 4 ~ 5h，然后放入蒸锅内蒸 40 ~ 50min，而后晒干或炒至散开，即可配入饲料使用，此法脱毒率在 94% 以上。

（二） 皂脚或油脚的利用

皂脚或油脚是从毛油加工成精油过程中产生的下脚料，约占精油质量分数的 20%。油脚中含有多种营养成分，值得进一步开发利用。目前皂脚或油脚主要应用在以下 4 个方面：一是用于脱膜剂、防水沥青、人工饲料等粗产品的制备；二是经过酸化、水解，生产不饱和脂肪酸（油酸和亚油酸等）和混合饱和脂肪酸，但附加值低，同时副产大量植物沥青，约占植物油脚的 10%，主要作为重油燃烧处理，其中还含有 60% ~ 70% 的混合脂肪酸、5% ~ 10% 的植物甾醇及 5% 的维生素 E 等，造成大量天然资源的浪费；三是磷脂的制取，如大豆粕中含有 20% ~ 25% 的磷脂；四是随着生物柴油的发展，用于生产生物柴油的原料。

1. 脂肪酸的制取

植物毛油精炼过程产生的碱炼皂脚和水化油脚是制取脂肪酸的主要原料。

利用大豆油脚生产脂肪酸，实际是对油脚中的中性油和磷脂成分的利用。首先将其中的中性油和磷脂水解成为脂肪酸，然后与其他成分分离。油脂水解的工业方法有常压酸性催化法、高温高压碱性催化法和高温高压无催化剂法；磷脂的水解主要是在强酸或强碱作业下水解。基本工艺过程为：

油脚的预处理 → 水解或皂化 → 水洗 → 沉降分离 → 水洗和脱水 →

减压蒸馏 → 冷冻和乳化分离

这种工艺耗能大，污染严重，废水中甘油难以回收，经济效益不好。

皂脚脂肪酸的生产原理是基于在强酸存在下，脂肪酸盐发生分解生成相应的脂肪酸和盐，中性油发生水解生成相应的脂肪酸和甘油。脂肪酸的制取过程一般分为混合脂肪酸的制取和混合脂肪酸的分离两部分。混合脂肪酸的制取方法有：皂化酸解法、酸化水解法和溶剂皂化法等；混合脂肪酸的分离方法有冷冻压榨法、表面活性剂离心分离法、精馏法、溶剂分离法和尿素分离法等。目前应用最多的皂脚脂肪酸生成工艺有两种：皂化酸解冷冻压榨分离法和酸化水解冷冻压榨分离法。皂脚经皂化酸解或酸化水解后制得的脂肪酸半成品，在工厂被称为黑脂肪酸或粗脂肪酸。

2. 磷脂的制取

从水化油脚中提取磷脂首先必须除去水分、杂质，提高磷脂的含量。提取磷脂的方法主要有溶剂萃取法、盐析法及真空干燥法。其中以萃取法所得成品最纯，但此法成本较高，一般用于制取药用磷脂；对食品及工业用磷脂，纯度要求不太高，一般可用盐析法或真空干燥法制取。

（1）盐析法　通过加盐和加热，破坏磷脂油脚中的胶体，使一部分油和水析出，同时磷脂中保留一部分食盐，可以抑制微生物的活动，防止油脚的发酵分解。盐析法制取磷脂的一般工艺为：

油脚 → 加热 → 加盐搅拌 → 静置分层 → 分离

将含磷脂的油脚加热到 80~90℃，然后加入 7%~9% 的食盐。食盐需磨细，分 3 次加入：第一次、第三次用量均为 1/4，第二次为 1/2。每次加盐时要剧烈搅拌，加盐时间为 40~50min。油脚经盐析后分为 3 层：上层为油，中层为磷脂，下层为水。放出下层的水，撇去上层油脂，中层即为粗磷脂。若第一次盐析处理得好，可使粗磷脂含水量降到 45%，油脂和磷脂含量各为 27%。为了进一步浓缩磷脂，可以进行第二次盐析，磷脂在搅拌下加热到 95℃，然后加入细度为 1mm 的风干食盐（加磷脂量的 7%），继续搅拌 0.5h 后静置 2~2.5h，分离油脂和水，得到粗磷脂的浓缩物，该浓缩物含水分 35%、油脂 20%、磷脂 37%、氯化钠 7%。它可以用在食品工业上，也可用作制备纯磷脂的原料。

（2）真空干燥法　先将油脚溶于油，然后加水进行水化，分离磷脂，最后在真空条件下脱去磷脂中的水分。真空干燥法的一般工艺是：

油脚 → 加油搅拌 → 加热 → 加水搅拌 → 沉淀 → 真空浓缩

在磷脂油脚中加入 8~10 倍的精炼油，充分搅拌，加热至 95~100℃，使磷脂完全溶解。经 50min 后进行过滤或离心分离，滤去杂质，在含有磷脂的滤出油中加入 1~1.5 倍磷脂量的水，使磷脂水化，沉淀析出。将沉淀出的含磷脂油脚送入真空干燥器。当真空度达到 106.7kPa 时开进料阀门，将磷脂吸入罐内，干燥的开始温度控制在 80~85℃，不能超过 90℃。待干燥至半固体状时，泡沫减少，可升温至 90~95℃，干燥可一直进行到水分降至 1%。总干燥时间为 5~6h。

（3）溶剂萃取法　根据磷脂不溶于丙酮的性质，用丙酮作溶剂萃取磷脂中的油脂等，从而得到磷脂精制品。溶剂萃取法的一般工艺是：

油脚 → 真空浓缩 → 加丙酮萃取 → 加水分离 → 萃取液 → 真空蒸发

先将油脚置于真空干燥器内，在 80kPa 真空度和 60℃下脱水 8h，使水分达到 10%，然后将脱水磷脂油脚装入密闭容器中，加入丙酮，不断搅拌，以萃取其中的油脂。萃取可分三次进行：第一次加入丙酮为磷脂重的 10 倍，第二、第三次各加入磷脂重 5 倍的丙酮。萃取后倾出溶剂，在高度真空和 30~40℃下，蒸发除去磷脂中的残余丙酮，即得成品。在精制磷脂的所有过程中，温度都不得高于 100℃，否则磷脂颜色加深。制得的成品为淡黄色细粒状，水分含量在 2%，磷脂含量达 97% 以上，具有芳香气味。

第六节　典型植物油加工应用案例

植物油的制取与精炼往往分开进行，植物毛油制取出来后，可作为商品供油脂精炼企业使用。精炼企业再根据产品质量要求，选择合适的精炼方法及工艺参数。下面就以菜籽油的膨化预榨浸出工艺和米糠油的物理精炼工艺为例进行说明。

一、 菜籽油的膨化 - 预榨浸出制取工艺

目前，油菜籽加工大多采用传统的蒸炒 - 预榨工艺，该工艺存在能耗高、工艺复杂、浸出毛油质量差等缺点。结合膨化技术的优点，将膨化代替传统的炒籽工艺，从而提高出油率和毛油质量，工艺如图 5 - 13 所示。

图 5 - 13 菜籽油的膨化 - 预榨浸出工艺

（一） 油菜籽清理

通过振动清理筛、比重去石机、永磁筒等设备，清除泥沙、瓦块、石子、金属等杂质，避免对设备有强烈的摩擦作用，以免造成设备损坏，从而延长设备使用寿命。严禁铁块、石块等硬物进入膨化机，否则会造成螺旋和剪切销的损坏。虽然膨化机入口处随机配有磁选器，但在物料冲击下不能保证全部铁块被截留，因此在前处理过程中要注意去铁、去石，并定时清理磁选器。严禁麻绳和草梗等进入膨化机，否则会造成麻绳或草梗缠绕在螺旋和剪切销上，不能正常吃料，造成模孔堵塞，影响产量。清理后的含杂量≤0.5%，清理后的下脚料中有用油料含量≤1.5%。

（二） 轧坯

在传统的蒸炒 - 预榨工艺中，要求严格控制坯片厚度，一般为 0.30 ~ 0.35mm；粉末度 < 15%，坯片厚度均匀，坯片结实、少成粉、不露油、手握发松、松手发散。而油菜籽膨化 - 预榨新工艺采用膨化技术，对油菜籽的轧坯要求只要坯片厚度 < 0.5mm 即可，大大降低轧坯要求。但如果油菜籽轧坯操作不到位，坯片过厚或带有整粒油菜籽，会引起膨化机运行电流过高，导致膨化机故障。

（三） 膨化

膨化操作前，要求坯料的含水量在 6% ~ 10%。水分过高，物料塑性大，导致榨腔内压力太小，膨化机内不能建立正常的挤压压力，在模孔处无法产生膨爆现象，膨化料无孔隙，影响浸出效果；水分太低，物料和筒壁间润滑差，导致挤压压力过大，膨化机内温度增高，膨化料易糊化，并且膨化料在出口的汽化水分少，不能较好地破坏细胞结构，导致膨化不充分。

喂料时需要掌握适宜的进料量，达到连续均匀地喂料。进料量太大，榨腔内压力大，设备运行电流高，易产生堵塞现象；进料量太小，则榨腔内压力小，膨化不够充分，达不到预期的膨化效果。

由于膨化过程中直接蒸汽的加入，膨化后的油料水分增加，导致黏度增大、易结块，因此生产过程中在保证膨化完全的基础上要控制好直接蒸汽的加入量，从而尽量减少水分，减轻后续工段的设备压力。一般情况下，膨化油菜籽时的直接蒸汽压力为 0.6 ~ 0.8MPa，直接蒸汽加入量 15 ~ 20kg/t（以料质量计）。

料坯浸出膨化机的温度对膨化效果也有影响。生产实践中，膨化油菜籽时，进膨化机的物料温度一般在 30 ~ 40℃，出膨化机的温度为 90 ~ 105℃，再经烘干冷却设备后进入浸出车间。

另外，影响膨化效果的因素还有模孔数量、模孔喷嘴长径比和主轴转速。模孔数量需要根据产量和膨化效果来综合选择。膨化油菜籽时模孔喷嘴长径比为（9~10）：1，主轴转速为320r/min。

（四） 膨化料烘干

调整膨化料的水分，使其降低至适宜预榨的水分含量。一般情况下，经平板烘干机及预榨机辅助炒锅的烘干作用后，预榨料的水分在2%。

（五） 膨化料预榨

通过烘干和辅助炒锅调整熟坯的性能使其达到入榨要求，调整饼的厚度在12~16mm，使榨出的饼呈多孔性瓦块状，略带韧性，内面光滑，有光泽，外面有均匀的裂纹，闻之有饼香味，呈黄褐色。饼中残油率15%~17%，水分5%~9%。

（六） 预榨饼浸出

掌握好浸出温度，调整好溶剂泵的流量，一般控制新鲜溶剂在每个料格喷淋2~3次，浸出器浸出周期为120min，干粕残油在1.0%。另外，掌握好预脱层和高料层的温度和时间。一般高料层温度控制在95℃，时间不低于10min，直接蒸汽压力为0.03MPa。成品粕呈棕黄色、颗粒状且均匀，有粕香味，残溶符合要求。

用膨化机取代传统的立式蒸炒锅，可提高产量和成品粕质量，降低坯片厚度、炼耗、溶剂消耗和蒸汽消耗，提高了企业的经济效益。该工艺的实践成功证明，设备投资较传统工艺少，能耗低，加工出的油损失少、质量高，是中小企业新建油菜籽压榨生产线或对传统蒸炒-预榨工艺进行技改升级的优选技术路线。

二、 米糠油的物理精炼工艺

米糠毛油的主要特点：酸值很高，一般在12~30mgKOH/g，陈化米糠油酸值高达50mgKOH/g以上，含蜡质高达2%~5%，色泽较深，脱色困难。传统的碱炼工艺会产生大量的碱炼损耗，使精炼成本增加，生产效益下降。本工艺以物理精炼为主，采用先进的工艺组合，可生产出合格的国标一级米糠油。一般工艺流程如图5-14所示，主要包括脱胶、脱色、脱酸和脱蜡，而关键工序是蒸馏脱酸，脱胶和脱色是至关重要的前处理。

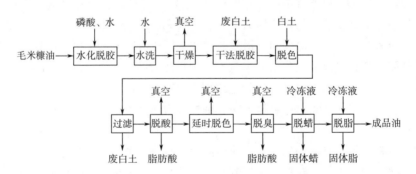

图5-14 米糠油的物理精炼工艺流程图

（一） 水化脱胶

胶体物质的大量存在不仅影响产品质量，而且在高温作用下易结焦形成油垢附着在填料表面，影响设备的正常运转；另外，即便是很少量的磷脂，在标准的物理精炼温度下，也会使油的颜色变得很深。

间歇式水化脱胶工艺：毛油首先要过滤，除去米糠微粒和大部分蜡，脱胶温度选 70～75℃为宜，这样蜡不结晶，可避免在磷脂中残留。磷酸（质量分数为 85%）加入量可控制为油重的 0.2%，加磷酸时应以 60r/min 搅拌 30min；再加入温度为 80～85℃、油重 8% 的 50g/L 的食盐溶液慢搅 15min 后静置沉淀 3h，放出油脚。通常水化脱胶油磷含量不大于 30mg/kg（脱胶损耗 = 胶含量 × 1.8）。相对于连续式脱胶，间歇式脱胶工艺的工艺路线短，设备投资少，工艺条件便于控制，操作技术易于掌握。

脱胶后将油温升至 75～80℃，加入温度为 85～90℃、油重 8% 的热水慢搅 15r/min 后静置沉淀 2h，放出油脚。采用同样的方法再水洗 1 次。使用连续式的脱溶脱水器进行水化脱胶油干燥，干燥真空度为 -0.09MPa、进油温度 110～115℃，水分降至 0.2% 以下。

（二）干法脱胶

干燥油加热到 85℃，由定量泵加入 850g/L 的食用磷酸，加入量为油重的 0.1%，经刀式混合器快速搅拌混合反应后，进入叶片过滤机。利用脱色后的废白土过滤去除残余的磷脂及金属离子等杂质得到干法脱胶油。一般地，经干法脱胶的油含磷量 ≤10mg/kg。

（三）脱色

采用连续式脱色塔，两台脱色过滤机交替使用，实现脱色、过滤工作的连续性。用复合脱色剂吸附脱色，70% 的脱胶油加热到 110℃进入脱色塔，30% 的脱胶油经油土混合器与加入的复合白土混合后，由真空吸入脱色塔。脱色塔采用蒸汽搅拌，脱色塔真空度为 -0.09MPa，油在脱色塔内脱色时间控制在 25～30min，复合白土添加量以 2%～3% 为宜。脱色损耗 = 白土量 × 0.25。

用泵将脱色油打入叶片过滤机，叶片过滤机操作压力为 0.2～0.3MPa，过滤后的清油经袋式过滤机精滤后进入真空脱酸塔。通常脱色油磷含量不大于 10mg/kg，色泽 Y35、R6。如果磷含量超标须查明原因，解决后才能进入物理脱酸工序。

（四）脱酸

脱色油经油 - 油换热器、最后加热器加热至 250～260℃进入脱酸塔脱酸。脱酸塔为结构填料塔，油在填料表面从顶部在重力作用下向下流动，与从底部喷入的饱和蒸汽充分接触达到汽提脱酸的目的。油在塔内流动时间为 5min，直接汽用量为油重的 2%，压力 ≤200Pa。脱酸油在重力作用下流入延时脱色罐。

（五）延时脱色

在高温、高真空条件下，脱酸油中叶绿素、类胡萝卜素等热敏性色素被分解脱除。延时脱色罐为卧式罐体，内部分为 4 个格，油在内部按顺序流动。延时脱色温度为 240～245℃，真空绝对压力 ≤200Pa，时间 60min。油在重力作用下溢流至脱臭塔。

（六）脱臭

脱臭塔为结构填料塔。油在填料表面从顶部在重力作用下向下流动，与从底部喷入的饱和蒸汽充分接触达到汽提脱臭的目的。油在塔内流动时间为 15～20min，脱臭温度 ≥230℃，直接汽用量为油重的 1%，真空绝对压力 ≤200Pa。从塔底部抽出的脱臭油经油 - 油换热器、最后冷凝器冷却至 40℃以下。一般地，脱臭油酸值 ≤0.2mgKOH/g，色泽 Y20、R2。

脱酸、脱臭抽出的混合脂肪酸由结构填料捕集塔捕集后流至脂肪酸循环罐，混合脂肪酸在此被冷却至 60～70℃。冷却的混合脂肪酸由脂肪酸循环泵泵入捕集塔顶部分配器。脂肪酸在填料表面自上而下流动,与自下而上高速流动的高温混合脂肪酸气体相接触完成热交换,使混合脂肪酸气体变成液体,从而被捕集下来。一般地,混合脂肪酸酸值在 150~190mgKOH/g。

(七) 脱蜡

脱臭油经板式换热器与冷冻液换热,油温降至 22~25℃后泵入不锈钢结晶罐。在搅拌作用下,利用盘管内冷冻液的循环使其缓慢降温至 18℃形成晶体。结晶时间约 3h。将结晶油压入养晶罐,恒温 18℃条件下养晶 3h 过滤,得脱蜡油。

(八) 脱脂

滤出的脱蜡油泵入不锈钢脱脂罐,在具有刮板装置的慢速搅拌作用下,利用夹套冷冻液循环缓慢降温至 3℃。恒温 3℃条件下养晶 6h 过滤得脱脂米糠油。

米糠油的物理精炼工艺中,脱酸选用高效节能的脱酸组合塔及高效真空泵,比传统的脱酸工艺节能 70%。产品品质稳定,投资少,生产成本低,增强了企业的市场竞争力。

🔍 思考题

1. 油料预处理方法有哪些? 各自的作用是什么?
2. 简述挤压膨化技术在植物油制取中的应用优势。
3. 植物油制取的常见方法有哪些? 各自的优缺点是什么?
4. 简述植物油压榨制取的原理及影响因素。
5. 简述浸提法制取植物油脂的一般工艺及影响因素。
6. 超临界二氧化碳制取植物油脂的优点有哪些?
7. 水酶法制取植物油的优势和发展难点是什么?
8. 简述植物毛油中的杂质及其常规去除方法。
9. 简述植物油的精炼目的,并分析精炼方法选择的依据。
10. 植物毛油脱胶方法有哪些? 简述各自的优缺点。
11. 什么是植物油的氢化? 为什么要对植物油进行氢化处理?
12. 油脂氢化的影响因素是什么?
13. 常见的植物油脂深加工产品有哪些? 其产品特点是什么?

推荐阅读书目

[1] 刘玉兰. 油脂制取工艺学 [M]. 北京:化学工业出版社,2006.

[2] 何东平,闫子鹏. 油脂精炼与加工工艺学(第二版)[M]. 北京:化学工业出版社,2012.

[3] 于殿宇. 油脂工艺学 [M]. 北京:科学出版社,2012.

[4] 何东平. 油脂化学 [M]. 北京:化学工业出版社,2013.

[5] 周裔彬. 粮油加工工艺学 [M]. 北京:化学工业出版社,2015.

本章参考文献

［1］刘玉兰. 油脂制取与加工工艺学［M］. 北京：科学出版社，2003.

［2］Fereidoon Shahidi 著. 王兴国，金青哲译. 贝雷油脂化学与工艺学（第六版第四卷）：食用油脂产品与应用［M］. 北京：中国轻工业出版社，2016.

［3］何东平. 食用油脂加工技术［M］. 武汉：湖北科学技术出版社，2010.

［4］马传国. 油脂加工工艺与设备［M］. 北京：化学工业出版社，2004.

第六章

CHAPTER

大豆制品加工

[知识目标]

熟悉大豆加工制品的种类；掌握典型非发酵大豆加工制品的加工原理、加工工艺和质量控制。

[能力目标]

能够发现大豆制品实际生产过程中关于工艺改进、品质提升、节能减排等方面存在的问题，并利用所学理论知识有效地解决；能够对传统大豆制品加工进行优化，对产品质量进行合理控制。

第一节　大豆食品加工

以大豆为原料生产出的食品种类较多，用大豆制成的轻工产品有 400 多种，而含有大豆蛋白的食品已达 1200 种。因为大豆油是植物油的重要组成部分，在这里不作介绍。

豆制品种类丰富，可以简单分为大豆蛋白制品、发酵豆制品和非发酵豆制品。大豆蛋白制品主要是指以脱脂豆粕为原料，提取其中的大豆蛋白，经分离、浓缩、组织化处理后所得到的制品，包括大豆浓缩蛋白、大豆分离蛋白和大豆组织化蛋白。大豆蛋白制品主要用作其他食品加工原辅料，具有重要的应用价值。发酵类豆制品是指将大豆经过或不经过加工处理（如破碎等），在微生物发酵作用改变或不改变大豆原有形态、分解原有成分而形成的食品，包括豆豉、豆腐乳、臭豆腐、豆酱、酱油、酸豆乳等。非发酵类豆制品则主要基于大豆蛋白的亲水亲油性、溶解性或凝胶性，经过加热或凝固等工序制成的产品，包括豆浆、豆浆粉、豆腐、豆腐干、豆腐皮、腐竹、素肉等。这些豆制品多数都具有传统加工、历史悠久等特点，如豆腐公认为发明于我国汉代时期，经过上千年的传承与发展，已经发展成为豆制品行业中极具代表性的产品。

豆制品除了口味独特外，最主要的特点是蛋白质含量高，是人体补充蛋白质最好的植物性食物之一。同时，豆制品也能补充诸如多不饱和脂肪酸、磷脂、多糖、矿物质、大豆异黄酮等营养素或植物营养素。大豆蛋白是学界公认的优质完全蛋白，豆制品正是首屈一指的健康食品。当前全球越来越多的消费者开始重视豆制品，并将豆制品作为日常膳食结构中重要的组成部分，这带动了全球豆制品行业向着更繁荣的方向发展。

第二节　大豆蛋白制品

大豆蛋白质含量丰富，一般在40%。按蛋白质40%计算，1kg大豆的蛋白质含量相当于2.3kg猪瘦肉或2kg牛瘦肉中的蛋白含量，被誉为"植物肉"。大豆蛋白质具有降低胆固醇、减少心血管病发生的功效，由大豆蛋白质调制的多肽具有促进营养吸收和辅助降血脂作用。因此，无论在人口不断增长的发展中国家，还是在西方发达国家，大豆在解决蛋白质供给不足和改善饮食模式及膳食结构中的营养平衡等问题上都具有重要作用。大豆蛋白中含有的人体所需的各种氨基酸，尤其是必需氨基酸含量，接近FAO/WHO的推荐模式。与其他植物（如谷类）蛋白相比，大豆蛋白中赖氨酸含量最高，很适合添加到谷类食品中弥补谷物中赖氨酸的不足；大豆中甲硫氨酸含量较低，甲硫氨酸是大豆蛋白的限制性氨基酸。过去一直认为大豆蛋白质的营养价值仅为动物蛋白质的75%～80%，但最近研究表明，若按蛋白质消化率校正氨基酸评分相比较，大豆蛋白质的分值与牛乳、鸡蛋白的蛋白质相当，且高于牛肉、杂豆等其他蛋白质，如表6-1所示。

表6-1　　　　　　　　　　不同食物蛋白质消化率校正氨基酸评分

种类	PDCAAS	种类	PDCAAS
大豆蛋白	0.92～0.99	牛肉蛋白质	0.92
酪蛋白	1.00	豌豆粉	0.69
鸡蛋白蛋白	1.00	杂豆	0.63
脱脂乳粉	1.00	全麦	0.40
浓缩乳蛋白	1.00	麦麸	0.25

一、大豆蛋白功能性质

大豆蛋白质的功能性质影响食品的感官性质，也对食品和食品成分在制备、加工、贮藏运输等过程中的物理特性起主要的作用。与其他蛋白质类似，大豆蛋白具有蛋白质所有的功能特性，包括水合性、界面特性和蛋白质分子之间的相互作用特性。

1. 水合性

大豆蛋白质的水合通过蛋白质的肽键和氨基酸侧链与水分子间的相互作用而实现。食品中蛋白质及其他成分的物理性质、化学性质与流变学性质，不仅受体系中水分的影响，而且还受水分活度的影响。蛋白质的许多功能性质如分散性、湿润性、溶解性、持水能力、凝胶作用、增稠、黏度、凝结、乳化和起泡等，都取决于水－蛋白质的相互作用。因此，了解食品蛋白质的水合性质和复水性质在食品加工中有重要的意义。大豆蛋白质的水合作用主要表现在其溶解性和黏度两个方面。

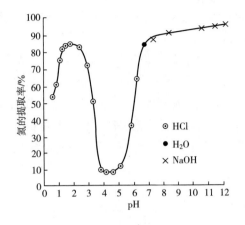

图 6 – 1　大豆蛋白质随 pH 变化的溶解度曲线

大豆蛋白质的溶解性，首先随着 pH 的变化会发生很大变化。pH4～5 时，溶解度最小，这与大豆蛋白质在其等电点时发生絮凝沉淀有关（图 6 – 1）。在等电点附近，蛋白质所带电荷被中和，由电荷引起的各残基之间的静电排斥力消失，蛋白质分子便紧密地排列在一起，降低了与水分子的结合能。

大豆蛋白质属于球蛋白，精制的大豆球蛋白几乎不溶于水，加入盐类以后会促使其溶解。根据盐溶液种类不同，溶解度的顺序也不同。大豆蛋白添加至 0.5mol/L 的盐溶液中，其溶解效果为：

$$阴离子：F^- < Cl^- < SO_4^{2-} < Br^- < I^- \qquad 阳离子：Ca^{2+} < Mg^{2+} < Li^+ < Na^+ < K^+$$

在这个顺序中，越往左，溶解度越小，越容易盐析；相反，越往右，蛋白质越易与水结合，显示出较强的盐溶性，有时也会发生变性。制作豆腐时向豆乳中加入一些 Ca^{2+}、Mg^{2+}，会使得蛋白质溶解度降低而产生凝聚。与 β – 伴大豆球蛋白相比，大豆球蛋白在低 Ca^{2+} 浓度下，更容易产生凝聚。另外，也可以用二者在盐析中的反应差异将大豆球蛋白和 β – 伴大豆球蛋白分开。

大豆蛋白质溶液的黏度反映了它对流动的阻力。黏度不仅可以稳定食品中的被分散成分，同时也直接提供良好的口感，或间接改善口感，例如控制食品中一些成分结晶、限制冰晶的成长等。影响大豆蛋白质黏度的主要因素是溶液中蛋白质分子或颗粒的表观直径。表观直径主要取决于蛋白质分子固有的特性、蛋白质 – 溶剂间的相互作用以及蛋白质 – 蛋白质间的相互作用。在常见的加工处理中，如高温杀菌、蛋白质水解，存在无机离子也均会严重影响大豆蛋白质溶液的黏度。

2. 界面特性

蛋白质是天然的两亲性物质，既能同水相互作用，又能与脂质作用。在油/水体系中，蛋白质能自发地迁移至油 – 水界面和气 – 水界面，到达界面上以后，疏水基定向到油相和气相，而亲水基定向到水相并广泛展开和散布，在界面形成蛋白质吸附层，从而起到稳定乳状液或起泡的作用。

大豆蛋白乳化性主要表现在将大豆油添加到油水体系中（油溶解于水），可以形成稳定的 O/W 乳化液。乳化油滴表面的蛋白质是保护层，能够阻止油滴聚集，提高了乳化液的稳定性。蛋白质和油的混合溶液在均质机作用下形成微小的油滴粒子，蛋白质覆盖在粒子的表面，防止油脂粒子之间的聚合，起到乳化的作用。蛋白质除了和油形成乳浊液外，其乳化性还与乳浊液中脂肪的稳定性和油溶性风味物质吸附与保持有重要关系。大豆蛋白的乳化性可以应用于红肠、蛋黄酱、稀奶油、甜点等制品的加工，从而增加这些食品的口感、质构、稳定性等。

大豆蛋白质与油滴球结合时需要蛋白质中具有一定量的疏水基，同时又需要其在液相中有一定的亲水性。蛋白质在油滴球表面上重新排列，需要具有柔软的结构；但是为了乳化的稳定性，在某种程度上又需要其有坚固的结构。只有能使这两方面达到良好平衡状态的蛋白质才具有良好的乳化性。大豆蛋白质的良好乳化性除了要求蛋白分子结构稳定外，还需要油滴球在液相中有活动性（溶解性）；油滴球的表面容易具有重排列的柔软结构（柔软性）；再重排时，油滴球上能够有一定量的疏水基露出（疏水性）。

大豆蛋白质中，β-伴大豆球蛋白的乳化性要高于大豆球蛋白。这是由于大豆球蛋白中存在—S—S—键，使得蛋白质有比较坚固的结构所致。为了改善它的乳化性可利用酸和酶对蛋白质进行修饰来增加蛋白质的乳化性。随着水解程度的加强，蛋白质的乳化性逐渐增强，但水解到一定程度后蛋白质疏水基暴露，蛋白质形成了柔软的结构，使得乳化性反而降低。

泡沫是食品常见的组织形态之一。食品泡沫通常是气泡在连续的液相或含可溶性表面活性剂的半固相中形成的分散体系。大豆蛋白质的起泡性表现在搅打或混合等作用下，作为起泡剂，能够被吸附到气泡表面形成一层具有刚性和弹性的薄膜，以降低气泡表面界面张力，从而形成大量且稳定的气泡。显然蛋白质的亲水性、柔软性、疏水性、坚固的结构对蛋白质发泡能力和形成泡沫的稳定性起着重要作用。基于大豆蛋白的起泡性能，可以应用于蛋白质酥皮、蛋糕、棉花糖和某些其他糖果产品、点心顶端配料、冰淇淋、蛋奶酥、啤酒泡沫、奶油冻和面包等食品的加工。

蛋白起泡性评价包括起泡能力和形成泡沫的稳定性两个方面。大豆蛋白质发泡性与溶解性和乳化性相似，在等电点附近减少。气泡的破坏率在等电点处最高，稳定性最低。随着蛋白质浓度的升高，发泡性增强，稳定性减小。利用酸和酶将大豆蛋白质部分地水解，获得的部分水解蛋白有很强的发泡性。根据此原理，能够生产出目前市场上销售的大豆蛋白粉。

3. 蛋白质分子之间的作用

大豆蛋白质分子之间的作用表现在其良好的凝胶化作用。凝胶化是大豆蛋白在食品加工中常见的一种组织形态变化，除了与大豆蛋白性质有关以外，还受到加工条件的影响。一般来说，大豆蛋白的凝胶化主要是在加热作用下，蛋白分子内部的疏水基团暴露，使得表面疏基和静电荷下降，蛋白质分子之间因疏水作用相互靠拢，发生聚集，形成具有持水能力的网状结构凝胶。大豆蛋白形成的热致凝胶属于不可逆凝胶，具有黏性、可塑性、弹性、不透明、保水能力强、即使再次加热也不再转变成前凝胶等特点。大豆蛋白的凝胶性质使其在很多加工食品的成型和组织稳定方面有重要作用，如豆腐、肉制品等。

大豆蛋白凝胶的形成及其弹性、持水性等物理性质均受大豆蛋白种类、浓度、加热温度和时间、pH、离子强度及变性剂的作用等各种各样的因素影响。大豆球蛋白与β-伴大豆球蛋白两种主要成分的凝胶化性质存在很大差异，大豆球蛋白形成凝胶的硬度和凝聚性远大于β-伴大豆球蛋白凝胶。在用不同比例的大豆球蛋白和β-伴大豆球蛋白的蛋白原料制作豆腐时发现，大豆球蛋白在凝胶的硬度、凝聚性、弹性等物性指标方面起着主要作用，如图6-2所示。

一般7%~8%或以上质量分数的大豆蛋白质在70~80℃以上温度加热时，有利于蛋白质溶液形成凝胶。与大豆球蛋白相比，β-伴大豆球蛋白在低浓度时开始凝胶化。β-伴大豆球蛋白的热变性温度比大豆球蛋白热变性温度低约20℃，其热致凝胶所需的温度比大豆球蛋白凝胶的低。凝胶的硬度在等电点附近最低，而在酸性（pH2~3）和碱性（pH11~12）的条件下加热形成的凝胶较硬，有较强的凝胶强度。增加离子强度一般会减少凝胶强度。凝胶的保水性类似于不同pH下蛋白质的溶解性，在等电点处最低。

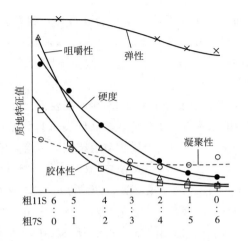

图6-2 以大豆球蛋白（11S）和β-伴大豆球蛋白（7S）的不同配比调制的豆腐的质地特性

4. 其他性质

大豆蛋白的持水持油性主要与亲水亲油性有关。大豆蛋白质肽链结构中含有极性的侧链，能够吸收水分并保留水分。某些极性部位可以电离（如—COOH和—NH）。pH的变化可以改变大豆蛋白分子极性，从而影响大豆蛋白质的吸水性。当pH>4.5或<4.5时，保留水分的量急剧增加。基于此性质，在焙烤食品、糖果的生产中，添加大豆粉等会增加产品的吸水力，使产品的保鲜时间延长。同时，大豆蛋白质能够与脂肪吸收和结合。例如，组织化大豆粉吸收的脂肪可以达到占其质量的65%~130%，并且在15~20min内吸收脂肪量达到最大值。这一数值主要与大豆粉的粒度大小有关，粒度小的吸收脂肪的量较粒度大的多。加入大豆粉有助于防止食品油炸（煎）时吸收过多的脂肪。这是由于大豆蛋白质受热变性，失去其亲油性，在油炸食品表面形成抗脂肪层。

基于大豆蛋白的凝胶性，大豆蛋白在特定呈膜方式和适宜条件下可形成具有稳定结构的可食性膜，作为新型包装材料的成膜基质。大豆蛋白膜具有良好的生物相容性和生物降解性，同时还具有营养特性、机械性能、阻氧气性能、阻湿性能和阻油性能。与其他蛋白膜相似，虽然大豆蛋白膜阻湿性较差，但却能有效地阻隔氧气，因此可用于多层包装中的阻氧层。对于易发生油脂氧化的食品，可用膜涂层作为阻氧层，同时再使用其他材料作为阻湿包装。近年来，由于大豆蛋白膜所表现出的优越性而广泛受到新型包装材料的青睐，针对其隔水性差的特点而进行定向改性的方法逐渐受到关注，如酶改性、糖基化改性等。

大豆蛋白能够使各种传统食品和新型食品具有组织化作用，如含有8%以上分离蛋白质的溶液，加热能够形成胶体；含有16%~17%的分离蛋白质溶液，经过加热后能够得到有弹性的自承重凝胶。也有方法能够使大豆粉和大豆分离蛋白具有和肉类相似的组织，如大豆组织化蛋白。

大豆蛋白在食品中的调色作用，表现在漂白和增色。在面包加工过程中添加活性大豆粉能起增白作用，这是因为大豆粉中的脂肪氧化酶能氧化多种不饱和脂肪酸，产生氧化脂质，氧化脂质对小麦粉中的类胡萝卜素有漂白作用，使之由黄变白。在加工面包时添加大豆粉，可以增加其表皮的颜色，这是大豆蛋白与面粉中的糖类发生美拉德反应的结果。

二、 大豆浓缩蛋白的加工

大豆浓缩蛋白指以低温脱溶豆粕为原料，通过不同的加工方法，除去低温粕中的可溶性糖分、灰分以及其他可溶性的微量成分，使蛋白质的含量从45%～50%提高到65%以上而获得的制品。大豆浓缩蛋白是大豆蛋白工业中的一种新兴产品，广泛应用于婴幼儿食品、烘焙食品、肉制品、乳制品等行业中。大豆浓缩蛋白因为它的蛋白含量高，又可以改变食品的组织结构和功能性，增加食品的营养成分及物理性能，在许多食品中可替代相对昂贵的其他谷物或乳清分离蛋白。

大豆浓缩蛋白的制取方法目前主要有四种：湿热浸提法、稀酸浸提法、含水乙醇提取法和超滤法。含水乙醇法使用最多（此法生产的浓缩蛋白产量占全世界大豆浓缩蛋白总产量的90%以上）。这几种方法加工的浓缩蛋白的质量有很大的不同，以稀酸和超滤法所制得的大豆浓缩蛋白氮溶解指数较高，引起的蛋白变性小；含水乙醇法生产的大豆浓缩蛋白在感官品质上优于其他方法。由于在湿热处理过程中，大豆蛋白受到严重变性，故湿热浸提法也已经基本淘汰。

1. 稀酸浸提法

稀酸浸提法主要是根据蛋白质在pH4.2～4.6附近溶解度最低的特性，利用酸调节洗除了低温粕中的可溶性糖分、可溶性灰分和其他微量成分。提取的流程如图6-3所示，先将通过粉碎过筛（100目）的低温脱溶豆粕粉加入酸洗罐中，加入10倍质量的水搅拌均匀，加入浓度为37%的盐酸，调节pH至4.2～4.6，搅拌1h，这时大部分蛋白质沉析，粗纤维形成浆状物。

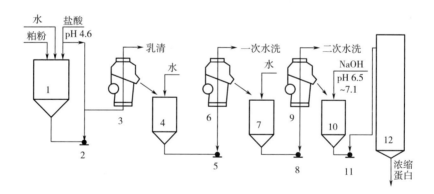

图6-3 稀酸浸提生产浓缩蛋白质的加工工艺流程图

1—酸洗池 2，5，8，11—浆液输送泵 3—碟式浆液分离机 4——次水洗池
6——次水洗分离机 7—二次水洗池 9—二次水洗分离机 10—中和罐 12—干燥塔

一部分可溶性糖、灰分及低分子蛋白质形成乳清，而浆状物送入第一部碟式离心机中进行液固分离。固态浆物流入一次水洗罐内，在此连续加水洗涤，然后经泵注入第二部碟式离心机中分离脱水。浆状物流入二次水洗罐中进行二次水洗，然后由泵注入第三部碟式离心机中分离废水，浆物流入中和罐内，加入适量碱调节pH至中性，再经泵压入干燥塔中，脱水干燥成成品。所有生产设备、管道皆用不锈钢制成。制成的产品可以是酸性浓缩蛋白质液，也可以是加碱中和（pH6.5～7.1）的中性浓缩蛋白液。调节浆液温度为60℃，黏度达30m²/s时可进行喷雾干燥。

2. 含水乙醇提取法

大豆浓缩蛋白的提取工艺主要采用醇法提取，以脱脂豆粕为原料，采用乙醇浸出，脱除低聚糖等可溶性成分，而蛋白质保持在不溶解状态。含水乙醇浸提法生产大豆浓缩蛋白的工艺如图 6 - 4 所示。首先将低温脱溶豆粕经风机吸入集料器，再经螺旋运输机送入酒精洗涤罐中进行洗涤。洗涤罐有 2 只，内装有摆动式搅拌器，可轮流使用。每次装低温粕的同时按料液比 1∶7 的比例由乙醇泵从暂存罐内吸入体积分数 60% ~ 65% 的乙醇。操作温度50℃，搅拌 30min。每个生产周期为 1h。洗涤过程，可溶性糖分、灰分及一些微量组分便溶解于乙醇中。为尽量减少蛋白质损失，乙醇体积分数选 60% ~ 65%，因这时的蛋白质的溶解度值最低，为 9%。

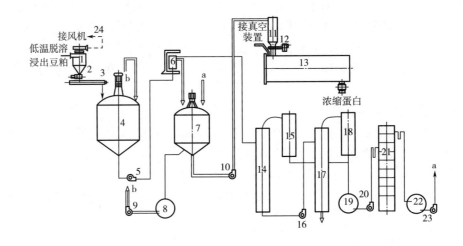

图 6 - 4　酒精浓缩蛋白质生产工艺流程

1—集料器　2—封闭阀　3—螺旋运输器　4—酒精洗涤罐　5—离心泵　6—管式离心机
7—二次洗涤罐　8—酒精暂存罐　9—酒精泵　10—浆液泵　11—暂存罐　12—闸板阀
13—真空干燥器　14——效酒精蒸发器　15—分离器　16—酒精泵　17—二效酒精蒸发器
18—分离器　19—浓酒精暂存罐　20—酒精泵　21—蒸馏塔　22—酒精暂存罐
23—酒精泵　24—吸料风机

3. 超滤法

超滤技术有不发生相变化、能耗低、制备的产品功能特性好、蛋白质得率较高、常温下进行等特点，在食品工业得到越来越广泛的应用，在蛋白质浓缩与分离方面具有重要的意义。与冷冻干燥、蒸发相比，膜分离能耗较少，根据实际应用的需要膜分离可以在低温、常温和较高的温度下进行。超滤法制备大豆浓缩蛋白的影响因素主要有 pH、压力、温度、流量等因素。超滤法生产大豆浓缩蛋白的工艺流程如图 6 - 5 所示。脱脂豆粉和蒸馏水按一定的比例配制成悬浊液，室温下搅拌 40min，在搅拌的过程中，用稀氢氧化钠溶液调节溶液的 pH 至 8.0。悬浊液室温下，7000r/min，离心 25min，弃去不溶物，保留上清液。上清液经 300 目滤网过滤，清液由恒流泵高速泵入超滤系统。超滤时将溶液的 pH 维持在 8.0，并调节超滤的操作压力、温度达到预定值。超滤采用全回流操作方式。在实际生产过程中，关键在于超滤膜的选择以及清理维护。

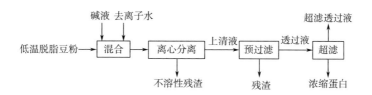

图6-5 超滤法生产大豆浓缩蛋白的工艺流程

三、 大豆分离蛋白的加工

大豆分离蛋白质指除去大豆中的油脂、可溶性及不可溶性碳水化合物、灰分等得到的可溶性大豆蛋白质，一般也是以低温脱脂豆粕为原料。大豆分离蛋白是高度精制的大豆蛋白，蛋白质含量一般在90%以上，分散度在80%~90%，具有较好的功能性质。因此，分离大豆蛋白质作为食品加工助剂有较好的实用价值，广泛应用于肉类制品、焙烤制品和乳制品。

（一） 加工方法

大豆分离蛋白的生产方法相对单一，主要是碱溶酸沉法，但是提取过程比较复杂，主要包括碱溶浸提、除渣、酸沉、分离、破碎、中和、杀菌及喷雾干燥等工艺，如图6-6所示。首先用弱碱溶液浸泡低温脱溶豆粕，使可溶性蛋白质、碳水化合物等溶出，利用离心机除去溶液中不溶性纤维及残渣。在已经溶解的蛋白质溶液中，加入适量的酸液，调节溶液的pH至4.2~4.6，使大部分蛋白质从溶液中沉析出来，还有约10%的少量蛋白质仍留在溶液中，这部分溶液称为乳清。乳清中除含有蛋白质外，还含有可溶性糖分、灰分及其他微量成分。乳清部分可以再进行蛋白提取或作他用。然后将用酸沉析出的蛋白质凝聚体进行破碎、水洗，送入中和罐内，加碱中和溶解成溶液状态。将蛋白质溶液调节至合适浓度，由高压泵送入加热器中经闪蒸器快速灭菌后，再送入喷雾干燥塔中脱除水分，制成分离蛋白质。

利用图6-6所示工艺流程生产的大豆分离蛋白产品中的蛋白质含量很高，另外也有在上述流程图中第二次离心分离后采用超滤技术，再经过浓缩和喷雾干燥制取大豆分离蛋白。采用超滤技术处理，关键在于超滤膜的选择和超滤时的操作参数。聚砜超滤膜具有优异的化学稳定性，宽的pH使用范围，良好的耐热性能，酸碱稳定性好，以及较高的抗氧化性和抗氯性能。操作参数包括浓度、pH、温度、流体压力及流量等，需要根据具体生产要求来进行调节。利用超滤技术生产大豆分离蛋白，可以除去或降低脂肪氧化酶在蛋白中的含量，可以分离出植酸等微量成分，因而产品内含植酸量少、消化率高、色泽浅而无咸味、质量较高。同时应用超滤和反渗透技术回收浸出液中的大豆低聚糖，提高副产品的综合利用，且废水能够得到循环的使用，这样就不存在污染。

（二） 大豆分离蛋白在加工食品中的应用

大豆分离蛋白因蛋白质浓度高，除了具有高营养价值以外，还具有纯蛋白质几乎所有的功能性质，如溶解性、黏性、吸水吸油性、乳化性、起泡性、交联性、成膜性等。这些重要的功能性质使得大豆分离蛋白在食品工业中有广泛的应用，目前主要的应用食品包括肉制品、乳制品、面制品、饮料、传统豆制品、食品包装材料等。

大豆蛋白制品用于肉制品，既可作为非功能性填充料，也可用作功能性添加剂，改善肉制品的质构和增加风味，充分利用不理想或不完整的边角原料肉。利用功能性如乳化性、吸油

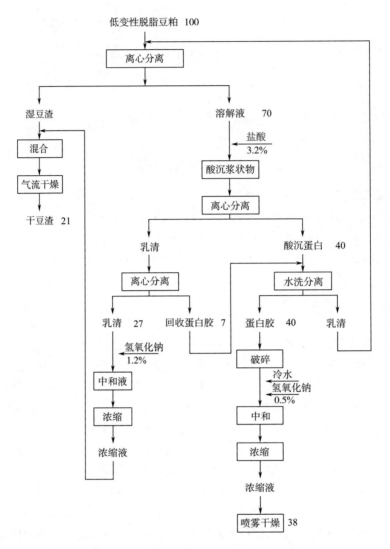

图6-6 大豆分离蛋白质的生产工艺流程

（产物右侧数值为百分占比）

性、吸水性、凝胶性和黏着性来改善肉制品，如馅饼、肉包子、饺子等食品中加入适量分离大豆蛋白，代替部分肉类，就可以起到保水、保脂，防止肉汁离析，提高品质，改善口感的作用。

粉末状的分离蛋白具有与脱脂乳粉极相似的特性，在冰淇淋生产中，可用分离大豆蛋白代替脱脂乳粉，由于陈化使黏度显著增加，对冷冻时气泡的稳定有利，此外还可起到改善冰淇淋乳化性质、推迟冰淇淋中乳糖的结晶，防止起砂现象的作用。在配方乳粉和液体乳方面，可提高蛋白质含量，与乳的营养、良好风味结合，在氨基酸含量、配比及风味上形成优势互补。高分散型分离蛋白质具有分散性（冲调性）、溶解性、分散稳定性及乳化性，蛋白质含量90%以上，且不含乳糖，避免乳糖不适症反应，不含胆固醇，是低热量、高营养、安全、方便的乳制品加工辅料。

大豆分离蛋白中赖氨酸含量高于其他谷类制品，应用于面制食品中，不仅提高产品蛋白质含量，且根据氨基酸互补原则，又提高产品蛋白质品质。又因其加工特性，在加工中增加面制食品色、香、味，延长面制食品保质期。如在焙烤食品中添加高分散性分离大豆蛋白，可提高面包的营养价值、增大面包体积、改善表皮色泽和质地、增进面包风味、提高吸收率、防止面包老化和延长保质期。在制作蛋糕时，加入大豆分离蛋白，可改善蛋糕起泡性与吸水性，使蛋糕质地蓬松，蜂窝细腻，色泽、口感良好，不易干硬和抗老化。在生产饼干时，在原料中加入15%～30%的大豆蛋白粉，不但能提高蛋白质含量，增加营养价值，且能增加饼干酥性，还可起到保鲜作用。在加工面条时，在面粉中加入适量的大豆蛋白粉，面团吸水性好，面条水煮后断条少，煮制时间长。由于吸水量大，可以提高面条的得率，且面条色泽好，口感与强力粉面条相似，可降低生产成本。

新型包装材料的开发是大豆分离蛋白又一重要应用的表现。经过适当改性的大豆分离蛋白，可以形成阻气、阻油、材料机械性能等优良的可食性包装膜，从而满足食品行业的特殊要求，代替塑料包装，减少环境污染和提高包装食品的安全性。大豆分离蛋白在包装材料中的应用是目前的研究重点和未来的重要应用领域。

四、 大豆组织化蛋白的加工

大豆组织化蛋白是蛋白质经加工成型后其分子发生了重新排列，形成具有同方向类似于动物肌肉组织结构的纤维状蛋白。这种纤维状结构是大豆蛋白在温度、剪切、压力等物理场作用下，蛋白质分子发生变性、分子链取向、重新交联后产生的。组织化蛋白根据原料蛋白质含量可分为高蛋白组织化产品（高于70%）和低蛋白组织化产品（50%～55%）；根据水分含量可分为低水分组织化蛋白（低于35%）和高水分组织化蛋白（高于45%）；根据产品纤维状结构可分为普通组织化蛋白（具有少量纤维状结构）和拉丝蛋白（具有明显的纤维状结构）。

（一） 加工方法

生产大豆组织化蛋白的方法包括热凝固法、纤维纺丝法和热塑挤压法。热凝固法指大豆蛋白浓溶液在平滑的热金属表面发生水分蒸发，蛋白随即产生热凝结作用，形成组织化蛋白。纤维纺丝法是指在pH＞10的条件下制备高浓度蛋白质溶液，经过脱气、澄清后在高压下通过多孔的喷头进入含有氯化钠的酸性溶液，在等电点和盐析效应的共同作用下，蛋白质发生凝结纺丝，形成纤维状结构。热塑挤压法是指含有蛋白质的混合物在螺杆输送作用下，在机筒温度、压力和螺杆剪切的作用下，发生熔融，当挤出模头后，物料水分迅速蒸发，形成了膨胀、干燥的多孔结构，得到组织化蛋白。三种方法中，热塑挤压法连续性较好、工艺集成性高、原料适用性宽泛，是应用最广泛的技术。

挤压法生产大豆组织化蛋白的工艺如下：

原辅料 → 除杂 → 粉碎 → 过筛 → 混料 → 预处理 → 调质 →

挤压膨化 → 切割 → 干燥 → 包装 → 成品

生产时，将低温脱溶豆粕粉投入喂料器，喂料螺旋输入器将原料不断地输入到预调器内。在预调器中加入适量水分、营养物质和调味剂等进行配料。预调好的物料送入混合机进行充分的搅拌与混合，形成湿面团。湿面团再被送入膨化机腔内做进一步的挤压、捏合、加热。在膨化机膛内由于挤压产生的高压、高温和高湿环境使蛋白质分子产生变化呈融溶状态，在出口处被排出，并膨胀冷却形成长条状产品。由于外界压力低，蛋白条状物中水分迅速减压蒸发，使产品膨化为多孔状物。该长条状组织蛋白再经切割机切割形成长短不同的颗粒状膨化蛋白产品。组织蛋白挤压膨化法在设备上有单螺杆膨化机与双螺杆膨化机挤压膨化之分。双螺杆挤压因其混合性能好，剪切强度可控等特点，使得挤压加工过程含水量提高至60%，挤压产品也出现了新的特性，如优良的可塑性、即食性等。

（二）大豆组织蛋白在加工食品中的应用

组织化蛋白具有优良的吸水性和吸油性，以及动物蛋白纤维状结构和咀嚼感，规格有块状、粒状、糁状、条状等。通常情况，组织化蛋白产品的蛋白质含量达50%以上，是猪肉的3倍，复水后价格是猪肉的1/5。组织化蛋白替代动物蛋白可以降低生产成本，增加食品中大豆蛋白含量，改善膳食结构。大豆组织蛋白具有仿肉组织状的特点，可制成各种风味的方便食品或者休闲食品，丝状、片状蛋白产品直接用于制作素食仿肉食品，块状和小颗粒状可以制作各种馅类食品，不仅感官上给人们满足，还可以提供优质的蛋白源。用热水浸泡后即可食用，可为学龄儿童作早餐和课间餐。目前，我国组织化蛋白的应用主要集中在肉制品、冷冻食品、方便食品、休闲食品等方面，代表食品有火腿肠、冷冻饺子、方便面调料、鱼丸、辣条、豆干等，使用比例分别为5%、10%、1%、10%和90%。

第三节　非发酵大豆制品

我国豆制品消费历史悠久，豆制品种类丰富，以豆腐最具特色，并且深受消费者欢迎。围绕豆腐加工而成的豆腐干也成为了目前休闲豆制品的代表，具有良好的消费市场。根据GB/T 22106—2008《非发酵豆制品》，非发酵豆制品是指以大豆和水为主要原料，经过制浆工艺，凝固或不凝固，调味或不调味等加工工艺制成的产品。标准中规定了豆浆、豆腐、豆腐干和腐竹这四类非发酵豆制品的种类、理化性质和感官指标，具有重要的实际指导意义。

一、豆浆的加工

豆浆类制品种类较多，主要属于饮品范畴，有液态和固态之分。液态豆浆类制品包括豆浆、调制豆浆和豆浆饮料；固态豆浆类制品包括豆浆粉（晶）和豆奶粉。豆浆，也称为纯豆浆，指大豆（不包括豆粕及粉）经脱皮或不脱皮，经浸泡或不浸泡，加水研磨、加热等使蛋白质等有效成分溶出，除去豆渣后所得的总固形物含量在6.0%以上的乳状液。调制豆浆是指大豆或食用豆粕经浸泡或不浸泡、加水研磨使蛋白质等有效成分溶出，除去豆渣后，添加或不添加豆油或其他植物油、糖类、食盐等辅料，添加或不添加食品添加剂、食品营养强化剂，可采用高于巴氏杀菌或超高温灭菌等工艺过程制成的总固形物含量在6.0%以上的液体产品。豆浆饮料是以调制豆浆、大豆蛋白粉（包括大豆豆浆液、豆浆粉、食用豆粕、去除豆渣的大豆植物蛋白粉等）为原料，添加或不添加果实的榨汁液（包括果肉及含有果肉的汁液等）、蔬菜汁、乳及乳制品、其他杂粮谷物类粉末等加工成的总固形物含量在4.0%以上的乳状产品（风味原料的固形物含量比大豆固形物含量少；添加果实的榨汁液的原料的质量比例应小于10%；

不包括经乳酸菌发酵的饮料）。豆浆粉或豆浆晶都是以大豆和水为主要原料，经磨浆、加热灭酶、浓缩、干燥而制成的粉状或微粒状食品。豆奶粉与豆浆粉（晶）的主要区别在于原料中除了大豆和水以外，还有乳制品。

（一）加工原理

豆浆类制品生产主要基于大豆蛋白质的功能特性和磷脂的强乳化特性，以及在水相和油相间的相互作用。中性油脂是非极性的疏水性物质，与水相不相溶。磷脂是具有极性基团和非极性基团的两亲性物质。经过变性后的大豆蛋白质分子疏水性基团大量暴露于分子表面，分子表面的亲水性基团相对减少，水溶性降低。这种变性的大豆蛋白质、磷脂及油脂的混合体系，通过添加部分营养及风味成分和乳化剂调合，经过均质或超声波处理，互相之间发生作用，形成二元及三元缔合体，这种缔合体具有极高的稳定性，在水中形成均匀的乳状分散体系。豆浆类产品生产过程中使大豆蛋白质变性的主要方式为加热。另外，对脂肪氧合酶的钝化处理和添加辅料进行调配对豆浆类产品的加工和品质提升也至关重要。

（二）加工方法

豆浆是豆腐加工的中间产品，具有传统的加工特点。但是，为了延长商品化豆浆类产品的保质期和改善产品风味，豆浆类产品加工工艺又有别于传统制浆工艺，主要增加了大豆原料的灭酶、浆液的脱气、均质和杀菌处理。液态豆浆类产品的一般加工工艺如下：

大豆 → 清理 → 脱皮 → 灭酶 → 浸泡 → 磨浆 → 浆渣分离 →

真空脱臭 → 调配 → 均质 → 杀菌 → 灌装 → 成品

豆浆加工的关键在于如何将大豆蛋白、大豆油脂、水等主要成分混合在一起，形成组织均一且稳定的胶体溶液。这就需要将大豆蛋白进行适当的热变性处理，将原来包埋在蛋白分子内部的疏水性基团暴露，降低大豆蛋白的水溶性，从而易于与油脂、磷脂形成混合体系，然后加入乳化剂、风味调节剂等成分后，经过均质处理，减小蛋白质－磷脂－油脂混合体的尺寸，获得均一稳定的组织状态，延长保质期。

传统豆浆产品为液态，伴随着固体饮料的兴起，固态豆浆粉逐渐成为豆浆产品中的主要组成部分。豆浆粉的加工与液态豆浆加工类似，只是在均质后增加了浓缩、干燥等操作，最终制成固态的冲调型豆浆。

（三）豆浆粉和豆浆晶

液态豆浆类制品是一种老少皆宜的功能性营养饮品，但是含水量高，不耐贮存，运输销售不便。豆浆粉和豆浆晶的生产不同程度地解决了上述问题，并保留了豆乳的全部营养成分。

1. 豆浆粉和豆浆晶的预处理

豆浆粉和豆浆晶的预处理也称基料制备过程，实质是豆浆生产去掉杀菌、包装工序的全过程，只是根据产品不同，调配工序的操作及配料略有差别。

豆浆粉和豆浆晶的生产既要注意改善产品风味和营养平衡，也要提高其溶解性。产品的溶解性除与后续的浓缩、干燥工序有关外，和基料的调制关系密切。在两者的生产中，糖的加入对其溶解性影响很大。糖可以在浓缩前加入，也可以在浓缩后加入。在浓缩前向豆浆粉的基料中加入一定量的酪蛋白，可以大大改善豆浆粉的溶解性。随着酪蛋白添加量的增加，豆浆粉的溶解度随之增大；但是增加到一定量时，其溶解度增大不明显，而且会影响豆乳的风味。一般酪蛋白的添加量占豆乳固形物含量的20%为最佳。再如用碱性物质醋酸钠、碳酸钠、磷酸铵、磷酸氢铵、磷酸三钠、磷酸三钾、氢氧化钠等调节 pH 接近 7.5 时，豆乳的溶解性可以明显提高。

在干燥前添加高亲水亲油平衡值的蔗糖脂肪酸酯也可以提高豆浆粉和豆浆晶的溶解性，蔗糖脂肪酸酯将与酪蛋白一起提高豆乳的溶解性（添加量为固形物的 10% 以内）。在豆浆粉中混入一些蔗糖、乳糖、葡萄糖等可以提高豆乳的溶解性，其中以乳糖为最好，添加量为 5% ~ 15%。用蛋白酶对蛋白质进行适当水解，可以明显提高耐热性和耐贮存性。

豆浆粉和豆浆晶在基料调制完毕后，需进行均质和杀菌，然后再进行浓缩。浓缩是降低豆浆粉和豆浆晶生产中能耗的关键工序，实际生产中浓缩工序的工艺参数如下。

（1）基料浓度 豆浆粉生产浓缩后的固形物含量为 14% ~ 16%。浓度过高基料容易形成膏状，失去流动性，无法输送和雾化。对于豆浆晶，基料浓缩后固形物含量控制在 25% ~ 30%，加入糖粉后，固形物含量可达 50% ~ 60%。

（2）浓缩加热温度、时间 豆浆在浓缩时发生热变性，加热温度越高，受热时间越长，蛋白质变性程度越高，表现为豆浆黏度增大，以至于形成凝胶。为了得到高浓度、低黏度的浓缩物，生产中一般采用减压浓缩的方法。即采用 50 ~ 55℃、80 ~ 93kPa 的真空度进行浓缩，这样可以尽量避免长时间受热。浓缩常采用单效盘管式真空浓缩罐进行，每锅浆料浓缩时间控制在 25 ~ 30min。

（3）豆浆制取的方法 豆浆制取的方法对黏度有影响，为了提高蛋白质的利用率，在制取豆浆时采取先加热豆糊后除渣的方法，这样虽然可以充分利用蛋白质，但却会导致豆浆黏度的升高，需要严格控制豆浆加热温度和时间。另外，也有采用先除渣再加热的方式，虽然所得豆浆在加热过程中黏度增加程度较小，但是对于大豆蛋白的利用率较低。

（4）添加蔗糖对豆浆基料黏度的影响 在豆浆中加糖不但可以降低黏度，而且可以大大限制黏度的增长速度。基料的 pH 对浓缩物的黏度影响较大，pH4.5 时，浓缩物的黏度最大，提高浆料的 pH，可以降低黏度，但 pH 偏碱性时，会使产品的色泽变得灰暗，口味也差。一般生产中调节 pH 在 6.5 ~ 7.0 为宜。巯基乙醇、尿素、半胱氨酸、亚硫酸钠、维生素 C、盐酸胍以及蛋白酶的存在，会破坏大豆蛋白质的双硫键、巯基，进而降低蛋白质浓缩物的黏度。亚硫酸钠还原性强，价格低廉，无毒无害，生产适用性强，添加它既可以降低基料的黏度，也可以防止蛋白质的褐变，其添加量为 0.6g/kg 豆乳粉。

2. 豆浆粉的干燥

豆浆粉在销售、贮存、运输等方面十分方便，但是食用时须将固态豆浆粉与水混合制成浆体；豆浆粉的溶解性则成为这类产品必须考虑的因素。影响豆浆粉溶解性的因素有 5 个方面。

（1）豆浆粉的物质组成及存在状态 溶解过程在固液界面上进行，粉的颗粒越小，总表面积越大，溶解速度也越快，但是小颗粒影响粉的流散性。

（2）粉体容重 较大的粉体容重有利于水面上的粉体向水下运动，容重小的粉体容易漂浮形成表面湿润、内部干燥的粉团，俗称"起疙瘩"。

（3）粉体颗粒密度 颗粒密度接近水的相对密度，颗粒能在水中悬浮，保持与水的充分接触顺利溶解，相对密度大于水的颗粒迅速下沉，颗粒与水的接触面减少，并停止与水的相对运动，溶解速度减慢；颗粒相对密度小于水时，颗粒上浮，产生同样效果。

（4）粉体堆积静止角 粉体自然堆积时，静止角小表明粉体流散性好，容易分散，不结团，颗粒之间的摩擦力是决定粉体流散性的主要因素。

（5）粉体粒度均匀性　为减少摩擦力，应要求粒度均匀，颗粒大且外形为球形或接近球形，表面干燥。

以上 5 个因素中第一个因素是基本因素，决定溶解的最终效果；其余 4 项影响豆乳粉的溶解速度。

为了提高豆浆粉的溶解性，需要采用适当的干燥方式，喷雾干燥是豆浆粉的主要干燥方法。与上述因素相关的喷雾干燥工艺参数主要有：喷盘的转速与喷孔的直径，其由设备决定，对粉体的容重及流散性影响较大。喷盘转速过高，喷孔小，喷头出来的液滴小，粉体团粒容易包埋气体，粉体容重小；喷盘的转速过低，喷孔大，喷头出来的液滴大，粉体团粒包埋气体少，粉体容重大；液滴过大，轻者不容易干燥、有湿心，重者挂壁流浆。另外，在转速与喷孔直径一定的情况下，浆料浓度越高，黏度越大，喷头出来的液滴越大，粉体团粒也大，粉体的容重及流散性好。进、排风温度：进风温度越高，豆粉的含水量越低，溶解性越差，色泽深，一般进风温度控制在 150～160℃，排风温度控制在 80～90℃为宜。

由喷雾干燥塔出来的豆乳粉，经过降温、过筛、包装即为成品。

3. 豆浆晶的干燥

真空干燥是豆浆晶生产的关键工序，在真空干燥箱内完成。经过浓缩后的基料，采用真空干燥进行脱水。首先将浓缩好的浆料装入烘盘内，每盘浆料量要相等，缓慢放入真空干燥箱内，关闭干燥箱，抽真空完成后，打开蒸汽阀门通入蒸汽。干燥过程大致分为三个阶段。第一阶段为沸腾段，此阶段为了使浆料迅速升温，蒸气压力一般控制在 200～250kPa，但是为了防止溢锅，真空度不宜过大，应控制在 83～87kPa。从进气到浆料沸腾结束约需 30min，料温可以从室温升至 70℃。第二阶段为发胀阶段，从浆料开始起泡到定型，大约需要 1.5h。随着干燥的进行，干燥箱内浆料沸腾程度越来越低，浆料浓度越来越高，黏度增大。泡膜坚厚，表面张力大，如果此时真空度不大，温度高，浆料内部水分蒸发困难，造成干燥速度慢，产生焖浆现象，最终造成蛋白质变性，成品溶解性差，色泽深。当浆料沸腾趋于结束时，应逐渐减少进气量提高真空度。此阶段的最佳条件是蒸气压力 100～150kPa、温度 45～50℃、真空度 96～99kPa。第三阶段为烘干阶段，此阶段是为了进一步蒸发出豆浆晶中的水分，不需要供给过多的热量，蒸气压应维持在 50kPa 以下，温度保持在 45～50℃，为了干燥迅速，真空度应保持高水平 96kPa 以上。

干燥过程完成以后，通入自来水冷却，消除真空，出炉、粉碎。

真空干燥后的豆浆晶为疏松多孔的蜂窝状固体，极易吸湿受潮，干燥后需马上破碎。破碎时先剔除不干或焦煳部分，然后投入破碎机破碎。粉碎后的豆浆晶呈细小晶体，分袋包装即为成品。粉碎包装车间应安装有空调机、吸湿机。空气相对湿度和温度控制在 65% 和 25℃。

二、　豆腐及豆腐干的加工

豆腐是最具中国特色的豆制品之一，也是人们补充大豆蛋白最直接的食物。虽然我国是豆腐的发明国家，但是近年来将豆腐及其制品做到极致的却是日本、韩国等发达国家。随着现代人群对于健康追求的理念越来越高，豆腐及其相关产品的重视程度和消费情况也越来越明显。在一些发达国家，如日本、加拿大、澳大利亚和韩国，有关豆腐品质提升所需工艺的优化、加工专用品种的培育和新型豆腐制品等研究程度也越来越高。

我国豆腐加工行业的发展尚存在标准缺失、产品质量参差不齐、不稳定和保质期短的现象。从标准来看，我国目前关于豆腐生产只有涉及原料质量分级、产品基本感官与理化指标和卫生指标的三个国家标准，即 GB 1352—2008《大豆》、GB/T 22106—2008《非发酵豆制品》和 GB/T 5009.51—2003《非发酵性豆制品及面筋卫生标准》的分析方法。可见并未有对于豆腐生产及其品质评价的专用标准。由于我国地域辽阔，生活习惯和生产技术的差异，豆腐生产极具地方特色，如 GB/T 22106—2008《非发酵豆制品》中就对豆腐作出了分类，包括豆腐花、内酯豆腐、老豆腐（北豆腐）、嫩豆腐（南豆腐）、调味豆腐、冷冻和脱水豆腐等。

豆腐是利用大豆蛋白质的凝胶性能制作而成的一种营养十分丰富的凝胶状食品。大豆经过浸泡，蛋白体膜遭到破坏，蛋白质即可分散于水中，形成蛋白质溶液即生豆浆。在生豆浆或大豆蛋白质溶胶中，由于蛋白质胶粒的水化作用和蛋白质胶粒表面的双电层，使大豆蛋白质溶胶保持相对稳定。但是一旦有外加因素作用（如加热），这种相对稳定就会受到破坏。生豆浆加热后，蛋白质分子热运动加剧，维持蛋白质分子的二、三、四级结构的次级键断裂，蛋白质的空间结构改变，多肽链舒展，分子内部的疏水基团（如—SH、疏水性氨基酸侧链）趋向分子表面，使蛋白质的水化作用减弱，溶解度降低，分子之间容易接近而形成聚集体，形成新的相对稳定的体系——前凝胶体系，即熟豆浆。

在熟豆浆形成过程中，蛋白质发生了变性。同时，还能与少量脂肪结合形成脂蛋白，脂蛋白的形成使豆浆产生香气，并且随煮沸时间的延长而增加。同时借助煮浆，还能消除大豆中的胰蛋白酶抑制素、红细胞凝集素、皂苷等对人体有害的因素，减少生豆浆的豆腥味，使豆浆特有的香气显示出来，还可以达到消毒灭菌、提高风味和卫生质量的作用。

前凝胶形成后必须借助无机盐、电解质、酶制剂的作用使蛋白质进一步变性或交联转变成凝胶。常见的电解质有石膏（主要是钙盐）、卤水（主要是镁盐）、葡萄糖酸-δ-内酯（GDL）；常见的酶类是微生物谷氨酰胺转氨酶（MTGase）。它们在豆浆中解离出 Ca^{2+}、Mg^{2+}，不但可以破坏蛋白质的水化膜和双电层，而且有"搭桥"作用，蛋白质分子间通过"—Mg—或—Ca—桥"相互连接起来；或者降低前凝胶体系的 pH，接近大豆蛋白等电点，使其进一步絮凝沉淀；或者对谷氨酰胺残基（γ-甲酰胺基）与各类伯胺（赖氨酸残基上的 ε-氨基）之间进行催化酰基转移的作用，促使分子内和分子间的 ε-(γ-谷氨酰胺)-赖氨酸交联链接的形成，最终形成立体网状结构，并将水分子包容在网络中，形成豆腐（脑）。

豆腐脑形成较快，但是蛋白质主体网络形成需要一定时间，在一定温度下保温静置一段时间使蛋白质凝胶网络进一步形成，即为熟成（蹲脑）的过程。对于压榨型豆腐，需要将强化凝胶中水分加压排出，即可得到含水量相对较低的豆腐。

（一）豆腐

1. 加工方法

豆腐的加工历史悠久，且其传统加工工艺在现今也具有重要的意义。传统的豆腐加工工艺流程：

大豆 → 清理 → 浸泡 → 打浆 → 煮浆 → 过滤 → 点浆 → 蹲脑 → 破脑 → 成型 → 成品

传统豆腐加工工艺是利用石膏（硫酸钙）和盐卤（氯化镁）等作为凝固剂，促使热变性的大豆蛋白聚集体发生交联，形成三维网状结构，从而形成豆腐。因凝固剂种类不同而分为老豆腐或北豆腐（盐卤）和嫩豆腐或南豆腐（石膏）。传统工艺制取的豆腐不适合采取杀菌处理，保质期都很短，一般不超过 3d（夏季更短）。我国传统豆腐也被称为生鲜豆制品，都以鲜销为主。

具有现代特色的豆腐加工工艺流程：

大豆→ 清理 → 浸泡 → 打浆 → 煮浆 → 过滤 → 冷却 → 加入凝固剂 →

加热保温 → 凝固成型 → 切分 → 包装 → 杀菌 → 产品

现代豆腐加工工艺主要在于选用了 GDL 或 MTGase 代替传统的盐类凝固剂，在工艺上得到了突破性改进，即不需要破脑再成型，加工可操作性增强；且内酯豆腐可以实现杀菌处理，相应的产品也可以进行包装销售，延长了保质期，一般可达一个月甚至更长。豆腐实现了工业化生产，生产的豆腐也称为填充豆腐。

另外，酸浆豆腐的出现丰富了传统豆腐加工的方法，因为这种豆腐品质优良，受到消费者的喜爱，具有一定的特色。酸浆豆腐是以传统卤水豆腐制过程中产生的黄浆水经自然发酵成为凝固剂，利用其低 pH 可以促进热变性大豆蛋白发生凝胶成型的特点而制作出的豆腐凝胶。从机理上讲，酸浆豆腐与酸类凝固剂促使大豆蛋白质发生凝胶成型的原理类似，也是在低酸性条件下促使大豆蛋白发生变性，暴露出疏水性基团，从而为蛋白质之间发生聚集提供条件。例如，把卤水豆腐黄浆水在 42℃时发酵 30～35h 得到的 pH3.3～3.5 的酸浆以 22% 的添加量进行豆腐点脑，然后 90℃ 下蹲脑，再进行压制成型，所制得的豆腐具有风味独特、品质优良、加工性好的优点。

2. 重要辅料

大豆生产过程中除了大豆为主要原料外，还需要一些必不可少的辅料，如凝固剂、消泡剂和防腐剂，但都需满足食品级要求。

目前，豆腐生产过程中常用的凝固剂主要有石膏、卤水、GDL、MTGase，以及复合凝固剂等。

（1）石膏　实际生产中通常采用熟石膏，主要成分是硫酸钙。使用时将石膏溶于热水，添加量为大豆蛋白质的 0.04%（按硫酸钙计算），控制豆浆温度 85℃。合理使用可以生产出保水性好、光滑细嫩的豆腐，代表是我国的南豆腐，俗称嫩豆腐，质地柔软、产率高，但有一定苦涩味。

（2）卤水　卤水的主要成分为氯化镁，用作凝固剂时，由于蛋白质凝固快，网状结构容易收缩，因而产品保水性差。用量一般为 2～5kg/100kg 大豆。所制作的豆腐代表是我国的北豆腐，俗称老豆腐，具有天然豆香味和良好再加工性能，但产率较低、质地较硬，且不均匀。另外，卤水还适合于做干豆腐和豆腐干等低水分的产品。

（3）GDL　GDL 是一种新型的酸类凝固剂，易溶于水，在水中分解为葡萄糖酸，在加热和 pH 增加条件下分解速度加快。加入内酯的熟豆浆，当温度达到 60℃ 时，大豆蛋白质开始凝固，在 80～90℃ 凝固成的蛋白质凝胶持水性最佳，制成的豆腐弹性大，质地滑润爽口。在凉豆浆中加入葡萄糖酸内酯，加热后 GDL 分解转化，蛋白质凝固即成为豆腐。添加量一般为 0.25%～0.35%（以豆浆计）。

用 GDL 作凝固剂制得的豆腐，口味平淡而且略带酸味。若添加一定量的保护剂，既可以改善风味，还能改变凝固质量。常用的保护剂有磷酸氢二钠、磷酸二氢钠、酒石酸钠及复合磷酸盐（含焦磷酸钠41%、偏磷酸钠29%、碳酸钠1%、聚磷酸钠29%）等，用量为 0.2%（以豆浆计）。

（4）MTGase 酶类凝固剂的应用在于提高豆腐加工过程的可控性；另外，凝固酶生产的豆腐的风味比酸类凝固剂豆腐要好，并且，凝固酶还会在后期对大豆蛋白进行持续降解，从而降低豆腐硬度，改善口感。本质上来讲，MTGase 具有对肽结合的谷氨酰胺残基（γ-甲酰胺基）与各类伯胺（赖氨酸残基上的 ε-氨基）之间进行催化酰基转移的作用，从而在作用于大豆蛋白分子时，可以促使分子内和分子间的 ε-（γ-谷氨酰胺）-赖氨酸交联链接的形成。MTGase 的添加量一般为 1000U/L 豆浆；与内酯豆腐类似，也可以在熟豆浆冷却后添加 MT-Gase。

（5）复合凝固剂 复合凝固剂是将两种或两种以上的成分加工成的凝固剂，它是伴随豆制品生产的工业化、机械化和自动化的发展而产生的。例如，将石膏和卤水进行复配，质量比4:6条件下所得的豆腐的产率、质构特性和感官性状均优于单独使用所得豆腐。值得注意的是，不同配比条件下所得豆腐都有其特定的优点，可以满足不同消费者在风味和口感上的要求，从而证明了复合凝固剂制作豆腐的优势。

（6）消泡剂 豆制品生产的制浆工序中会产生大量的泡沫，泡沫的存在对后续操作极为不利，因此必须使用消泡剂消泡，一般在煮浆前或煮浆时加入消泡剂。消泡剂有以下几种：

①油脚：油炸食品的废油，含杂质多、色泽暗，但是价格低廉，适合于作坊式生产使用。

②油脚膏：由酸败油脂与氢氧化钙混合制成的膏状物，配比为10:1，使用量为1.0%。

③硅有机树脂：它的热稳定性和化学稳定性高，表面张力低，消泡能力强。豆制品生产中使用水溶性的乳剂型，其使用量为 0.05g/kg 食品。

④脂肪酸甘油酯：它分为蒸馏品（纯度达90%以上）和未蒸馏品（纯度为40%~50%）。蒸馏品使用量为1.0%，使用时均匀地添加在豆浆中一起加热即可。

豆制品生产中采用的防腐剂主要有丙烯酸、硝基呋喃系化合物等。丙烯酸具有抗菌能力强，热稳定性高等特点，允许使用量为豆浆的 5mg/kg 以内。丙烯酸防腐剂主要用于包装豆腐，对产品色泽稍有影响。

（二）豆腐干

调味型休闲豆腐干是豆腐的再加工制品，具有咸香爽口、硬中带韧、营养丰富等特点。豆腐干的加工在我国也具有悠久的历史，因地理差异的原因，我国涌现出了各种各样的地方特色豆腐干，如南溪豆腐干、扬州豆腐干、广灵豆腐干等。传统豆腐干的生产以小作坊式生产为主，但随着生产规模的扩大和生产技术的提高，调味豆腐干的生产逐渐转向工业化和现代化；采用真空小包装进行杀菌处理，可以达到较长的保质期，而且味道鲜美，成为人们非常喜爱的休闲食品。

根据 GB/T 23494—2009《豆腐干》，豆腐干是指以大豆和水为主要原料，经磨浆、分离、煮浆、添加凝固剂点浆、压榨脱水、成型、切块等加工而成的各种形状的产品。种类包括卤制豆腐干、油炸豆腐干、熏制豆腐干、炸卤豆腐干、炒制豆腐干、蒸煮豆腐干及其他类等。在这些种类中，对于豆腐干进一步脱水和定型最为特殊的是卤制豆腐干，需要用到氽碱处理，典型的卤制豆腐干加工工艺：

白坯豆腐干 → 氽碱 → 清洗 → 卤制 → 风干 → 拌料 →

真空包装（耐高温蒸煮袋）→ 杀菌 → 成品

豆腐干加工过程需要进行脱水处理，目前的豆腐干白坯都是用盐致豆腐加工而成。

余碱目的在于改善豆腐坯的嫩度，使豆腐干呈现较强的弹性、韧性和嚼劲。豆腐干白坯在热的碱液中煮制一段时间后不仅可以去除豆腐干表面的纹理，还可以使豆腐干变得光滑并且具有韧性，也容易上色，于是很多豆腐干生产厂家采用此方法改善豆腐干的品质，但是因为碱溶液呈弱碱性，对产品口感会产生负作用，因此碱的种类、浓度和余碱时间对豆腐干的品质有严重的影响。豆腐干余碱时一般采用碳酸氢钠，浓度为10g/L的水溶液，处理温度80℃，处理时间4min。

卤制工艺采用多种香料熬制的卤汤煮制余过碱后的白坯豆腐干，使豆腐干美味可口，但必须控制卤制的温度，当卤汁的温度达到沸腾时，豆腐干会急剧受热，造成胚子中的水快速气化，此时豆腐干中的游离水会大量运动汽化，容易在豆腐干表面某一薄弱点逸出，当这部分水蒸气逸出之后，豆腐干表面塌陷，而内部则形成蜂窝状结构。

风干是为了适当地降低豆腐干的水分含量和水分活度，易于保藏，同时还可以改变产品的组织状态和色泽。目前风干的方式以热风干燥最为常见，在具体操作时，应该根据生产量和工艺选择合适的风速、温度和时间。

拌料目的在于使豆腐干呈现更为浓郁的风味和口感，可以根据消费者喜好，制备各种类型的口味。由于豆腐干的组织结构十分致密，产品入味很困难，虽然采用了长时间的卤制工序，但能够渗透进去的香味并不浓郁；而且不同批次的产品也容易出现不一样的情况，因此一般在豆腐干烘干后采用拌料工序，增加它的风味，如采用新型调味料富含呈味肽，使产品风味更加丰富。需要注意的是豆腐干营养丰富，各种调味料富含脂肪等营养物质，极易造成半成品豆腐干的微生物含量超标，给后续产品安全带来隐患，因此应严格控制拌料车间的卫生及原辅料的卫生情况，并且尽量缩短豆腐干半成品的滞留时间。

豆腐干的包装形式一般采用真空软包装，当包装内氧气浓度很小或处于真空状态时，微生物的生长和繁殖速度就急剧下降，大多数的微生物将受到抑制而停止繁殖。为保证产品有较长的保质期，豆腐干生产的常用杀菌方法为高温蒸汽杀菌（121℃，15~20min）。但高温蒸汽杀菌在杀灭微生物的同时也破坏了豆腐干的蛋白质结构，使豆腐干颜色加深，感官品质下降，质地变硬。另外，随着杀菌技术的开发，冷杀菌技术逐渐代替热杀菌技术走向多种食品的杀菌处理，如超高压杀菌技术、高密度二氧化碳灭菌技术、脉冲电场杀菌技术等，也将成为豆腐干产品杀菌的选择。

豆腐干生产过程中，可以按照GB 2760—2014《食品添加剂使用标准》要求，添加一些合适的防腐剂，如双乙酸钠、山梨酸钾、抗坏血酸钠等，再结合严格的生产过程卫生标准，在一定程度上可以减少高温杀菌带来的品质劣变。

三、 腐竹的加工

据李时珍所著《本草纲目》中记载，将豆浆加热时，表面出现一层膜，将膜取出、成型，干燥后即得腐竹。腐竹实为一种豆腐皮，早期将豆腐皮揭起时卷曲成筒，晒干后貌似竹子，称为腐竹。随着腐竹的不断发展，腐竹产品形式不断多样化，现在将该方法生产的各式豆腐皮一般都统称为腐竹。

腐竹通常按照形状的不同分为三类：空心圆枝竹，有粗圆枝和细圆枝两种；扁竹，又称三角形腐竹；片状腐竹，分方形单边腐竹、方形三边腐竹和圆形单边腐竹。从保存方式上来看，腐竹又可分为干腐竹和冷冻腐竹。通常认为，腐竹是由热变性蛋白质分子的活性反应基团借共价键（—S—S—）和氢键结成的蛋白质膜，蛋白质以外的成分在膜形成过程中被包埋在蛋白质网络结构之中。豆浆中各成分比例不断变化，最终导致腐竹成分的不断变化。

腐竹的传统制作工艺：

大豆→ 清洗 →(脱皮)→ 泡豆 → 磨浆 → 煮浆 → 过滤 →

调整固形物含量 → 加热 → 接竹 → 烘干 → 包装 →成品

大豆原料因为品种或地域差异导致的大豆组分差异，对腐竹品质影响较大。大豆脂肪、总糖含量与腐竹产率呈显著正相关，脂肪含量与腐竹复水性呈极显著负相关；大豆蛋白/脂肪、蛋白/总糖与腐竹产率呈显著负相关。

得到熟豆浆以后，需要对豆浆固形物含量（也称豆浆质量浓度）进行调整，从而获得最大得率的腐竹产品。一般来说，豆浆固形物含量在 5~6g/100mL 所获得的腐竹产量最高；当质量浓度为 11.5g/100mL 时，豆浆无法成膜，腐竹产率为零。另外，豆浆深度对腐竹得率也有影响，一般控制在 5~7cm。

腐竹生产有两个加热部分：煮浆过程和揭竹过程。工业上主要采用夹层锅水浴加热方式，夹层中的水与炉灶用水管连接，保持恒温。在揭竹时需注意：揭竹温度一般控制在（82±2）℃，温度过高，产生微沸会出现气孔，容易起锅巴，腐竹的产率低；温度过低，成膜速度慢，影响生产效率，甚至不能形成膜。揭竹时每支腐竹的成膜时间为 10min。时间过短，形成的皮膜过薄，缺乏韧性，揭竹时容易破竹；时间过长，形成的皮膜过厚，色泽深。揭竹锅周围如果通风不良，成型锅上方水蒸气浓度过高，豆浆表面的水分蒸发速度慢，成膜时间长，影响生产效率和腐竹质量。

湿腐竹揭起后，搭在竹竿上沥浆，沥尽豆浆后要及时烘干。烘干可以采用低温烘房或者机械化连续烘干法。烘干最高温度控制在 60℃以内。烘干至水分含量达到 10%以下即可得到成品腐竹。腐竹面临的质量问题也主要是微生物生长繁殖引起的腐败问题。在生产过程中尤其需要严格的操作卫生标准，避免腐竹半成品和成品在包装之前受到环境腐败菌的污染。

第四节　大豆制品加工副产品综合利用

大豆制品加工过程中产生的副产物主要以豆渣和黄浆水为主。据统计，1kg 干大豆制成去渣盐类豆腐会产生 1.1kg 水分含量为 82%的鲜豆渣和 5~8kg 黄浆水；去渣和挤压成型损失的营养物质分别约占大豆营养物质总量的 25%（几乎全部的大豆纤维）和 20%（50%的大豆低聚糖、卵磷脂和大豆异黄酮等）。豆制品加工副产物种类颇为丰富，且具有重要的再加工利用价值。目前，豆制品加工副产物种类包括大豆膳食纤维、大豆低聚糖、大豆异黄酮、大豆皂苷和黄浆水发酵产物等。

一、　大豆膳食纤维的加工

大豆膳食纤维主要指来自于豆制品加工所产生的豆渣。豆渣中膳食纤维可分为水不溶性和水溶性膳食纤维两种。提取豆渣中水不溶性膳食纤维方法有酶碱法、酸碱法和超声辅助法。酶碱法即利用碱液（如氢氧化钠）对豆渣进行溶解，再利用胰蛋白酶除去蛋白质和脂肪，再经干燥和超微粉碎制得水不溶性膳食纤维。酸碱法利用碱（氢氧化钠）和酸（盐酸）先后对胶体磨后的豆渣进行处理，再漂洗、过滤、烘干制得水不溶性膳食纤维。超声辅助法则调整酸碱处理顺序，在酸处理后利用超声辅助提取。三种方法中超声辅助法不仅能够提高豆渣中水不溶性大豆膳食纤维的提取率，而且对其加工性能有很好的改进作用。

相对于水不溶性膳食纤维，豆渣中水溶性膳食纤维的功能价值更高。水溶性膳食纤维的制备方法主要有复合酶法提取和酶法结合挤压膨化提取。复合酶法提取最为常见，主要是利用蛋白酶、脂肪酶先后对漂白软化后的豆渣进行处理，然后再进行重复的漂洗和干燥，经超微粉碎制得水溶性膳食纤维。挤压膨化辅助有两种形式，一是豆渣粉调节水分后，在一定的工艺条件下，经单螺杆挤压机挤压、粉碎得到挤压豆渣粉，再经纤维素酶进行酶解，经干燥粉碎制得可溶性膳食纤维；二是先对豆渣进行碱处理，再经挤压膨化制得水溶性膳食纤维。

豆渣纤维添加于食品中具有辅助防治结肠癌、糖尿病、肥胖病等的作用，因而可以用于焙烤类、面条类以及其他休闲食品中。

二、大豆异黄酮的加工

大豆异黄酮作为大豆典型的功能因子，受到了广泛的关注。目前，大豆异黄酮的提取方法主要是乙醇提取法，同时在提取的时候可以采用超声技术和微波技术进行辅助。具体的提取工艺：

新鲜豆渣 → 烘箱干燥 → 粉碎 → 脱脂 → 乙醇提取 → 过滤 → 纯化 → 精制 → 成品

豆渣中的油脂对提取过程具有较大的负面影响，需要事先除去。采用石油醚提取豆渣中的油脂，使残油率 <1%，干燥后粉碎备用。

大豆异黄酮提取采用乙醇为浸提液，在脱脂豆渣粉中加入含 0.1～1.0mol/L 的盐酸乙醇（95%）溶液进行回流提取，过滤收集滤液。过滤的同时，可以回收乙醇溶剂。

将粗水溶液用 0.1mol/L 的氢氧化钠溶液调 pH 至中性，出现沉淀，然后过滤，沉淀物即为含大豆异黄酮的产物。将沉淀物溶解于饱和的正丁醇溶液中，加到氯化铝吸附柱上进行吸附，然后用饱和的正丁醇溶液淋洗，洗出大豆异黄酮的不同组分。

超声和微波辅助主要应用在乙醇提取过程，能缩短提取时间，减少溶剂的用量，提高乙醇的提取效率，提高豆渣的综合利用率，具有广阔的应用前景。

第五节　典型大豆制品加工应用案例

一、豆浆加工及质量控制

作为植物蛋白饮料的代表，豆浆成为和果汁饮料、含乳饮料、茶饮料等比肩的饮料品类，消费量逐年增大。目前，虽然我国植物蛋白饮品尚处于飞速发展阶段，以豆乳为代表的千亿市场正在逐渐形成。图6-7所示为一种豆浆（乳）的典型加工工艺流程图，并且对副产物也进行了合理的增值加工利用。下面将影响豆浆（乳）品质的关键控制点进行详细介绍。

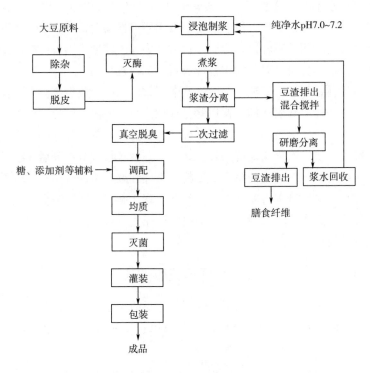

图6-7　豆浆典型加工工艺流程图

（一）大豆原料选择

随着人们饮食观念的不断转变，消费者越来越注重饮食健康和饮食品质，对于豆浆而言，口感和营养是其核心需求。豆浆综合得分、豆浆口味、豆浆产量、籽粒吸水率与籽粒蛋白质含量都呈正相关，与籽粒脂肪含量都为负相关，这说明大豆蛋白质含量高，豆浆口感就偏好；反之大豆脂肪含量高，豆浆口感就偏差。油用大豆一般不适合用于生产豆浆，适合加工豆浆的大豆品种应该具有百粒重、植酸含量、水溶性蛋白含量、7S蛋白、11S蛋白和11S/7S较高，而含水量较低等特点。

（二）原料清理和脱皮

大豆经过清理除去所含杂质，得到纯净的大豆。脱皮可以减少细菌，改善豆乳风味，限制起泡，以及缩短脂肪氧化酶钝化所需的加热时间，极大地降低大豆蛋白质的变性，防止非酶褐变，赋予豆乳良好的色泽。脱皮方法与油脂生产一致，要求脱皮率大于95%。

（三）灭酶

脱皮后的大豆应立即进行灭酶，灭酶可采用热烫或蒸汽处理，另外也可以采用化学和生物法灭酶。这是因为大豆中致腥的脂肪氧化酶存在于靠近大豆表皮的子叶处，豆皮一旦破碎，油脂即可在脂肪氧化酶的作用下发生氧化，生成氢过氧化物，进而分解产生豆腥味成分。

（1）热处理法　通过适当的加热方式，使脂肪氧化酶失活，进而抑制加工过程中异味物质的产生。具体方法有干热处理法、汽蒸法、热水浸泡法、热烫法和热磨法。其中，热水浸泡法和热磨法适合于不脱皮的生产工艺。热水浸泡法是把清洗过的大豆用高于80℃的热水浸泡

30~60min，然后磨碎制浆；热磨法是将浸泡好的大豆沥尽浸泡水，另加沸水磨浆，并在高于80℃条件下保温10~15min，然后过滤制浆。热烫法适合于脱皮大豆，它是将大豆迅速放入80℃以上的热水中，并保持10~30min，然后磨碎制浆，温度越高，时间越短。

（2）酸碱处理法　依据pH对脂肪氧化酶活力的影响，通过酸或碱的加入，调整溶液的pH，使其偏离脂肪氧化酶的最适pH，抑制脂肪氧化酶活力和减少异味物质。常用的酸主要是柠檬酸，调节pH至3.0~4.5，此法在热浸泡中使用。常用的碱有碳酸钠、碳酸氢钠、氢氧化钠、氢氧化钾等，调节pH至7.0~9.0，碱可以在浸泡时、热磨时或热烫时加入。单独使用酸碱处理效果不够理想，常配合热处理一起使用。加碱对消除苦涩味有明显的效果，而且可以提高蛋白质的溶出率。

（3）添加还原剂和铁离子络合剂　利用氧化还原反应或络合反应来抑制脂肪氧化酶的活力。

（4）生物工程法　利用微生物及酶的作用，通过一系列复杂的生化反应来达到脱腥、脱涩的目的。如在大豆中加入1%~2%米曲，加水保持pH在4~7，待其浸泡后磨浆，即可制得脱腥、脱涩的豆乳。

（5）添加风味剂掩盖法　豆乳风味调制工序采用添加各种风味调节剂调制的方法。

（四）制浆分离

豆浆生产的制浆工序与传统豆制品制浆工序基本一致，都是将大豆磨碎，最大限度地提取大豆中的有效成分，除去不溶性的多糖和纤维素。磨浆和分离设备可以通用，在制浆时，因为需要对豆糊进行煮浆处理，在一定程度下起到了进一步钝化脂肪氧化酶的效果。制浆中抑制浆体中异味物质的产生，因此可以采用磨浆前浸泡大豆工艺，也可以采用热烫或蒸汽处理后不经过浸泡直接磨浆，磨浆时要添加95℃以上的热水研磨，并要求豆浆磨得要细。豆糊细度要求达到120目以上，豆渣含水量在85%以下，豆浆固形物含量一般为8%~10%。

如果采用磨浆前浸泡方式，浸泡用水pH在7.0~7.2为宜，采用循环水浸泡的方式进行。水温控制在35~35℃，根据大豆原料量的需要，一般浸泡1~2h为宜。

在浆渣分离过程中，尽可能的除去豆浆中的不溶性物质，包括杂质、不溶性纤维等，可以采用过滤的方式完成。所得滤渣可进一步处理成为豆渣和浆水；豆渣可用于生产大豆膳食纤维，浆水则回收利用。

（五）真空脱臭

真空脱臭目的在于尽可能除去豆浆中的异味物质。真空脱臭首先利用高压蒸汽（如600kPa）将豆浆迅速加热到140~150℃，然后将热豆浆导入真空冷凝室，对过热的豆浆突然抽真空，豆浆温度骤降，体积膨胀，部分水分急剧蒸发形成水蒸气，豆浆中的异味物质则随着水蒸气迅速排出。从脱臭系统中出来的豆浆温度一般可以降至75~80℃。

（六）调配

豆浆的调配是在调配缸中将纯豆浆与营养强化剂、赋香剂和稳定剂等辅料或添加剂混合在一起，充分搅拌均匀，并用水将豆浆调整到规定浓度的过程。经过调制可以生产出不同风味的豆浆。典型的添加剂包括以下几种。

1. 豆浆的营养强化

根据纯豆浆的特点，可以进行以下几个方面的营养强化：添加含硫氨基酸（如甲硫氨酸）；强化维生素，以每100g豆浆为标准需要补充，维生素A 880IU，维生素B_1 0.26mg，维生素B_2 0.31mg，维生素B_6 0.26mg，维生素B_{12} 115μg，维生素C 7mg，维生素D 176IU，维生素E

10IU；添加碳酸钙等钙盐，每升豆浆添加 1.2g 碳酸钙，可使含钙量与牛乳接近。

2. 赋香剂

添加甜味剂，可直接采用双糖，添加量控制在 6%。因为添加单糖杀菌时容易发生非酶褐变，使豆乳色泽加深。若生产乳味豆浆，可采用香兰素调香，也可用乳粉或鲜乳。乳粉添加量为 5%（占总固形物），鲜乳为 30%（占成品）。生产果味豆乳，采用果汁、果味香精、有机酸等调制。果汁（原汁）添加量为 15%~20%。添加前首先稀释，最好在所有配料都加入后添加。

3. 豆腥味掩盖剂

尽管生产中已采用各种方法脱腥，但总会有残留，因此添加掩盖剂很有必要。在豆乳中加入热凝固的卵蛋白可以起到掩盖豆腥味的作用，添加量为 15%~25%；添加量过低效果不明显；高于 35% 则制品中会有很强的卵蛋白味（硫化氢味）。另外，棕榈油、环状糊精、荞麦粉（加入量为大豆的 30%~40%）、核桃仁、紫苏、胡椒等也具有掩盖豆腥味的作用。

4. 油脂

豆乳中加入油脂可以提高口感和改善色泽，添加量为 1.5%（使豆乳中脂肪含量控制在 3%）。添加的油脂应选用亚油酸含量较高的植物油，如豆油、花生油、菜籽油、玉米油等，以优质玉米油为最佳。

5. 稳定剂或乳化剂

豆浆中含有油脂，需要添加乳化剂提高其稳定性。常用的乳化剂以蔗糖酯和卵磷脂为主，此外还可以使用山梨醇酯、聚乙二醇山梨醇酯。两种乳化剂配合使用效果更好；卵磷脂添加量为大豆质量的 0.3%~2.4%。蔗糖酯除具有提高豆浆乳化稳定性的作用外，还可以防止酸性豆浆中蛋白质的分层沉淀。另外，需根据不同特色的豆浆进行调整添加乳化剂的种类和数量。

（七）均质

均质处理是提高豆乳口感和稳定性的关键工序，采用均质机完成。均质效果主要受均质温度、均质压力和均质次数的影响。一般豆乳生产中采用 13~23MPa 的压力，压力越高，效果越好，但压力大小受设备性能及经济效益的影响。均质温度指豆乳进入均质机的温度，温度越高，均质效果越好，温度应控制在 70~80℃ 较适宜。均质次数应根据均质机的性能来确定，最多采用 2 次。

均质处理可以放在杀菌之前，也可以放在杀菌之后，各有利弊。杀菌前处理，杀菌能在一定程度上破坏均质效果，容易出现"油线"，但污染机会减少，贮存安全性提高，而且经过均质的豆乳再进入杀菌机不容易结垢；如果将均质处理放在杀菌之后，则情况正好相反。

（八）杀菌

豆浆是细菌的良好培养基，经过调制的豆乳应尽快杀菌。

1. 常压杀菌

这种方法只能杀灭致病菌和腐败菌的营养体，若将常压杀菌的豆浆在常温下存放，由于残存耐热菌的芽孢容易发芽成营养体，并不断繁殖，成品一般不超过 24h 即可败坏。若经过常压杀菌的豆乳（带包装）迅速冷却，并贮存于 2~4℃ 的环境下，可存放 1~3 周。

2. 加压杀菌

这种方法将豆乳罐装于玻璃瓶中或复合蒸煮袋中，装入杀菌釜内分批杀菌。加压杀菌条件通常采用 121℃、15~20min，这样即可杀死全部耐热型芽孢，杀菌后的成品可以在常温下存放 6 个月以上。

3. 超高温短时连续杀菌（UHT）

这是近年来豆乳生产中普遍采用的杀菌方法，它是将未包装的豆乳在130℃以上高温下，经过数10s时间的瞬间杀菌，然后迅速冷却、灌装。超高温杀菌分为蒸汽直接加热法和间接加热法。目前，我国普遍使用的超高温杀菌设备均为板式热交换器间接加热法。其杀菌过程大致可分为预热阶段、超高温杀菌阶段和冷却阶段，整个过程均在板式热交换器中完成。

（九）　（灌）包装

如果是灌装前进行了杀菌处理，则尽可能采用无菌灌装方式，一般采用纸盒或利乐包包装。如果是灌装后还需要杀菌处理，则可采用一般的灌装方法，即采用玻璃或软罐头包装。

二、　现代豆腐加工及品质控制

虽然目前我国的豆腐加工整体情况还是以作坊式加工、小范围内销售为主，但是随着消费不断升级和科技快速发展，传统豆腐制作逐渐被自动化的流水线生产所取代。从生产工艺来看，豆腐加工原料一般都采用黄豆、黑豆、花生等富含高蛋白的豆类，经过原料清洗、浸泡、煮浆、过滤、浇制、成型等环节，传统的制作工艺耗时耗力，还考验到制作人的手艺问题。而现代化生产模式利用清洗机、磨浆机、切块机、杀菌机、包装机等机械设备就能"复制"传统手工豆腐的美味，并实现提质增效。从产品质量保证来看，自动化可以实现产品的标准化生产，仅需控制好操作参数，不依赖于制作人的手艺。自动化减少人员的参与，可以很大程度上降低人为操作代入的安全和卫生问题，对产品最终的质量有保障。从产业发展来看，豆腐自动化生产可以带动加工设备的技术和功能提升，在实现标准化产品的同时提高大豆原料豆腐加工专用品种的推广，豆腐下游产品的进一步发展和副产物综合利用提升等，实现豆腐产业的健康发展。目前，能够实现自动化生产的豆腐品种主要以填充豆腐为主，使用的凝固剂包括 GDL 和 MTGase，其生产工艺如图6-8所示。

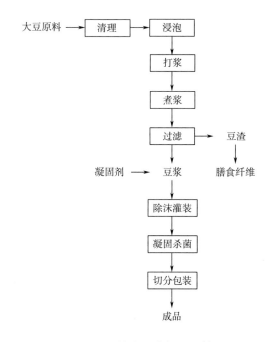

图6-8　填充豆腐加工工艺

（一） 大豆原料的选择

大豆原料对豆腐品质的影响表现在原料中蛋白质含量、11S 蛋白和 7S 蛋白组成，以及其他组分对豆腐凝胶成型和品质的影响。一般来说，大豆蛋白或可溶性大豆蛋白含量越高，豆腐得率越高；11S 蛋白主要与豆腐的硬度和脆性有关，而 7S 蛋白则与豆腐的弹性有关。大豆中的植酸因具有金属螯合能力，对用盐类凝固剂生产的豆腐凝胶的成型和得率有不利影响。在选择豆腐加工的大豆专用品种时，需要对大豆组分及所得豆腐品质进行综合考虑。

（二） 清理和浸泡

大豆原料的清理与其他谷物加工类似，需要除去杂质。

浸泡使豆粒吸水膨胀，有利于大豆粉碎后提取其中的蛋白质。浸泡过程对豆腐加工得率和品质影响较大，影响因素主要是时间、温度和豆水比。浸泡温度越高，时间相应缩短。制作内酯豆腐时品质最优的浸泡条件是：浸泡温度 22℃、时间 12h、豆水比 1∶12。实际生产时大豆的浸泡程度因季节而不同，一般夏季 6~8h，春秋季 12~14h，冬季 14~16h。浸泡好的大豆吸水量为 1∶（1~1.2），即大豆增重至原来的 2.0~2.2 倍。浸泡后大豆表面光滑、无皱皮，豆皮轻易不脱落，手感有劲。

（三） 打浆

浸泡的大豆中蛋白体膜变得松脆，但是要使蛋白质溶出，必须进行适当的机械破碎。从蛋白质溶出量角度看，大豆破碎的越彻底，蛋白质越容易溶出。但是磨得过细，大豆中的纤维素会随着蛋白质进入豆浆中，使产品变得粗糙、色泽深，且不利于浆渣分离，使产品得率降低。一般控制磨碎细度为 100~120 目。实际生产时应根据豆腐品种适当调整粗细度，并控制豆渣中残存的蛋白质低于 2.6% 为宜。采用石磨、钢磨或沙盘磨进行破碎，注意磨浆时一定要边加水边加大豆。磨碎后的豆糊采用平筛、卧式离心筛分离，充分提取大豆蛋白质。

（四） 煮浆

煮浆是通过加热使豆浆中的蛋白质发生热变性的过程。既为后序点浆创造必要条件，也可以消除豆浆中的抗营养成分，杀菌，减轻异味，提高营养价值，延长产品的保鲜期。煮浆的方法根据生产条件不同，可以采用土灶铁锅煮浆法、敞口罐蒸汽煮浆法、封闭式溢流煮浆法等方法进行。煮浆温度应达到 100℃，保温 5min。

（五） 过滤

过滤是保证豆腐成品质量的前提，现时各地豆制品厂多使用离心机。使用离心机不仅大大减轻笨重体力劳动，而且效率高、质量好。使用离心机过滤，要先粗后细，分段进行。尼龙滤网先用 80~100 目，二三次过滤用 80 目，滤网制成喇叭筒型过滤效果较好。过滤中三遍洗渣、滤干净，务求充分利用洗渣水残留物，渣内蛋白含有率不宜超过 2.5%，洗渣用水量以豆糊浓度为准，一般 0.5kg 大豆总加水量指豆浆 4~5kg。

在生产上，根据煮浆和过滤的先后不同可以分为生浆法、熟浆法和热水套浆法。生浆法是指将豆浆过滤后再加热煮浆制作豆腐，主要常见于我国豆制品企业，但在我国作坊式生产和家庭制作中也很流行。熟浆法是将磨碎后的豆糊先加热煮熟，然后再过滤得到豆浆制作豆腐的方法，主要常见于日本的大豆加工企业。热水套浆法则是指在磨碎后的豆糊中加入热水并充分搅拌后再过滤得到温度一般在 65℃ 以上的豆浆制作，多见于我国的一些小型豆腐加工企业。

（六） 添加凝固剂和灌装

根据 GDL 的水解特性，GDL 与豆浆的混合必须在 30℃ 以下进行，若浆温过高，内酯的水解速度过快，造成混合不均匀，最终导致粗糙松散，甚至不成型。按照2.5~3g/L豆浆的比例加入GDL，添加前用温水溶解，混合后的浆料在15~20min内灌装完毕，同时除去泡沫，采用的包装盒或包装袋需要耐100℃的高温。

（七）凝固杀菌

包装后进行装箱，连同箱体一起放入85~90℃恒温床，保温15~20min。热凝固后的内酯豆腐需要冷却，以增强凝胶的强度，提高其保形性。冷却可以采用自然冷却，也可以采用冷水强制冷却。通过热凝固和强制冷却的内酯豆腐，一般杀菌、抑菌效果好，贮存期相对较长。

🔍 **思考题**

1. 大豆蛋白质的基本理化性质有哪些？
2. 大豆蛋白制品有哪些？各类制品的特点是什么？
3. 大豆蛋白有哪些功能性？分别对大豆蛋白制品的加工有何影响？
4. 简述豆浆加工工艺及其操作要点。
5. 豆腐加工常用的凝固剂有哪些？简述各自特点。
6. 简述豆腐加工工艺及其操作要点。

推荐阅读书目

［1］胡国华. 食品添加剂在豆制品中的应用［M］. 北京：化学工业出版社，2005.

［2］吴坤，任红涛. 豆制品深加工技术［M］. 郑州：中原农民出版社，2006.

［3］迟玉杰，朱秀清，李文滨. 大豆蛋白质加工新技术［M］. 北京：科学出版社，2008.

［4］于新，吴少辉，叶伟娟. 豆腐制品加工技术［M］. 北京：化学工业出版社，2011.

本章参考文献

［1］梁琪. 豆制品加工工艺与配方［M］. 北京：化学工业出版社，2007.

［2］黎曦. 豆制品加工技术［M］. 成都：四川科学技术出版社，2008.

［3］江连洲. 大豆加工新技术［M］. 北京：化学工业出版社，2016.

［4］曾学英. 经典豆制品加工工艺与配方［M］. 长沙：湖南科学技术出版社，2013.

［5］Zhang Qing, Qin Wen. Tofu and soy products：The effect of structure on their physicochemical properties［J］. Reference Module in Food Science，2018（6）：596 – 604.

第七章

CHAPTER

杂粮加工

7

[知识目标]

　　了解常见杂粮及杂粮制品；掌握现代杂粮加工的基础理论与工艺；掌握现代杂粮加工的典型设备与应用的基础；掌握现代杂粮加工的基本工作原理。

[能力目标]

　　掌握杂粮加工的加工过程及关键技术；能为杂粮新产品的开发及增值利用提供必要的理论基础和实用技术。

第一节　杂粮的概述

一、杂粮的定义

　　从广义上讲，杂粮指的是不包括水稻和小麦的其他所有粮食作物；从狭义上讲，杂粮作为小宗作物的统称，泛指生育期短、种植面积小、种植地域性强、种植方法特殊、有特种用途的多种粮豆。

二、杂粮的分类

　　杂粮按照作物用途和植物学系统相结合的原则对杂粮作物分类。

（一）禾谷类

　　禾谷类指收获谷粒为栽培目的的禾本科杂粮作物。按其形态和生物学特征可以分为两大组。一组是大麦、燕麦、黑麦、荞麦等麦类作物。另一组是包括玉米、高粱、粟、珍珠粟、龙爪稷、黍稷、谷子、小黍、圆果雀稗、食用稗、台夫、马唐和薏仁等粟类和黍类作物。

（二）　杂豆类

杂豆类指栽培的豆科杂粮作物。主要有绿豆、赤小豆、黑豆、青豆、芸豆、蚕豆、豌豆等。

（三）　块根块茎类

块根块茎类是指利用其地下块根块茎类的杂粮作物。主要有甘薯、马铃薯、木薯、豆薯、薯蓣、菊芋、芋、蕉藕等。

（四）　木本类

木本类指根和茎因增粗生长形成大量的木质部，而细胞壁也多数木质化的坚固的杂粮，主要有板栗（*Castanea mollissima* BL.）、橡子等。

三、　杂粮营养价值及其生理活性

伴随着现代生活的变化，人们的生活水平不断提高，在饮食方面以精米、精面为主，而对粗粮、杂粮等摄入偏少甚至没有摄入。从营养的角度考虑，这样单一的主食结构并不利于人体健康。

一般来说，杂粮在某些营养指标上比大米、小麦更有优势。例如：黍、稷米、莜麦（裸燕麦）、籽粒苋中的蛋白质含量都高出小麦和大米 1.5 倍；莜麦、籽粒苋中的赖氨酸含量也很高。各种杂粮中的脂肪均以不饱和脂肪酸为主，必需脂肪酸含量较高。必需脂肪酸在促进人体组织细胞的生成，调节脂质代谢尤其是胆固醇代谢，防止 X－射线引起的皮肤损伤等方面有突出作用。在重要的无机盐中，各种杂粮的钙、铁含量相差较大。杂粮中钙含量最多的是籽粒苋，是小麦、大米的近 100 倍。黍、稷米、大麦、莜麦、木薯中钙含量也较丰富。同时，这些杂粮中的铁含量也超过了大米和小麦。杂粮中维生素如硫胺素、核黄素的含量也很丰富，大麦中的核黄素为 4.8mg/100g，是小麦粉的 80 倍，大米的 48 倍，薯类中富含维生素 C。从营养角度说，杂粮具有很好的利用价值。

许多杂粮含有特殊的成分对人体有特殊的食疗和保健作用，如荞麦含有芦丁。芦丁具有软化血管、降低血脂和胆固醇的功能，对高血压、心血管疾病有较好的辅助治疗和预防作用，并能控制和辅助治疗糖尿病、青光眼。荞麦还有健胃、免疫、消炎、除湿热、祛风痛、清热解毒、防癌的功效。小米具有清热、消渴、利尿作用，可治脾胃气弱、食不消化、反胃呕吐等症。玉米中含有一种抗癌因子——谷胱甘肽，对清除体内自由基、刺激体内免疫反应、增强免疫力有重要作用。用玉米胚芽制成的胚芽油是一种上等植物油，具有抗疲劳、降血脂、预防心血管疾病的神奇功效。甘薯是目前公认的健康长寿食品，其中所含的黏液蛋白不但可以防止脂类物质在动脉壁上沉积而引起动脉硬化，还可防止肝、肾等器官结缔组织的萎缩，具有抗老化作用，并对呼吸道、消化道、关节腔和浆膜起一定的润滑作用。大麦中的尿氮素对促进化脓性创伤及顽固性溃疡愈合、治疗慢性骨髓炎、胃溃疡有积极的作用。莜麦中的功能因子则为燕麦纤维、亚油酸、皂苷等，利于预防和治疗心血管疾病，并可有效地防治结肠癌、便秘、静脉曲张等疾病。

四、　杂粮开发利用现状

杂粮可以加工成蒸煮食品、烘烤食品、膨化食品、发酵食品、糕点食品以及杂粮饮品等多种深加工产品，种类丰富。谷物类杂粮的开发和利用现状见表 7 - 1。

表 7 - 1　　　　　　　　　　　　谷物杂粮开发利用现状

杂粮	开发产品
燕麦	纯燕麦制品：素食燕麦片、燕麦粉、燕麦麸；燕麦食品：燕麦饼干、面包、糕点、挂面等
荞麦	冷面、荞麦糕点、荞麦豆酱、荞麦酒、苦荞茶、荞麦酸乳等
小米	小米粥、小米乳饮料、小米糕点、小米黄色素、小米酿酒、小米陈醋等
高粱	高粱糕点、高粱膨化食品、高粱醋、白酒、饴糖等
薏仁	中药、薏米点心、薏米膨化类食品、薏米保健酒、薏米醋等
青稞	糌粑、青稞面条类产品、青稞面包、青稞蛋糕、青稞酒、青稞饼干等

（一）杂粮加工概念及其分类

杂粮加工是指按照用途将杂粮制成成品或者半成品的生产过程。根据原料加工程度，可将杂粮加工分为初加工和深加工两种类型。初加工是指加工程度浅、层次少，产品与原料相比，加工过程理化性质、营养成分变化小的加工过程，其主要包括清选去杂、分级、脱壳、干燥、抛光等加工工序。深加工是指加工程度深、层次多，经过若干道加工工序，原料的理化特性发生较大变化，营养成分分割很细，并按照需要进行重新搭配的多层次加工过程，其主要包括功能性物质和生物活性成分的萃取、分离以及提纯等加工技术。杂粮加工产品主要有初加工产品、传统食品、休闲方便食品、发酵产品以及功能性食品，而无论对杂粮进行初加工还是深加工，均可提升杂粮产品的附加值。

（二）杂粮保健品开发应用的现状

杂粮食品加工是相对于"精米、精面、精油"等深加工粮油食品营养素缺乏基础上提倡出来的，符合现代人群的消费观念和健康需求。满足现代人群的个性化定制食品是杂粮食品加工的主要发展方向。

1. 作为营养配餐的重要组成部分

杂粮营养丰富，具有保健效果，虽可直接食用，但往往口感粗糙，色泽不吸引人，味道也不佳。可将一种或几种杂粮与口感好的小麦粉搭配，制作出不同种类的品种，荞麦营养配餐在世界各国，特别是苏联、日本、美国、法国、加拿大、朝鲜等国极受重视和欢迎，日本人每年需从国外进口 8 万 ~ 9 万 t 的荞麦。一直被视为只配养畜禽的燕麦，目前在美国身价倍增，已成为最流行的保健食品和最受欢迎的食品。据报道，已有维生素热食麦片、混合维生素新麦片和速食麦片餐、燕麦饼干、燕麦空心面等食品供应市场。

2. 制成果脯、罐头、酒类、调味品及休闲食品

以马铃薯为原料可制成各种休闲食品，如薯米（粒）、脱水马铃薯片（条、泥）、薯粉、马铃薯方便面、油炸马铃薯片等。浙江、福建等省出口的"油炸薯片"和"红心地瓜干"在日本和香港的市场上供不应求。以玉米为原料可制成玉米片、玉米方便粥、玉米营养粥、玉米花、玉米糕点、玉米面包等。玉米花丝罐头、甜玉米罐头、玉米笋罐头、玉米笋蜜饯也深受欢迎。大麦、红薯、马铃薯、玉米、小米等又可作为酿酒的原料。我国酿制成功的苋酱油，开创了国内外酱油生产不用人工色素而保证传统酱油色泽的先例，引起了世界的惊奇

和关注。

3. 制作饮料、冷饮

用鲜玉米加工制作液体饮料如玉米杏仁茶和玉米冰淇淋已有报道，也可用小米制冰淇淋，用大麦生产大麦咖啡饮料和大麦保健茶。格瓦斯饮料是以荞麦为原料所制取，在国际上是与可口可乐并驾齐驱的两大饮料之一。红薯格瓦斯饮料也是一种良好的保健饮料，荞麦豆乳也是一种很受欢迎的保健饮品。

4. 制作特殊疗效食品

典型的特殊疗效食品是荞麦食品。苦荞麦对高脂血症及高血压、糖尿病有显著的疗效。利用新工艺研制出三种苦荞粉、疗效粉、颗粒粉，以这三种粉为原料制作出复方苦荞双降粉（降血糖、降血脂），并以这种粉制作出方便面、空心面、蛋糕、面包、点心等。

第二节　高 粱 加 工

一、　高 粱 概 述

高粱也称蜀黍、芦粟等，禾本科一年生草本植物。秆较粗壮，直立，基部节上具支撑根。叶鞘无毛或稍有白粉；叶舌硬膜质，先端圆，边缘有纤毛。中国栽培较广，以东北各地为最多，是中国北方的主要粮食作物之一。由于它具有抗旱、耐涝、耐盐碱、适应性强、光合效能高及生产潜力大等特点，又是春旱秋涝和盐碱地区的高产稳产作物。

高粱籽粒含有比较丰富的营养物质：每100g高粱含蛋白质8.2g、脂肪2.2g、碳水化合物77g、热量1509kJ、钙17mg、磷230mg、铁5.0mg、维生素B_1 0.14mg、维生素B_2 0.07mg和烟酸0.6mg。高粱以膳食纤维、高铁等的营养特点而著称，尚具有令人愉悦的天然红棕色和特有的风味。高粱中蛋白质所含赖氨酸及苏氨酸较少，影响高粱营养特性和生理价值的主要因素是蛋白质、氨基酸、单宁。单宁含量高不仅口味不良，而且还会影响蛋白质的消化吸收，故需碾除。这也使高粱的食用、饲用价值都低于玉米等。随着高产优质品种的育成，高粱的应用价值又逐步提高，其籽粒除食用、饲用外，还是制造淀粉、酒精和酿酒的重要原料。我国特酿的茅台、泸州特曲和汾酒等名酒都是以高粱籽粒为主要原料酿造的。加工后的副产品，如粉渣和酒糟，不仅是家畜的良好饲料，其粉渣还是做醋的上等原料。

高粱具有一定的药用疗效功能，中医认为高粱性味甘平、微寒，有和胃、健脾、消食的功效。如高粱籽粒加水煎汤喝，可治疗积食；用高粱米加葱、盐、牛肉汤煮粥吃，可改善阳虚自汗等。高粱米糠内含有大量的鞣酸蛋白，具有较好的收敛止泻作用。

高粱的茎叶有较高的饲用价值。青贮高粱平均含无氮浸出物13.4%、蛋白质2.6%、脂肪1.1%，其营养成分又优于玉米。成熟后的茎秆是极好的造纸原料，又是农村建筑材料、蔬菜架构以及编织炕席等的原料。此外，高粱的茎叶还可提取医用氯化钾原料和抗高温的蜡质。粮用高粱和粮糠兼用高粱的茎秆中含有大量糖分，故可加工制糖、酒、酒精、味精、酱油等。帚用高粱脱粒后，其空穗可做扫帚和炊帚，颖壳还可提取天然食用色素。

二、 高粱的加工

（一） 高粱白酒

高粱是中国白酒的主要原料，闻名中外的中国白酒多是以高粱作主料或是佐料配制而成。用高粱酿制的蒸馏酒，又称为烧酒。

一般来说，中国高粱白酒的指标是总酸为 0.1g/100mL，总脂 0.1 ~ 0.4g/100mL，总醛 0.05g/100mL，醇类 0.3g/100mL。高粱白酒的组分是，酒精 65%，总酸 0.0618%（其中乙酸 68.2%，丁酸 28.68%，甲酸 0.58%），酯类 0.2531%（包括乙酸乙酯、丁酸乙酯和乙酸戊酯等），其他醇类为 0.4320%（其中戊醇最多，丁醇、丙醇次之）、醛类为 0.0956%，呋喃甲醛为 0.0038%。

白酒的感官品质包括色、香、味和风格 4 个指标。所谓风格也称为风味，是指视觉、味觉和嗅觉的综合感觉。名酒的优良品质是绵而不烈，刺激性平缓。只有使多种微量生物物质进行充分的生物化学转化，才能达到这种要求。中国名酒具有甜、酸、苦、辣、香五味调和的绝妙，并具浓（浓郁、浓厚）、醇（醇滑、绵柔）、甜（回甜、留甘）、净（纯净、无杂味）、长（回味悠长、香味持久）等优点。主要香型有酱香、清香、浓香、米香等。酱香型的特点是酱香突出，优雅细腻，酒体醇厚，回味悠长，如茅台酒；清香型的特点是清香纯正，醇甜柔和，自然谐调，余味爽净，如汾酒；浓香型的特点是窖香浓郁，绵软甘洌，香味协调，尾净余长，如泸州老窖特曲。

高粱籽粒的化学组成与酒的产量和品味关系密切。淀粉是酿酒的主要原料，也是微生物生长繁殖的主要热源，淀粉含量与出酒率成正相关。粳性高粱直链淀粉含量多，支链淀粉含量少；相反糯性高粱直链淀粉含量少，支链淀粉含量多，或几乎全为支链淀粉。支链淀粉含量多的出酒率高，而且对提高高粱酒的质量也有密切关系。

蛋白质在发酵过程中，经蛋白酶水解生成氨基酸，氨基酸又经酵母转变为高级醇类，高级醇类即是白酒香味的重要组成部分。因此，蛋白质含量除与出酒率有关外，还与酒的风味密切有关。

酿酒用高粱的脂肪含量不宜过多。脂肪过多，酒有杂味，遇冷易呈浑浊。单宁除与出酒率有关外，微量的单宁对发酵过程中的有害微生物有一定抑制作用；单宁产生的丁香酸和丁香醛等香味物质，还能增强白酒的芳香风味。因此，含有适量单宁的高粱是酿制优质酒的佳料。但是，单宁味苦涩、性收敛，遇铁盐呈绿色或褐色；遇蛋白质结合成络合物而沉淀，妨碍酵母生长发育，降低发酵能力，因此单宁含量过高也影响酒的风味。

（二） 高粱啤酒

高粱啤酒是非洲人的一种传统饮料，有很长的饮用历史。由于各部族都用其特有的土法制作高粱啤酒，非洲高粱啤酒的风味也不尽一致。在西非，高粱啤酒为浅黄色的液体；在南非，高粱啤酒则是一种浅红色至棕色的不透明液体。由于这种高粱啤酒都是用传统的酿制方法生产的，一般只能存放 4 ~ 5d。目前，高粱啤酒的酿制也变成了大规模的工厂化生产。

传统制高粱麦芽把高粱籽粒放在混凝土大容器内，用水浸泡 6 ~ 36h，在此期间要换 1 ~ 2 次水。之后，将吸饱水的籽粒撒布到床上，12 ~ 20cm 厚，并用麻袋盖上，偶尔浇些水以保持湿度。发芽 4 ~ 6d，并将籽粒翻动几次。籽粒充分发芽时，幼芽至少有 2.5cm 长，这时把籽粒摊得薄一些进行干燥。

现代化的大量制备高粱麦芽的方法更为有效。先将高粱籽粒处理干净，再经冲洗和浸泡。

在浸泡时向水中通气，并换 1 次水。在浸泡 9～12h 之后，籽粒捞出铺在制麦芽盒子里发芽，散开 7.5～10.0cm 厚。并且通过底面通气，每天翻一次。最初两天浇少许水，温度为 25～35℃保持 5～6d。之后，麦芽用热空气干燥。

工厂化生产高粱啤酒的发酵过程分为两步。第一步为乳酸发酵、第二步是啤酒发酵。用 300kg 高粱麦芽加 2700kg 水接种德氏乳杆菌，在 50℃ 温度下发酵 12～16h，使发酵物的 pH 达到 3.3，使之含有 0.8%～1.0% 的乳酸。在这种发酵物里，加入去胚的玉米粗粉（脂肪含量要低于 1%）2750kg，再加水约 15000kg。然后，把这种粥样混合物置于 7500MPa 压力下蒸煮 10min，再冷却到 60℃。在此温度下，加 800kg 高粱麦芽，混合后加水调到 24200L。这时，混合物的液体总量约占 14%，pH3.9～4.0，保存 45～90min，直到约有 6% 的发酵糖（即被测的葡萄糖）产生时为止。这种称作麦芽汁的混合物约有 22000L，pH 为 3.9，含有 0.16% 的乳酸、6% 葡萄糖，相对密度为 1.037。

第二步的啤酒发酵是在上述混合物中加进啤酒酵母菌。在 25～30℃ 下生长和发酵 48h，有活性的高粱啤酒即可饮用。这种啤酒 pH3.6，乳酸含量 0.26%，固态物质总量 6.2%，葡萄糖含量 0.15%，酒精 2.9%，醋酸 0.03%。应当指出的是，酵母菌仍存于啤酒中。非洲高粱啤酒是带有酸味的浑浊液体，是一种浓重的啤酒，啤酒中含有剩余的淀粉，因此非洲人称这种啤酒为食品，营养十分丰富；而欧洲啤酒是有啤酒花香味的清澈液体，称为淡啤酒。

（三）高粱醋

中国北方的优质醋大都以高粱为原料酿成。山西老陈醋就是用高粱制成的名醋，具有质地浓稠、酸味醇厚、气味清香的特点。贮存较久的山西老陈醋总酸（以醋酸计）10.08g/100mL，羟基化合物的总含量 49.75g/100mL，其中丙酮 14.88g/100mL，显著高于以糯米或粳米为原料的镇江香醋、上海香醋和北京江米醋；酯类总含量 0.78g/100mL，其中乙酸乙酯 0.68g/100mL，乙酸异丁酯 0.03g/100mL，乙酸异戊酯 0.028/100mL，乙酸戊酯 0.05g/100mL；醇类化合物 0.44g/100mL，主要是乙醇；其他有机化合物有异丁醛 0.30g/100mL、异戊醇 0.44g/100mL、糠醛 0.86g/100mL 等。

酿醋原理是将淀粉发酵成乙醇后，再氧化成醋酸，一般食用醋的含量为 3%～5%。醋酸菌对醇类和糖类有氧化作用，能把丙醇氧化为丙酸，把丁醇氧化为丁酸，把葡萄糖氧化为葡萄糖酸等。有些醋酸菌还能利用糖产生琥珀酸和乳酸，这些酸与醇结合产生酯类。老醋中由于酯类物质增多而有特殊清香味；甘油氧化产生的丙酮使醋具有微甜的味道；蛋白质分解产生的氨基酸也是醋香味和色素的基础。

高粱醋生产操作要点为将原料粉碎后与水以 1:6（$m:v$）比例混合，加入氯化钙（2g/kg 原料）、淀粉酶（20U/g 原料）液化，碘试反应呈红棕色时为液化终点。再加糖化酶（100U/g 原料），在 60～62℃ 温度下，糖化 6h 即得糖化醪。将糖化醪温度降至 35℃，加耐高温酒用酵母（2g/kg），搅拌均匀，发酵 3d，离心得到酒醪。然后醋酸化，采用液态深层发酵工艺，温度（34±2）℃，得到产品醋酸度≥40g/kg。

山西老陈醋的酿造是以大麦和豌豆为制曲原料，采用大曲糖化发酵、加曲量大，一般达投料量的 62.5%。以酒基造醋必先酿出好酒。酒精发酵温度较低，养醅温度不高于 30℃，周期 16d。醋化温度较高，可达 43～45℃，培养期 9d。配制的新醋需经过老熟贮陈，即露天开盖陈酿，通过"夏日晒、冬捞冰"的浓缩处理，所得成品陈醋量仅为原有量的 30%。其特点是色泽黑紫，味道清香，质地浓稠，醇厚绵酸，久不沉淀，色、香、味俱佳。

第三节　大麦（青稞）加工

一、大麦（青稞）的概述

（一）大麦概述

大麦别名牟麦、饭麦、赤膊麦，禾本科、大麦属一年生禾本，是一种主要的谷类粮食作物，种植历史可追溯到 10000 年前的中东地区。目前，大麦是全球的第五大粮食作物，产量仅次于玉米、小麦、水稻和大豆，高于土豆和薯类等作物。与其他粮食作物相比，大麦更能适应高纬度、高海拔和沙漠地区等的生长条件。大麦长久以来都是欧洲东部、非洲北部、亚洲喜马拉雅地区和其他极端气候地区居民的主食和主要碳水化合物来源。目前，我国是仅次于沙特阿拉伯世界第二大大麦进口国，近年来大麦也是我国进口量最大的谷物。

大麦营养全面，富含多种活性成分，如酚类、麦黄酮，具有高蛋白、高纤维素、低糖、低脂的优点，具有降低血液中糖脂以及改善肠道健康等多种功效。此外大麦还富含钙、铁等多种矿物元素和维生素 B_1、维生素 B_2，营养价值高于小麦、玉米，为谷物食品中较优的全价营养食品。

1. 氨基酸和多肽

大麦中含有 10% 的蛋白质，外壳蛋白较少，但其含有大量限制氨基酸——赖氨酸。大麦胚乳含有较多的谷氨酸和脯氨酸，可在酶的作用下，能转化成为具有降低血压、预防肥胖和防止动脉硬化等多种生理功效的 γ - 氨基丁酸。

2. 膳食纤维

大麦中的膳食纤维含量较高，尤其是含有丰富的可溶性膳食纤维，如 β - 葡聚糖，它具有辅助调脂降糖、抗癌和改善肠道健康等多种生理功能。

3. 不饱和脂肪酸

大麦中的不饱和脂肪酸，如油酸、亚油酸等，摄入后能够在体内合成必需脂肪酸，供人体吸收利用，营养价值较高。

4. 酚类

大麦中的酚类化合物种类丰富，具有抗氧化、抗衰老等多种生物功能。Sullivan 等人发现大麦和麦芽中酚类物质在体外、体内试验中均表现出较强的抗氧化活性，能够防止体内生物大分子氧化受损。

5. 维生素和矿物质成分

大麦富含多种维生素和矿物质，能够有效降低人体的低密度脂蛋白和总胆固醇含量，具有预防动脉粥样硬化的功效。此外大麦中还含有少量的维生素 E 和钙、磷元素等有益于人体健康的成分。

（二）青稞概述

青稞，属禾本科小麦族大麦属，又称裸大麦、米大麦、元麦、裸麦，青稞是青藏地区的称呼。青稞的栽培历史很悠久，在青藏高原地区已经栽培了 3500 年，是青藏高原地区的人民将野生普通大麦长期驯化而后培育的结果。青稞分布的地区主要是中国西藏、青海、四川的甘孜州和阿巧州、云南的迪庆、甘肃的甘南等地海拔 4200~4500m 的青藏高寒地区，它是西藏播种面积最大、产量最多、分布最广的粮食作物。

青稞淀粉含量高。青稞中的淀粉含量平均达到 59.89%，变化幅度在 51.26%~66.70%，其中直链淀粉只有 4 个品种在 29% 以上，大部分处在 25%~30%。青稞品种不同，其淀粉在基本组分上也存在着差异。青稞蛋白含量平均为 12.43%，变化幅度为 6.35%~23.40%，高于除燕麦和小麦以外的其他任何谷类作物；粗蛋白含量平均为 11.37%，变化幅度为 7.68%~17.52%，高于全国平均值。青稞中含有人体必需的八种氨基酸（缬氨酸、异氨酸、亮氨酸、苯丙氨酸、甲硫氨酸、色氨酸、苏氨酸、赖氨酸）。烟酸也在青稞中被检测到，而且其含量是玉米的 2 倍以上。

青稞具有独特的营养价值和保健功能。除了主要成分淀粉和蛋白质外，青稞中还含有其他的成分。青稞是世界上麦类作物中葡聚糖含量最高的农作物，其含量是小麦的 50 倍。其中，β - 葡聚糖具有极好的药用价值，可以清理肠胃、降低血糖和胆固醇等，而且还能辅助治疗肝炎、糖尿病等疾病。青稞麦绿素是以青稞麦苗幼叶为原料提取的物质，其中富含多种氨基酸、维生素、矿物质和叶绿素等，具有抗氧化和清除体内自由基的作用，被称为天然食品之王。青稞中含有丰富的膳食纤维以及硫胺素、核黄素等多种稀有的营养成分，还有多种对人体有益的微量元素，如磷、铁、锌等。

二、 大麦（青稞）的加工

（一） 大麦的加工

1. 大麦米

大麦籽粒→ 清理 → 调节水分 → 漂白 → 脱壳 → 谷壳分离 →
碾米 → 风选 → 分级 →大麦米

大麦米可由珠形大麦米、糙大麦米或原料大麦加工而成。德国生产的珠形大麦米，有大小不同的品种，主要用于做汤、加入调料可制成膨化食品和速食早餐食品。在日本和朝鲜，大麦米常与大米混在一起食用，作为大米的代用品，可显著改善蒸煮后大米的黏稠度。

2. 大麦片

大麦→ 清理 → 脱壳 → 碾皮 → 蒸煮 → 压片 → 烘干 → 冷却 →成品

（1）清理 清理原粮大麦的工艺与设备，基本上与加工小麦相同。主要工序有筛选、风选、磁选、表面处理等，相应的设备为震动筛、垂直吸风道、永磁筒、打麦机等。需要指出的是设备的工作参数应根据大麦的物理特性来确定。

（2）脱壳 颖果分离采用燕麦加工的设备。用撞击脱壳机脱去颖壳，用谷糙分离机分离出脱壳大麦。

（3）碾皮 采用卧式或者立式砂辊碾米机。

（4）蒸煮 直接用 100℃蒸汽处理 20min。

（5）烘干 将蒸汽处理后的大麦籽粒送入烘干系统，除去水分后进行冷却。

（6）切割　采用籽粒切割机将大麦籽粒切割至原籽粒大小的1/4，利于压片，可提高产品的外观质量。

（7）压片　压片所采用的设备与燕麦片加工设备相同。对切割后的籽粒在100℃蒸汽下处理20min，使其水分含量达到17%，然后进入双辊轧片机碾压成薄片。

（8）烘干　将压好的大麦片放入200℃的烘箱中。烘烤时间为1~2min，或根据压片厚度确定烘烤时间，水分含量应低于3%。冷却后装入包装袋即可销售。

3. 大麦粉及应用

大麦籽粒 → 清理 → 调节水分 → 漂白 → 脱壳 → 谷壳分离 →

碾米 → 风选 → 分级 → 大麦米 → 磨粉 → 大麦粉

大麦通常要先进行脱壳处理，然后进一步加工成颗粒状或片状的粗麦粉，从而成为食品原料。脱壳和抛光操作是通过磨料来实现的，脱壳主要是初步去除谷壳、麸皮和少部分胚乳。颗粒化则进一步去除大麦剩余的谷壳、麸皮、胚芽和胚乳。粗麦粉通过铣磨等精加工能最终获得类似于大米的精白粉，同大麦和粗麦粉相比，精白粉的持水能力上升而所需烹饪时间下降。

常见大麦粉的精制工艺有以下几种。

（1）直接粉碎　挑选饱满去杂的大麦为原料，采用配有60目筛的FC160锤式磨粉机进行粉碎，每次处理量为200g，处理时间为5min，进料口振动频率为60Hz，得到粗大麦粉，再经超微粉碎处理，得到精制大麦粉。

（2）粉碎烘焙　经超微粉碎处理得到的大麦粉，采用烤箱对大麦粉进行烘烤，调节温度130℃，时间25min，期间多次翻面，至大麦粉熟化。

（3）高压汽蒸　加入2倍大麦体积的水浸泡大麦10h。沥干后的大麦采用纱布包好，置于高压蒸汽设备，调节温度为150℃，时间为45min。熟化后烘干，采用锤式磨粉机对大麦粒进行粉碎，并经超微粉碎处理，得到大麦粉。

（4）电磁炒制　采用旋转式电磁炒制机对大麦粒进行翻炒，采用程序升温模式炒制：第一阶段100℃下炒制40min，转速为30r/min，第二阶段180℃下炒制40min，转速为40r/min，第三阶段250℃下炒制30min，转速为50r/min，使大麦粒微黄并伴有大麦固有香味，停止翻炒。再采用锤式磨粉机进行粉碎，并经超微粉碎处理，得到大麦粉。

在市场上，大麦精白粉能在一定程度上成为大米的替代品并获得消费者的广泛接受。这些大麦粉与小麦粉根据一定比例混合生产的各类谷物产品深受消费者的欢迎。大麦面粉被广泛应用于面包、蛋糕、饼干、面条和糕点零食等淀粉类产品的制作中。

一般在小麦面包中额外添加的大麦面粉可达到15%~20%，这时面包的整体外观风味和质构与纯小麦面包相比没有显著差异，且含有大麦面粉的面包的膳食纤维含量显著上升。20%以上的大麦面粉添加量会引起面包色泽加深，质地干而硬并且口感粗糙，难以被普通消费者接受，且随着大麦面粉添加量的增加面包变得更难制作，仅在土耳其等少数几个国家存在高大麦面粉含量的糕点并仅被当地人接受。在用大麦面粉制作面包的同时增加恰当比例的可溶性膳食纤维能有效改善面包的口感，使大麦面粉的可接受添加量达到30%。

大麦面粉和小麦面粉（质量比4∶1）混合制得的面条营养更为全面，且面条的风味、色泽和纹理等感官性状同未添加大麦淀粉相比有所改善，而对面条的硬度没有显著影响。

一些类型的大麦面粉可以增加面条的吸水的和持水能力，使面团的颜色加深变暗并增加面条在水中的溶解度。大麦面粉能显著改善小麦面条的营养价值和成品质构，并降低生产成本。

4. 大麦茶

大麦茶是中国、日本、韩国等民间广泛流传的一种传统清凉饮料。先将大麦洗净，除去其中杂物、石子沙粒等再晾干或晒干后再进行焙炒。工厂里是用焙炒机焙炒，家庭中可用文火在干净锅中翻炒，直到表皮焦黄为止。焙炒时必须均匀，用力适当，使大麦粒中的水分均匀逐渐地蒸发，能够压碎就行。这里所指粉碎包括大麦粒和茶叶两种的粉碎，通常需要用石臼或其他方法分别将大麦粒和茶叶逐渐压成粉状后用粗筛将大麦粉中的表皮筛出。再将大麦粉和茶叶粉按比例混合，注意大麦和茶叶的农药残留量必须限制在允许的最小范围。一般在麦和茶的混合粉中加入天然香料和牛骨粉。牛骨要用锤（工厂用锤式粉碎机）粉碎，并且筛成 300～500 目的粉末，才能进行混合使用，最好再用细筛过一次，以保证饮用时的质量。筛后包装，即为成品。成品茶味甘美清香，营养丰富，风味独特，闻之有一股浓浓的麦香，常喝大麦茶不但能开胃，助消化，还有减肥的作用。

（二）青稞的加工

1. 糌粑

糌粑通常又称为青稞炒面。糌粑是藏族一日三餐中的必备食物。把青稞做成糌粑、青稞酒、酥油茶被认为是藏族地区最具代表性的食物。大部分的藏族人民都过着自给自足式的小农经济生活，市场上也很少有糌粑商品流通。

传统糌粑制作方法较简单。先在锅里放上干净的细沙烧热，再放入青稞，用文火，不停地翻搅使其均匀受热，翻搅加热到一定程度，青稞就如同爆米花一样裂口开花，直到全部开花，便可出锅，待炒好的青稞冷却后，即可磨炒面。小石磨是加工糌粑的重要工具。

但由于糌粑加工设备简陋，工艺简单，产品科技含量低、产品单一和产品包装简单，生产过程中缺乏严格的卫生管理，容易产生霉变。虽然近年来许多企业在进行工艺改进和加强管理，但糌粑产品的区域性限制了企业的发展，市场推销开拓难度很大。

2. 青稞酒

青稞次要用途是酿酒，青稞酒具有悠久的酿造历史，起源于唐朝，距今已有千年的历史，青稞酒是藏族人民生活中必不可少的饮品，是中国酒类中不可缺少的一员，并以其特有的高原特色和独特的风味日益受到消费者的青睐并享誉海内外。在对传统酿酒工艺传承的进程中，酿造工艺不断创新，青稞酒种类也逐渐增多，主要是使用传统工艺酿造的青稞咂酒、青稞烤酒和青稞白酒及其保健酒和以新工艺酿造的青稞黄酒、青稞清酒、青稞啤酒、青稞饮料酒等低度发酵酒。

（1）青稞咂酒　分为坛装青稞咂酒和瓶装青稞咂酒，酒精含量在 10%～20%。青稞咂酒是以青稞、大麦、高粱等作物为原料，经蒸煮摊晾，拌入酒曲装坛密封发酵而成，是没有经过蒸馏的青稞酒。在饮用时，先向坛中注入开水或清水，再把打通竹节的小竹管插入坛底咂吸，因此得名咂酒。当坛中的酒因咂吸减少后，再向坛中注水把酒浸取出来，如此反复直至酒味变淡。现在这种直接咂吸的方式很少使用，通常是把酒过滤出来，倒入酒杯或酒碗中饮用。由于原料添加量、酒曲的制作工艺及发酵条件的不同使得青稞咂酒具有不同的风味和特色，是风格差异最大，种类最多的一类青稞酒。为便于青稞酒的贮藏和运输，坛装青稞咂酒经压滤、澄清、调配、精滤、装瓶密封等工艺制得瓶装青稞咂酒。瓶装青稞咂酒与坛装青稞咂酒一样，属于低度青稞酒。产品风味根据坛装青稞酒的不同和调配配方的不同而各异。

（2）青稞烤酒　属于蒸馏酒，酒精含量在20%以上。在坛装青稞咂酒的坛口装上冷凝装置，经加热在冷凝装置的出酒口直接得到低酒度的青稞烤酒。由于生产青稞烤酒的冷凝装置的冷凝面积有限，故挥发性更强的和更弱的杂质成分难以蒸馏出来或难以冷凝下来，因而在成品烤酒中含量极低，使产品口感清香柔和，深受当地民众喜爱。

（3）青稞白酒　以青稞为原料，加入以青稞和豌豆所制取的大曲，糖化发酵酿造而成。采用清蒸四次工艺，固态发酵，蒸馏出酒，经1~3个月贮存，勾兑后自然贮存一年以上而成。以高酒度的青稞白酒为酒基，搭配不同的中藏药材或者花果蔬菜等可以生产出不同种类、不同风味的青稞保健酒。

（4）青稞黄酒　黄酒是我国最古老的酒，也最具有中国特色。黄酒是以稻米、黍米、黑米、小米等为原料经加麦曲、小曲等糖化发酵剂发酵酿制而成的发酵酒，酒精含量一般为14%~20%，属于低度酿造酒。以青稞为原料酿制的黄酒中含有丰富的氨基酸、维生素及人体必需的微量元素，具有营养保健作用，是一种深受广大消费者喜爱的饮料酒。

（5）青稞清酒　日本清酒用大米酿制，颜色清亮透明，酒精含量15%以上，富含氨基酸、维生素等多种营养成分。以青稞为原料酿造的清酒酒液透明、酸甜爽口、醇厚优雅。

（6）青稞啤酒　将青稞麦芽作为辅料酿制而成的青稞啤酒是一类新型的功能营养型啤酒。青稞啤酒中含有较高的β-葡聚糖和黄酮，经常饮用具有辅助降低血脂、调节血糖、提高免疫力等保健功效。现在主要有青稞冰啤、高浓度青稞啤酒和低浓度青稞啤酒三种产品。

（7）青稞饮料酒　随着人们对健康的饮食方式的追求，低度饮料酒逐渐成为一种时尚饮品，日益受到消费者的青睐。如以青稞、枸杞、蜂蜜为原料开发出一种富有青稞香、蜂蜜香和枸杞果香的营养型发酵酒。首先将青稞原料糖化制成青稞麦汁，然后经酒精发酵、稀释调味、均质、灌装灭菌等工艺制成的青稞发酵饮料。低度青稞饮料酒在保证青稞丰富营养的同时能适合更多的消费人群饮用。

3. 青稞粉面制品

利用青稞粉可生产糕点、面条、馒头等，而将青稞粉和小麦粉进行配比加工，提高青稞面制品的加工性能，适当加入食品添加剂，可使产品的口感和加工性能得到明显提升。

4. 青稞烘焙食品

主要有青稞类饼干、青稞类蛋黄派、青稞类蛋糕等产品。青稞饼干的加工技术已经比较成熟，在国内的市场上青稞类饼干比较常见。

5. 青稞麦绿素产品

青稞麦绿素是以青稞麦苗为原材料，采用一定的处理方式将青稞麦苗中的有效成分提取出来，采用一定的加工制作技术制备出的非常有营养的产品。青稞麦绿素富含叶绿素、活性酶等多种功能成分，具有抗疲劳、耐缺氧功效，并且对免疫性肝损伤有保护作用。

第四节　燕麦加工

一、燕麦概述

燕麦是一类禾本科燕麦属草本植物，是一种世界性的重要谷物。燕麦可分为颖燕麦和裸燕麦两大类，我国种植燕麦以裸燕麦为主，俗称莜麦、铃铛麦等。我国种植燕麦历史悠久，据记载，公元前 2500 年我国就开始种植燕麦。在我国，70% 以上的燕麦集中种植在以下 3 个区域，内蒙古土默特平原、山西省大同盆地，以及云南、贵州、四川的高山和平坝区种植区域。其中内蒙古地区的种植面积最大，占全国燕麦种植面积的 35%。

燕麦蛋白质含量在 11.3% ~ 19.9%，多数在 16%，在粮食作物中居首位。其中必需氨基酸组成与每日摄取量的标准基本相同，可有效地促进人体生长发育。燕麦中蛋白质是任何谷物中氨基酸最平衡的。与小麦相比，燕麦醇溶蛋白含量低（10% ~ 15%），球蛋白含量高（约55%），虽然燕麦谷蛋白含量（20% ~ 25%）与小麦面粉相差不大，但沉淀值远低于小麦面粉，是因为燕麦的谷蛋白分子质量较小，且不具备黏弹性，加水后面絮很松散，加工过程中不能形成面团。

燕麦淀粉呈小而不规则的颗粒状，大小与大米淀粉相仿，受热后能形成稳定的凝胶。燕麦淀粉作为食品组分与大米淀粉都具有能够赋予食品光滑、奶油般质构的优点。燕麦淀粉含有 1% ~ 3% 的脂质，可以淀粉 - 脂质复合物存在，燕麦淀粉中脂质比其他谷物淀粉中脂质复杂，淀粉 - 脂质复合物解离更为困难。

燕麦脂肪含量在 3.4% ~ 9.7%，平均值为 6.3%，是小麦的 4 倍，是谷物中脂肪含量最高的品种。燕麦脂肪属于优质脂肪酸，而且主要是亚油酸，占脂肪酸总量的 38% ~ 52%。

燕麦中可溶性膳食纤维含量高于小麦及其他谷物，加工成的燕麦食品中也富含可溶性膳食纤维。燕麦的可溶性膳食纤维主要是 β - 葡聚糖，其在小肠内形成胶状体，产生高黏度环境，像海绵般吸收胆固醇、胆汁并将其排出体外，减少胆固醇在小肠内被吸收的机会，从而帮助降低胆固醇的含量。而且燕麦中的水溶性膳食纤维还具有平缓饭后血糖上升的效果，有助于糖尿病患者控制血糖。同时，β - 葡聚糖不仅能使其具有良好生理功能，可以改善消化功能，促进胃肠蠕动，改善便秘症状，且具有潜在食品应用价值，如做食品胶、食品增稠剂或作为添加剂改善面团品质。

燕麦中抗氧化成分包括醇溶性和脂溶性。醇溶性成分有阿魏酸、对香豆酸、对羟基苯甲酸、邻羟基苯甲酸、4 - 羟基苯乙酸、香草醛、儿茶酚等；脂溶性抗氧化物包括维生素 E、甾醇、羟基脂肪酸，以及各种羟基肉桂酸衍生物与高级脂肪酸合成的酯。

燕麦中丰富的维生素 E 可以扩张末梢血管，改善血液循环，调整身体状况，减轻更年期症状。燕麦含有丰富的锌，可促进伤口愈合。锰可以间接预防骨质疏松。燕麦中硒含量是大米的 34.8 倍，小麦粉的 3.7 倍，玉米的 7.9 倍，位居谷物之首，具有辅助增强免疫力、防癌、抗癌、抗衰老等作用。

与其他谷物相比，燕麦具有营养平衡的蛋白质、高水溶性胶体膳食纤维等降血脂成分，对提高人类健康水平具有重要的价值。

二、燕麦加工

作为主要燕麦食品的燕麦片，经过热加工才能提高营养价值，并且利于贮存和方便食用。目前对于燕麦功能成分分离和应用、燕麦麸的应用、燕麦烘烤技术、燕麦半成品加工等方面的研究取得了较好进展。

（一）燕麦片

欧美国家通常以燕麦片作为燕麦粥来食用。其加工的工艺如下：

清理 → 分级 → 脱壳 → 分离颖壳、籽 → 水热处理 → 碾麦和分离 →

切割籽粒 → 分离 → 汽蒸调湿 → 压片 → 冷却 → 产品

水热处理目的在于钝化燕麦的脂肪分解酶以及避免酸败。碾麦可以使燕麦的籽粒外表光亮，而碾麦后的产品燕麦米可以直接被用作食品。切割燕麦籽粒的作用是为了使籽粒形状变为原来的形状，既改变组织结构制备即食食品，同时也改善产品的外观质量。压片之前一定要对籽粒进行加湿、加温处理。蒸汽加湿能使切割籽粒变形，这样处理后，压片就能达到淀粉要求的糊化凝胶，使产品具有更好的可消化性。

燕麦片按照主要原料、风味、营养价值的不同，可以分为复合燕麦片和纯燕麦片。纯燕麦片原料只有燕麦一种，是将燕麦籽粒经过打磨、清理、灭酶、压片、糊化、干燥、筛选、灭菌、冷却等工艺加工制成的食品，根据不同的处理可得到即食和加热食用两种产品。这种燕麦片口感比较粗糙，但由于未加入调味物质及其简单的加工工艺，产品具有淡淡的燕麦清香，其营养成分也得到了最大程度的保留。因此，此类产品适宜老年人、三高人群食用。复合燕麦片是在原有燕麦片的基础上加入一定量的调味物质或者营养元素，改善口感，并对其进行营养强化，以适应不同消费群体的需求。一般情况是在包装前向产品中加入植脂末、核桃、葡萄干、杏仁等调味物质，或者加入钙、锌、铁等元素进行营养强化。复合燕麦片口感好，冲泡性好，但营养却有部分损失。

1. 快熟燕麦片的加工

为保证产品良好的冲泡性，需增加燕麦籽粒表面积和外露面积，加工的工艺一般为切粒（灭酶工艺之后）。切粒的要求是将燕麦籽粒沿轴向切割为 2 ~ 4 部分。切粒之后要进行压片，压片的目的是使燕麦片品质均匀、厚度一致，增加其表面积，改善燕麦片的冲泡性。根据生产经验，压片工艺需保证籽粒含水量大约保持在 17%，如果未达到此要求，需在加热前对籽粒进行相应处理。蒸煮的目的是糊化燕麦淀粉，减少预煮或浸泡时间，方便消费者食用。蒸煮的条件一般为 100℃ 蒸汽处理 20min。蒸汽处理后，燕麦片的水分含量升高，不利于保存贮藏，因此需要干燥。干燥一般采用震动流化床干燥机，这种干燥机可以调节震动幅度。根据 GB 19640—2016《食品安全国家标准 冲调谷物制品》规定，干燥后的燕麦片水分含量不能超过 10%。经过切粒、蒸煮、干燥等工艺后，所得中间产品中必然存在粉末或细小颗粒，因此需要对燕麦片进行筛分，以保证产品的均一性。灭菌一般采用微波杀菌处理，防止微生物污染，延长产品保质期。

2. 复合燕麦片

复合燕麦片的加工由两个部分组成：原麦片的生产，配料混合与包装。原麦片的生产包括配料、混合、上浆干燥等几个工艺。原麦片的配料包括小麦粉、大米粉、玉米粉、燕麦粉、麦芽糖、乳粉、砂糖等。配料上浆与干燥过程在滚筒式干燥机中进行，温度大约保持在140℃。干燥后的薄片再整形、筛分，得到均一的颗粒即为原麦片。得到原麦片之后，与其他配料混合，即得复合燕麦片。

（二）燕麦面制品

由于燕麦粉不含面筋蛋白，不能像小麦粉一样形成面团，因此，中国传统燕麦面制品主要为两类，第一类是燕麦鱼鱼、燕麦窝窝等传统食品，燕麦传统食品加工中伴随着"三熟"过程，即磨粉前炒熟籽粒，和面时用开水烫熟，最后蒸熟或煮熟，经过这些加工工序的传统食品常被称为"三熟"食品；第二类是莜麦挤压挂面，也被称为燕麦方便面，该类所谓莜麦挂面或燕麦方便面，不同于小麦面粉压延生产的面条，一般采用高温高压挤出成型工艺，类似粉丝的制作工艺，其目的是使淀粉凝胶化，便于面条成型；同时钝化脂肪酶，延长保质期。

目前大多数的燕麦面条是以燕麦粉为辅料与小麦粉混合，添加量一般低于30%，主要由于燕麦粉面筋蛋白含量低，和面后无黏弹性、延伸性，添加太多燕麦粉容易造成面条断裂、浑汤等现象。随着食品添加剂工业发展，有望结合添加剂技术提高燕麦面条中燕麦的含量，品质改良剂的使用可强化面筋网络，改善面团的弹性、韧性及延展性，制作的面条烹煮后也会变得耐煮、光亮、口感顺滑、有嚼劲。

（三）燕麦脆片

脆片是人们喜爱的一种休闲方便食品，尤其是在人们茶余饭后、休闲娱乐时备受推崇。燕麦粉营养丰富，将其作为脆片加工的原料不仅可以提高燕麦利用率，而且可增加市场上脆片的花色品种，具有重要的经济意义。不同种类的脆片均具有口感酥脆、营养丰富等特点，其色泽、酥脆度以及口感是脆片主要考察的指标。目前常用的脆片加工方法有：传统油炸、真空冷冻干燥、热风干燥、微波膨化等。其中油炸工艺是传统的加工方法，以食用油为介质，利用油的高温促进淀粉的糊化、蛋白质的变性及水分的蒸发而使原料熟化的工艺，方便面、薯片多以油炸工艺生产。油炸工艺可使食品产生良好的色、香、味，增加消费者食欲，但油炸会产生有害的物质，反式脂肪酸和丙烯酰胺就是其中两种。真空冷冻干燥结合了真空干燥和冷冻干燥的优势，可以较好地保持食品营养成分及色香味，脱水彻底，但是成本较高、效率低。热风干燥耗费时间长、速率较慢，对于脆片的加工缺乏经济意义，竞争力不足。微波膨化是利用微波技术进行干燥，其依靠微波设备发射的高频电磁场震荡促进分子运动，直接加热物料内外两面，耗时短，设备占地较小，效率高，同时微波加工可以最大限度地保存食品物料营养成分。

（四）燕麦面包

目前燕麦烘焙产品越来越多。燕麦经过加工后会增加蛋白质、油脂和矿物质的含量，营养价值更加丰富，且燕麦具有较强的持水性，添加燕麦粉的面包营养价值高，风味独特，可以使面包保鲜时间更长。将不同比例的燕麦麸皮加入到面团中，不但增大了面包的体积，提高了面包的可消化率，同时还增加了面包中蛋白质和 β-葡聚糖含量，提高了其营养价值；添加12%的燕麦粉面包品质最佳，并且可以提高面包中膳食纤维和 β-葡聚糖含量，使面包的营养价值得到了较大程度的改善。但由于在热处理时燕麦蛋白质容易变性，易造成面包的烘焙特性变差；并且燕麦中缺乏必要的面筋蛋白，面团缺乏黏弹性，若添加量过高易弱化面包品质。

（五） 燕麦饮料

1. 发酵型燕麦饮料

对于燕麦发酵饮料，国外已有饮品推向市场，芬兰 Bioferme 公司推出了由双歧乳杆菌和嗜酸乳杆菌发酵燕麦和燕麦麸皮制得的非乳制品。国内主要是以燕麦为主要原料，添加牛乳、杀菌、接种乳酸菌发酵制成燕麦酸乳，不过尚未工业化推广，市场占有率较低，仍有广阔的发展前景。

2. 非发酵型燕麦饮料

目前报道的非发酵型燕麦饮料有燕麦乳饮料、燕麦果汁饮料、燕麦谷物饮料、燕麦茶饮料等。燕麦乳属植物蛋白饮料，是继豆乳后的又一良好乳制品替代物。燕麦果汁饮料与燕麦乳相比是一种新型饮品，不仅保存了燕麦乳中的所有营养成分，同时引进了果汁中的维生素、多酚类、低聚糖和矿物质等，因此其营养价值要高于同类产品，适于乳糖不耐症人群饮用。燕麦浓浆饮料是以燕麦为原料，辅助添加花生等植物蛋白，经焙烤、浸泡、均质等工艺加工而成的植物蛋白饮料。这种产品营养丰富，口感独特，市场前景广阔。目前，国内大概有 10 家企业生产该类产品。

目前对该类型饮料制作包括磨浆和酶解两种工艺，磨浆即利用磨浆机将浸泡好的燕麦磨碎提汁，再通过过滤、均质、杀菌、灌装等生产燕麦饮料的方法，该法具有工艺简单、方便操作的优点，缺点是产品的提汁率低，且由于产品中含有大分子物质较多而稳定性较差；酶解工艺是主要通过添加不同酶制剂，使燕麦淀粉分解成小分子糖类，再通过离心过滤、均质、杀菌、灌装等进行燕麦谷物饮料生产的方法，但添加酶制剂成本较高；燕麦芽通常主要用于啤酒的生产中，也可用于谷物饮料的加工，主要是利用其含有丰富的酶如淀粉酶、蛋白酶；燕麦芽的加入不仅可以增加饮料的色、香、味，而且可以产生较强的液化、糖化能力，有利于谷物饮料的加工，同时燕麦芽含有丰富的蛋白质，会提高燕麦饮料中的蛋白质和多肽及氨基酸的含量，进而可以增加燕麦饮料的营养价值，而且市售大麦芽成本低廉。

第五节 粟 加 工

一、 粟 的 概 述

粟又名谷子、小米、狗尾粟。古农书称粟为粱，糯性粟为秫。甲骨文"禾"即指粟。粟谷约占世界小米类作物产量的 24%，其中 90% 栽培在中国，华北为主要产区。主要作为粮食作物，兼作饲草。其他生产粟的国家有印度、俄罗斯、日本等。

粟的粒度小，其范围是长 1.5～2.5mm、宽 1.4～2.0mm、厚 0.9～1.5mm。粒度的实际大小随品种、成熟程度的不同而有所差异。品种的混杂以及成熟程度的不同都会造成粒度大小不均。而粒度大小的差异又会给加工带来许多不便和困难。由此，对整齐度差的原粮，有条件时应尽可能采取分粒加工，以确保产品的出率及产品的质量。

容重是评定粟品质好坏的重要标志。它与粟的品质、成熟程度、整齐程度和含杂高低等有关。一般而言，容重大的粟，容易脱壳，且出米率高；容重小的粟，脱壳困难，出米率也低。

千粒重与粒度大小、饱满程度及籽粒的结构有关。通常可按粟的千粒重的大小将其分为大、中、小粒，千粒重在3g以上的为大粒，在2.2~2.9g者为中粒，在1.9g以下者为小粒。

粟含水量的高低与粟加工有着密切的关系。根据加工要求，其水分一般在13.5%~16%较为适宜。粟含水量过高，外壳韧性高，胚乳的强度减小，不仅影响脱壳，还影响产品质量和出品率。因此，对水分高的粟，在加工前要经过晾晒或烘干处理，但要注意，不要暴晒或急速烘干，以免籽粒变脆，使得加工时容易产生碎米。如果粟含水量过低，皮层与种仁间的结构较紧，不利于碾白，并易出碎粟，造成产品出率下降，能耗增加。

粟营养价值较高，其化学成分如表7-2所示。粟米含有蛋白质（9.7%），脂肪（3.5%），维生素B_1、维生素B_2、维生素B_6和烟酸的含量丰富，粟米的脂肪含量高于大米、小麦，尤其是不饱和脂肪酸、亚油酸、亚麻酸含量高达85.75%。粟米还有丰富的尼克酸和胡萝卜素，对产妇及小儿适宜。粟米性味甘、咸凉，有补虚损、健脾肾、清虚热、除湿利尿之功，能益脾和胃，可治脾胃气弱、食不消化、反胃呕吐等症；有滋阴液、养肾气作用，可治消渴口干、腰膝酸软等症，并可除湿热、止泄痢、利小便、治身体烦热、小便不利或泻痢等症，外用还可治赤丹及烫、火灼伤等。粟米可以防止血管硬化，对于急性溶血性贫血、慢性肾炎以及糖尿病的疗效显著。

表7-2　　　　　　　　　　　　　　　粟的化学成分　　　　　　　　　　　　　单位:%

项目	水分	蛋白质	脂肪	无氮浸出物	粗纤维	灰分
大米	9.40	11.56	3.29	62.99	10.00	2.88
小米	10.50	9.70	1.10	76.60	0.10	1.40
粗粟糠	10.27	6.68	2.33	19.50	52.50	8.72
细粟糠	8.33	18.06	18.48	35.02	11.09	8.44

二、粟 的 加 工

目前粟的加工利用主要分为初级加工利用和深加工利用两大类。初级加工利用包括小米粥和小米饭、小米面食（如小米煎饼、小米馒头、小米摊黄、小米凉粉等）、鸟饲谷子、谷子储备粮、谷糠、谷子秸秆等；深加工利用包括速食小米粥、方便小米粉、乳香小米蛋白粉、小米黄酒、小米黄色素和小米糠膳食纤维。

（一）精小米的加工

1. 清理方法与设备

原粮粟中的杂质种类很多，主要有泥块、沙石、草秆、瘪粟和杂草种子等，其中以形状、粒度与粟比较接近的石子、草籽最难清理。所有这些杂质的存在，都会影响粟的加工和成品小米的质量，必须除去。粟的清理方法主要有筛选、风选、去石、磁选等。

2. 砻谷

粟壳是人体不能消化的粗纤维，必须通过砻谷将粟壳与糙小米分离。粟砻谷后得到的混合物主要由糙小米、粟壳和尚未脱壳的粟组成。粟的砻谷与稻谷砻谷极为相似，砻谷方法主要分为挤压搓撕脱壳、端压搓撕脱壳和撞击脱壳三种。目前，常用的设备有胶辊砻谷机、离心砻谷机和胶辊砻谷机，进行粟脱壳时，各有其特点。胶辊砻谷机，碎米少而脱壳率低；离心砻谷机则碎米多而脱壳率高；胶辊砻谷机脱壳率高且碎米少，但产量低，胶耗高。实际生产中，应根据原料情况，选用某一种或某几种进行组合使用，以保证脱壳工艺效果。由于粟的粒度小，表面光滑且呈球形，脱壳比稻谷难。在粟的砻谷时，应该对砻谷设备的技术参数和操作方法作相应的调整。例如，使用胶辊砻谷机时，必须加大两辊的线速差；快辊的硬度一般要求高于慢辊5°，多采用四道砻谷机串联组合、连续脱壳工艺。

3. 谷壳分离

经砻谷机脱壳后应立即将脱下的粟分离除去，否则会影响下一道脱壳设备的产量和工艺效果，且增加胶耗和动力消耗。目前常用的谷壳分离方法主要是风选法，因为粟壳与糙小米及粟三者之间的悬浮速度存在一定差异，选用适当的分离风速可以达到谷壳分离的目的。常用设备有吸风分离器，垂直吸风道等。

4. 谷糙分离

在砻谷、风选后去壳的砻下物中，不仅有糙小米，还有一定量的未脱壳粟粒。由于这部分未脱壳的粟粒具有表面光滑、摩擦因数小等特点，很难只依靠碾米机的碾削作用，将全部带壳粒的壳皮碾去，因此应对谷糙混合物进行谷糙分离，净糙小米送往碾米机碾白，这样才能有效保证产品的质量和产量。粟的谷糙分离和稻谷的谷糙分离相似，可以依据粟与糙小米的密度、摩擦因数、弹性、粒度等方面的差异，选用适当的设备进行谷糙分离。常用的谷糙分离设备有谷糙分离平转筛、撞击谷糙分离机等。

5. 碾米

经脱壳及谷糙分离后所得的净糙小米，表面有皮层，食用时会影响蒸煮、口感和消化，需要进行碾米去除皮层。常用的碾米设备有两大类：一类是立式碾米机，另外一类是卧式砂辊碾米机。使用第一类碾米机时，通常采用二机出白工艺。当采用30-5A双辊碾米机或NS型砂辊碾米机时，可采用一机出白工艺，但应使用筛孔更为细密的米筛板。实践证明，采用卧式砂辊米机碾制糙小米时，碾白效果比立式的好。实际生产中，应考虑原料的工艺品质，合理选择碾米设备和碾米工艺组合，采用适宜而灵活的碾米工艺保证产品质量。

6. 成品整理

经碾白后的成品小米中，往往混有米糠、碎米及少量的粟，这对成品贮藏极为不利，而且影响成品的质量。因此，打包前必须进行成品整理。成品整理的流程为：

碾白后小米 ⟶ 除糠 ⟶ 除粟 ⟶ 成品分级 ⟶ 成品打包

除糠一般可采用吸风分离器或风筛结合型设备，一方面可以达到除糠目的，另一方面可以起到晾米作用。除粟可使用谷糙分离平转筛，选出粟和部分小米回碾米机继续碾白。成品分级就是利用白米分级筛（24孔/25.4mm），分离除去大部分碎米和糠粉，达到提高产品整齐度的目的。

（二） 地方特色传统食品加工

1. 八宝茶汤

茶汤是京津地区常食的一种甜食，相传茶汤源于明代，因用热水冲食，如沏茶一般，故名茶汤。茶汤主要有山东茶汤和北京茶汤，茶汤因用龙嘴大铜壶冲制，水烧开后，铜壶盖旁的小汽笛"呜呜"响着，冲茶汤的师傅一手端碗，一手掀起铜壶，壶嘴向下倾斜，一股沸水直冲碗内，水满茶汤熟。茶汤的主料常选择高粱米面、糜子面或小米粉，调料有红糖、白糖、青丝、红丝、芝麻、核桃仁、什锦果脯、葡萄干、京糕条、松子仁。用开水把秫米面冲成稀糊状，加上各种调料，即可食用。吃起来又香又甜又滑爽，极为可口。八宝茶汤是北京市特色传统名点。色泽杏黄，质地细腻，甜润香醇。小米水磨面炒熟，加桔饼、莲子、核桃仁、红枣肉、瓜条、芝麻、青梅、白糖，开水冲搅至糊状。色如淡茶，呈杏黄色，质地细腻，甜润香醇。

八宝茶汤原料与配方：小米粉 500g，橘饼、冬瓜条、山楂条、青红丝、果脯、葡萄干各15g，核桃仁、瓜子仁、糖桂花各 10g，红糖 200g，白糖 100g。

茶汤面加工：将小米过筛去除杂质，用清水淘洗干净，放入凉水内泡透捞出，沥干水分，用粉碎机打粉后过 60 目筛。将处理好的小米面放入锅内，微火慢慢翻炒至淡茶色，晾凉，即成茶汤面。八宝料加工：将冬瓜条、山楂条、青红丝、果脯、葡萄干切成小丁，将核桃仁、瓜子仁、糖桂花碾碎。食用：将茶汤面用凉开水调成稠糊，加入八宝料和糖，用沸水边冲边搅，把茶汤冲开，搅拌均匀即可。不能用开水直接冲茶汤，且茶汤不可太稠。

2. 驴打滚

驴打滚是老北京和天津卫传统小吃之一，成品黄、白、红三色分明。因其最后制作工序中撒上的黄豆面，犹如老北京郊外野驴撒欢打滚时扬起的阵阵黄土，因而得名"驴打滚"。"驴打滚"的主要原料糜子面、小米面、高粱面、黄豆面等，辅料有澄沙、白糖、香油、桂花、青红丝和瓜仁。它的制作分为制坯、和馅、成型三道工序。做好的"驴打滚"外层蘸满豆面，呈金黄色，豆香馅甜，入口绵软，别具风味，豆馅入口即化，香甜入心，黄豆面入嘴后可以不嚼，细细品，是老少皆宜的传统风味小吃。

小米面驴打滚原料配方：小米面 500g，黄豆粉 150g，白糖 250g。

小米面驴打滚加工工艺：小米面用水和成面团，蒸锅上火烧开，笼上铺湿布，将和好的面团放在蒸布上，盖上锅盖，上笼大火蒸 40min。黄豆粉炒熟。白糖水、桂花兑成糖桂花汁。将黏面裹上黄豆粉，擀成片，抹上豆馅，卷成筒形，再切成小块，浇上糖桂花汁即可。

（三）　小米膨化或焙烤食品

小米和其他粗粮类食品一样口感较差，因此可通过膨化及焙烤改善其品质。小米膨化食品主要包括小米膨化粉面包、小米营养粉等；小米焙烤食品主要包括小米粉蛋糕、小米粉饼干、小米粉面包、小米酥、小米煎饼、小米摊馍等。饼干中的糖、油的含量较多，水分含量相对较低，其对于面粉筋力质量的要求较低，便于较大比例地添加小米粉。小米粉的膨胀性使谷物食品和休闲食品具有独特质地，用其制成的饼干比传统饼干硬度低而且脆度高，同时膨化后的小米粉口感大大改善。

（四）　小米速溶粉及复合速溶粉

速溶粉的制备目的是适应目前快速的生活节奏。速溶小米粉在一定工艺条件下可以最大限度保持其原生态的营养价值，同时也具备方便食用的特性。当然，单独的小米速溶粉从营养角度来讲还有一定缺陷，因此小米绿豆、小米山药等混合粉应运而生。

（五）　小米饮料

小米饮料的基本工艺流程：

原料的预处理 → 高温糊化 → 酶处理 → 过滤 → 调制 → 灌装 → 杀菌 → 成品

小米谷物饮料包括小米饮料、小米乳饮料与小米豆饮料，单一品种使饮料存在一定的营养缺陷，可以向复合型方向发展，同时不断改进。

（六） 高档小米淀粉开发

小米淀粉是小米深加工的产物，小米淀粉中的变性淀粉主要包括白糊精、α－淀粉、羧甲基淀粉、羧乙基淀粉和交联淀粉，在医药工业中其可用作片剂的赋形剂，按照作用可将它分为稀释剂、吸收剂、润滑剂、崩解剂以及胶黏剂。传统的膨化食品一般属于高脂肪、高能量、低粗纤维的食品，随着生活水平的提高，健康饮食的意识逐渐深入人心，传统的膨化食品已经不能满足人们的需求，营养型膨化食品是膨化食品发展的必然趋势。

第六节　典型杂粮加工应用案例

一、 杂粮面条的加工

1. 冷面

冷面常以荞麦、玉米、土豆淀粉等为原料，其中尤以荞麦面冷面最为著称，是驰名国内外的东北朝鲜族传统民族食品。朝鲜冷面的传统制法是将荞面、淀粉按一定比例混倒在和面盆里，以开水烫成稍硬的面，加适量碱后，揉和好，迭成圆条，放入特制的挤筒内，快速压制成面条后随即入开水锅里煮。面条熟后再放入凉水中过凉。现在，随着朝鲜冷面消费量的扩大，已经有工业化产品推出（和面条的食用方法相类似）。一般用牛肉汤或鸡汤，佐以辣白菜、肉片、鸡蛋、黄瓜丝、梨条等。食用时，先在碗内放少量凉汤与适量面条，再放入佐料，最后再次浇汤。其面条细、质韧，汤汁凉爽，酸辣适口。

2. 荞麦冷面原料与配方

以混粉总质量为基准，荞麦粉 40%，土豆淀粉 60%，根据实际情况可加入适量的食盐，一般 0.3% 比较合适，再加入 0.3% ~ 0.5% 食品添加剂筋力源（提前用温水溶解），混合搅拌均匀成块即可。面团的干、湿度要适中，每千克混粉需加水 15 ~ 25kg。

3. 荞麦冷面加工过程

（1）风选　直接使用荞麦仁，用小型风选机吹一遍，去掉种皮等杂质即可。

（2）超微粉碎　产品的糊化程度和原料的粉碎粒度成正比，粒度越细糊化程度越好。而普通的锤式粉碎机用最细的筛网也达不到要求。用超微粉碎机粉碎到 120 目即可，过细则能耗加大。

（3）和面　按比例于混粉约 5min 后加水，加水量为物料的 45% ~ 50%，拌好的粉料以手握可成团，轻拍面团表面不出水为宜（接近包元宵的面团）。

（4）挤丝　挤压机为单螺杆自熟式，后端为变螺距（熟化），目的是使物料在挤压过程中受到强烈的摩擦、剪切作用，发生淀粉糊化而变熟。前端为等螺距（挤丝），对物料进行挤压、揉捏，以形成均匀、紧密的组织结构，并使淀粉进一步糊化。出线模板孔径为 0.6mm，要求挤出的面条粗细均匀，无气泡，表面光滑透明。主要控制糊化温度为 98 ~ 102℃。温度不足，糊化不完全，出条发白，温度过高，出条易断。

（5）剪断　挂杆面条挤出后，按每杆 1.4m 的长度剪断，挂在不锈钢竿上，在出粉口可以用小型风扇降温。

（6）老化 在密闭的老化室内，将面条逐杆挨紧挂在架上，保湿静置，使已糊化的淀粉发生老化（回生）作用，以增加面条的弹性、韧性，减少表面黏性。老化时间依环境温、湿度不同而有很大差别，在自然老化的条件下，一般为 8～12h，以面条不粘手、轻轻搓动能散开、柔韧有弹性为度。

（7）松条 用松条机松条，使面条之间无黏连、并条较少。然后辅以人工，把少量并条的冷面分开或检出。

二、 杂粮膨化食品加工

膨化食品指以谷物、薯类、豆类、蔬菜等为主要原料，经加湿（调整水分）、焙烤、油炸或挤压等方式膨化而制成的具有一定膨化度，体积明显增大，且具有一定酥松度的食品。膨化技术包括油炸膨化技术、焙烤膨化技术、挤压膨化技术、微波膨化技术、气流膨化技术以及二氧化碳膨化技术等。膨化原理是利用相变及气体的热效应，使物料内部的水分迅速汽化，并引起周围高分子物质的结构发生变化，使之形成具有网状组织结构、定型的多孔状物质的过程。谷物经膨化后，提高了营养价值和利用价值。如大豆粕经膨化后酿造酱油，其蛋白质的利用率从 65% 提高到 90%。未经膨化的粗大米其蛋白质的消化率为 76%，膨化后可提高到 84%。按照工艺的不同，膨化食品大致可分为油脂型膨化食品和非油脂型膨化食品。非油脂型膨化食品又包括焙烤型、油炸型、直接挤压型和花色型。主要类型有薯片、非薯片类膨化食品、焙烤型土豆脆片以及米饼，其中米饼类如旺旺雪饼深受人们的喜爱。

（一）甘薯薯片

1. 工艺流程

鲜薯 → 清洗去皮 → 切片 → 清洗 → 沥干 → 热烫 → 冷却 →

食盐水浸泡 → 沥干 → 预干燥 → 冷却 → 油炸 → 成品

2. 操作要点

选取无病虫害、直径5cm 的鲜薯，用清水冲洗表面泥沙，然后用削皮刀去周皮。经切片机切片后用清水冲洗 2～5 遍，以去除甘薯片表面淀粉，沥干至不再滴水，在 95～100℃热水中热烫，捞出沥干至不再滴水，冷却 10～15min，在食盐水中浸泡，捞出沥干至不再滴水，然后将其均匀摆放在铁架上送进鼓风干燥箱进行预干燥处理，之后拿出冷却 10～15min，进油锅油炸，捞出用餐巾纸进行简单除油，以去除表面浮油。

（二）小米膨化薄脆饼干

1. 原料与配方

以小麦低筋粉为基准，小米膨化粉30%，白砂糖15%，植物油15%，水50%。

2. 工艺流程

膨化粉的制备 → 称取原料及配料 → 调制面团 → 静置 → 成型 → 焙烤 → 冷却 → 成品

3. 操作要点

（1）原料处理 考虑到白砂糖颗粒较大，在和面过程中不易溶解，导致饼干内部形成孔洞，因此将白砂糖磨成糖粉，并过 80 目筛，备用；为防止小麦粉受潮结块，使制作出的饼干口感细腻、无气孔，预先将小麦粉过 80 目筛。

（2）调制面团　先将小麦粉、小米膨化粉和食用植物油混合均匀；用适量水溶解小苏打、糖粉、食用盐后加入，调成面团。

（3）静置　室温条件下静置 15～20min 以消除面团内应力，改善面团的工艺性能，提高饼干的品质。

（4）成型　将面团辊轧呈 1～2mm 厚度的面片，使用模具剪切、成型后装入烤盘。

（5）烘烤　180℃焙烤 10min 后取出，冷却至室温，即为成品。

（三）复合薯片

1. 原料与配方

以混合淀粉总重为基准，玉米淀粉 10%、大米淀粉 40%、马铃薯淀粉 50%。

2. 工艺流程

$$\boxed{配料、混料} \to \boxed{预处理} \to \boxed{挤压} \to \boxed{冷却} \to \boxed{复合成型} \to \boxed{烘干} \to \boxed{油炸} \to \boxed{调味、包装} \to 成品$$

3. 操作要点

（1）配料、混料　该工序是将干物料混合均匀与水调和达到预湿润的效果，为淀粉的水合作用提供一些时间。这个过程对最后产品的成型效果有较大的影响。一般混合后的物料含水量在 28%～35%，由混料机完成。

（2）预处理　预处理后的原料经过螺旋挤出使之达到 90%～100% 的熟化，物料是塑性熔融状，并且不留任何残留应力，为下道挤压成型工序做准备。本工序由特殊螺旋设计、有效的恒温调节机构来控制，一般设定温度为 100～120℃，中压在 2～3 个大气压。

（3）挤压　这是该工艺的关键工序，经过熟化的物料自动进入低剪切挤压螺杆，温度控制在 70～80℃。经过特殊的模具，挤压出宽 200mm、厚 0.8～1mm 的大片，大片为半透明状，韧性好。其厚度直接影响复合的成型和烘干的时间，模具中一定装有调节压力平衡的装置来控制出料均匀。

（4）冷却　挤压过的大片必须经过 8～12m 的冷却长度，有效地保证复合机在产品成型时的脱模，为节省占地面积，可把冷却装置设计成上下循环牵引来保证最少 10m 的冷却长度。

（5）复合成型　由三组程序来完成。第一步为压花：由两组压花辊来操作，使片状物料表面呈网状并起到牵引的作用。动物形状或其他不需要表面网状的片状物料可更换为平辊使其只具有牵引作用；第二步为复合：压花后的两片经过导向重叠进入复合辊，复合后的成品随输送带进入烘干；多余物料进入第三步回收装置，由一组专往挤压机返回的输送带来完成，使其重新进入挤压工序，保证生产不间断。

（6）烘干　挤出的坯料水分处于 20%～30%，而下道工序之前要求坯料的水分含量为 12%，由于这些坯料此时已形成密实的结构，不可迅速烘干，这就要求在低于前面工序温度（通常为 60℃）的条件下，采用较长的时间来进行烘干，以保持产品形状的稳定。另外，为使复合后的坯料不致互相黏连，最好装有微振动装置使产品烘干后能互相独立。

（7）油炸　烘干后的坯料进入油炸锅以完成蒸煮和去除水分，使产品最终水分达到 2%～3%。坯料因本身水分迅速蒸发而膨胀 2～3 倍，并呈立体状使其造型栩栩如生。然后再进行甩油去除油腻感而进入最后一道工序。

（8）调味、包装　该工序可根据消费者的口感来进行产品表面喷涂粉状调味料，用自动滚筒调味机和喷粉机或用八角调味机来完成即可。

三、 绿豆粉丝

绿豆粉丝细滑强韧、光高透明,为粉丝中佳品,备受人们青睐。其制作方法是:

原料浸泡 → 清除杂质 → 磨制、浆渣分离 → 淀粉分离 → 打糊 → 作面

漏丝 → 拉锅 → 理粉 → 晾晒 → 包装 → 成品

(1)浸泡 便于淀粉与其他成分的分离,磨浆前需对绿豆进行浸泡。同时可以起到清洗表面,软化组织,去除可溶物,分散蛋白质网络的作用。

(2)清除杂质 把原料中的沙石、草棍等杂质清除出去,以免影响产品质量和发生生产过程的机械损伤。清杂一般用电动平筛进行,电机一般控制在 $110\sim130r/min$ 的范围内。

(3)磨浆 捞出的绿豆要马上磨浆,放的时间一长就要发芽,一部分淀粉发生转化而影响淀粉的提取率。磨浆就是把浸泡好的绿豆进行细胞组织破碎,使淀粉颗粒从细胞组织中游离出来,以便于提取。磨浆设备主要有石磨、锤式粉碎机、砂轮磨、针磨等。粉碎机的转速为 $4000r/min$,筛子直径尺寸在 $1.0\sim1.2mm$。

(4)淀粉分离沉淀 分离沉淀是制作粉丝提取淀粉的重要工序。主要包括第1次沉淀、第2次沉淀、过筛、第3次沉淀、提取黑粉及粉浆处理等环节。本工序不仅操作复杂,而且时间性、技术性要求特别强,必须安排有经验的工人精心操作。粗淀粉乳中,除了水以外,主要是淀粉、细渣和蛋白质,利用淀粉、细渣和蛋白质等在水中的密度不同,将淀粉与其他物质分离开。但由于淀粉颗粒的密度约 $1.6g/cm^3$,而蛋白质和细渣的密度为 $1.2g/cm^3$,两者沉降速度差别较小。特别是一些淀粉与细渣、蛋白质吸附在一起,如果靠自然沉降分离则需要很长的时间,才能得到很好的分离,这样沉淀时,不仅需要的时间很长,而且所得沉淀物是淀粉、细渣和部分蛋白质的混合物。

(5)打糊 打糊是制作粉丝的关键工序,用糊的多少和打糊的质量,不仅关系到漏粉时能否漏出,断不断头,而且关系到晒干的粉丝韧性大小和亮度、光洁度,应精心操作。

(6)作面 用打好的糊把淀粉合成能漏粉丝的面子。主要有人工作面和机械作面两种。

(7)漏丝 从面缸中取一块面团,放入漏瓢中并用手轻轻拍打面团,使其漏成粉条。待粉条粗细一致时,将瓢迅速移到水锅的上方,对准锅心。瓢底与水面的距离决定了粉丝的粗细,一般50cm为宜。漏粉时锅中的水温须维持在 $95\sim97℃$。当漏瓢中的面团漏到1/3时,应及时添加面团。

(8)拉锅 用长竹筷将锅中上浮的粉丝,依次拉到装有冷水的拉锅盆中,再顺手引入装有冷水的理粉缸中。

(9)理粉 将粉缸中的水粉丝清理成束,围绕成团,然后穿上竹竿,挂在木架上,把水粉丝理直整平,挂约2h,待粉丝内部完全冷却以后,再从架上取下,泡入清水缸中浸泡过夜,第二天取出晾干。

(10)晾晒 水粉丝取出后在微风、弱光下晾晒 $2\sim3d$,待水分含量降至16%时,便可进行整理包装。切忌在烈日下暴晒或严寒冰冻。

四、 青稞啤酒

1. 原料与配方

澳麦38%,青稞麦芽28%,大米34%,根据产品类型选择适宜适量的 α - 淀粉酶、磷酸、

单宁、卡拉胶、硅胶、四氢异构化酒花浸膏、高效复合酶。

2. 糖化工艺

糊化锅：62℃ → 85℃ → 100℃。

糖化锅：45℃ → 52℃ → 65℃ → 70℃ → 78℃ → 过滤。

糖化总料水比为1:4.5，pH5.4~5.7。青稞麦芽的酶活力偏低，在糊化锅中加10%青稞麦芽，有利于提高麦汁的产量，突出青稞的麦芽香味。煮沸强度大于9%，酒花采用三次添加，最后一次用SAAZ香花于煮沸终了前10min加入。糊化锅投料保持料水比1:4，投料温度62℃，醪液pH6.0~6.5，糊化锅投料时加入石膏、盐酸和高温淀粉酶。糖化锅投料时，料水比为1:3.9，投料温度45℃，醪液pH5.3~5.5。糖化锅投料时加入石膏、磷酸、高温淀粉酶、蛋白酶等。45℃投料后短时保温，利于磷酸盐的浸出及酶活力的保持。糖化醪52℃保温1h，给予蛋白酶、β-葡聚糖酶、半纤维素酶等充足的作用时间，提高麦汁的α-氨基氮含量，降低麦汁黏度。糖化醪63℃保温1h，主要供β-淀粉酶作用，保证麦汁中可发酵糖的比例。因青稞麦芽中的葡聚糖酶在此温度还保持很高的活力，可溶性的大分子葡聚糖将被继续分解。

3. 发酵工艺

酵母选用青岛酵母菌种，满罐酵母数1.6×10^5~2.0×10^5个/mL。麦汁冷却温度7~8.5℃，麦汁充氧量在7~9mg/L。采用低温发酵方式，接种温度7℃，满罐温度8.5℃，主酵温度9.0℃，双乙酰还原温度10℃，贮酒温度0~1℃。压力控制：主酵外观发酵度65%，保压至0.06MPa，糖度降至3.00P，即封罐，压力控制在0.12MPa。控制发酵液中双乙酰含量小于0.07μg/L时再降温，成品酒中双乙酰含量低于0.10μg/L。采用两罐法发酵，倒罐时加入30μg/L单宁。空罐采用二氧化碳/氮气，备压。后期修饰时可根据苦味的要求在后期添加四氢异构化酒花浸膏。在过滤中适当添加硅胶。

4. 操作要点

生产青稞啤酒，蛋白休止温度和时间要掌握适当，尽量使麦汁组成分中α-氨基氮与总氮的比值在22%。

使用SAAZ香花和四氢异构化酒花浸膏可赋予啤酒突出的酒花香气，防止啤酒日光臭的产生，也使啤酒的口味柔和。

青稞没有麸皮，在粉碎时采用湿式粉碎，有利于提高浸出率。麦汁煮沸中添加卡拉胶和清酒过滤时添加硅胶、酿造单宁，能提高啤酒的非生物稳定性，特别是啤酒抗冷浑浊的能力。

🔍 思考题

1. 国内外对杂粮保健品开发的侧重点有哪些？
2. 杂粮加工与大宗粮食加工有何差异？
3. 简述高粱的营养价值及其常见的加工产品。
4. 简述燕麦的营养价值及其常见的加工产品。
5. 简述青稞的营养价值及其常见的加工产品。
6. 谈谈对杂粮加工制品的消费趋势的看法。

推荐阅读书目

[1] 朱睦元. 大麦（青稞）营养分析及其食品加工 [M]. 杭州：浙江大学出版社，2015.

[2] 薛效贤，张月，薛薪. 麦类食品加工技术（大麦、莜麦、荞麦、小麦加工）[M]. 北京：化学工业出版社，2014.

[3] 于新，马永全. 杂粮食品加工技术 [M]. 北京：化学工业出版社，2011.

本章参考文献

[1] 王月慧. 小杂粮加工技术 [M]. 武汉：湖北科学技术出版社，2011.
[2] 杜连启. 小杂粮食品加工技术 [M]. 北京：金盾出版社，2009.
[3] 陈丙卿. 营养与食品卫生学（第4版）[M]. 北京：人民卫生出版社，2000.
[4] 阮少兰，郑学玲. 杂粮加工工艺学 [M]. 北京：中国轻工业出版社，2011.
[5] 秦文. 农产品加工工艺学 [M]. 北京：中国质检出版社/中国标准出版社，2014.

第八章
CHAPTER
8

果蔬加工

[知识目标]

　　掌握果蔬加工原理、对原料的要求及常见的预处理；掌握果蔬的轻度、冷冻、发酵、干制等加工的原理及产品的质量控制；了解果蔬加工对水的质量的要求。

[能力目标]

　　针对果蔬原料常见品质问题，能采取适当的加工方法增加果蔬的价值；能够分析果蔬在常见加工过程的质量变化及保质措施；能够合理控制操作条件，从而提升果蔬加工制品的质量。

第一节　果蔬加工原理及原料预处理

　　果蔬可以为消费者提供独特的食用品质和营养元素，在人类日常生活中占有重要的地位。一方面，果蔬一般以鲜食为主，但是当处于旺季时，因处理不及时或不当，果蔬将会出现严重的损耗。另一方面，经加工后的果蔬可以获得比鲜食更为丰富的食用品质，满足消费者嗜好所需。所以，果蔬加工不仅可以减少生产过程损失，同时能够提高食用品质，增加经济价值。

一、果蔬加工基本原理

　　果蔬加工的根本任务是根据原料的基本化学组成、组织结构、采后生理等特征，借助各种加工工艺和技术处理，使果蔬达到长期保存、经久不坏、随时取用的目的。

（一） 果蔬败坏的原因

在世界范围内约有25%的果蔬产品因腐烂变质而不能利用，有些易腐水果和蔬菜的采后损失率高达30%以上。在我国水果采后损失率约为25%，蔬菜则高达40%～50%。由于果品蔬菜含有丰富的营养成分，极易造成微生物感染；进行的呼吸作用也会造成变质、变味等不良影响。

果蔬加工原理是在充分认识食品败坏原因的基础上建立起来的。食品败坏不仅仅指腐烂，还指不符合食品食用要求的味变、色变、质变以及分解和腐烂等。败坏后的产品改变了原来的性质和状态，外观不良，风味减损，甚至成为废物。造成食品败坏的原因复杂，主要原因有微生物败坏、理化败坏和酶败坏三个方面。

1. 微生物因素

引起果蔬败坏的主要微生物是细菌、霉菌、酵母菌。有害微生物的生长、发育是导致食品腐败变质的主要原因。不管什么制品，如被有害微生物感染，轻则产品变质，出现生霉、酸败、发酵、浑浊、腐臭变色等现象，重则不能食用，甚至误食后造成中毒死亡。对含蛋白质高的食品会造成腐败，腐败会产生一系列有毒物质，并有恶心味；对含碳水化合物高的食品会造成酸败，脂肪类食品易被霉菌污染而产生霉味，严重破坏果蔬加工品的营养成分。引起感染的原因：原料不洁，杀菌不完全、卫生条件不符合要求；原料和加工用水被污染；包装、密封不严；保藏剂浓度不够等。

2. 物理因素

物理因素主要是温度、湿度、光线和机械伤害等。如高温不但能促进各种物理和化学变化，而且对其加工品的营养成分、质量、体积、外观和质地等产生不良影响，温度过低会使果蔬原料遭受冻害和破坏产品组织结构，光线能促进果蔬及其加工品内的生物化学作用，使食品变色、变味。

3. 化学因素

氧化、还原、分解、合成、溶解等，都能引起果蔬不同类型和不同程度的败坏。其表现为：变色、变味、软烂的各种营养素特别是维生素的损失。如各种金属离子与食品中的化学成分发生化学反应而引起变色等。

4. 酶败坏

微生物中含有的能使食品发酵、腐败、酸败的酶以及新鲜果蔬自身的酶（如脂肪氧化酶、多酚氧化酶等）必须由热、辐射等手段加以钝化，杜绝它们在果蔬内继续发生催化反应，以免造成果蔬制品腐败变质，影响果蔬产品的色、香、味和营养价值。与微生物败坏比，程度较轻，但普遍存在，会导致制品不符合标准，其中某些败坏成为加工中难题。

（二） 果蔬的加工保藏方法

果蔬加工就是要针对引起果蔬腐败变质的原因，采取合理可靠的技术和工艺来控制腐败变质，以保证果蔬产品的质量并达到相应的保存期。

1. 运用无菌原理的保藏方法

运用无菌原理的保藏方法即无菌保藏法，是通过热处理、微波、辐射、过滤、超高压等工艺手段，杀灭全部致病菌，使食品中腐败菌的数量减少到能使食品长期保存所允许的最低限度，并通过抽空、密封等处理防止再感染，从而使食品得以长期保藏的一类食品保藏方法。

最广泛应用的杀菌方法是热杀菌。基本可分为70～80℃杀菌的巴氏杀菌法和100℃及其以上的高温杀菌法。有些杀菌方法由于没有热效应，被称之为冷杀菌法，如紫外线杀菌法、超声波杀菌法、原子能辐照和放射性杀菌法等。食品超高压保藏技术是将食品在100MPa以上的压力、常温或较低温（<60℃）下，在适当的加工时间内，引起食品成分非共价键的破坏或形成，使食品中的酶、蛋白质、淀粉等生物高分子失活、变性或糊化，达到杀死食品中细菌等有害微生物，改善食品品质的目的。

2. 抑制微生物活性的保藏方法

利用某些物理、化学因素抑制食品中微生物和酶的活力，这是一种暂时性保藏措施。属于这类保藏方法的有冷冻保藏，如速冻食品；脱水降低水分活度保藏，如干制品；高渗透压保藏，如腌制品、糖制品等。

3. 利用发酵原理的保藏方法

利用发酵原理保藏的方法又称发酵保藏法或生化保藏法。利用某些有益微生物的活动产生和积累的代谢产物，如酸和抗生素来抑制其他有害微生物活动，从而达到延长食品保藏期的目的。例如乳酸发酵、酒精发酵、醋酸发酵的发酵产物——乳酸、酒精、醋酸对有害微生物的毒害作用十分显著。这种毒害主要是氢离子浓度的作用，它的作用强弱不仅取决于含酸量的多少，更主要的是取决于其解离出的 H^+ 的浓度，即 pH 大小。发酵的含义就是指在缺氧条件下糖类分解的产能代谢。果酒、果醋、酸菜、泡菜和乳酸饮料就是利用此种方法保藏的产品。但是，只有酒精和醋酸往往还不够，还需应用其他措施才能作长期保藏。

4. 维持食品最低生命活动的保藏方法

主要用于果蔬等鲜活农副产品的贮藏保鲜，采取各种措施以维持果蔬最低生命活动的新陈代谢，保持其天然免疫性，抵御微生物入侵，延长有效贮藏寿命。虽然这属于贮藏范围，但必须懂得果蔬贮藏的原理和基本贮藏方法及设施。这对供加工果蔬原料的保存有重要意义。新鲜果蔬是有生命活动的有机体，采收后仍进行着生命活动。它表现出来最易被察觉到的生命现象是其呼吸作用，必须创造一种适宜的冷藏条件，使果蔬采后正常衰老进程抑制到最缓慢的程度，尽可能降低其物质的消耗水平。

（三） 加工对原料的要求

果蔬产品加工方法较多，其性质相差很大，不同的加工方法和制品对原料均有一定的要求，优质高产、低耗的加工品，除受工艺和设备的影响外，还与原料的品质好坏及其加工适性有密切的关系，在加工工艺技术和设备条件一定的情况下，原料的好坏直接决定着制品的质量。

1. 原料的种类和品种

果蔬产品的种类和品种繁多，但不是所有的种类和品种都适合于加工，更不是都适合加工同一种类的加工品。就果蔬原料的特点而言，果品比较简单，除构造上有较大差别外，一般都是果实；而蔬菜则相对较复杂，所应用的器官或部位不仅不同，其品质特点也相差很大。因此，正确选择适合于加工的种类品种是生产品质优良的加工品的首要条件。而如何选择合适的原料，这就要根据各种加工品的制作要求和原料本身的特性来决定。

制作果汁及果酒类产品时，原料一般选择汁液丰富、取汁容易、可溶性固形物含量高、酸度适宜、风味芳香独特、色泽良好及果胶含量少的种类和品种。理想的果蔬原料是葡萄、柑橘、苹果、梨、菠萝、番茄、黄瓜、芹菜、大蒜等。有的果蔬汁液含量并不丰富，如胡萝卜及山楂等，但它们具有特殊的营养价值及风味色泽，可以采取特殊的工艺处理而加工成透明或浑浊型的果汁饮料。葡萄是世界上制酒最多的水果原料，80%以上的葡萄用于制酒，并且已经形成了专门的酿酒品种系列。制作高档的葡萄酒，对原料品种的要求更为严格，如霞多丽是世界上公认的酿制高档白葡萄酒的最优良品种，赤霞珠等定为酿造高档红葡萄酒的优良品种，白玉霓是高档白兰地酒的优良原料品种。一般酿造红葡萄酒的原料品种要求有较高的单宁和色素含量，除赤霞珠外还常用黑比诺、品丽珠、蛇龙珠、晚红蜜等；酿造白葡萄酒的品种则有雷司令、白雅、贵人香、龙眼等。

干制品的原料要求是干物质含量较高，水分含量较低，可食部分多，粗纤维少，风味及色泽好的种类和品种。果蔬较理想的原料是枣、柿子、山楂、苹果、龙眼、杏、胡萝卜、马铃薯、辣椒、南瓜、洋葱、姜及大部分的食用菌等。但某一适宜的种类中并不是所有的品种都可以用来加工干制品，例如，脱水胡萝卜制品，新黑田五寸就是一个最佳加工品种。

对于罐藏、糖制及冷冻制品，其原料应该选肉厚、可食部分大、质地紧密、糖酸比适宜、色香味好的种类和品种。一般大多数的果蔬均适合此类加工制品的加工。而对于果酱类的制品，其原料应该含有丰富的果胶物质、较高的有机酸含量、风味浓、香气足，例如，水果中的山楂、杏、草莓、苹果等就是最适合加工这类制品的原料种类。蔬菜类的番茄酱加工对番茄红素的要求甚为严格，因此，目前认为最好的番茄加工新品种有红玛瑙140、新番4号等品种。

蔬菜的腌制加工相对其他加工类型对原料的要求不太严格，一般应以水分含量低、干物质较多、肉质厚、风味独特、粗纤维少为好。优良的腌制原料有芥菜类、根菜类、白菜类、黄瓜、茄子、蒜、姜等。

2. 原料的成熟度和采收期

果蔬原料的成熟度、采收期适宜与否，将直接关系到加工成品质量高低和原料的损耗大小。不同的加工品对果蔬原料的成熟度和采收期要求不同，因此，选择其恰当的成熟度和采收期，是各种加工制品对原料的又一重要要求。

在果蔬加工学上，一般将成熟度分为三个阶段，即可采成熟度、加工成熟度（也称食用成熟度）和生理成熟度。

可采成熟度是指果实充分膨大长成，但风味还未达到顶点。这时采收的果实，适合于贮运并经后熟后方可达到加工的要求，如香蕉、苹果、桃等水果可以这时采收。一般工厂为了延长加工期常在这时采收进厂入贮，以备以后加工。

加工成熟度是指果实已具备该品种应有的加工特征，分适当成熟与充分成熟，根据加工类别不同而要求成熟度也不同。制造果汁、果酒类，要求原料充分成熟（但制造白葡萄酒则要适当成熟），色泽好，香味浓，糖酸适中，榨汁容易，吨耗率低；制造干制品类，果实也要求充分成熟，否则缺乏应有的果香味，制成品质地坚硬，且有的果实如杏，若青绿色未褪尽，干制后会因叶绿素分解变成暗褐色，影响外观品质；制造果脯、罐头类，则要求原料成熟适当，这样果实因含原果胶类物质较多，组织比较坚硬，可以经受高温煮制；果糕、果冻类加工时，也要求原料具有适当的成熟度，目的也是利用原果胶含量高，使制成品具有凝胶特性。

生理成熟度是指果实质地变软，风味变淡，营养价值降低，一般称这个阶段为过熟。此时的果实只勉强可做果汁和果酱（因不需保持形状），一般不适宜加工其他产品。即使要做上述制品，也必须通过添加一定的添加剂或加工工艺上的特别处理，方可制出比较满意的加工制品，这样势必要增加生产成本。因此，任何加工品均不提倡在这个时期进行加工，但制造红葡萄酒则应在这时采收，因此时果实含糖量高，色泽风味最佳。

蔬菜供食用的器官不同，它们在田间生长发育过程变化很大。因此，采收期选择恰当与否，对加工至关重要。青豌豆、菜豆等罐头用原料，以乳熟期采收为宜。青豌豆花后 17~18d 采收品质最好，糖分含量高，粗纤维少，表皮柔嫩，制成的罐头甜、嫩、不浑汤。采收早，发育不充分，难于加工，亩产也低；选择在最佳采收期后，则籽粒变老，糖转化成淀粉，失去加工罐头的价值。

金针菜以花蕾充分膨大还未开放时做罐头和干制品为优，花蕾开放后，易折断，品质变劣。蘑菇子实体大，1.8~4.0cm 时采收做清水蘑菇罐头为优，过大、开伞后只可做蘑菇干，菌柄空心，外观欠佳。

青菜头、萝卜和胡萝卜等要充分膨大，尚未抽薹时采收为宜，粗纤维少；过老，木质化或糠心，不适食用。马铃薯、藕富含淀粉，则以地上茎开始枯萎时采收为宜，这时淀粉含量高。

叶菜类与大部分果实类不同，一般要在生长期采收，此时粗纤维少，品质好。对于某些果菜类如进行酱腌的黄瓜，则要求选择幼嫩的乳黄瓜或小黄瓜进行采摘。

蔬菜种类繁多，而用于加工的每种原料其最适宜的采收期均有特殊的要求，在此不一一列举。

3. 原料的新鲜度

加工原料越新鲜，产品品质越好，损耗率也越低。因此，从采收到加工应尽量缩短时间，这就是为什么加工厂要建在原料基地的附近。果蔬产品多属易腐农产品，某些原料如葡萄、草莓及番茄等，不耐重压，易破裂，极易被微生物感染，给以后的消毒杀菌带来困难。这些原料在采收、运输过程中，极易造成机械损伤，若及时进行加工，尚能保证成品的品质，否则这些原料腐烂，从而失去加工价值或造成大批损耗，影响了企业的经济效益。

如蘑菇、芦笋要在采后 2~6h 内加工，青刀豆、蒜薹、莴苣等不得超过 1~2d；大蒜、生姜等在采后 3~5d，就表皮干枯，去皮困难；甜玉米采后 30h，就会迅速老化，含糖量下降近 1 倍，淀粉含量增加近 1 倍，水分也大大下降，势必影响到加工品的质量，因此自然条件下从采收到加工不得超过 6h。水果如桃采后若不迅速加工，果肉会迅速变软，因此要求其采后在 1d 内进行加工；葡萄、杏、草莓及樱桃等必须在 12h 内进行加工；柑橘、中晚熟梨及苹果应在 3~7d 内进行加工。

果蔬产品要求从采收到加工的时间尽量缩短，如果必须放置或进行远途运输，则应有一系列的保藏措施。如蘑菇等食用菌要用盐渍保藏；甜玉米、豌豆、青刀豆及叶菜类最好立即进行预冷处理；桃、李、番茄、苹果等最好入冷藏库贮存。同时在采收、运输过程中一定要注意防止机械损伤、日晒、雨淋及冻伤等，以充分保证原料的新鲜。

（四）半成品的保存

果蔬生产具有季节性的特点，采收期多数正值高温季节，成熟期比较短且产量集中，为延长加工期有必要进行原料储备，除了有贮藏条件进行原料的鲜储外，另一种方法就是将原料加工处理成半成品进行保存，常用的方法有以下几种。

1. 盐腌处理

生产一些凉果蜜饯所用的青梅、青杏等，采收之后不适宜用低温冷藏，在生产中一般先用高浓度的食盐将新鲜原料腌渍成盐坯，作半成品保存，加工时再进行脱盐、配料等后续工艺加工制成成品。

食盐具有防腐作用，食盐溶液能够产生强大的渗透压使微生物细胞失水，处于假死状态、不能活动。同时，其能使食品的水分活度降低。每一种微生物都有其适宜生长的水分活度范围，水分活度降低，其能利用的水分就少，活动能力减弱。由于盐液中氧的溶解量很少，使许多好气性微生物难以存活。食盐所具有的防腐能力使半成品得以保存不坏，食盐的高渗透压和降低水分活度的作用，也迫使新鲜果品的生命活动停止，从而避免了果品的自身败坏。

在盐腌过程中，果品中的可溶性固形物要渗出损失一部分，半成品再加工成成品过程中，还须用清水反复漂洗脱盐，使可溶性固形物大量流失，使产品的营养成分保存不多，从而影响了产品的营养价值。

食盐腌制的方法有干腌和湿腌两种。干腌，适于成熟度较高、水分含量多、易于渗入食盐的原料。一般用盐量为原料质量的14%～15%，腌制时，宜分批拌盐，食盐要拌均匀，分层入池，铺平压紧，下层用盐较少，由下而上逐层加多，表面用盐覆盖隔绝空气，使果品保存不坏。也可在盐腌一段时间后取出晒干或烘干作成"干坯"保存。湿腌，适于成熟度较低，水分含量少，不易渗入食盐的原料，一般是配制100～150g/L的食盐溶液将果品淹没，使之短期保存。

2. 硫处理

二氧化硫或亚硫酸盐类处理是果蔬加工中原料预处理和半成品处理的一个重要环节，其作用主要表现在有效的护色效果。其用量和使用范围应严格按照 GB 2760—2014《食品安全国家标准　食品添加剂使用标准》执行。

（1）亚硫酸的作用

①强烈的护色效果：因为亚硫酸对氧化酶的活力有很强的抑制或破坏作用，故可防止酶促褐变；亚硫酸能与葡萄糖发生加成反应，其加成物也不酮化，故又可防止羰氨反应的进行，从而防止非酶促褐变的发生。

②防腐作用：因为亚硫酸能消耗组织中的氧气，能抑制好气性微生物的活动，并能抑制某些微生物活动所必需的酶活力。亚硫酸的防腐作用随其浓度提高而增强，对细菌和霉菌作用较强，对酵母菌作用较差。

③抗氧化作用：这是因为亚硫酸具有强烈的还原性所致，它能消耗组织中的氧，抑制氧化酶活力，对防止果品蔬菜中维生素C的氧化破坏很有效。

④促进水分蒸发的作用：这是因为亚硫酸能增大细胞膜的渗透性，因此不仅可缩短干燥脱水的时间，而且还使干制品具良好的复水性能。

⑤漂白作用：亚硫酸与许多有色化合物结合而变成无色的衍生物。对花青素中的紫色及红色特别明显，对类胡萝卜素影响则小，但对叶绿素不起作用。二氧化硫解离后，有色化合物又恢复原来的色泽。所以，用二氧化硫处理保存的原料，色泽变淡，经脱硫后色泽复显。

硫处理一般多用于干制和果脯的加工中，以防止在干燥或糖煮过程中的褐变，使制品色泽美观。在果酒酿造中，一般在人工发酵接种酵母菌前用硫处理，既可防止有害微生物的生长发育，保证人工发酵的成功，又能加速果酒澄清，改善果酒色泽。

（2）亚硫酸盐的使用量　各种亚硫酸盐含有效二氧化硫的量不同（表8-1），处理时应根据不同的亚硫酸盐所含的有效二氧化硫计算用量。

表 8-1 　　　　　　　　　　　　　亚硫酸盐中有效二氧化硫含量　　　　　　　　　　　　　单位:%

名称	有效 SO_2 含量	名称	有效 SO_2 含量
液态二氧化硫（SO_2）	100	亚硫酸氢钾（$KHSO_3$）	53.31
亚硫酸（H_2SO_3）	6	亚硫酸氢钠（$NaHSO_3$）	61.95
亚硫酸钙（$CaSO_3 \cdot 1.5H_2O$）	23	偏重亚硫酸钾（$K_2S_2O_5$）	57.65
亚硫酸钾（K_2SO_3）	33	偏重亚硫酸钠（$Na_2S_2O_5$）	67.43
亚硫酸钠（Na_2SO_3）	50.84	低亚硫酸钠（$Na_2S_2O_4$）	73.56

（3）使用注意事项　亚硫酸和二氧化硫对人体有毒，人的胃中如有 80mg 的二氧化硫即会产生有毒影响。国际上规定每人每日允许最大摄入量为 0~0.7mg/kg 体重。对于成品中的亚硫酸含量，各国规定不同，但一般要求在 20mg/L 以下。因此，硫处理的半成品不能直接食用，必须经过脱硫处理再加工制成成品。

经硫处理的原料，只适宜于干制、糖制、制汁、制酒或片状罐头，而不宜制整形罐头。因为残留过量的亚硫酸盐会释放出二氧化硫腐蚀马口铁，生成黑色的硫化铁或生成硫化氢。

因亚硫酸对果胶酶活力抑制小，一些水果经硫处理后果肉仍将变软。为防止这种现象的出现，可在亚硫酸中加入部分石灰，借以生成酸式亚硫酸钙，使之既具有钙离子的硬化作用，又具有亚硫酸的防腐作用。这对一些质地柔软的水果如草莓、樱桃等适宜。

亚硫酸盐类溶液易于分解失效，最好是现用现配。原料处理时，宜在密闭容器中，尤其在半成品的保藏时，更应注意密闭。否则，二氧化硫挥发损失，会降低防腐力。

亚硫酸处理在酸性环境条件下作用明显，一般应在 pH < 3.5，不仅发挥了它的抑菌作用，而且本身也不易被解离成离子降低作用。所以，对于一些酸度偏小的原料处理时，应辅助加一些柠檬酸，其效果会更加明显。

硫处理时应避免接触金属离子，因为金属离子可以将残留的亚硫酸氧化，且还会显著促进已被还原色素的氧化变色，故生产中应注意不要混入铁、铜、锡等其他重金属离子。

3. 防腐剂的应用

在原料半成品的保存中，应用防腐剂或再配以其他措施来防止原料分解变质，抑制有害微生物的繁殖生长，也是一种广泛应用的方法。一般该法适合于果酱、果汁半成品的保存。防腐剂多用苯甲酸钠或山梨酸钾，其保存效果取决于添加量，果蔬汁的 pH，果蔬汁中微生物种类、数量，贮存时间长短、温度等。贮存温度以 0~4℃ 为好，添加量按国家标准执行。目前，许多发达国家已禁止使用化学防腐剂来保存果蔬半成品。

4. 无菌大罐保存

国际上现代化的果蔬汁及番茄酱企业大多采用无菌贮存大罐来保存半成品，它是无菌包装的一种特殊形式，是将经过巴氏杀菌并冷却的果蔬汁或果浆在无菌条件下装入已灭菌的大罐内，经密封而进行长期保存。该法是一种先进的贮存工艺，可以明显减少因热贮存造成的产品变化，风味优良，对于绝大多数加工工厂的周年供应具重要意义。虽然设备投资费用较高，操作工艺严格，操作技术性强，但由于消费者对加工产品质量要求越来越高，半成品的大罐无菌贮存工艺的应用将会越来越广泛。

（五） 食品添加剂在果蔬制品中的应用

1. 常用食品添加剂的种类

根据 GB 2760—2014《食品安全国家标准 食品添加剂使用标准》，食品添加剂是指在食品制造、加工、调整、处理、包装、运输、保管中，为达到技术目的而添加的物质。食品添加剂作为辅助成分可直接或间接成为食品成分，但不能影响食品的特性，是不含污染物并不以改善食品营养为目的的物质。食品添加剂的使用对防止食品变质、提高食品质量有积极的作用。食品添加剂的种类很多，按照来源可分为天然食品添加剂和化学合成食品添加剂，按用途可分为防腐剂、抗氧化剂、着色剂等。

（1） 防腐剂 防腐剂使微生物的蛋白质变性或凝固，或改变细胞膜的正常透性，使菌体不能正常生长，或干扰微生物和酶的活动，破坏正常代谢等，从而抑制微生物生长繁殖，杀死微生物。直接用于食品的防腐剂有：苯甲酸及其盐类、山梨酸及其盐类、对羟基苯甲酸酯类等。杀菌剂有漂白粉、漂白精、过氧醋酸等氧化性杀菌剂，以及亚硫酸及其盐类的还原性杀菌剂。

（2） 抗氧化剂 抗氧化剂是推迟食品的氧化变质，延长食品的保藏期的物质。抗氧化剂有油溶性和水溶性两类。果品加工常用水溶性抗氧化剂，如抗坏血酸及其盐类、异抗坏血酸及其盐类、亚硫酸盐类、植酸及乙氧基硅等。此类抗氧化剂多用于食品颜色的抗氧化作用和果蔬保鲜等。作为抗氧化剂用于水果、罐头、果酱等最大使用量为 0.04% ~ 0.1%，葡萄酒、果汁为 0.015%。油溶性的抗氧化剂有 BHA、BHT、PG、生育酚混合浓缩物等。

（3） 发色剂与漂白剂 发色剂及发色助剂有亚硝酸钠、硝酸钠、硝酸钾、L – 抗坏血酸、烟酰胺等，具有发色、抑菌和增强风味的作用。主要在肉制品加工中使用，但必须严格控制用量。漂白剂有二氧化硫、无水亚硫酸钠、亚硫酸钠、焦亚硫酸钠等，它能破坏或抑制食品的发色、使色素褪色或使食品免于褐变。

（4） 甜味剂 甜味剂是赋予食品或饲料以甜味的食品添加剂。按其来源可分为天然甜味剂和人工合成甜味剂；按其营养价值分为营养型甜味剂和非营养型甜味剂；按其化学结构和性质分为糖类和非糖类甜味剂。糖醇类甜味剂多由人工合成，其甜度与蔗糖差不多。因其热值较低，或因其与葡萄糖有不同的代谢过程，尚可有某些特殊的用途。非糖类甜味剂甜度很高，用量少，热值很小，多不参与代谢过程。常称为非营养型、低热值甜味剂、高甜度甜味剂，是甜味剂的重要品种。主要有糖精、甘草、甜叶菊苷、二氢查耳酮、罗汉果、甘茶叶素等。

（5） 酸味剂 酸味剂是以赋予食品酸味为主要目的的添加剂，它可以改善食品的风味，使产品标准化。此外，酸味剂还常用作护色剂和抗氧化剂的辅助剂，是防腐剂的增效剂，也是缓冲剂、疏松剂的重要组成成分。食品中常用的酸味剂有：柠檬酸、苹果酸、乳酸、酒石酸、醋酸及磷酸等。大多数有机酸都是安全无毒的。

（6） 增稠剂和乳化剂 能增加液态食品混合物或食品溶液的黏度，保持体系的相对稳定性的亲水物质，称为食品增稠剂，是一类具有胶体性质的物质，也可称为食品胶。食品胶主要为多肽和多糖物质，主要起稳定食品"型"态的作用，如乳化稳定、悬浮稳定、泡沫稳定、凝胶赋形等。此外，对改善食品的触感及对加工食品的色、香、味的稳定性也起相当重要的作用。食品胶广泛用于果冻、咖喱、果酱、蜜饯、果汁等。增稠剂有淀粉、琼脂、明胶、海藻酸钠、羧甲基纤维素钠、果胶、魔芋粉等。乳化剂有单硬脂酸甘油酯、大豆磷酯、山梨糖醇脂肪酸酯、脂肪酸蔗糖酯等。

（7） 香精香料 香精香料可改善或增强食品的香气和香味。食用香精分为水溶性和油溶性两大类。常用的天然香精有甜橙油、橘子香油、留兰香油、桂花浸膏等。合成的有香兰素、柠檬醛、苯甲醛、麦芽酚等。

（8）膨松剂　碱性膨松剂如碳酸氢钠、碳酸氢铵，复合膨松剂是由碱性碳酸盐类和酸性物质及淀粉、脂肪等组成的。钾明矾是果蔬加工中使用的传统添加剂。

（9）酶制剂　从生物中提取的酶制品称为酶制剂。酶制剂广泛地应用于食品加工中。目前，在食品中应用的酶制剂已有六十多种，如淀粉酶、蛋白酶、果胶酶、葡萄糖异构酶、纤维素酶、脂肪酶等。随着食品工业的发展，酶制剂在食品工业中的应用将会更加广泛。

（10）碱性剂和酸性剂　碱性剂和酸性剂有无水碳酸钠、碳酸钠、氢氧化钠、氢氧化钙、盐酸等，它们具有水解、中和、保持脆度、提高持水性、凝固蛋白质、去果皮、去囊衣等作用。

（11）着色剂　着色剂又称食用色素，根据来源不同，可分为天然色素和人工合成色素两大类。食用天然色素有红曲色素、紫胶色素、甜菜红、姜黄、β-胡萝卜素、叶绿素铜钠、焦糖等。食用合成色素有苋菜红、胭脂红、柠檬黄、靛蓝等。

2. 食品添加剂的选择原则

一种作为食品添加剂使用的物质，最重要的条件是使用的安全性。食品添加剂在达到一定使用目的后，能够经过加工、烹调或贮存而被破坏或排除，不摄入人体则更为安全。一般来说，为了确保将食品添加剂能使用到食品中应遵循以下原则。

经食品毒理学安全性评价证明，在其使用限量内长期食用对人安全无害。

不影响食品自身的感官性状和理化指标，对营养成分无破坏作用。

食品添加剂应有中华人民共和国原卫生部颁布并批准执行的使用卫生标准和质量标准。

食品添加剂在应用中应有明确的检验方法。

使用食品添加剂不得以掩盖食品腐败变质或以掺杂、掺假、伪造为目的。

不得经营和使用无卫生许可证、无产品检验合格及污染变质的食品添加剂。

二、 果蔬加工原料预处理

果蔬种类不同，加工特性各异，因此加工方法也不同，如葡萄、柑橘、苹果等水果汁液丰富、取汁容易、可溶性固形物含量高、酸度适宜、风味独特、色泽良好宜制造果汁、果酒；白菜、榨菜、黄瓜、茄子、蒜、姜等水分含量低、干物质较多、肉质厚、风味独特、粗纤维少，宜制造腌制品。尽管加工方法不同，但加工前的预处理过程却基本相同。果品蔬菜加工前处理，包括分级、清洗、去皮、切分、修整、烫漂、硬化、抽空等工序。在这些工序中，去皮后还要对原料进行各种护色处理，以防原料产生变色而品质劣变。

预处理的适当与否直接关系到后续加工工序的顺利进行，而且对制品的品质有重要的影响。

（一）原料分级

一般要求原料在采摘后及时剔除霉烂及病虫害果蔬，以防止原料在贮运过程中的霉变和腐烂加剧。考虑到贮运过程中仍有可能发生原料的霉变与腐烂，因此再次进行剔除腐烂原料，然后再按大小、成熟度及色泽进行分级。

原料合理的分级，不仅便于操作，提高生产效率，更重要的是可以保证提高产品品质，得到均匀一致的产品。

成熟度与色泽的分级在大部分果品蔬菜中是一致的，常用目视估测法进行。成熟度的分级一般是按照人为制定的等级进行分选，也有的如豌豆在国内外常用盐水浮选法进行分级。因成熟度高的淀粉含量较高，相对密度较大，在特定相对密度的盐水中利用其上浮或下沉的原理即可将其分开。但这种分级法也受到豆粒内空气含量的影响，故有时可以将此步骤改在烫漂后装罐前进行。色泽常按深浅进行分级，除目测外，也可用灯光法和电子测定仪装置进行色泽分辨选择。

大小分级是分级的主要内容，几乎所有的加工品类型均需大小分级，其方法有手工和机械分级两种。手工分级一般在生产规模不大或机械设备较差时使用，同时也可配以简单的辅助工具，以提高生产效率，如圆孔分级板、分级筛及分级尺等。而机械分级法常用滚筒分级机、振动筛及分离输送机，除了上述各种通用机械外，果蔬加工中还有许多专用分级机，如蘑菇分级机、橘片专用分级机和菠萝分级机等。而无需保持形态的制品（如果蔬汁、果酒和果酱等），则不需要进行形态及大小的分级。

（二）原料洗涤

原料清洗的目的在于洗去果蔬表面附着的灰尘、泥沙和大量的微生物及部分残留的化学农药，保证产品清洁卫生。

洗涤用水，除制果脯和腌渍类原料可用硬水外，任何加工原料最好使用软水。水温一般是常温，有时为增加洗涤效果可用热水，但不适于柔软多汁、成熟度高的原料。洗前用水浸泡，污物更易洗去，必要时可以用热水浸渍。

原料上残留的农药还需用化学药剂洗涤。一般常用的化学药剂有 0.5% ~ 1.5% 盐酸溶液、0.1% 高锰酸钾或 600 μg/L 漂白粉液等。在常温下浸泡数分钟，再用清水洗去化学药剂。

洗涤时必须用流动水或使原料振动及摩擦，以提高洗涤效果，但要注意节约用水。除上述常用药剂外，还有一些洗涤剂已应用于生产，如单甘酸酯、磷酸盐、糖脂肪酸酯、柠檬酸钠等。

果蔬清洗方法多样，需根据生产条件、原料形状、质地、表面状态、污染程度、夹带泥土量及加工方法而定。常见洗涤设备有洗涤水槽、滚筒式清洗机、喷淋式清洗机、压气式清洗机、浆叶式清洗机等。

1. 洗涤水槽

洗涤水槽呈长方形（图 8 - 1），大小随需要而定，可 3 ~ 5 个连在一起呈直线排列。用砖或不锈钢制成。槽内安置金属或木质滤水板，用以存放原料。在洗涤槽上方安装冷、热水管及喷头，用来喷水、洗涤原料。并安装一根水管直通到槽底，用来洗涤喷洗不到的原料。在洗涤槽的上方有溢水管。在槽底也可安装压缩空气喷管，通入压缩空气使水翻动，提高洗涤效果。此种设备较简易，适用于各种果蔬洗涤。可将果蔬放在滤水板上冲洗、淘洗，也可将果蔬用筐装盛放在槽中洗涤。但不能连续化，功效低，耗水量大。

2. 滚筒式清洗机

主要部分是一个可以旋转的滚筒，筒壁成栅栏状，与水平面成3°的倾斜角安装在机架上。滚筒内有高压水喷头，以 0.3 ~ 0.4MPa 的压力喷水。原料由滚筒一端经流压缩空气喷管水槽进入后，即随滚筒的转动与栅栏板条相互摩擦至出口，同时被冲洗干净。此种机械适合于质地比较硬和表面不怕机械损伤的原料，李、黄桃、甘薯、胡萝卜等均可用此法。

3. 喷淋式清洗机

在清洗装置的上方或下方均安装喷水装置，原料在连续的滚筒或其他输送带上缓缓向前移动。受到高压喷水的冲洗。喷洗效果与水压、喷头与原料间的距离以及喷水量有关，压力大，水量多，距离近则效果好。此法常在番茄、柑橘汁等连续生产线中应用。

4. 压气式清洗机

基本原理是在清洗槽内安装有许多压缩空气喷嘴，通过压缩空气使水产生剧烈的翻动，物

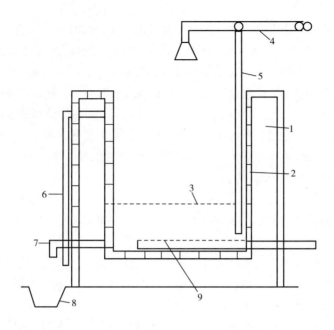

图 8-1 洗槽

1—槽身　2—瓷砖　3—滤水板　4—热水器　5—通入槽底的水管
6—溢水管　7—排水管　8—出水槽　9—压缩空气喷管

料在空气和水的搅动下进行清洗。在清洗槽内的原料可用滚筒（如番茄浮选机）、金属网、刮板等传递。此种机械用途广，常见的有番茄洗果机。

5. 桨叶式清洗机

清洗槽内安装有桨叶的装置，每对桨叶垂直排列。末端装有捞料的斗：清洗时，槽内装满水，开动搅拌机，然后可连续进料、连续出料。新鲜水也可以从一端不断进入。此种机械适合于胡萝卜、甘薯、芋头等较硬的物料。

（三）原料去皮

果蔬（除大部分叶菜类以外）外皮一般粗糙、坚硬，虽有一定的营养成分，但口感不良，对加工制品均有一定的不良影响。如柑橘外皮含有精油和苦味物质；桃、梅、李、杏、苹果等外皮含有纤维素、果胶及角质；荔枝、龙眼的外皮木质化；甘薯、马铃薯的外皮含有单宁物质及纤维素、半纤维素等；竹笋的外壳纤维质，不可食用。因而，一般要求去皮。只有加工某些果酱、果汁和果酒时因为要打浆、压榨或其他原因不需去皮，加工腌渍蔬菜也常常无需去皮。

去皮时，只要求去掉不可食用或影响制品品质的部分，不可过度，否则会增加原料的损耗。果蔬去皮的方法有手工、机械、碱液、热力和真空去皮，此外还有酶法去皮和冷冻去皮。

1. 手工、机械去皮

手工去皮是应用特别的刀、刨等工具人工削皮，应用较广。优点是去皮干净、损失率少，并可有修整的作用，同时也可以将去心、去核、切分等工序同时进行，在果蔬原料质量较不一致的条件下能显示出其优点。但手工去皮费工、费时、生产效率低，大量生产时困难较多。此法常用在柑橘、苹果、梨、柿、枇杷、竹笋、瓜类等。

机械去皮采用专门的机械进行。机械去皮机主要有以下三大类。

（1）旋皮机　在特定的机械刀架下将果蔬皮旋去，适合于苹果、梨、菠萝等大型果品。

（2）擦皮机　利用内表面有金刚砂，表面粗糙的转筒或滚轴，借摩擦力的作用擦去表皮。此法适用于马铃薯、甘薯、胡萝卜、荸荠、芋头等原料，效率较高，但去皮后原料的表皮不光滑；该方法也常与热力方法连用，如甘薯去皮前先行加热，再喷水擦皮。

（3）专用去皮机械　青豆、黄豆等采用专用的去皮机来完成，菠萝也有专门的菠萝去皮、切端通用机。

机械去皮比手工去皮的效率高，质量好，但一般要求去皮前原料有较严格的分级，另外，用于果蔬去皮的机械，特别是与果蔬接触的部分应用不锈钢制造，否则会使果肉褐变，且由于器具被酸腐蚀而增加制品内的重金属含量。

2. 碱液去皮

碱液去皮是果蔬原料去皮中应用最广的方法。原理是利用碱液的腐蚀性来使果蔬表皮内的中胶层溶解，从而使果皮分离。绝大部分果蔬如桃、李、苹果、胡萝卜等，皮是由角质、半纤维素组成，较坚硬，抗碱能力也较强。有些种类果皮与果肉的薄壁组织之间主要由果胶等物质组成的中层细胞，在碱的作用下，此层容易溶解，从而使果蔬表皮剥落，碱液处理的程度也由此层细胞的性质决定，只要求溶解此层细胞，这样去皮合适且果肉光滑，否则就会腐蚀果肉，使果肉部分溶解，表面毛糙，同时也增加原料的消耗。

碱液去皮常用氢氧化钠，此物腐蚀性强但价廉。也可用氢氧化钾或其与氢氧化钠的混合液，但氢氧化钾较贵，有时也用碳酸氢钠等碱性稍弱的碱。为了帮助去皮可加入一些表面活性剂和硅酸盐，因它们可使碱液分布均匀，易于作用，在甘薯、苹果、梨等较难去皮的果蔬上常用。有报道，番茄去皮时在碱液中加入3g/L的2-乙基己基磺酸钠，可降低用碱量。增加表面光滑性，减少清洗水的用量。碱液浓度、处理时间和碱液温度为碱液去皮的三个重要参数，应视不同的果蔬原料种类、成熟度和大小而定。碱液浓度高，处理时间长及温度高会增加皮层的松离及腐蚀程度。适当增加任何一项，都能加速去皮作用。如温州蜜柑去囊衣时，用酸处理后，需再用3g/L的氢氧化钠溶液在常温下处理12min；而在35～40℃时，只需用氢氧化钠处理7～9min。在45℃时，仅需用氢氧化钠处理1～2min即可。故生产中必须视具体情况灵活掌握，只要处理后经轻度摩擦或搅动能脱落果皮，且果肉表面光滑即为适度的标志。几种果蔬的碱液去皮条件见表8-2。

表8-2　　　　　　　　　　　几种原料碱液去皮的条件

原料种类	NaOH浓度/（g/L）	液温/℃	处理时间/min
桃	15～30	90～95	0.5～2
杏	30～60	>90	0.5～2
李	50～80	>90	2～3
苹果	200～300	90～95	2～3
猕猴桃	50	95	2～5
梨	3～7.5	30～70	5～10
甘薯	40	>90	3～4
胡萝卜	30～60	>90	1～2
橘瓣	8～10	60～75	0.25～0.5

经碱液处理后的果蔬必须立即在冷水中浸泡、清洗、反复换水。同时搓擦、淘洗，除去果皮渣和黏附余碱，漂洗至果块表面无滑腻感，口感无碱味为止。漂洗必须充分，否则会使罐头制品的 pH 偏高，导致杀菌不足，口感不良。为了加速降低 pH 和清洗，可用 0.1%～0.2% 盐酸或 2.5～5g/L 的柠檬酸水溶液浸泡，并有防止变色的作用。盐酸比柠檬酸好，因盐酸离解的氢离子和氯离子对氧化酶有一定的抑制作用，而柠檬酸较难离解。同时，盐酸和原料的余碱可生成盐类，抑制酶活力。盐酸更兼有价格低廉的优点。

碱液去皮的处理方法有浸碱法和淋浸法两种。

（1）浸碱法　可分为冷浸与热浸，生产上以热浸较常用。将一定浓度的碱液装入特制的容器（热浸常用夹层锅），将果实浸一定的时间后取出搅动，摩擦去皮、漂洗即成。

简单的热浸设备常为夹层锅，用蒸汽加热，手工浸入果蔬，取出、去皮。大量生产可用连续的螺旋推进式浸碱去皮机或其他浸碱去皮机械。其主要部件均由浸碱箱和清漂箱两大部分组成：切半后或整果的果实，先进入浸碱箱的螺旋转筒内，经过箱内的碱液处理后，随即在螺旋转筒的推进作用下，将果实推入清漂箱的刷皮转筒内，由于螺旋式棕毛刷皮转笼在运动中受到边清洗、边刷皮、边推动的作用，将皮刷去，原料由出口输出。

（2）淋碱法　将热碱液喷淋于输送带的果蔬上，淋过碱的果蔬进入转筒内，在冲水的情况下与转筒的边沿翻滚摩擦去皮。杏、桃等果实常用此法。

碱液去皮优点甚多，适应性广，几乎所有的果蔬均可应用碱液去皮，且对表面不规则、大小不一的原料也能达到良好的去皮目的。若碱液去皮条件适宜，损失率较少，原料利用率较高。此法可节省人工、设备等。但必须注意碱液的强腐蚀性，注意安全，设备容器等必须由不锈钢制成或用搪瓷、陶瓷，不能使用铁或铝容器。

3. 热力去皮

果蔬先用短时高温处理，使之表皮迅速升温而松软，果皮膨胀破裂，与内部果肉组织分离，然后迅速冷却去皮。此法适用于成熟度高的桃、杏、枇杷、番茄、甘薯等。

热力去皮的热源有蒸汽（常压和加压）与热水。蒸汽去皮时一般采用近 100℃ 蒸汽，这样可以在短时间内使外皮松软，以便分离。具体的热烫时间，可根据原料种类和成熟度而定。用热水去皮时，少量的可用锅内加热的方法。大量生产时，采用带有传送装置的蒸汽加热沸水槽进行。果蔬经短时间的热水浸泡后，用手工剥皮或高压冲洗。如番茄即可在 95～98℃ 的热水中浸泡 10～30s，取出冷水浸泡或喷淋，然后手工剥皮；桃可在 100℃ 的蒸汽下处理 8～10min，淋水后在毛刷辊或橡皮辊下冲洗；枇杷经 95℃ 以上的热水烫 2～5min 即可剥皮。

红外线加温去皮也有一定的效果：即用红外线照射，使果蔬皮层温度迅速升高，皮层下水分汽化，因而压力骤增，使组织间的联系破坏而使皮肉分离。将番茄在 1500～1800℃ 的红外线高温下受热 4～20s，用冷水喷射即除去外皮，效果较好。

热力去皮原料损失少、色泽好、风味好。但只用于皮易剥离的原料，要求充分成熟，成熟度低的原料不适用。

4. 酶法去皮

柑橘的瓣瓣，在果胶酶（主要是果胶酯酶）的作用下，可使果胶水解，脱去囊衣。如将橘瓣放在 1.5% 的 70% 果胶酶溶液中，在 35～40℃，pH1.5～2.0 的条件下处理 3～8min，可达到去囊衣的目的。酶法去皮条件温和，产品质量好。其关键是要掌握酶的浓度及酶的最佳作用条件，如温度、时间、pH 等。

5. 冷冻去皮

将果蔬与冷冻装置表面接触片刻，其外皮冻结于冷冻装置上，当果蔬离开时，外皮即被剥离。冷冻装置温度在 -28 ~ -23℃，这种方法可用于桃、杏、番茄等的去皮。此法去皮损失率 5% ~8%，质量好，但费用高。

6. 真空去皮

将成熟的果蔬先行加热，使其升温后果皮与果肉易分离，接着进入有一定真空度的真空室内，适当处理，使果皮下的液体迅速"沸腾"，皮与肉分离，然后破除真空，冲洗或搅动去皮。此法适用于成熟的果蔬如桃、番茄等。

图 8 -2 所示为大容量番茄真空去皮装置示意图，基本构造为一内空的倾斜圆筒，圆筒为一夹层结构，外层可用蒸汽来加热，番茄由带环式输送带强迫在圆筒内层移动：去皮时番茄由顶部进入，在移动过程中逐渐被加热，然后突然进入真空室，在此处受短时高真空处理，番茄外皮即开裂，然后从底部卸出，进行高压水冲击和振动作用后外皮即去除。其附属装置还有水环式真空泵、真空缓冲罐等，此机产量可达 6000kg/h，还适用于成熟的甜辣椒等去皮。

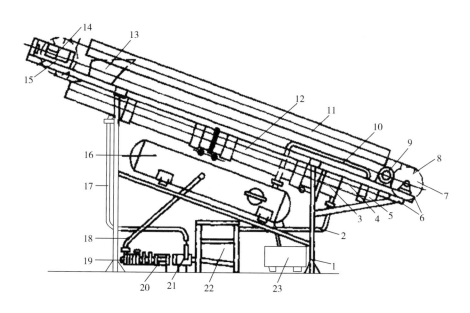

图 8 -2　番茄真空去皮装置

1—支架　2—水管　3—水循环室　4—主圆柱　5—真空室　6—隔板　7—驱动轮　8—驱动链
9—调速电机　10, 18—真空管　11—输送带　12—加热室　13—进料斗　14—转动轮
15—拉紧装置　16—真空贮罐　17—水管　19—真空泵　20—电机　21—热水泵　22—热槽　23—水槽

7. 表面活性剂去皮

用于柑橘瓤衣去皮中取得明显的效果。用 0.5g/L 蔗糖脂肪酸酯，4g/L 三聚磷酸钠，4g/L 氢氧化钠混合液在 50 ~55℃下处理柑橘 2s，即可冲洗去皮。通过降低果蔬表皮的表面张力，再经润湿、渗透、乳化、分散等作用使碱液在低浓度下迅速达到很好的去皮效果，较化学去皮法更优。

去皮的方法很多，且各有其优缺点，生产中应根据实际的生产条件、果蔬的状况来选用。而且，许多方法可以结合在一起使用，如碱液去皮时，为了缩短浸碱或淋碱时间，可将原料预先进行热处理，再碱处理。

（四） 原料切分、去心、去核及修整

体积较大的果蔬原料在罐藏、干制、加工果脯、蜜饯及蔬菜腌制时，为了保持适当的形状，需要适当地切分。切分的形状则根据产品的标准和性质而定。核果类加工前需去核，仁果类则需去心。枣、金橘、梅等加工蜜饯时需划缝，刺孔。

罐藏加工为了保持良好的形状外观，需对果块在装罐前进行修整，例如除去果蔬碱液未去净的皮，残留于芽眼或梗洼中的皮，除去部分黑色斑点和其他病变组织。柑橘全去囊衣罐头则需去除未去净的囊衣。

上述工序在小量生产或设备较差时一般手工完成，常借助于专用的小型工具。如枇杷、山楂、枣的通核器；匙形的去核器；金橘、梅的刺孔器等。

规模生产常有多种专用机械，主要的有以下几种。

（1） 劈桃机　用于将桃切半，主要原理为利用圆锯将其锯成两半。

（2） 多功能切片机　目前采用较多的切分机械，可用于果蔬的切片、切块、切条等。设备中装有快换式组合刀具架，可根据要求选用刀具。

（3） 专用切片机　在蘑菇生产中常用蘑菇定向切片刀，除此之外，还有菠萝切片机、青刀豆切端机、甘蓝切条机等。

（五） 原料破碎与提汁

制汁是果蔬汁及果酒生产的关键环节。目前，绝大多数果蔬采用压榨法制汁，而对一些难以用压榨方法制汁的果实如山楂等，可采用加水浸提方法提取果汁。一般榨汁前还需要破碎工序。

1. 破碎和打浆

榨汁前先行破碎可以提高出汁率，特别是皮肉致密的果实更需要破碎，但破碎粒度要适当，要有利于压榨过程中果浆内部产生的果蔬汁排出。破碎过度，易造成压榨时外层果汁很快榨出，形成一层厚皮，使内层果汁流出困难，反而会造成榨汁率下降，榨汁时间延长，浑浊物含量增大，使下一工序澄清作业负荷加大等。不同的原料种类，不同的榨汁方法，要求的破碎粒度是不同的，一般要求果浆的粒度在 3~9mm，可通过调节破碎工作部件的间隙来控制。

2. 榨汁前预处理

果蔬原料经破碎成为果浆，这时果蔬组织被破坏，各种酶从碎的细胞组织中逸出，活性大大增强，同时果蔬表面积急剧扩大，大量吸收氧，致使果浆产生各种氧化反应。此外，果浆又为来自于原料、空气、设备的微生物生长繁殖提供了良好的营养条件，极易使其腐败变质。因此，必须对果浆及时采取措施，钝化果蔬原料自身含有的酶，抑制微生物繁殖，以保证果蔬汁的质量，同时，提高果浆的出汁率。通常采用加热处理和酶法处理工艺。

李、葡萄、山楂等水果破碎后采用热处理，可以使果肉软化，果胶物质水解，降低汁液黏度，提高出汁率，还有利于色素溶解和风味物质的溶出，并能杀死大部分微生物。

对于果胶含量丰富的核果类和浆果类水果，在榨汁前添加一定量的果胶酶可以有效地分解果肉组织中的果胶物质，使果汁黏度降低，容易榨汁、过滤。提高出汁率。

3. 榨汁和浸提

由于果蔬原料种类繁多，制汁性能各异，所以，制造不同的果蔬汁，应依据果蔬的结构、汁液存在的部位和组织理化性状，以及成品的品质要求来选用相适应的制汁方法和设备。目前

绝大多数果蔬汁生产企业都采用压榨取汁工艺。

榨取果蔬汁要求工艺过程短、出汁率高，最大限度地防止和减轻果蔬汁的色、香、味和营养成分的损失。现代榨汁工艺还要求灵活性和连续性，以适应原料状况的各种变化，提高榨汁设备的效能，缩短榨汁时间，减少设备内的滞留量，维持高而稳定的生产能力和始终如一的高品质。

（六）原料护色处理

果蔬原料去皮和切分后，置于空气中，很快变成褐色，影响外观，也破坏产品的风味和营养价值。这种褐色主要是酶促褐变，其关键作用因子有酚类底物、酶和氧气。因为底物不能除去，一般护色措施均从排除氧气和抑制酶活力两方面着手。这里介绍除了硫处理以外的其他方法。

1. 盐水护色

食盐溶于水中后，能减少水中的溶解氧，从而可抑制氧化酶系统的活力，食盐溶液具有高的渗透压也可使酶细胞脱水失活。食盐溶液浓度越高，则抑制效果越好。工序间的短期护色，一般采用 $10 \sim 20 g/L$ 的食盐溶液即可，若浓度过高，会增加脱盐的困难。为了增进护色效果，还可以在其中加入 $1g/L$ 柠檬酸液。食盐溶液护色常在制作水果罐头和果脯中使用。同理，在制作果脯、蜜饯时，为了提高耐煮性，也可用氯化钙溶液浸泡，因为氯化钙既有护色作用，又能增进果肉硬度。

2. 酸溶液护色

酸性溶液既可降低 pH、降低多酚氧化酶活力，又由于氧气的溶解度较小而兼有抗氧化作用。而且大部分有机酸还是果蔬的天然成分，所以优点很多。常用的酸有柠檬酸、苹果酸或抗坏血酸，但后两者费用较高，除了一些名贵的果品或速冻时使用外；生产上多采用柠檬酸，浓度为 $5 \sim 10 g/L$。

3. 烫漂

烫漂也称预煮，这是许多加工品制作工艺中的一个重要工序，该工序的作用不仅是护色，而且还有其他许多重要作用。因此，烫漂处理的好坏，将直接关系到加工制品的质量。

（1）烫漂的作用 破坏酶活力，减少氧化变色和营养物质的损失。果蔬受热后氧化酶类可被钝化，从而停止其本身的生化活动，防止品质进一步劣变，这在速冻和干制品中尤为重要。一般认为氧化酶在 $70 \sim 74℃$，过氧化酶在 $90 \sim 100℃$ 的温度下，5min 即可遭受破坏。增加细胞透性，有利于水分蒸发，可缩短干燥时间；同时热烫过的干制品复水性也好。排除果肉组织内的空气，可以提高制品的透明度，使其更加美观；还可使罐头保持合适的真空度；减弱罐内残氧对马口铁内壁的腐蚀；避免罐头杀菌时发生跳盖或爆裂。可以降低原料中的污染物，杀死大部分微生物。可以排除某些果蔬原料的不良气味如苦、涩、辣，使制品品质得以改善，使原料质地软化，果肉组织变得富有弹性，果块不易破损，利于装罐。

（2）烫漂的方法 常用热水法和蒸汽法两种。

①热水法：热水法是在不低于90℃的温度下热水烫 $2 \sim 5min$。但是某些原料如制作罐头的葡萄和制作脱水菜的菠菜及小葱则只能在70℃的温度下热烫几分钟，否则感官及组织状态受到严重影响。其操作可以在夹层锅内进行，也可以在专门的连续化机械如链带式连续预煮机和螺旋式连续预煮机内进行。有些绿色蔬菜为了保持绿色，常常在烫漂液中加入碱性物质如小苏打、氢氧化钙等。但此类物质对维生素 C 损失影响较大，为了保存维生素 C，有时也使用亚硫

酸盐类。除此之外，制作罐头的某些果蔬也可以采用20g/L的食盐水或1~2g/L的柠檬酸液进行烫漂。

热水烫漂的优点是物料受热均匀，升温速度快，方法简便；但缺点是部分维生素及可溶性固形物损失较多，一般损失10%~30%。如采用烫漂水重复使用，可减少可溶性物质的流失，甚至有些原料的烫漂液可收集进行综合利用，如制成蘑菇酱油、健肝片等。

②蒸汽法：蒸汽法是将原料装入蒸锅或蒸汽箱中，用蒸汽喷射数分钟后立即关闭蒸汽并取出冷却，采用蒸汽热烫，可避免营养物质的大量损失。但必须有较好的设备，否则加热不均，热烫质量差。

果品蔬菜热烫的程度，应据其种类、块形、大小及工艺要求等条件而定。一般情况烫至其半生不熟，组织较透明，失去新鲜状态时的硬度，但又不像煮熟后的那样柔软即被认为适度。通常以果蔬中过氧化物酶活力全部破坏为度。

果蔬中过氧化物酶的活力检查，可用1g/L的愈创木酚或联苯胺的酒精溶液与0.3%的过氧化氢等量混合，将原料样品横切，滴上几滴混合药液，几分钟内不变色，则表明过氧化物酶已破坏；若变色（褐色或蓝色），则表明过氧化物酶仍在作用，将愈创木酚或联苯胺氧化生成褐色或蓝色氧化产物。果蔬烫漂后，应立即冷却，以停止热处理的余热对产品造成不良影响并保持原料的脆嫩，一般采用流动水漂洗冷却或冷风冷却。

4. 抽空处理

某些果蔬如苹果、番茄等内部组织较疏松，含空气较多（表8-3），对加工特别是罐藏或制作果脯不利，需进行抽空处理，即将原料在一定的介质里置于真空状态下，使内部空气释放出来，代之以糖水或无机盐水等介质的渗入。

表8-3   几种果蔬组织中的空气含量   单位:% （v/v）

种类	含量	种类	含量
桃	3~4	梨	5~7
番茄	1.3~4.1	苹果	12~29
杏	6~8	樱桃	0.5~1.9
葡萄	0.1~0.6	草莓	10~15

果蔬的抽空装置主要由真空泵、气液分离器、抽空锅组成（图8-3）。真空泵采用食品工业中常用的水环式，除能产生真空外，还可带走水蒸气。抽空锅为带有密封盖的圆形筒，内壁用不锈钢制造，锅上有真空表、进气阀和紧固螺丝。果蔬抽空的具体方法有干抽和湿抽两种。

（1）干抽法 将处理好的果蔬装于容器中，然后吸入规定浓度的糖水或盐水等抽空液，防止真空室或锅内的真空度下降。置于90kPa以上的真空室或锅内抽去组织内的空气使之淹没果面5cm以上，当抽空液吸入时，应防止真空室和锅内真空度下降。

（2）湿抽法 将处理好的果实浸没于抽空液中，抽至果蔬表面透明。

果蔬所用的抽空液常用糖水、盐水或护色液三种，上抽空液的浓度越低，渗透越快。放在抽空室内，在一定的真空度下根据果品种类、品种和成熟度不同而选用。原则上抽空液浓度越低，渗透越快。

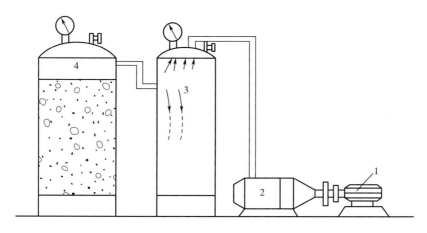

图 8 - 3　抽空系统示意图

1—电机　2—水环式真空泵　3—气液分离器　4—抽空锅

　　影响抽空效果的因素：真空度越高，空气逸出越快，一般以 87～93kPa 为宜。成熟度高，细胞壁较薄的果蔬真空度可低些，反之则要求高些。理论上温度越高，渗透效果越好，但一般不宜超过 50℃。果蔬的抽气时间依品种或成熟度等情况而定，一般抽至抽空液渗入果块，果块呈透明状即可，生产时应先做小型试验。理论上受抽面积越大，抽气效果越好。小块比大块好，切开好于整果，皮核去掉的好于带皮核的，但这应根据生产标准和果蔬的具体情况而定。

三、 果蔬加工用水要求及处理

（一） 加工用水要求

　　果品蔬菜加工厂的用水量要远远大于一般食品加工厂，如生产 1t 果蔬类罐头，需用水 40～60t；生产 1t 糖制品消耗水 10～20t。大量的水不仅要用于锅炉和清洁卫生（包括容器设备、厂房及个人卫生），更重要的是直接用来制造产品，贯穿于整个加工过程，如清洗原料、烫漂、配制糖液、杀菌及冷却等。所以水质好坏、供水量、供水卫生等在加工过程中也占重要地位，否则将严重影响到加工品的质量。因此，加工用水应符合 GB 5749—2006《生活饮用水卫生标准》。否则，如果水中铁、锰等盐类过多时，不仅会出现金属臭味，而且还会与单宁类物质作用引起变色以及加剧维生素的分解。水中含有硫化氢、氨、硝酸盐和亚硝酸盐等过多时，不仅产生臭味，而且也表明水中曾有腐败作用发生或被污染。如果水中致病菌及耐热性细菌含量太多，易影响杀菌效果，增加杀菌的困难。如果水的硬度过大，水中可溶性的钙、镁盐加热后生成不溶性的沉淀；钙、镁还能与蛋白质一类的物质结合，产生沉淀，致使罐头汁液或果汁发生浑浊或沉淀。

　　硬水中的钙盐还能与果蔬中的果胶酸结合生成果胶酸钙，使果肉表面粗糙，加工制品发硬。镁盐如果含量过高，如 100mL 水中含 4mg 氧化镁便会出现苦味口感。除了制作果脯蜜饯、蔬菜的腌制及半成品的保存，以防止煮烂和保持脆度外，其他一切加工用水均要求水的硬度不宜超过 2.853mg/L。水的硬度取决于其中钙、镁盐的含量。过去我国曾常用德国度即以氧化钙含量表示，即硬度 1° 相当于 1L 水中含 10mg 氧化钙，但现在我国不推荐使用硬度这一名称，而是直接用钙、镁含量代替硬度作水质的一个重要指标，即用碳酸钙含量表示，单位 mg/L。

根据以上对用水的要求，来自地下深井或自来水厂的水，可直接作为加工用水，但不适宜作锅炉用水。如水源来自江河、湖泊、水库，则必须经过澄清、消毒或软化才能使用。

（二）加工用水处理

一般加工厂均使用自来水或深井水，这些水源基本上符合加工用水的水质要求，可以直接使用，但在罐头及饮料等加工制造时，还需进行一定的处理，尤其锅炉用水必须经过软化方可使用。工厂中目前常见的水处理有过滤、软化、除盐及消毒等。

1. 过滤

过滤不再仅仅是只除去水中的悬浮杂质和胶体物质。采用最新的过滤技术，还能除去水中的异味、颜色、铁、锰及微生物等物质，从而获得品质优良的水。

含铁量偏高的地下水，可在过滤前采用曝气的方法，使空气氧化二价铁变成高价的氢氧化铁沉淀，然后通过过滤加以除去。当原水中含锰量达 0.5mg/L 时，水有不良味道，会影响饮料的口感，所以必须除去。除锰可以先用氯氧化，或者可添加氧化剂使锰快速氧化，使锰以二氧化锰形式沉淀。如果水中含锰不太高时，可在滤料上面覆盖一层一定厚度的锰砂（即软锰矿砂）的处理方法，可获得很好的除锰效果。

常用的过滤设备有砂石过滤器和砂棒过滤器。砂石过滤是以砂石、木炭作滤层，一般滤层从上至下的填充料为小石、粗沙、木炭、细沙、中沙、小石等，滤层厚度在 70～100cm，过滤速度为 5～10m/h。砂棒过滤器是我国水处理设备中的定型产品，根据处理水量选择其适用型号，同时考虑到生产的连续性，至少有两台并联安装，当一台清洗时，可使用另一台。砂棒过滤器是采用细微颗粒的硅藻土和骨灰，经成型后在高温下焙烧而形成的一种带有极多毛细孔隙的中空滤筒。工作时具一定压力的水由砂棒毛细孔进入滤筒内腔，而杂质则被阻隔在砂棒外部，过滤后的水由砂滤筒底部流出，从而完成过滤操作。砂滤棒在使用前需消毒处理，一般用 75% 酒精或 0.25% 新洁尔灭或漂白粉，注入砂滤棒内，堵住出水口。使消毒液和内壁完全接触，数分钟后倒出。安装时凡是与净水接触的部分都要消毒。

以上两种过滤器都需定期清洗，清洗时，借助于泵压将清洁水反向输入过滤设备中。利用水流的冲力将杂质冲洗下来。

2. 软化

一般硬水软化常用离子交换法进行，当硬水通过离子交换器内的离子交换剂层即可软化。离子交换剂有阳离子交换剂与阴离子交换剂两种，用来软化硬水的为阳离子交换剂。阳离子交换剂常用钠离子交换剂和氢离子交换剂。离子交换剂软化水的原理，是软化剂中钠离子或氢离子将水中的钙离子、镁离子置换出来，使硬水得以软化，其交换反应如下：

$$CaSO_4 + 2R - Na \Longrightarrow NaSO_4 + R_2Ca$$
$$Ca(HCO_3)_2 + 2R - Na \Longrightarrow 2NaHCO_3 + R_2Ca$$
$$MgSO_4 + 2R - Na \Longrightarrow Na_2SO_4 + R_2Mg$$
$$Mg(HCO_3)_2 + 2R - Na \Longrightarrow 2NaHCO_3 + R_2Mg$$

式中，R – Na 为钠离子交换剂分子式的简写，R 代表它的残基。

硬水中钙离子、镁离子被钠离子置换出来，残留在交换剂中，当钠离子交换剂中的钠离子全部被钙离子、镁离子代替后，交换层就失去了继续软化水的能力，这时就要用较浓的食盐溶液进行交换剂的再生。食盐中的钠离子能将交换剂中的钙离子、镁离子交换出来，再用水将置换出来的钙盐和镁盐冲洗掉，离子交换剂又恢复了软化水的能力，可以继续使用。

$$R_2Ca + 2NaCl \Longrightarrow 2R - Na + CaCl_2$$
$$R_2Mg + 2NaCl \Longrightarrow 2R - Na + MgCl_2$$

同理，硬水通过氢离子交换剂（R – H），水中钙离子、镁离子被氢离子置换使水软化，氢离子交换剂失效后，用硫酸来再生。为了获得中性的软水或改变原来水的酸碱度，可用 H – Na 离子交换剂，将一部分水经钠离子处理生成相应的碱，另一部分经氢离子处理生成相应的酸，然后再将两部分水混合，而得到酸碱适度的软水。

离子交换器的硬水由管引入，在交换器顶部经分配漏斗使水均匀分配，经离子交换层、砂层、泄水装置将硬水软化并过滤，由软化水出口排出而得到软水。再生时用浓盐水或硫酸溶液的相对密度大，送入速度小，进入环形管，经喷嘴使盐水分散。

离子交换法脱盐率高，也比较经济。但是，在脱盐中需要消耗大量的食盐或硫酸来再生交换剂，排出的酸、碱废液对环境会造成一定的污染，因此一定要将废液处理至符合排放标准，方可排出。

3. 除盐

（1）电渗析法　用电力把水中的阳离子和阴离子分开，并被电流带走，而得到无离子中性软水。该法实现连续化、自动化，不需外加任何化学药剂，因此它不带任何危害水质的因素，同时对盐类的除去量也容易控制。该法还具投资少、耗电少、操作简便、检修较方便、占地面积小等优点，因此近年来在软饮料行业中得到广泛应用。

（2）反渗透法　反渗透法的主要工作部件是一种半透膜，它将容器分隔成两部分。若分别倒入净水和盐水，两边液位相等，在正常情况下，净水会经过薄膜进入盐水中，使盐水浓度降低。如果在盐水侧施加压力，水分子在压力作用下从盐水侧穿过薄膜进入净水中，而盐水中的各处杂质被阻留下来，盐水即得到净化，从而达到排除各种离子的目的。

反渗透法的关键是选择合适的反渗透膜。它要求有很高的选择性、透水性，有足够的机械强度，且化学性能稳定。用反渗透法可除去 90% ~ 95% 的固形物，产生硬度的各种离子、氯化物和硫酸盐；可 100% 地除去相对分子质量大于 100 的可溶性有机物，并能有效地除去细菌、病毒等。同时，在操作时能直接从含有各种离子的水中得到净水，没有相变及因相变带来的能量消耗，故能量消耗少；在常温下操作，腐蚀性小、工作条件好；设备体积小，操作简便。但是，反渗透设备投资大，目前国内尚未普及。

4. 消毒

水的消毒是指杀灭水里的病原菌及其他有害微生物，但水的消毒不能做到完全杀灭微生物，只是防止传染病及消灭水中的可致病的细菌。消毒方法有氯化消毒、臭氧消毒和紫外线消毒。

（1）氯消毒　氯消毒是目前广泛使用的简单而有效的消毒方法。它是通过向水中加入氯气或其他含有效氯的化合物，如漂白粉、氯胺、次氯酸钠、二氧化氯等，依靠氯原子的氧化作用破坏细菌的某种酶系统，使细菌无法吸收养分而自行死亡。氯的杀菌效果以游离余氯为主，游离余氯在水温 20 ~ 25℃、pH7 时，能很快地杀灭全部细菌，而结合型余氯的用量约为游离型的 25 倍。同一浓度氯杀菌所需的时间，结合型为游离型的 100 倍，但结合型的持续性比游离型强，经过一定时间后，杀菌效果与游离型相同。因微生物种类、氯浓度、水温和 pH 等因素的不同，杀菌效果也不同。因此，要综合考虑氯的添加量。饮料用水比自来水要求更为严格，一般要做超氯处理，以确保安全。经氯化消毒后，应将余氯除去。因它会氧化香料和色素，且氯的异味也使饮料风味变坏。一般可用活性炭过滤法将其除去。不论采用哪种杀菌剂，都需加入足够的氯来达到彻底杀菌的目的。处理水时，氯的用量为 4~12mg/kg，时间在 2h 以上即可。

（2）臭氧消毒 臭氧（O_3）是氧的一种变体，由 3 个氧原子组成，很不稳定，在水中极易分解成氧气和氧原子。氧原子性质极为活泼，有强烈的氧化性，能使水中的微生物失去活性。同时，可以除水臭、水的色泽以及铁和锰等。臭氧具有很强的杀菌能力，不仅可杀灭水中的细菌，同时也可消灭细菌的芽孢。它的瞬间杀菌能力优于氯，较之快 15~30 倍。由臭氧发生器通过高频高压电极放电产生臭氧，将臭氧泵入氧化塔，通过布气系统与需要进行处理的水充分接触、混合，当达到一定浓度后，即可起到消毒的作用。

（3）紫外线消毒 微生物在受紫外线照射后，其蛋白质和核酸发生变性，引起微生物死亡。目前使用的紫外线杀菌装置多为低压汞灯。应根据杀菌装置的种类和目的来选择灯管，才能获得最佳效果。灯管使用一段时间后，其紫外线的发射能力会降低，当降到原功率的 70% 时，即应更换灯管。紫外线杀菌操作简单，杀菌速度快，效率高，不会带来异味，因此，得到了广泛的应用。紫外线杀菌器成本较低，投资也少，但对水质的要求较高。待处理的水应无色、无浑浊、微生物数量较少，且尽量少带气体。

第二节 果蔬轻度加工

一、净菜加工技术

（一）净菜的定义与特点

净菜是指经过挑选、修整（去皮、去根等）、清洗、切分和包装等处理的生鲜蔬菜，可食率接近 100%，可达到直接烹食或生食的卫生要求，具有新鲜、方便、卫生和营养等特点。严格地讲，净菜只是中国特色的俗称，又称半加工蔬菜、调理蔬菜、轻度加工蔬菜，其学术名称在国际上还没有统一，一般情况下称为低度加工菜、轻度加工菜或部分加工菜等。净菜实际上是经过净化加工的新鲜蔬菜，仍进行着旺盛的呼吸作用和其他生命活动，可最大程度上方便消费者的购买和食用，满足消费者对蔬菜的新鲜、安全、营养和卫生的需求。

净菜具有以下特点：①新鲜：净菜从采收到销售均处于冷链系统，蔬菜活体一直保持在低温状态，使产品保持了生鲜蔬菜的新鲜风味。②方便：这是净菜产品最大的特点，消费者便于购买、携带，买后即可开袋烹调，净菜与其他蔬菜产品相比，最大程度地保持了生鲜蔬菜的风味物质及营养成分。③安全卫生：净菜生产采用无公害蔬菜为原料，加工、运输、销售等各个环节均按净菜标准及其质量控制体系操作，保证了产品从田园到餐桌食用的安全卫生。④净菜的可食率接近 100%。

（二）净菜加工基本原理

净菜加工基本上都要进行切分处理，往往比没有加工整理的毛菜更容易变质败坏，切分处理引起了蔬菜本身的许多变化，如颜色变化、组织失水、软化、溃败、水解，微生物浸染造成腐败、长霉斑、菌丝等一系列不良反应。

1. 引起净菜褐变的原因

未切分的蔬菜中，底物、氧气、多酚氧化酶同时存在并不发生褐变，这是因为在正常的组织细胞内由于多酚类物质分布在细胞的液泡内，而多酚氧化酶则分布在各种质体或细胞质内，这种区域性分布使底物与多酚氧化酶不能接触。而当细胞膜的结构发生变化和破坏时，则为底物创造了与多酚氧化酶接触的条件，净菜在加工过程中的去皮及切分正为多酚氧化酶提供了此条件。蔬菜在去皮及切分后，酶在氧存在的情况下使酚类物质氧化成醌，在进行一系列的脱水、聚合反应后，最后形成黑褐色物质，从而引起去皮及切分蔬菜的褐变。

2. 净菜去皮、切分后的组织生理变化

去皮、切分不仅会给净菜加工带来不良的物理变化，而且还会发生一系列不利于加工的生理生化反应。

（1）物理变化 新鲜蔬菜去皮、切分后，立即产生的物理变化有：组织受到机械损伤；失去了真皮层的保护作用，更易遭受各种污染；切分造成蔬菜汁液外溢，为微生物的生长提供了有利生长环境；在去皮、切分处呼吸强度增大，切分产品气体扩散受到影响，导致二氧化碳浓度升高，氧气浓度降低，发生厌氧呼吸，同时也加快水分的损失。

（2）生理变化 蔬菜经切割后，发生的生理变化有：酶促和非酶促褐变；风味损失；质地劣变，即失去脆性或纤维化，同时也造成各种营养成分的损失，如维生素 C 等；蔬菜组织呼吸迅速增强，消耗大量的物质和能量，降低自身对逆境的抵抗力，并且伴随有大量的乙烯产生，加速其衰老的进程，为净菜加工带来了诸多不利因素。

在上述这些变化中，有一些变化是在损伤之后即加工中立即发生的，如植物细胞产生伤信号，并传递给邻近细胞，在切割后几秒钟之内诱导产生无数个生理反应等变化。此外，类似的反应还有生物膜的去极化现象、细胞膜结构的破坏及原生质流动性的丧失等。而其他的反应如诱导产生乙烯、加强呼吸、促进氧化、诱导蛋白质和酶的合成及改变蔬菜的营养组成等则是在伤信号传递到整个组织之后才发生的，一般需要一段时间。这主要是因为伤信号从受伤部位传递到邻近组织速率十分缓慢所致。

3. 净菜与微生物

蔬菜中含碳水化合物和水多，一般含水量为 85% ~ 95%，碳水化合物占有机物的 50% ~ 90%，易为微生物利用。从各类微生物的特性分析，各种微生物对营养物质都有选择性，细菌、霉菌对蛋白质有显著分解能力，酵母菌、霉菌对碳水化合物的分解能力强，而霉菌和少数细菌对脂肪的分解作用显著。从 pH 来看，各种微生物在不同的 pH 条件下的适应能力也不同，如霉菌和酵母菌适宜在 pH < 4.5 的基质中生长，而细菌适合生长于 pH > 4.5 的基质。通过对加工原料的主要成分的分析及掌握的各种微生物的特性，为净菜加工打下良好的基础。

蔬菜经切割后，更易变质，其主要原因：切割造成大量的机械损伤、营养物质外流，给微生物的生长提供了有利的生存条件，从而促进微生物的繁殖；内部组织受到微生物的浸染；切割增加了更多种类和数量的微生物对蔬菜的污染机会。此外，净菜在加工、贮藏过程中发生的交叉污染，也是引起产品腐烂变质的一个不容忽视的原因；加工器具及加工环境不洁净。

引起净菜变质的微生物主要是细菌和真菌。一般来说，蔬菜组织在 pH5 ~ 7 时，易遭受土壤细菌的浸染，如欧文菌、假单胞菌、黄单胞菌等，净菜的表面一般无致病菌，而只有腐败菌，如欧文菌、假单胞菌等。因为这类细菌对致病菌有竞争优势。但在环境条件改变的情况下，可能会导致微生物菌落种类和数量的变化，使得致病菌的生长占主导优势。如在包装内部高湿度和极低氧浓度、低盐、低 pH、过高贮藏温度等条件下，可能会导致一些致病菌如梭状芽孢杆菌、李斯特菌、耶尔森菌等的生长，并产生毒素，从而危及人类健康。由此可见，要保证净菜产品的品质，要求净菜在贮藏、加工过程中，应严格控制微生物的数量和种类，并且通过利用保鲜抑菌剂等措施以确保产品适宜的保质期和安全性。另外，在去皮、切割产品的加工和处理过程中，有可能污染上人类致病菌，如大肠杆菌、李斯特菌、耶尔森菌、沙门菌等。净菜在贮藏过程中，产品表面的微生物数量会显著增加。净菜表面微生物数量的多少，会直接影响产品的保质期，早期微生物数量越多，保质期就越短，易引起净菜在加工过程中变质的微生物如表 8-4 所示。

表 8-4　　　　　　　　　　易引起净菜变质的几种微生物

微生物种类	感染的蔬菜
马铃薯疫霉	马铃薯、番茄、茄子
镰刀霉属	马铃薯、番茄、黄瓜、洋葱
软腐病、欧氏杆菌	马铃薯、洋葱、西芹
洋葱炭疽病、毛盘孢霉	洋葱
胡萝卜软腐病、欧氏杆菌	胡萝卜、番茄、白菜、菜花等

（三）净菜加工品种要求

净菜加工与传统的蔬菜加工如冷藏、冷冻、干制、腌制等不同，其最大的特点就是产品经过一系列处理后仍能保持生鲜状态，能进行呼吸作用，较之罐装蔬菜、速冻蔬菜、脱水蔬菜，净菜具有品质新鲜、使用方便、营养卫生、可食率接近 100% 的特点。因此，对于进行净菜加工的蔬菜原料，有其特殊的要求。

净菜加工给蔬菜带来了一系列的变化，如生理、成分及微生物的变化，特别是切分直接给微生物提供了更多入侵的机会，同时增大了与空气的接触面积，导致净菜产品色泽、脆度等理化性质的劣变，极不利于净菜品质的保持。这些问题一方面可通过净菜加工过程中的护色、保脆技术解决，另一方面就是通过净菜加工品种的筛选，选择适宜加工的净菜专用品种，这就是首先要对蔬菜加工品种的提出要求，选择不易褐变、脆变且耐贮藏的品种。以保证净菜产品的品质。例如马铃薯适宜于制作净菜，但若其还原糖含量≥0.5%、淀粉含量≤14%，加工成片、丝产品时易发生褐变，就不宜做成净菜产品。净菜加工应选择淀粉含量≥14%、还原糖含量≤0.4% 的马铃薯品种。净菜加工对原料品种的要求主要包括：为无公害蔬菜；容易清洗及修整；干物质含量较高；水分含量较低；加工时汁液不易外流；酚类物质含量较低；去皮切分后不易发生酶促褐变；耐贮运等。

因此，并不是所有的蔬菜种类和品种都适合于净菜加工生产，只有满足上述要求的蔬菜品种，才能加工出优质的净菜产品。

（四）净菜加工工艺

1. 工艺流程

原料采收 → 预冷 → 分选 → 清洗 → 冷杀菌 → 漂洗 → 去皮 → 切分 →

护色保鲜 → 脱水 → 包装 → 入库 → 成品

2. 操作要点

（1）预冷 对采购来的蔬菜原料进行冷却，以消除蔬菜的田间热，延缓蔬菜生理变化。预冷设备一般有冷库、真空预冷设备、冷水冷却机等几种。一次进库数量比较大，且短时间不做处理的大部分蔬菜可直接进入冷库进行冷却，冷却温度应控制在5℃。净菜原料需要贮藏的可采用真空预冷，此法预冷的速度快。进来的原料立即进行净菜加工的，可采用冷水冷却机，它是由冰水传递系统、喷淋系统、物料传输系统、冷水回收系统等组成。该设备自动化程度高，不需人工搬动蔬菜，冷却效果好，适合与净菜流水线配套使用。

（2）分选 将腐烂、虫蚀、斑疤或形状大小不符合要求的全部分拣出来，分选可采用多条专用分拣带组成，输送物料输送带可使用不锈钢网带式平皮带，两边应有工作台，这样易于分拣人员操作。同时分拣带根据清洗原料品种的不同可相应增加清洗装置，按照规定要求，根据蔬菜种类及外形进行分选。对根菜类是按自然形状，通过各类分级设备按大小、质量分类，可用各种分级设备完成；对叶菜、茎菜、菜花类等可通过人工进行分选。

（3）清洗 清洗掉各类杂物。清洗机根据蔬菜不同有多种设备，可单独使用，也可串联起来形成流水线使用，目前常用的清洗机有气泡清洗机、滚筒清洗机、毛刷清洗机。其中根茎类蔬菜清洗强度要求比较大，可选用毛刷清洗机；果菜类蔬菜清洗强度不大，但外观要求比较高，清洗后要求保证完整的株型，可使用气泡清洗机；比较特殊的品种可配成专用的清洗生产线，如食用菌清洗生产线等。

（4）杀菌及去除农药残留 蔬菜杀菌是杀灭蔬菜表面的细菌、霉菌等微生物，清除蔬菜表面农药残存。为适应该工艺的多功能要求，一般不采用高温杀菌。净菜杀菌设备可采用多功能杀菌机，所谓多功能，是在同一设备中增加多种杀菌（可选择使用）方法。例如，配置臭氧杀菌机的同时增设化学滴液装置，既可化学杀菌用，也可以加化学试剂防褐变用。

（5）漂洗 将杀菌时在蔬菜表面含有的各类化学成分通过净水漂洗干净。漂洗机设备结构比较简单，它是将物料浸在漂洗液（一般为净水）中，通过传送网带将物料自动通过，同时漂洗液可循环使用。可以用加入一定浓度无残留的抑菌剂的饮用水漂洗浸泡蔬菜，禁用污水等漂洗浸泡蔬菜。

（6）切分 按照不同的加工原料，采用蔬菜切片、切丝、切丁机进行切分处理，蔬菜切分机要做好消毒杀菌工作，此工艺中最易二次染菌。

（7）护色保鲜 通过在净菜中使用护色剂来抑制净菜的褐变及延长其保鲜期。

（8）脱水 将通过前面一系列工艺后的蔬菜表面水分除去，以防止微生物繁殖。根据净菜外形要求比较高的特点，脱水设备可采用强度比较小的三足式离心机等，或采用振动沥水机、强风沥水机或振动沥水和强风相结合的设备。

（9）包装 净菜包装目前有多种形式，根据蔬菜品种及保质期的要求可分为：托盘包装，聚乙烯（PE）、PVC真空袋包装，充气包装。托盘包装的成本低，适合于多种蔬菜，但保质期比较短；充气包装的成本介于托盘包装和真空包装之间，保质期比较长，一般用于根茎类蔬菜；充气包装保质期长，适合于附加值比较高的蔬菜。真空包装能够使净菜产品的保鲜期达5~15d，且包装成本也较适中。

（五）净菜加工质量控制

1. 原料的质量控制

（1）原料的采收 与采收直接相关的问题是采前田间管理，最适采收期的确定和采收的有关技术要求。有的蔬菜在采前喷洒一定浓度的碳酸盐可使组织的硬度和弹性得以改善并减轻生理病害；一定浓度的乙烯可改善果皮色泽并促进成熟；一定浓度的赤霉素可推迟成熟过程，延长保质期等。最适采收期因不同蔬菜种类品种、产地等迥异。就净菜而言，必须具有该品种特有的满足鲜食要求的色、香、味和组织结构特征，即达到商业成熟度；采收应避开雨天、高温及雨水未干时，人工采收必须精细，尽量保护产品，避免创伤及污染。采收中注意剔除各种杂质、未成熟果、病害果和伤果。

（2）原料选择及验收　来自土壤的蔬菜自然带菌量很大，菌群较复杂，对各种理化处理的抗性强，严重污染的原料可能已潜藏腐败或含有某种毒素，安全隐患明显。在净菜加工厂，应该设置原料微生物学检验这一关键控制点，以便准确掌握主要污染微生物的种类和数量，为调整和加强工艺控制，及时采取措施提供依据。

（3）原料的预冷　预冷即根据原料特性采用自然或机械的方法尽快将采后蔬菜的体温降低到适宜的低温范围（喜温性蔬菜应高于冷害临界点）并维持这一低温，以利于后续加工。蔬菜水分充盈，比热容大，呼吸活性高，腐烂快，采收以后是变质最快的时期。青豌豆在20℃下经24h含糖量下降80%，游离氨基酸减少，失去鲜美风味且质地变得粗糙。因此预冷是冷链流通的第一环节，也是整个冷链技术连接是否成功的关键。

快速冷却不仅可以使产品迅速通过多种酶促和非酶促反应的最佳温度段，而且可将生化反应带来的影响减至最小。根据蔬菜的低温适应能力、收获季节、比表面、组织结构、处理量、运行成本等可以选择合理的预冷方式。自然空气冷却适于昼夜温差很大的地区。水的换热系数大于空气，廉价易得，用经冷却过的水作冷却介质，蔬菜降温均匀且快速省时。水冷却装置结构简单，使用方便，经济性好。强制冷空气处理蔬菜，通过热传导和释放蒸发潜热使菜体降温，此法尤其适于不耐浸水的种类，冷却速度相对慢，但费用较低。在真空室的减压条件下，蔬菜体内水分迅速气化吸热而快速冷却。每失水1%，品温可下降5.6℃，此法特别适合于经济价值较高，而采后品质极易劣变的种类，但对表皮厚、组织致密、比表面积小的蔬菜冷却效果有限，此处预冷还能增强产品抗低温冲击的能力，在冷藏期中会降低对温度的敏感。

（4）原料暂存　原料贮温较高，其微生物增殖快且抗热力更强。因此，在国外，制作生菜沙拉的蔬菜验收后即置于7℃以下、合乎卫生要求的贮藏室中。为了保证原料的卫生质量，净菜加工厂应配备原料冷库，也方便预冷后原料的暂存。

（5）挑选与分级　按照相关质量标准由人工剔除长霉、虫蚀、未熟、过熟、畸形、变色的不合格品，进一步清除杂质、污物和不能加工利用的部分，再按质量、尺寸、形状指标逐步分级，使相同级别的产品具有相对一致的品质，强化蔬菜的商品概念。

2. 加工过程的质量控制

（1）清洗、消毒　清洗是去掉原料附着的杂质、泥土、污物、降低菌数的有效手段。要保证加工净菜的品质，其技术关键是：清洗用水的卫生性，消毒剂的正确使用和科学的清洗方法。清洗用水应符合国家生活饮用水标准；在去皮及切分前应使用一定浓度的臭氧水进行灭菌处理，采用200～500mg/L二氧化氯进行灭菌及去除农药残留。原料在水中浸泡时间应控制在40min内，以防止软化，组织结构变化、酶的活化或色素流失。

（2）去皮及修整、切分　去皮及修整在于去掉蔬菜的不可食部分，使可食部分接近100%。有的净菜还需切分成习惯的烹调形式，刀具造成的伤口或创面破坏了组织内原有的有序空间分隔或定位，氧气大量渗入，物质的氧化消耗加剧，呼吸作用异常活跃，乙烯加速合成与释放，致使蔬菜的品质和抗逆力劣变，外观可以见到流液、变色、萎蔫或表面木栓化。组织的破坏同时为微生物提供了直接侵入的机会，污染也会迅速发展。这一点正是与传统的蔬菜贮藏保鲜的最大区别，也使净菜保鲜在技术上难度更大。去皮时采用薄形、刀刃锋利的不锈钢刀具及相应的去皮机械。

（3）净菜褐变的控制　控制净菜加工品的褐变是净菜加工的关键工艺之一。净菜加工中所造成的褐变，主要是去皮及切分后破坏了蔬菜体内的细胞，产生以多酚氧化酶为主的酶促褐变，而酶促褐变的主要影响因素有温度、pH、底物及氧气浓度等。在净菜加工中控制褐变的方法主要是化学及物理方法。较为常用的有柠檬酸、抗坏血酸及其盐类、植酸及其盐类、曲酸等，二氧化硫及其盐类也有一定的护色作用，但其残留对人体有副作用，使得净菜加工品达不到无公害食品的要求，现在作为护色剂使用已渐被淘汰。如莴笋片及块用 $0.05\% \sim 0.1\%$ 的冰醋酸可控制其褐变的发生，食用菌中的金针菇用 $0.5 \sim 1g/L$ 的植酸钠可达到抑制其褐变的目的。而将柠檬酸、抗坏血酸及其盐、植酸及其盐、曲酸、冰醋酸等进行复配使用，其护色效果更为明显。在使用这些物质作为护色剂时，也降低了护色液的 pH，达到了抑制其多酚氧化酶引起的褐变。为了控制净菜加工过程中与氧少接触，在去皮、切分及护色处理后，首先，要使净菜加工品尽在空气中停留的时间短暂些。其次，可通过真空包装及充气包装进行控制，一般真空度控制在 $-0.09 \sim -0.06MPa$ 条件下，如莴笋、马铃薯、胡萝卜等可采用 $-0.09MPa$ 的真空度，芹菜可采用 $-0.065MPa$ 的真空度等，金针菇可采用充气包装，氧气的含量为 $3\% \sim 8\%$，二氧化碳的含量为 $10\% \sim 15\%$。为了降低蔬菜在切分后的酶的活力，在整个加工过程中的环境温度都控制在 $0 \sim 10℃$ 条件下。

（4）净菜脆变的控制　蔬菜的细胞壁中含有大量的果胶物质，果胶是碳水化合物的衍生物，是一种高分子的聚合物，相对分子质量在 $50000 \sim 300000$。作为结构多糖，果胶决定了蔬菜的非木质化器官的细胞壁的强度与弹性，而钙是联结组成果胶的聚半乳糖醛酸和半乳糖醛酸鼠李糖的中介，该结构聚合度越高，果胶结构越牢固，净菜加工中的去皮、切分过程中，破坏了钙离子与果胶形成长链大分子果胶所起的"盐桥"作用，通过水解作用破坏细胞壁上果胶的结构，释放出游离钙，果胶分解，细胞彼此分离。使蔬菜开始变得柔软。为了克服这一矛盾，可将护色过程中的浸泡液中加入氯化钙、乳酸钙、葡萄糖酸钙，钙离子的存在可以激活果胶甲酯酶，提高酶的活力，促使果胶转化为甲氧基果胶，再与钙离子作用生成不溶性的果胶酸钙，此盐具有凝胶作用，能在细胞间隙凝结，增强细胞间的联结，从而使蔬菜变得硬而脆，具有良好的咀嚼性。

（5）净菜加工中的微生物的控制　净菜在加工过程中，在去皮前已进行了灭菌处理，但在去皮、切分等一系列工序中仍容易被微生物侵害，这不仅会导致产品的腐败，而且还影响到食用的安全性。净菜加工中的微生物主要为细菌，同时也存在少量的霉菌和酵母菌。可以通过以下措施对净菜加工中的微生物进行控制。

①控制加工环境的洁净度及温度：净菜加工环境的洁净度直接影响净菜加工品的品质，净菜加工环境的洁净度要求 3×10^5 级的标准，这为净菜加工提供了良好的加工环境。微生物的生长与温度密切相关，随着温度的升高，微生物以对数级的形式递增，为有效控制净菜加工过程中微生物的生长，环境的温度控制在 $0 \sim 10℃$，但在净菜加工过程中如大肠杆菌、肉毒梭状芽孢杆菌等，在低温环境下仍可以生长。

②去皮前的抑菌处理：净菜在去皮前进行 0.1g/kg 臭氧水灭菌处理，臭氧水浸泡时间为 5min，再用 200～500mg/L 的二氧化氯液浸泡 5min，可大大降低来自蔬菜原料中的微生物，一般情况下细菌总数 ≤5×10⁵个/g。

加工工序中所用的水也直接影响净菜产品的微生物指标，特别是将净菜去皮或杀菌后的用水，净菜加工用水在去皮或杀菌及以后的工序中，应采用无菌水。

③保鲜防腐剂的使用：细菌、霉菌、酵母菌等微生物是导致净菜加工品变质的主要因素，其中以细菌为主。所使用的保鲜防腐剂应具有对人类安全，对产品抑菌效果好，且无不良影响等特点。防腐剂分为化学防腐剂和生物防腐剂，化学防腐剂有山梨酸及其盐类、脱氢醋酸钠等，生物防腐剂有乳链球菌素、纳他霉素、溶菌酶等。其使用量执行无公害蔬菜所用的添加剂的标准。化学防腐剂的使用，对仍能在低温下生存的微生物得到了有效的控制，但对于净菜产品，化学防腐剂的使用有一定的限制；而生物防腐剂克服了化学防腐剂的不足之处，乳链球菌素对革兰阳性菌的抑制作用较强，纳他霉素对霉菌的抑制作用能力强。通过防腐保鲜后的净菜产品的细菌总数 ≤5×10⁵个/g。

④调节 pH：在不影响产品风味的条件下，适当用冰醋酸、柠檬酸、乳酸等调节净菜的 pH，所调节的 pH 控制在 4～7，调节地不适当，会影响净菜的风味，使净菜产品呈水浸状。

⑤包装：用微波对包装用的保鲜袋进行杀菌处理，杀菌温度为 80～100℃，在杀菌时注意将包装袋均匀平铺，以免造成局部发热。包装袋的以下性能至关重要：透气性，使过高的二氧化碳透出，需要的氧气透入，使组织产生的乙烯透出；选择渗透性，对二氧化碳的渗透能力大于对氧气的渗透能力；透湿性不能过高，依净菜自身的特点而异；有一定的强度，耐低温，热封性、透明度好。这类材料主要是 PE、PP、EVA、丁基橡胶等。但净菜种类较多，影响呼吸强度的内外因素又十分复杂，实际上只能选择渗透比与蔬菜呼吸率尽可能接近的包装袋，获得较好的人工气调效果。

⑥从业人员的卫生：从业人员也可能造成净菜加工中微生物的二次污染，要求工人在进入加工环境之前应做好清洁工作，以免人为地造成净菜产品的二次污染。

⑦冷藏配送：净菜成品应立即置于冷藏库中降温保存。耐寒性蔬菜维持在 2～4℃，喜温性蔬菜 4～10℃。加大进库产品与冷气流的接触面积，使产品中心尽快降到规定低温。各种净菜保鲜期多在 3～30d。通过信息畅通的配送销售网络进行净菜的合理生产和快捷配送，运输销售采用冷藏车或冷藏货柜，其温度也应控制在 2～10℃。

二、 鲜切果蔬的加工与保鲜

（一） 鲜切果蔬的定义及特点

鲜切果蔬是指新鲜的水果蔬菜原料经整理、清洗、切分、保鲜和包装等工艺制成的速食果蔬制品，在国外又被称为微加工产品、轻度加工果蔬等。鲜切果蔬有其显著的特点：清洁卫生，达到即食或即用状态，方便快捷，适应快节奏生活的需要。产品质量减轻、体积缩小，降低了产品的运输费用，减少了城市生活垃圾。达到了即食或烹饪状态，方便了副食品市场的果蔬配送，也便于果蔬的品种和营养搭配。因此，鲜切果蔬产品进入市场受到消费者，特别是速食业的欢迎。

目前，鲜切果蔬的原料有苹果、梨、猕猴桃、甜瓜、菠萝、桃和油桃、草莓、西瓜、番木瓜、椰子、芒果等果品，甘蓝、生菜、芹菜、菠菜、莴苣、洋葱、番茄、黄瓜、青椒、马铃薯、胡萝卜、莲藕、山药、甘薯、菜花、西蓝花和南瓜等蔬菜，其中以甘蓝、生菜、马铃薯、胡萝卜、苹果等应用最多。

（二）鲜切果蔬加工的基本原理

新鲜果蔬经过切分后仍然是具有生命的鲜活组织，但经过切分等工序，不仅给产品组织带来很大的物理影响，同时加工造成的机械损伤引发复杂的生理效应，导致营养物质消耗加剧、质地变软、代谢增强、风味等品质下降。而且，经过鲜切加工，微生物污染加剧，从而严重影响鲜切果蔬的品质和保质期，甚至影响到产品的食用安全性。

1. 鲜切加工对果蔬的物理效应

（1）组织的机械损伤　果蔬经过切割、去皮、磨损等工艺处理，导致组织损伤。

（2）天然保护层消失　完整的果蔬，由于表皮的存在，水分扩散的阻力较大，当经过去皮、切分等处理后，水分蒸腾速率显著增加。由于失去天然保护层，鲜切果蔬的气体交换显著加强，组织内部氧浓度增加，增加了氧与呼吸底物的接触，促进底物消耗。

（3）细胞残片影响　随表层水分散失、细胞残留物附着，鲜切果蔬的表层由透明转变成白色、半透明的状态，严重影响鲜切果蔬的外观质量。

2. 鲜切加工引发的生理效应

（1）乙烯产生增加　切分造成的机械损伤，会刺激果蔬组织内源乙烯的产生，从而促进组织的衰老和质地的软化。

（2）呼吸强度升高　鲜切果蔬加工过程中去皮、切分等处理造成的机械损伤，会大大增加呼吸强度。其增加幅度因果蔬种类和发育阶段不同而异，一般鲜切果蔬的呼吸强度为新鲜原料的 $1.2 \sim 6$ 倍。

（3）刺激次生代谢　鲜切果蔬组织受到机械损伤后合成一系列次生物质，主要有苯丙烷类、聚酮化合物类、黄酮类、萜类、生物碱、单宁、芥子油苷、长链脂肪酸和醇类等。薯类、莴苣等在切割部位形成许多黑色斑点，为大量酚类物质累积所致。这些物质的生成一般会影响鲜切果蔬的香气、风味、外观和营养价值，有时甚至会改变产品的食用安全性。土豆损伤后茄碱合成加强，茄碱含量超过一定限度后有很强的毒性。有些香气和风味物质具有挥发性，短期贮藏后，加工品的风味品质严重下降。

3. 微生物浸染

鲜切果蔬保持了果蔬新鲜的特性，仍是活的有机体，但果蔬由于切分导致组织内的营养汁液大量外流，给微生物的生长提供了有利的生存条件，从而促进了微生物的生长繁殖。另一方面，果蔬在去皮、切分过程中，由于产品表面积增大并暴露在空气中，更易受到细菌、霉菌、酵母菌等微生物的污染。因此，控制微生物污染是鲜切果蔬加工和保鲜的关键。

（1）微生物感染鲜切产品的途径　微生物对鲜切果蔬产品的浸染大致可分为田间污染、加工污染和产品贮运污染三个阶段。每个阶段微生物又通过多种途径污染果蔬。

（2）鲜切果蔬常见的微生物种类　鲜切果蔬的微生物种类繁多，以腐败微生物为主，同时还可能有部分致病菌。腐败微生物包括欧文菌、假单胞菌、黄单胞菌、乳酸菌等细菌和假丝酵母菌、黑曲霉菌、灰霉菌、青霉菌、根霉菌、黑腐菌、炭疽菌等真菌。如果不严格控制鲜切加工的卫生条件，产品会污染大肠杆菌、梭状芽孢杆菌、李斯特菌、耶尔森菌、沙门菌等致病菌，严重威胁鲜切果蔬的食用安全性。

（三） 鲜切果蔬的加工技术

1. 主要设备

主要设备有切割机、浸渍洗净槽、输送机、离心脱水机、预冷装置（真空预冷装置、空气预冷装置、水预冷装置）、真空封口机、冷藏库等。果蔬运输或配送时一般要使用冷藏车（配有制冷机）、短距离的可用保温车（无制冷机）。

2. 加工技术

鲜切果蔬的生产，包括原料选择、原料预处理、去皮、切分、清洗、消毒、包装、贮运和销售等工序。

（1）原料选择　果蔬原料品质的好坏决定了鲜切产品的质量，只有适合加工的优质果蔬原料才能加工出高质量的鲜切果蔬产品。一般来说，用作鲜切果蔬加工的原料必须品种优良、大小均匀、成熟度适宜，不能使用腐烂和带病虫斑疤的不合格原料；必须为易清洗、去皮，干物质含量较高，加工时汁液不易外流，酚类物质含量低，不易发生褐变的品种。胡萝卜、甜椒、萝卜等耐贮蔬菜适合加工。容易腐烂的西蓝花、蘑菇、香菇，在生理发育早期采收的菜花、黄秋葵、甜玉米等通常生理代谢活跃，很容易发生品质劣变，均不宜作为鲜切加工原料。而大蒜、土豆、冬瓜等在发育晚期采收，代谢活动相对较弱，品质相对较稳定。跃变型果实的采收成熟度决定加工品的保质期和食用品质。过早采收，加工果实不能正常后熟，果实品质差；过晚采收，果实极易软化，贮藏性差。绿熟番茄的切片能正常后熟，达到完熟切片的食用品质，而保质期最长；桃和油桃果实硬度在 $18 \sim 31N$ 时为适合加工的最佳生理成熟度。因此，选择合适成熟度的原料，以期获得质量和贮藏寿命的综合平衡，是鲜切加工果蔬的考虑因素。

（2）预处理　预处理包括大小、成熟度分级，去除缺陷，清洗，预冷等步骤。采收的原材料，在田间经过简单挑选处理后，应立即送到加工点，在包装车间进行大小和成熟度分级，进一步挑出残次品，保证加工原料的品质。挑选的原料需要清洗时，一般先喷淋表面润湿剂，增强原料表面的去污能力，减少昆虫、病原微生物、农药残留，再喷水清洗干净。

（3）去皮和切分　鲜切果蔬加工时，需要去除表皮等不可食用的部分。对于一些机械损伤敏感的果蔬原料，最好采用手工去皮方式，减少对组织的损伤；而对机械损伤不敏感的原料，可以采用机械方式去皮，提高工作效率。去皮后的果蔬，按产品的要求切成丁、块、片、条、丝等多种形状。切分的大小对鲜切产品的品质与保质期产生重要的影响，切分越小，产品呼吸强度越高，产品的保存性越差。采用锋利刀具切分的果蔬产品保存时间长，而用钝刀切分的果蔬由于切面受伤严重，容易引起褐变。因此，鲜切加工要采用锋利的刀具，并且在低温下（10℃以下）进行操作。

（4）二次清洗和消毒　切分后的鲜切果蔬产品，由于机械损伤，细胞残片和汁液外流，影响产品的外观质量，因此需要再次清洗，除去切口表面的附着物。清洗的方式有浸泡式、搅动式、喷洗式、浮选式等，为了强化清洗效果，可以采用充气清洗方式。

为了控制微生物污染，通常在清洗水中添加各种杀菌剂进行消毒，杀菌剂的主要类型有：氯气、次氯酸钠或次氯酸钙，一般有效氯的浓度应达到 $200mg/L$。才能防止感染，用水量为 $3L/kg$ 产品，水温在 4℃以下冷却产品，残留氯控制在 $100mg/L$ 以下。稳定性二氧化氯杀菌活性更高，而且杀菌效果不受有机物影响。电解酸性水 pH 可达 2.7，具有很好的杀菌效果。臭氧在 $0.5 \sim 2mg/L$ 浓度下是高效消毒剂，而且不产生残留。切分清洗后的果蔬应立即进行脱水处理，否则产品更容易腐烂，生产上常用低速离心机进行脱水处理。脱水后可以添加抗氧化剂来加强保护，主要有抗坏血酸及其盐类、柠檬酸及其盐类，浓度在300mg/L以内；亚硫酸盐允许在马铃薯中使用，浓度为50mg/L。

（5）产品包装　包装是鲜切果蔬生产的最后一道工序。生产上常用塑料薄膜袋包装，或者以塑料托盘盛装，外覆盖塑料薄膜包装。这样既可以保护产品，方便销售，又可以起到气调保鲜、防止失水和延长保质期的作用。用于鲜切果蔬的包装主要有以下几种类型。

自发气调包装是利用产品自身的呼吸作用和塑料膜对气体的阻隔性，在包装袋内形成适宜的低氧气高二氧化碳环境，从而抑制产品的呼吸作用和组织褐变。一般鲜切果蔬自发气调包装的适宜的氧气和二氧化碳浓度在2%～5%。由于鲜切产品呼吸强度大，选用透气率过低的聚乙烯包装，容易发生无氧呼吸而产生异味。为了避免这种现象的发生，应采用透气性更好的包装材料如乙烯－乙酸乙烯共聚物材料，或者在聚乙烯包装袋上开一定数量的小孔，改善包装的通气性。

充气气调包装是将包装袋内的空气抽出后，充入预先调配好的适宜比例的气体（低氧气高二氧化碳），然后立即加以密封。不同种类和品种的鲜切果蔬都有不同的最佳气调包装条件，而且这些最佳气调条件与完整果蔬的气调条件有很大的不同，因此在参考原料最佳气体条件时应加以注意。

活性包装是在包装袋内加入各种气体吸收剂，以除去过多的二氧化碳、乙烯和水汽，并及时补充氧气，使包装袋内维持适合鲜切果蔬贮藏保鲜的适宜气体环境。

（6）贮运和销售　鲜切产品的贮运和销售，必须在冷链条件下进行。因为低温不仅可以抑制产品的衰老和褐变，而且可以抑制微生物的生长。在不发生冷害和冻结的前提下，温度越低越有利于产品的贮藏保鲜。包装好的鲜切产品，应立即在5℃以下的冷库中贮藏，以获得足够的保质期和确保产品的食用安全。配送运输鲜切产品时，需要使用带制冷设备的冷藏车，或者采用带隔热容器和蓄冷剂（如冰）保冷车运输。销售鲜切果蔬时，应将其置于冷藏货架上，温度控制在5℃以下，以获得一定的保质期。

（四）鲜切果蔬的质量控制

鲜切果蔬的保质期一般为3～10d，有的长达30d甚至数个月。产品贮藏过程中的质量问题主要是微生物的繁殖、褐变、异味、腐败、失水、组织结构软化等。如何保证产品质量是延长产品保质期的关键。因为鲜切果蔬经过加工后，组织结构受到伤害，原有的保护系统被破坏，富有营养的果蔬汁外溢，给微生物的生长提供了良好的基质，使得微生物容易浸染和繁殖；同时果蔬体内的酶与底物直接接触，发生各种各样的生理生化反应，导致褐变等不良后果；再者有果蔬组织本身的代谢，当果蔬组织受伤后呼吸加强，乙烯生成量增加，产生次生代谢产物，加快鲜切果蔬的衰老和腐败。因此，为保证鲜切果蔬的质量，延长其保质期，应从以下因素加以控制。

1. 切分的大小与刀刃的状况

切分的大小是影响鲜切果蔬品质的重要因素之一，切分越小，切分面积越大，保存性越差。若需要贮藏时，一定以完整的果蔬贮藏，到销售时再加工，加工后要及时配送，尽可能缩短切分后的贮藏时间。刀刃的状况与鲜切果蔬的保存时间也有很大关系，锋利的刀切分的果蔬保存时间长，钝刀切分的果蔬切面受伤多，容易引起变色、腐败。

2. 清洗与控水

病原菌数也与鲜切果蔬保存中的品质密切相关，病原菌数多比菌数少的保存时间明显缩短。清洗是延长鲜切果蔬保存时间的重要工序，清洗干净不仅可以减少病原菌数，还可以洗去附着在切分果蔬表面的汁液，减轻变色。鲜切果蔬洗净后，若放置在湿润环境下，比不洗的更容易变坏或老化。通常使用离心机进行脱水，但过分脱水容易使鲜切果蔬干燥枯萎，反而使品质下降，故离心机脱水时间要适宜。

3. 包装

鲜切果蔬暴露于空气中，会发生失水萎蔫、切面褐变，通过适当的包装可防止或减轻这些不良变化。包装材料的厚薄、透气率大小以及真空度的高低对鲜切果蔬有影响，在包装时应进行包装适用性试验，以便确定合适的包装材料或真空度。一般而言，透气率大或真空度低时鲜切果蔬易发生褐变，透气率小或真空度高时易发生无氧呼吸产生异味。因此，要选择厚薄适宜的包装材料来控制合适的透气率或合适的真空度，以便保持最低限度的有氧呼吸和造成低氧气高二氧化碳环境，延长鲜切果蔬的保质期。

4. 防腐剂处理

防腐剂指用以防止微生物活动的化学物质，理想的食品防腐剂应能有效抑制酵母菌、霉菌和细菌而对人体无害。常用的食品防腐剂有苯甲酸及其盐类、山梨酸及其盐类，另外还有二氧化硫或亚硫酸及亚硫酸盐。使用防腐剂应经政府卫生部门许可，并按 GB 2760—2014《食品安全国家标准　食品添加剂使用标准》规定用量使用。

第三节　果蔬冷冻加工

果蔬冷冻是将经过处理的果蔬原料在很低的温度下使之迅冷冻结，然后在 $-20 \sim -18℃$ 的低温下进行加工的一种方法。因为原料在冷冻之前需经过修整、热烫或其他处理，又在 $-40 \sim -28℃$ 的低温条件下迅冷冻结，这时原料已不再是活体，其化学成分变化极小，是当前果蔬加工中保存风味和营养较为理想的方法。

一、　果蔬冷冻加工的原理

（一）　冻结速率对果蔬制品的影响

单纯冻结水，对形成冰的质量的影响似乎无多大意义。但对冷冻果蔬而言，冻结过程对果蔬制品质量则有非常重要的影响。

冻结速度的快慢与冻结过程中形成的冰晶颗粒的大小有直接的关系，采用速冻是抑制冰晶大颗粒的有效方法。当冻结速度快到使食品组织内冰层推进速度大于水移动时，冰晶分布使接近天然食品中液态水的分布状态，且冰晶呈无数针状结晶体。当慢冻时，由于组织细胞外溶液浓度较低，因此首先在细胞外产生冰晶，而此时细胞内的水分还以液相残留着。同温度下水的蒸汽压总是大于冰的蒸汽压，在蒸汽压差的作用下细胞内的水便向冰晶体移动，进而形成较大的冰晶体，且分布不均匀。同时由于组织死亡后其持水力降低，细胞膜的透性增大，使水分的转移作用加强，会使细胞外形成更大颗粒的冰晶体。冰晶体的大小对细胞组织的伤害是不同的。冻结速度越快，形成的冰晶体就越细小、均匀，而不至于刺伤组织细胞造成机械伤。缓慢冻结形成的较大的冰晶体会刺伤细胞，破坏组织结构，对产品质量影响较大。

食品速冻是指运用适宜的冻结技术，在尽可能短的时间内将果蔬温度降低到其冰点以下的低温，使其所含的全部或大部分水分随着食品内部热量的散失而形成微小的冰晶体，最大限度地减少生命活动和生化变化所需要的液态水分，最大限度地保留果蔬原有的天然品质，为低温冻藏提供一个良好的基础。

优质速冻果蔬制品应具备以下五个要素：冻结要在 $-30 \sim -18℃$ 的温度下进行，并在20min 内完成冻结；速冻后的食品中心温度要达到 $-18℃$ 以下；速冻食品内水分形成无数针状小冰晶，其直径应小于 $100\mu m$；冰晶体分布与原料中液态水分的分布相近，不损伤细胞组织；当食品解冻时，冰晶体融化的水分能迅速被细胞吸收而不产生汁液流失。

（二） 冷冻对微生物的影响

微生物的生长、繁殖活动有其适宜的温度范围，超过或低于最适温度，微生物的生育及活动就逐渐减弱直至停止或被杀死。大多数微生物在低于 $0℃$ 的温度下生长活动可被抑制。但酵母菌、霉菌比细菌耐低温的能力强，有些霉菌、酵母菌能在 $-9.5℃$ 未冻结的基质中生活。缓慢冷冻对微生物的危害更大，最敏感的是营养细胞，而孢子则有较强的抵抗力，常免于冷冻的伤害。

果蔬原料在冷冻前，易被杂菌污染，冷冻前放置时间越久，感染越严重。有时原料经热烫后马上包装冷冻，由于包装材料阻碍热的传导，冷却缓慢，尤其是包装中心温度下降很慢，冷冻期间仍有微生物的败坏发生。因此最好在包装之前将原料冷却到接近冰点温度后，再进行冷冻较为安全。

致病菌在食品冷冻后残存率迅速下降，冻藏对其抑制作用强，而杀伤效应则很低，试验证明，芽孢菌和酵母菌能在 $-4℃$ 生长，某些嗜冷细菌能在 $-20 \sim -1℃$ 下生存。因此，一般果蔬冷冻制品的贮藏温度都采用 $-18℃$ 或更低一些的温度。

冷冻可以杀死许多细菌，但不是所有的细菌，有的霉菌、酵母菌和细菌在冷冻食品中能生存数年之久。冷冻果蔬一旦解冻，温度适宜，残存的微生物活动加剧，就会造成腐烂变质。因此食品解冻后要尽快食用。

（三） 冷冻对酶活力的影响

温度对酶活力影响很大，通常在 $40 \sim 50℃$ 范围内，酶的催化作用最强，当温度高于 $60℃$ 时，绝大多数酶活力会急剧下降。而当温度降低时，酶的活力也会逐渐减弱，若以脂肪酶 $40℃$ 时活力为1，在 $-12℃$ 时降为 0.01，$-30℃$ 降至 0.001，胰蛋白酶在 $-30℃$ 下仍有微弱活力。虽然在冷冻条件下，酶活力显著下降，但并不说明酶完全失活，在长期冷藏过程中，酶的作用仍可以使食品变质，当食品解冻时，随着温度的升高，酶将重新活跃起来，加速食品的变质。为防止速冻果蔬解冻后酶重新复活，常常采取冻前短时烫漂的工艺以使酶彻底失去活力。

基质浓度和酶的浓度对生化反应速度影响也很大，如在食品冻结时，当温度下降至 $-5 \sim -1℃$ 时，有时会出现其催化反应速度比高温时快的现象，其原因是在这个温度区间食品中的水分有 80% 变成了冰，而未冻结溶液的介质浓度和酶浓度都相应增加。因此，在食品冷冻过程中，快速通过这个冰晶带，不但能减少冰晶对食品的机械作用，同时也能减少酶对食品的催化作用。

（四） 冷冻对果蔬品质的影响

果品、蔬菜在冷冻过程中，其组织结构及内部成分仍然会起一些理化变化，影响产品质量。

1. 冷冻对果蔬组织结构的影响

一般来说，植物的细胞组织在冷冻处理过程中可以导致细胞膜的变化，增加透性，降低膨压。即说明了冷处理增加了细胞膜或细胞壁对水分和离子的渗透性，这就可能造成组织的损伤。

在冷冻过程中，果蔬所受的过冷温度只限于其冰点下几度，而且时间短暂，大多在几秒钟之内，在特殊情况下也有较长的过冷时间和较低的过冷温度。在冷冻期间，细胞间隙的水分比细胞原生质中的水先冻结，甚至在低到 $-15℃$ 的冷冻温度下原生质仍能维持其过冷状态。细胞内过冷的水分比细胞的冰晶体具有较高的蒸汽压和自由能，因而胞内的水分通过细胞壁流向胞外，致使胞外冰晶体不断增长，胞内部的溶液浓度不断提高直至胞内水分冻结为止。果蔬组织的冰点以及结冰速度都受到其内部可溶性固形物，如盐类、糖类和酸类等浓度的控制。

在缓冻情况下，冰晶体主要是在细胞间隙中形成，胞内水分不断外流，原生质中无机盐的浓度不断上升，达到足以沉淀蛋白质，使其变性或发生不可逆的凝固，造成细胞死亡，组织解体，质地软化。

在速冻情况下则不同，如速冻的番茄其薄壁细胞组织在显微镜下观察，揭示出在细胞内外和胞壁中存在的冰晶体都很细小，细胞间隙没有扩大，原生质紧贴着细胞壁阻止水分外移。这种微小的冰晶体对组织结构的影响很小。在较快的解冻中观察到对原生质的损害也极微，质地保存完整，液泡膜有时未受损害。保持细胞膜的结构完整对维持细胞内静压是非常重要的，可以防止流汁和质地变软。

果蔬冷冻保藏的目的是要尽可能地保持其新鲜果蔬的特性。但在冻结和解冻期间，产品的质地与外观同新鲜果蔬相比较，还是有差异的。组织的溃解、软化、流汁等的程度因产品的种类和状况而有所不同。如食用大黄，其肉质组织中的细胞虽有坚硬的细胞壁，但冷冻时在组织中形成的冰晶体，使细胞发生质壁分离，靠近冰晶体的许多细胞被歪曲和溃碎，使细胞内容物流入细胞间隙中去，解冻后汁液流失。石刁柏在不同的温度下冻结，但在解冻后很难恢复到原来的新鲜度。

一般认为，冷冻造成的果蔬组织破坏，引起的软化、流汁等，不是由于低温的直接影响，而是由于晶体的膨大而造成的机械损伤。同时，细胞间隙的结冰引起细胞脱水、盐液浓度增高，破坏原生质的胶体性质，造成细胞死亡，失去新鲜特性的控制能力。

2. 果蔬在冻结和冻藏期间的化学变化

果蔬原料的降温、冻结、冷冻贮藏和解冻期间都可能发生色泽、风味、质地等的变化，因而影响产品质量。通常在 $-7℃$ 的冻藏温度下，多数微生物停止了活动，而化学变化没有停止，甚至在 $-18℃$ 下仍然有化学变化。

在冻结和贮藏期间，果蔬组织中会积累羰基化合物和乙醇等，产生挥发性异味，原料中含类脂较多的，由于氧化作用也产生异味。据报道，豌豆、四季豆和甜玉米在冷藏贮藏中会发生类脂化合物的变化，它们的类脂化合物中游离脂肪酸等都有显著的增加。

冻藏和解冻后，果蔬组织软化，原因之一是由于果胶酶的存在，使原果胶变成可溶性果胶，造成组织分离，质地软化。另外，冻结时细胞内水分外渗，解冻后不能全部被原生质吸收复原，也易使果蔬软化。

冻藏期间，果蔬的色泽也发生不同程度的变化，主要是由绿色变为灰绿色。这是由于叶绿素转化为脱镁叶绿素所致，影响外观，降低商品价值。在色泽变化方面，果蔬在冻结和贮藏中常发生褐变，特别在解冻之后，褐变更为严重。这是由于酚类物质在酶的作用下氧化的结果。

如苹果、梨中的绿原酸、儿茶酚等是多酚类氧化酶作用的主要成分，这种褐变反应迅速，变色很快，影响质量。

对于酶褐变可以采取一些防止措施，比如对原料进行热烫处理，加入抑制剂（二氧化硫和抗坏血酸）等，都有防止褐变的作用。

冷冻贮藏对果蔬含有的营养成分也有影响。冷冻本身对营养成分有保护作用，温度越低，保护作用越强。因为有机物质的化学反应速度与温度成正相关。但由于原料在冷冻前的一系列处理，如洗涤、去皮、切分等工序，使原料暴露在空气中，维生素 C 因氧化而减少。这些化学变化在冻藏中继续进行，不过要缓慢得多。维生素 B_1 是热敏感的，但在贮藏中损失很少。维生素 B_2 在冷冻前的处理中有降低，但在冷冻贮藏中损失不多。

二、 冷冻工艺技术

（一） 工艺流程

原料选择 → 预处理（清洗、去皮、去核、切分） → 热烫、冷却、沥干 →

称量、包装 → 速冻 → 成品

（二） 操作要点

1. 速冻前预处理

（1） 原料选择及整理　加工原料的质量和温度控制是影响冷冻果蔬质量的两个最重要因素。因此要注意选择适宜速冻加工的品种。

一般加工原料的品质特性要求有：色泽均匀、风味独特、成熟度一致、抗病高产、适合机械采收。水果、蔬菜的品种不同，对冷冻的承受能力也有差别。一般含水分和纤维多的品种，对冷冻的适应能力差，而含水分少、淀粉多的品种，对冷冻的适应能力强。如有些纤维质的品种（如菜心），冻后品质易劣变；又如番茄的细胞壁薄而含水量高，冻后易流水变软，因此要注意选择适宜于速冻加工的品种。

应注意原料的适时采收，保证原料适当的成熟度和新鲜度。如豆类和甜玉米，其最优质量的收获期很短，如果采收不及时，则原料中的糖很快转化成淀粉，甜味减退，出现粗硬的质地，已不适宜速冻加工。

原料采收时要细致，避免机械损伤。采收后立即运往加工地点，在运输中要避免剧烈颠簸，防日晒雨淋。新鲜果蔬采收后放置而未加工，虽然败坏不明显，但由于采后呼吸作用消耗糖分，仍然很快丧失风味、甜味和组织硬化，质量下降。甜玉米在21℃下24h 内损失其原含糖量的50%，在0℃下24h 之内只损失原糖量的5%。一些果蔬在室外下放置时间过长，不能保持原来新鲜的风味。因此，必要时可用冷藏保鲜，但时间不宜过长，以免鲜度减退或变质，以及微生物的污染。

速冻果蔬作为一种方便类食品，在加工过程中没有充分保障的灭菌措施，因此微生物污染的检测指标要求很严格。原料加工前应充分清洗干净，加工所用的冷却水要经过消毒，工作人员、工具、设备、场所的清洁卫生标准要求高，加工车间要加以隔离。

原料要经挑选，剔除病虫害、机械损伤、成熟度过高或过低的原料，以保证消费者食用方便以及有利于快速冻结。一般原料应予以去皮、去核及适当切分，切分后由于暴露于空气中会发生氧化变色，可以用2g/L 亚硫酸氢钠、10g/L 食盐、0.5% 柠檬酸或醋酸等溶液浸泡防止变色。有些蔬菜（如菜花、西蓝花、菜豆、豆角、黄瓜等）要在 20～30g/L 的盐水中浸泡20～30min，以将其内部的小害虫驱出，浸泡后应再清洗。盐水与原料的比例不低于 2：1，浸泡时随时调整盐水浓度。浓度太低，幼虫不出来；浓度太高，虫会被腌死。

为防止果蔬在速冻后脆性减弱，可将原料浸入含 5～10g/L 的碳酸钙（或氯化钙）溶液中浸泡 10～20min，以增加其硬度和脆性。

考虑到对果品质量的影响，一般不采用热烫。但为了防止产品变色和氧化，可用适当浓度的糖液作填充液，淹没产品，在填充液中可加入 10g/L 的抗坏血酸及 5g/L 的柠檬酸等抗氧化剂与抑制酶活力的添加剂。

（2）烫漂与冷却　同干制保藏一样，果蔬特别是蔬菜需要经过烫漂处理以钝化酶的活力，防止产品在加工和贮藏过程中发生颜色和风味的改变，保证产品的颜色、质地、风味及营养成分的稳定，同时可杀灭微生物。

烫漂一般是进行短时间的热处理以钝化酶活力，烫漂的温度一般为 90～100℃，品温要达到 70℃以上，烫漂时间一般为 1～5min。烫漂的方法有热水烫漂和蒸汽烫漂等。由于过氧化物酶和过氧化氢酶对热失活具有抵抗性，耐热性较其他酶强，常用它们作指示酶，衡量烫漂处理是否适度。果蔬过度受热会引起质改变、部分可溶性固形物及营养损失、产生煮熟味以及消耗大量水和能源等缺点。烫漂往往造成组织的损伤，因而造成口感不良及营养的损失，必须避免烫漂过度。有些受酶活力影响不大的蔬菜，可以考虑缩短烫漂时间或不用热烫。

原料热烫后应迅速冷却，否则相当于将加热时间延长，带来一系列不良反应。若将烫漂后的原料直接送进速冻装置，会增加制冷负荷，还会造成冻结温度升高，从而降低产品质量。冷却措施要能够达到迅速降温的效果，一般有水冷和空气冷却，可以用浸泡、喷淋、吹风等方式，最好能冷却至 5～10℃，一般不超过20℃。对蔬菜的热烫要求：菠菜（先对根部热烫 40～60s，再对叶部 30～40s）；甘蓝（5～6min）、芦笋（3～5min）等；蚕豆、毛豆（数分钟）、豌豆（50～90s）。

经过清洗、烫漂以及冷却后的原料表面带有水分，如不除掉，在冻结时很容易形成块状，既不利于快速冷冻，又不利于冻后包装，所以在速冻前必须沥干。沥干的方法很多，可将蔬菜装入竹筐内放在架子上或单摆平放，让其自然晾干；有条件的可用离心甩干机或振动筛沥干。应注意的是离心式沥水转速不能太高或沥水时间过长，以免原料组织失水。

2. 速冻

经过预处理的原料，在速冻之前可先预冷至 0℃，以有利于加快冻结。许多速冻装置设有预冷设施，或在进入速冻前先在其他冷库预冷，等候陆续进入冻结。由于果蔬品种不同、块形大小、堆料厚度、进入速冻设备时的品温以及冻结温度等的不同，冻结速冻往往存在差异。因此必须在工艺条件和工序安排上考虑紧凑配合。

经过预处理的果蔬应尽快冻结，速冻温度在 -35～-30℃，风速保持在 3～5m/s，保证冻结以最短的时间（一般小于30min）通过最大冰晶生成区，使冻品中心温度迅速达到 -18～-15℃。只有这样才能使90%以上的水分在原来位置上结成细小冰晶，大多均匀分布在细胞内，从而获得具有新鲜品质，且营养和色泽保存良好的速冻果蔬。

3. 速冻后处理

（1）速冻果蔬的包装　速冻食品之所以能迅速发展，除了食用方便之外，包装也起了重要作用。包装能保持食品卫生，并能隔气，防止干耗，防止氧化变色、变味，保持品质、营养，延长保存期等。同时，包装还可以宣传产品，便于装卸、运输、贮存和销售。

通过对速冻果蔬包装，可以有效控制速冻果蔬在长期贮藏过程中发生的冰晶升华，即水分由固体冰的状态蒸发而形成干燥状态；防止产品长期贮藏接触空气而氧化变色，便于运输、销售和食用；防止污染，保持产品卫生。果蔬速冻加工完成后，应进行治疗检查及微生物指标检测，在包装前要经过筛选。一般采用先冻结后包装的方式，但有些产品为避免破碎可先包装后冻结。

由于速冻产品要经过长时间的低温冻藏，食用前还需解冻，对包装的要求与普通食品有区别，速冻食品包装材料的要求：速冻食品要在 -30℃ 以下低温冻结和冻藏，所以包装材料要能耐低温，保持其柔软性，不硬脆、不破裂。要在 100℃ 高温沸水中解冻时不破碎。速冻食品除了需要普遍的隔气要求外，有些还需要空气或充气。因此要求包装材料透气性低，以利于保香，防止干耗、氧化。包装材料要经得住长时间冷藏，不老化、不破裂。

冻结果蔬的包装有内包装、中包装和外包装。包装材料有纸、玻璃纸、聚乙烯薄膜及铝箔等。在分装时，工场上应保证在低温下进行工作。工序要安排紧凑，同时要求在最短时间内完成，重新入库。一般冻品在 -4 ~ -2℃ 时，即会发生重结晶，所以应在 -5℃ 以下的环境包装。

（2）速冻果蔬的冻藏　速冻果蔬的冻藏是指在合适的温度下贮藏，并在一定时间内保持其速冻终了时的状态及品质的贮藏方法。速冻果蔬的长期贮藏，要求贮藏温度控制在 -18℃ 以下，冻藏过程应保持稳定的温度和相对湿度。若在冻藏过程中库温上下波动，会导致再结晶使冰晶体增大，这些大的冰晶体对果蔬组织细胞的机械损伤更大，解冻后产品汁液流失增多，严重影响产品质量，并且不应与其他有异味的食品混藏，最好采用专库贮存。速冻果蔬产品的冻藏期一般可达 10 ~ 12 个月以上，条件好的可达 2 年。

三、 冷冻方法与设备

果蔬的冷冻可以根据各种果蔬的具体条件和工艺标准，采取不同的方法和冷冻装置来实现。总的要求是在经济合理的原则下，尽可能提高冷冻装置的制冷效率，加速冷冻速度，缩短冷冻时间，以保证产品的质量。果蔬的冷冻方法及装置多种多样，分类方式不尽相同。按冷却介质与果蔬接触的方式可以分为空气冷冻法、间接接触冷冻法和直接接触冷冻法三种，每一种方法均包含了多种形式的冻结装置。

（一） 隧道式鼓风冷冻机

隧道式鼓风冷冻机是空气冷冻法的一种装置。生产上采用的隧道式鼓风冷冻机，是一个狭长形的、墙壁有隔热装置的通道（图8-4）。冷空气在隧道中循环，将产品铺放于车架上各层筛盘中，然后将筛盘放在架子上以一定的速度通过此隧道。内部装置又各有不同，有的是将冷空气由鼓风机吹过冷凝管道后温度降低，而后吹送到隧道中，穿流于产品之间使其冷冻，且降温的速度很快，比缓冻法先进。有的则是在通道中设置几层连续运行的传送带，进口的原料先后落在最上层的网带上，继而与带一起运行到末端，而后将产品卸落在第二层网带上，上下两层的网带运行方向相反，最后产品从最下层末端卸出。一般采用的吹风温度在 -37 ~ -18℃ 的范围，风速 30 ~ 1000m/min，可随产品特性、颗粒大小而进行调节。

通常是将未经包装的产品散放在传送带或盘上通过冷冻隧道。这种方法的缺点是失水较多，在短时间内能失去大量的水。为了避免失水太快，应在隧道的两侧装置液态氨管道，且管上带翅片，中间留一通道供产品通过，并控制制冷剂与接触产品的空气之间较小的温差，保持穿流的空气有较高的湿度。一般将通道温度分为 3 ~ 6 个阶段，以不同的温度进行冷冻，从而逐步降低温度，减少产品失水。

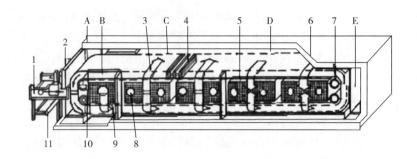

图 8 −4   LBH31.5 型带式隧道冻结装置 （德国）

1—装卸设备 2—除霜装置 3—空气流动方向 4—冻结盘 5—板式蒸发器
6—隔热外壳 7—转向装置 8—轴流风机 9—光管蒸发器 10—液压传动机构
11—冻结块输送带 A—驱动室 B—水分分离室 C、D—冻结间 E—旁路

在鼓风冷冻中，冷冻的速度由穿流空气的温度与速度、产品的初温、形状大小、包装与否、在通道内的排列方式等决定，鼓风冷冻中需要克服产品失水的缺点。一般采用包装工艺阻止水分蒸发，但妨碍了热的传导，使产品内部温度升高，造成质量败坏。

（二）流态化冻结装置

流态化冻结法也称流动冷冻法，属于空气冻结的一种方法。流态化冻结就是使置于筛网上的颗粒状、片状或块状果蔬，在一定流速的低温空气自下而上的作用下形成类似沸腾状态，向流体一样运动，并在运动中被快速冻结的过程。

流态化冷冻装置适用于冷冻球状、片状、圆柱状、块状颗粒食品，尤其适于果蔬类单体食品的冷冻。将小型果蔬以及切成小块的果蔬铺放在网带上或有孔眼的盘子上，铺放厚度据原料的情况而定，一般在 2.5 ~ 12.5cm。食品流态化冷冻装置属于强烈吹风快速冷冻装置，目前，生产上使用的主要有带式流态化冷冻装置、振动流态化冷冻装置和斜槽式流态化冷冻装置。图 8 - 5 所示为一段带式流态化冷冻装置。

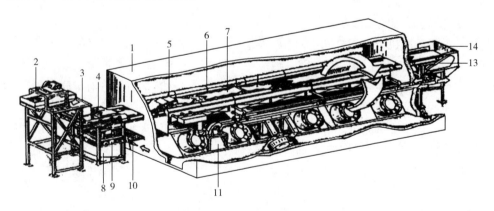

图 8 −5   一段带式流态冷冻装置

1—隔热层 2—脱水振荡器 3—计量漏斗 4—变速进料带 5—"松散带"区
6—匀料棒 7—"稠密相"区 8、9、10—传送带清洗、干燥装置 11—离心风机
12—轴流风机 13—传送带变速驱动装置 14—出料门

在流态化冷冻过程中，正常的流态化操作取决于气流速度、压力降、气流组织的均匀性、食品层厚度、筛网孔隙率、食品颗粒的形状和质量及其潮湿程度等因素。这些因素的不良状态极易造成不良流化现象，即沟流现象、黏结现象、夹带现象等，影响冻结质量，因而使用操作时应特别注意。

（三） 间接接触冻结装置

间接接触冻冻法是将产品放在由制冷剂（或载冷剂）冷却的金属空心板、盘、带或其他冷壁上，与冷壁表面直接接触但与制冷剂（或载冷剂）间接接触而进行降温冷冻的。间接接触冷冻设备有多种设计，最初用的是水平装置的空心金属平板，它安装在一个隔热的箱柜中，制冷剂在空心平板中穿流，包装的产品放置在平板上，而后由水压机器带动空心平板，使包装的产品与上下平板的表面在一定的压力下紧密接触通过热交换方式进行冷冻。对于固态物料，可将其加工为具有平坦表面的形状，使冷壁与物料的一个或两个平面接触；对于液态物料，则用泵送方法使物料通过冷壁热交换器，冻成半融状态。

1. 平板式冷冻装置

平板式冷冻装置的主体是一组作为蒸发器的空心平板，平板与制冷剂管道相连，其工作原理是将要冻结的食品放在两个相邻的平板间，并借助油压系统使平板与食品接触，如图 8 - 6 所示。由于食品与平板间接触紧密，且金属平板具有良好的导热性能，故其传热系数高。当接触压力为 $7 \sim 30 kPa$ 时，传热系数可达 $93 \sim 120 W/(m^2 \cdot K)$。

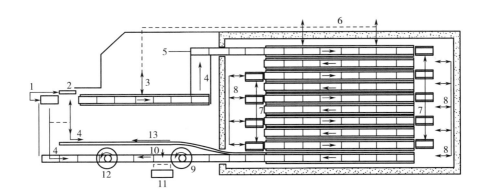

图 8 - 6　全自动冷冻平板装置

1—货盘　2—盖　3—冷冻前预压　4—升降机　5—推杆　6—液压系统

7—降低货盘的装置　8—液压推杆　9—翻盘装置　10—卸料

11—传送带　12—翻转装置　13—盖送装置

2. 回转式冷冻装置

回转式冷冻装置是一种新型的间接接触式冷冻装置，也是一种连续式冷冻装置。其主体为一个回转筒，由不锈钢制成，外壁为冷表面，内壁之间的空间供制冷剂直接蒸发或供载冷剂流过换热，制冷剂或载冷剂由空心轴一端输入筒内，从另一端排出。冻品呈散开状由入口被送到回转筒的表面，由于回转筒表面温度很低，食品立即粘在上面，进料传送带再给冻品稍施加压力，使其与回转筒表面接触得更好。转筒回转一周，完成食品的冻结过程。冻结食品转到刮刀处被刮下，刮下的产品由传送带输送到包装生产线（图 8 - 7）。转筒的转速根据冻结食品所需时间调节，每转数分钟。该装置适宜于菜泥、流态食品及鱼、虾的冻结。其特点是结构紧凑，占地面积小；冻结速度快，干耗小；连续冻结生产率高。

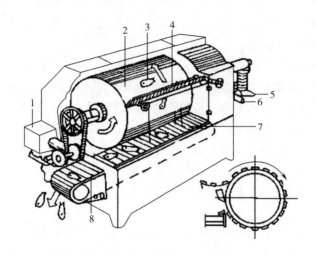

图 8 – 7　回转式冷冻装置

1—电动机　2—滚筒冷却器　3—进料口　4，7—刮刀
5—盐水入口　6—盐水出口　8—出料传送带

（四）　直接接触冷冻装置

直接接触冷冻法是将食品（包装或不包装）与冷冻液直接接触，食品与冷冻液换热后迅速降温冻结。食品与冷冻液接触的方法有浸渍法、喷淋法或两种方法同时使用。因食品与冷冻液直接接触，故要求冷冻液无毒、无异味、无色泽或漂白剂；不易燃、不易爆，与食品接触后不改变食品原有成分和性质；经济合理、导热性好、稳定性强、黏度低。

1. 浸渍式冻结装量

浸渍冷冻法是将产品直接浸在冷冻液体中进行冷冻的方法。常用的载冷剂有盐水、糖溶液和丙三醇等。因为液体是热的良好传导介质，在浸渍冷冻中它与产品直接接触，接触面积大，能提高热交换效率，使产品散热快，冷冻迅速。浸渍式冷冻装置可以进行连续自动化生产。

进行浸渍冷冻的产品，有的包装有的不包装。包装冷冻如用于果汁的管状冷冻设备，先将罐装果汁在一螺旋杆作用下依次通过一个管道，管道的外面有氨液环绕流动，不冻液由泵送进管内，穿流于产品的周围。其湿度由于液氨的制冷作用而降低，一般维持 – 31.7℃。

对于不进行包装的产品可直接在冷冻液中迅速冷冻，如果品蔬菜可以在糖液中冻结。

2. 深低温冷冻装置

深低温冷冻用于原形的或者是薄膜包装的产品，它是一种在制冷剂进行变态的条件下（液态变为气态）迅速冷冻的方法。这种深低温冻结是通过制冷剂在沸腾变态的过程中吸收产品中大量的热而获得的，低温制冷剂一般都具有很低的沸点。深低温冷冻法所获得的冷冻速度大大超过了传统的鼓风冷冻法和板式冷冻法，且与浸渍冷冻和硫化冷冻比较速度更快。目前应用较多的制冷剂是液态氮，其次是二氧化碳。

四、　冷冻果蔬的解冻

冷冻食品在食用之前要进行解冻复原，上升冻结食品的温度，融解食品中的冰结晶，回复冻结前的状态称为解冻。解冻是速冻果蔬在食用前或进一步加工前必经的步骤。对于小包装的蔬菜，家庭中常结合烹调和自然放置下融化两种典型的解冻方式。从热交换看，解冻与速冻是两个相反的热传方向，而且速度也有差异，非流体食品的解冻比冷冻要慢。解冻时的温度变化趋向于有利于微生物的活动和理化变化的增强。由于冷冻并不能作为杀死微生物的措施，仅仅起到抑制微生物的作用。食品解冻后，由于温度的升高，汁液的渗出，有利于微生物的活动和理化特性的变化。因此，冷冻食品应在食用之前解冻，解冻后及时食用，切忌解冻过早或在室温下长时间搁置。

通常解冻食品在 -1~5℃温度区中停留的时间长，会使食品变色，产生异味。因此解冻时能快速通过此温度区。一般解冻介质的温度不宜过高，以不超过 10~15℃ 为宜。但对青豆这样的蔬菜，为防止淀粉 β 化，宜采用蒸汽、热水、热油等高温解冻。为防止解冻时质量变化，最好实现均一解冻，否则易造成产品局部的损害。

目前有两类解冻方法：由温度较高的介质向冻品表面传递热量，热量由表面逐渐向中心传递，即所谓外部加热法；在高频或微波场中使冻结品各部位同时受热，即所谓的内部加热法。常用的外部加热解冻法有：空气解冻法，一般采用 25~40℃ 空气和蒸汽混合介质解冻。水（或盐水）解冻法，一般采用 15~20℃ 的水介质浸渍解冻。水蒸气凝结解冻法。热金属面接触解冻法，如欧姆加热、高频或微波加热、超声波、远红外辐射等。一般来说，解冻时低温缓慢比高温快速解冻流失液少。但蔬菜在热水中快速解冻比自然缓慢解冻流失液少。

冷冻蔬菜的解冻，可根据品质性状的不同和食用习惯，不必先洗、再切而直接进行炖、炒、炸等烹调加工，烹调时间以短为好，一般不宜过分热处理，否则影响质地，口感不佳。冷冻水果一般解冻后不需要热处理就供食用。解冻终温以解冻用途而异，鲜吃的果实以半解冻较安全可靠。

第四节　果蔬发酵加工

一、　发　酵　类　型

（一）发酵的概念

发酵是指通过对微生物（或动植物细胞）进行大规模的生长培养，使之发生化学变化和生理变化，从而产生和积累大量为人们所需要的代谢产物的过程。工业生产上笼统地把一切依靠微生物的生命活动而实现的工业生产均称为"发酵"。这样定义的发酵就是"工业发酵"。工业发酵要依靠微生物的生命活动，生命活动依靠生物氧化提供的代谢能来支撑，因此工业发酵应该覆盖微生物生理学中生物氧化的所有方式：有氧呼吸、无氧呼吸和发酵。通过发酵而生产的食品产品见表 8-5。

表 8 -5 一些发酵食品及所利用的微生物和主要原料

产品	发酵微生物	主要原料
葡萄酒	酵母、明串珠菌	葡萄
泡菜	乳酸菌、明串珠菌	蔬菜、水果

（二） 发酵的类型

微生物发酵根据不同的分类依据有不同的类型。

按发酵原料来区分：糖类物质发酵、石油发酵及废水发酵等类型。

按发酵产物来区分：如氨基酸发酵、有机酸发酵、抗生素发酵、酒精发酵、维生素发酵等。

按发酵形式来区分：固态发酵和液体深层发酵。

按发酵工艺流程区分：分批发酵、连续发酵和补料发酵。

按发酵过程中对氧的不同需求来分：厌氧发酵和通风发酵。

分批发酵又称分批培养，即在一个密闭系统内一次性投入有限数量营养物进行培养的方法。培养过程中培养基成分减少，微生物得到生长繁殖，这是一种非恒态的培养法。

补料发酵又称半不连续发酵，是指在开始时投入一定量的基础培养基，到发酵过程中的适当时期，开始连续补加碳源或（和）氮源或（和）其他必需基质，直至发酵液体积达到发酵罐最大操作容积后，将发酵液一次全部放出。

连续发酵是在开放系统中进行的。所谓连续发酵，是指以一定速度向发酵罐内添加新鲜培养基，同时以相同的速度流出培养液，从而使发酵罐内的液量维持恒定，使培养物在近似恒定状态下生长的培养方法。

连续发酵的最大特点：微生物细胞的生长速度、代谢活性处于恒定状态，达到稳定高速培养微生物或产生大量代谢产物的目的。但这种恒定状态与细胞生长周期中的稳定期有本质不同。

二、 发酵工艺技术

（一） 发酵的一般工艺过程

尽管微生物的种类及所产生的代谢产物多种多样，发酵方法也各有不同，但就其工艺过程一般如图 8 -8 所示。

（二） 发酵工艺过程控制

为了有效地控制发酵，使产生菌的代谢变化沿着人们需要的方向进行，以达到预期的生产水平。因此，必须了解与发酵有关的参数及其影响和工艺过程控制。

1. 温度的影响及其控制

（1）温度对微生物生长的影响 温度和微生物生长的关系，一方面在其最适温度范围内，生长速度随温度升高而增加，发酵温度升高，生长周期就缩短；另一方面，不同生长阶段的微生物对温度的反应则不同，处于缓慢期的细菌对温度的影响十分敏感。将其置于最适生长温度附近可以缩短其生长的缓慢期，将其置于较低的温度，则要延长其缓慢期。

（2）温度对发酵的影响 温度对发酵的影响是多方面的，对菌体生长和代谢产物形成的影响是由各种因素综合表现的结果。就大多数情况来说，接种后培养温度应适当提高些，以利

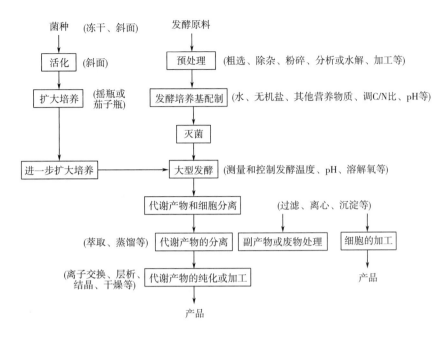

图 8-8　微生物工业发酵的基本过程

于孢子萌发或加快菌体生长、繁殖，而且此时发酵的温度大多数下降；待发酵液的温度表现为上升时，发酵液温度应控制在菌体的最适生长温度；到主发酵旺盛阶段，温度的控制可比最适生长温度低些，即控制代谢产物合成的最适温度到发酵后期，温度出现下降趋势，直至发酵成熟即可放罐。

（3）最适温度的控制　温度的选择要参考发酵条件，灵活掌握。如通气条件较差情况下，最合适的发酵温度也可能比正常良好通气条件下低一些。这是由于在较低的温度下，氧溶解度相应大些，菌的生长速率相应小些，从而弥补了因通气不足而造成代谢异常。又如培养基成分和浓度也对改变温度的效果有一定的影响。

工业生产上，所用的大发酵罐在发酵过程中一般不需要加热，因发酵中释放了大量的发酵热，需要冷却的情况较多。利用自动控制或手动调整的阀门，将冷却水通入发酵罐的夹层或蛇形管中，通过热交换来降温，保持恒温发酵。如果气温较高（特别是我国南方的夏季气温），冷却水的温度又高，致使冷却效果很差，达不到预定的温度，就可采用冷冻盐水进行循环式降温，以迅速降到恒温。

2. pH 的影响及其控制

（1）pH 对微生物生长和代谢产物形成的影响　发酵培养基的 pH，对微生物生长具有非常明显的影响，也是影响发酵过程中各种酶活力的重要因素。由于 pH 不当，可能严重影响菌体的生长和产物的合成，因此对微生物发酵来说有各自的最适生长 pH。

（2）发酵过程 pH 的调节及控制　由于微生物不断地吸收和同化营养物质并排出代谢产物，在发酵过程中发酵液的 pH 一直在变化。pH 变化的情况决定于菌体的特性、培养基的组成和工艺条件。如调节培养基的原始 pH，或加入缓冲剂（如磷酸盐）制成缓冲能力强、pH 改变不大的培养基（注意灭菌对 pH 下降的影响），或使其盐类和碳源的配比平衡，则不必加缓冲剂。也可在发酵过程中加弱酸或弱碱进行 pH 的调节，合理地控制发酵条件，尤其是调节通气量来控制 pH。

3. 溶氧的影响及其控制

（1）溶氧浓度的影响　好气性微生物的生长发育和代谢活动都需要消耗氧气，因此，供氧对需氧微生物是必不可少的，在发酵过程中必须供给适量无菌空气，才能使菌体生长繁殖积累所需要的代谢产物。微生物在发酵过程中的耗氧速率取决于微生物的呼吸强度和单位体积液体的菌体浓度。由于微生物不断消耗发酵液中的氧，而氧的溶解度很低，就必须采用强制供氧。

（2）溶氧浓度的控制　发酵液的溶氧浓度，是由供氧和需氧两方面所决定的。也就是说，当发酵的供氧量大于需氧量，溶氧浓度就上升，直到饱和；反之就下降。因此要控制好发酵液中的溶氧浓度，需从这两方面着手。

在供氧方面，主要是设法提高氧传递的推动力和液相体积氧传递系数值。结合生产实际，在可能的条件下，采取适当的措施来提高溶氧浓度，如调节搅拌转速或通气速率来控制供氧。但供氧量的大小还必须与需氧量相协调，也就是说要有适当的工艺条件来控制需氧量，使产生菌的生长和产物形成对氧的需求量不超过设备的供氧能力，使产生菌发挥出最大的生产能力。在工业上，还常采用调节温度（降低培养温度可提高溶氧浓度）、液化培养基、中间补水、添加表面活性剂等工艺措施来改善溶氧水平。

4. 泡沫的影响及其控制

（1）泡沫的影响　在大多数微生物发酵过程中，由于培养基中有蛋白类表面活性剂存在，在通气条件下，培养液中就形成了泡沫。起泡会带来许多不利因素，如发酵罐的装料系数减少，氧传递系数减小等。泡沫过多时，影响更为严重，造成大量逃液，发酵液从排气管路或轴封逃出而增加染菌机会等，严重时通气搅拌也无法进行，菌体呼吸受到阻碍，导致代谢异常或菌体自溶。所以，控制泡沫是保证正常发酵的基本条件。

（2）泡沫的控制　泡沫的控制，可以采用两种途径。①调整培养基中的成分（如少加或缓加易起泡的原材料）、改变某些物理化学参数（如 pH、温度、通气和搅拌）或者改变发酵工艺（如采用分次投料），以减少泡沫形成的机会。②采用机械消沫或化学消沫这两大类方法来消除已形成的泡沫。

5. 补料的控制

（1）补料的内容　补充微生物的碳源和能源，如在发酵液中添加葡萄糖、饴糖、液化淀粉。补充微生物所需的氮源，如在发酵过程中添加蛋白胨、豆饼粉、花生饼、玉米浆、酵母粉和尿素等有机氮源。有的发酵品种还可通入氨气或添加氨水。以上这些氮源，由于它本身和代谢后的酸碱度也可用于控制发酵的合适的 pH 范围。加入某些微生物生长或合成需要的微量元素或无机盐，如磷酸盐、硫酸盐等。对于产诱导酶的微生物，在补料中适当加入该酶的作用底物，是提高酶产量的重要措施。

（2）补料的原则　在现代发酵工业的大规模生产中，中间补料的数量为基础料的 1~3 倍。补料的具体措施是通过试验方法确定的。在补料中应注意以下几个问题：料液配比要合适，过浓会影响到消毒及料液的输送，过稀则其料液体积增大，导致发酵单位稀释、液面上升、加油量增加等；由于经常性添加物料，应注意加强无菌控制，对设备和操作都须从严掌握；此外应考虑经济核算，节约粮食，注意培养基的碳氮平衡等。

6. 发酵产物提取与精制

从发酵液中获得的发酵产物主要是菌体、酶和代谢产物三类。发酵产物的分离、提取和精制是指从发酵液或酶反应液中分离、纯化产品的过程，或称下游技术，是生物技术转化为生产力时不可缺少的重要环节，是利用产物和杂质物理化学性质的不同，提取产物（或从系统中除去杂质）的操作，一般包括发酵液的预处理、提取、精制三个步骤。利用微生物发酵生产各种发酵产品，由于所用原料、菌种、工艺过程等的不同，发酵液特性也不同，所以预处理和提取、精制方法的选择也有差异。

第五节　果蔬干制加工

干制是干燥和脱水的统称，果蔬干制是指果蔬原料经预处理后，在自然条件或人工控制条件下脱除一定水分，使产品达到可以长期保藏程度的工艺过程。干制品不仅应达到耐久耐藏的要求，而且要求复水后基本能恢复原状。果蔬干燥有以下几个目的：制成干制品以便于贮藏和运输；降低运输费用；在加工过程中提高其他设备的生产能力；为进一步加工时便于处理；提高废渣及副产品的利用价值。

干制包括自然干制（如晒干、风干等）和人工干制（如烘干、热空气干燥、真空干燥等）。干制是一种既经济而又大众化的加工方法，其优点是：干制设备可简可繁，简易的生产技术较易掌握，生产成本比较低廉，可就地取材，当地加工。干制品水分含量少，有良好的包装，则保存容易，而且体积小、质量轻、携带方便，较易运输贮藏。由于干制技术的提高，干制品质量显著改进，食用又方便。可以调节果蔬生产淡旺季，有利于解决果蔬周年供应问题。

一、果蔬干制的基本理论

果蔬干制，目的在于将果蔬中的水分减少，而将可溶性物质的浓度提高到微生物不能利用的程度，果蔬中所含酶的活力也受到抑制，产品能够长期保存。

（一）果蔬中的水分性质与保藏性

1. 果蔬组织内部的水分状态及性质

（1）常规的水分状态及性质

新鲜果蔬中含有大量的水分。一般果品含水量为70%～90%，蔬菜为75%～95%。果蔬中的水分是以游离水、胶体结合水和化合水三种不同的状态存在。

①游离水：以游离状态存在于果蔬组织中，是充满在毛细管中的水分，所以也称为毛细管水。游离水是主要的水分状态，它占果蔬含水量的70%，如马铃薯总含水量为81.5%，游离水就占64.0%，结合水仅占17.5%；苹果总含水量为88.7%，其中游离水占64.6%，结合水占24.1%。游离水的特点是能溶解糖、酸等多种物质，流动性大，借毛细管和渗透作用可以向外或向内迁移，所以干燥时排除的主要是游离水。

②胶体结合水：由于胶体的水合作用和膨胀的结果，围绕着胶粒形成一层水膜，水分与其结合成为胶体状态。胶体结合水对那些在游离水中易溶解的物质不表现溶剂作用，干燥时除非在高温下才能排除部分胶体结合水。其相对密度为1.02～1.45，热容量为0.7，比游离水小，

在低温甚至 -75℃ 也不结冰。

③化合水：存在于果蔬化学物质中的水分，性质最稳定，只有化学反应才能将其分开，干制一般不能除去。

（2）不同干燥特性的水分状态及性质

果蔬中的水分，还可根据干燥过程中可被除去与否而分为平衡水分和自由水分。

①平衡水分：在一定温度和湿度的干燥介质中，物料经过一段时间的干燥后，其水分含量将稳定在一定数值，并不会因干燥时间延长而发生变化。这时，果蔬组织所含的水分为该干燥介质条件下的平衡水分或平衡湿度。这一平衡水分就是果蔬在这一干燥介质条件下可以干燥的极限。

②自由水分：在干燥过程中被除去的水分是果蔬所含的大于平衡水分的部分，这部分水分称为自由水分。自由水分主要是果蔬中的游离水，也有很少一部分胶体结合水。果蔬中除水分以外的物质，统称为干物质，包括可溶性物质与不溶性物质。

2. 水分活度与保藏性

（1）水分活度　果蔬中的水分不同于纯水，受果蔬中多种成分的吸附，使果蔬组织中水分的蒸汽压比同温度下纯水的蒸汽压低，水汽化变成蒸汽而逸出的能力也降低，从而使水在果蔬组织内部扩散移动能力降低，水透过细胞的渗透能力也降低。为了综合说明果蔬中水的这一物理化学性能变化对上述各种现象的影响，引入了水分活度的概念。

水分活度是指溶液中水的逸度与同温度下纯水逸度之比，也就是指溶液中能够自由运动的水分子与纯水中的自由水分子之比。可近似地表示为食品中水分的蒸汽压与同温度下纯水的蒸汽压之比，其计算公式如下：

$$A_w = \frac{P}{P_0} = \frac{ERH}{100}$$

式中　A_w——水分活度；

　　　P——溶液或食品中的水蒸气分压；

　　　P_0——同温度下纯水的蒸汽压。

ERH——平衡相对湿度，即食品中的水分蒸发达到平衡时，食品上空大气的相对湿度。

水分活度是 0～1 范围内的数值，纯水的 $A_w = 1$。水分活度表示水与食品的结合程度，A_w 值越小，结合程度越高，脱水越难。水分活度只有在水未冻结前有意义，此时水分活度是食品组成与湿度的函数。

（2）水分活度与微生物　每种产品都有一定的 A_w 值，各种微生物的活动、化学反应以及生物化学反应也都有一定的 A_w 阈值（表 8-6）。对于微生物及化学与生物化学反应所需 A_w 条件的了解使我们有可能预测食品的耐藏性。新鲜产品水分活度很高，降低水分活度，可以提高产品的稳定性，减少腐败变质。

表 8-6　　　　　　　　　　　一般微生物生长繁殖的最低 A_w 值

微生物种类	生长繁殖的最低 A_w 值
革兰阴性杆菌、一部分细菌的孢子、某些酵母菌	1.00～0.95
大多数球菌、乳杆菌、杆菌科的营养体细胞、某些霉菌	0.95～0.91
大多数酵母菌	0.91～0.87

续表

微生物种类	生长繁殖的最低 A_w 值
大多数霉菌、金黄色葡萄球菌	0.87~0.80
大多数耐盐细菌	0.80~0.75
耐干旱霉菌	0.75~0.65
耐高渗透压酵母	0.65~0.60
任何微生物不能生长	<0.60

需要指出的是，即使含水量相同的产品，在贮藏期间的稳定性也会因种类而异的。这是因为食品的成分和质构状态不同，水分的束缚度不同，A_w 值也不同。表 8-7 所示为一组 $A_w = 0.7$ 产品的含水量，由此可见，A_w 值对评价食品的耐藏性是十分重要的。

表 8-7　　　　　　　　　$A_w = 0.7$ 时几种食物的含水量　　　　　　　单位:%

食物	含水量	食物	含水量	食物	含水量
凤梨	0.28	干淀粉	0.13	聚甘氨酸	0.13
苹果	0.34	干马铃薯	0.15	卵白	0.15
香蕉	0.25	大豆	0.10	鲟鱼肉	0.21
糊精	0.14	燕麦片	0.13	鸡肉	0.18

（3）水分活度与酶的活力　　引起干制品变质的原因除微生物外，还有酶。酶的活力也与水分活度有关，水分活度降低，酶的活力也降低，果蔬干制时，酶和底物两者的浓度同时增加，使得酶的生化反应速率变得较为复杂。在某些干制果蔬中，酶仍保持相当的活力，只有当干制品的水分降到1%以下时，酶的活力才消失。但实际干制品的水分不可能降到1%以下。因此，在干制前，需进行热烫处理，以钝化果蔬中的酶。

干制的基本要求：干制前应采用热处理或化学处理以减少微生物污染和抑制酶活力；干制品的水分含量一般为：果干15%~25%，菜干4%以下，肉干5%~10%；最好采用真空或充氮包装；于低温、干燥、清洁、通风处贮藏。

（二）干制原理

果蔬产品的腐败多数是微生物繁殖的结果。微生物在生长和繁殖过程中离不开水和营养物质。果品蔬菜既含有大量的水分，又富有营养，是微生物良好的培养基，特别是果蔬受伤、衰老时，微生物大量繁殖，造成果蔬腐烂。另外果蔬本身就是一个生命体，不断地进行新陈代谢作用，营养物质被逐渐消耗，最终失去食用价值。

果蔬干制是借助于热力作用，将果蔬中水分减少到一定限度，使制品中的可溶性物质提高到不适于微生物生长的程度。与此同时，由于水分下降，酶活力也受到抑制，这样制品就可得到较长时间的保存。

目前常规的加热干燥是以空气作为干燥介质。当果蔬所含的水分超过平衡水分，和干燥介质接触时，自由水分开始蒸发，水分从产品表面的蒸发称为水分外扩散（表面汽化）。干燥初期，水分蒸发主要是外扩散，由于外扩散的结果，造成产品表面和内部水分之间的水蒸气分压差，使内部水分向表面移动，称之为水分内扩散。此外，干燥时由于各部分温差的出现，还存在水分的热扩散，其方向从温度较高处向较低处转移，但因干燥时内外层温差甚微，热扩散较弱。

实际上，干燥过程中水分的表面汽化和内部扩散同时进行，二者的速度随果蔬种类、品种、原料的状态及干燥介质的不同而有差别。含糖量高、块形大的果蔬如枣、柿等，其内部水分扩散速度较表面汽化速度慢，这时内部水分扩散速度对整个干制过程起控制作用称为内部扩散控制。这类果蔬干燥时，为了加快干燥速度，必须设法加快内部水分扩散速度，如采用抛物线式升温对果实进行热处理等，而绝不能单纯提高干燥温度、降低相对湿度，特别是干燥初期，否则表面汽化速度过快，内外水分扩散的毛细管断裂，使表面过干而结壳（称为硬壳现象），阻碍了水分的继续蒸发，反而延长干燥时间，且制品品质降低。而含糖量低、切成薄片的果蔬产品如萝卜片、黄花菜、苹果等，其内部水分扩散速度较表面水分汽化速度快，水分在表面的汽化速度对整个干制过程起控制作用称为表面汽化控制；这种果蔬内部水分扩散一般较快，只要提高环境温度，降低湿度，就能加快干制速度。因此，干制时必须使水分的表面汽化和内部扩散相互衔接，配合适当，才是缩短干燥时间、提高干制品质量的关键。

（三） 影响干燥速度的因素

干燥速度的快慢对于干制品品质起决定性的作用。一般来说，干燥越快，制品的质量越好。干燥的速度常受许多因素的影响，这些因素归纳起来有两个方面，一是干燥的环境条件；二是原料本身的性质和状态。

1. 空气温度

空气的温度越高，果蔬中的水分蒸发越快。但温度过高会加快果蔬中糖分和其他营养成分的损失或致焦化，影响制品外观和风味；干燥前期高温还易使果蔬组织内汁液迅速膨胀，细胞壁破裂，内容物流失。相反，干燥温度过低，使干燥时间延长，产品容易氧化变色甚至霉变。因此，干燥时应选择合适的干燥温度。

2. 空气湿度

空气的相对湿度越高，制品的干燥速度越慢，反之，相对湿度越低，干燥速度越快。因为相对湿度与空气饱和差有关。在温度不变的情况下，相对湿度越低，空气的饱和差越大。所以降低空气的相对湿度能加快干燥时间。

3. 空气流动速度

空气流动速度越快，干制速度越快。因为加大空气流速可将物料表面蒸发聚集的水蒸气迅速带走，及时补充未饱和的空气，从而加速蒸发过程。同时还可以促进介质的热量迅速传给被干燥物质，维持干燥温度。

4. 果蔬种类

不同果蔬原料，由于所含化学成分及其组织结构不同，即使同一种类，不同品种，也因成分与结构的差异，造成干燥速度不同。一般来说，可溶性固形物含量高、组织紧密的产品，干燥速度慢。反之，干燥速度快。

5. 果蔬干制前预处理

果蔬干制前预处理包括去皮、切分、热烫、浸碱、熏硫等，对干制过程均有促进作用。去皮使果蔬原料失去表皮的保护，有利于水分蒸发。原料切分后，比表面积增大，水分蒸发速度也增大，切分越细越薄，则干制时间越短。热烫和熏硫，均能改变细胞壁的透性，使水分容易移动和蒸发。

6. 原料装载量

单位烤盘面积上装载原料的数量，对干燥速度影响极大。装载量越多，厚度越大，不利空气流动，使水分蒸发困难，干燥速度减慢。干制过程可以灵活掌握原料装载量。如干燥初期产品要放薄一些，后期可稍厚些。

（四） 原料在干燥过程中的变化

1. 体积减小、质量减轻

体积减小、质量减轻是果蔬干制后最明显的变化，一般果品干制后的体积为原来的20% ~ 35%，蔬菜约为10%；果品干制后的质量为鲜重的20% ~ 30%，蔬菜为5% ~ 10%。体积和质量的变化，使得运输方便、携带容易。

2. 透明度的改变

优质的干制品，宜保持半透明状态（所谓"发亮"）。透明度决定于果蔬组织细胞间隙存在的空气，空气存在越多，制品越不透明。相反，空气越少则越透明。因此，排除组织内及细胞间的空气，既可改善外观，又能减少氧化，增强制品的保藏性。

3. 干缩

有充分弹性的细胞组织均匀而缓慢地失水时，就会产生均匀收缩，使产品保持较好的外观。但当用高温干燥或用热烫方法使细胞失去活力之后，细胞壁要失去一些弹性，干燥时会产生永久变形，且易出现干裂和破碎等现象。另外，在干制品块片不同部位上所产生的不相等收缩，又往往造成奇形怪状的翘曲，进而影响产品的外观。

4. 表面硬化现象

两种原因可造成表面硬化（也称为硬壳）。其一是产品干制时，产品内部的溶质分子随水分不断向表面迁移，积累在表面上形成结晶，从而造成硬壳。其二是由于产品表面水分的汽化速度过快，而内部水分扩散速度慢，不能及时移动到产品表面，从而使表面迅速形成一层干硬壳的现象。产品表面硬壳产生以后，水分移动的毛细管断裂，水分移动受阻，大部分水分封闭在产品内部，形成外干内湿的现象，致使干制速度急剧下降，进一步干制发生困难。

5. 多孔性

产品内部不同部位水分含量的显著差异造成了干燥过程中收缩应力的不同。由于内外应力的不同，干燥产品内出现大量的裂缝和孔隙，常称为蜂窝状结构。

6. 挥发物质损失

干燥时，水分由产品中逸出，水蒸气中总是夹带着微量的各种挥发物质，致使产品特有的风味损失，无法恢复。

7. 颜色变化

果蔬在干制过程中或干制的贮藏中，常会变成黄色、褐色或黑色等，一般统称为褐变。褐变反应的机制有：在酶催化下的多酚类的氧化（常称为酶促褐变）；不需要酶催化的褐变（称为非酶褐变），它的主要反应是羰氨反应。常通过加热处理、硫处理、调节 pH 等方法防止褐变的发生。

8. 营养成分的变化

果蔬中的主要营养成分中糖类、维生素、矿物质、蛋白质等，在果蔬干制时，会发生不同程度的变化。一般情况，糖分和维生素损失较多，矿物质和蛋白质则较稳定。

二、干制工艺技术

果蔬干制的一般工艺流程：

原料选择 → 预处理［清洗、除杂、去皮、修整、切分、烫漂（预煮）、护色］→

干制 → 后处理（均湿、挑选分级、防虫、压块、包装、贮藏）→ 成品

（一）原料处理

果蔬原料在进行干制前，不论是晒干还是人工干制，都要进行一些处理以利于原料的干制和产品质量的提高。原料的处理包括原料选择和原料处理两个方面。

1. 原料选择

果品、蔬菜原料品质的好坏对干制品的出品率和质量影响很大，必须对果蔬原料进行精心选择。干制原料的基本要求是：干物质含量高，风味色泽好，不易褐变，可食部分比例大，肉质致密，粗纤维少，成熟度适宜，新鲜完整。通常大多数的蔬菜均可进行干制，只有少数品种的组织结构不宜于干制，如黄瓜干制后失去柔嫩松脆质地，芦笋干制后组织坚韧，不堪食用。

2. 预处理

对原料的预处理包括清洗、除杂、去皮、修整、切分、烫漂（预煮）、护色等工序。

（二）干制过程管理

干制是将经预处理的原料依照不同种类和品种特性，采用适宜的升温、通风排湿等操作管理，在较短的时间内制成产品的工艺。干制方法很多，可以根据干制物料的种类、成品质量要求以及干制成本来选择不同的干制技术。无论哪种干制方法，干制过程大多数存在着升温技术、通风排湿、倒换烘盘、干燥时间和燃料用量等管理问题。

1. 升温技术

不同种类和品质的果蔬需要采用不同的升温方式。根据升温方式的不同，可以分为以下三种情形。

（1）在整个干燥期间，初期温度较低，中期较高，后期温度降低直至干燥结束。这种升温方式适宜于可溶性物质含量高或切分成大块以及需整形干制的果蔬，如红枣、柿饼等。原料进烘房后，升温 6~8h 使烘房内温度平稳上升至 55~60℃，在此温度下维持 5~8h，再将温度升至 65~70℃，维持 4~6h，最后使温度逐步下降至 50℃，直到干燥结束。这种升温方式操作技术易掌握，干制后成品质量好，生产成本低，目前普遍采用。

（2）在整个干燥期间，初期急剧升高烘房温度，最高可达 95~100℃，然后放进原料，由于原料大量吸热，而使烘房温度很快下降，一般降温 25~30℃，此时继续加大火力，使烘房温度升至 70℃，并维持一段时间，根据产品干燥状态，逐步降温至烘干。这种生物方式适宜于可溶性物质含量低或者切成薄片、细丝的原料，如黄花菜、辣椒等的干制。干燥时间短，产品质量高，但技术较难掌握，且耗热量高，成本高。

（3）在整个干燥期间，温度维持在 55~60℃的恒定水平，直至烘干临近结束时再逐步降温。这种方式适宜大多数蔬菜的干燥，操作技术易于掌握，成品质量较好。对那些封闭不太严、升温设备差、升温比较困难的烘房最适用。但干燥时间过长，耗热量较高，成本较高。

采用第三种方式时，每批原料还要做预备试验来确定最佳加热温度，在此温度下才能获得最佳品质的干制品。

2. 通风排湿

含水量高的果蔬在干制过程中水分大量蒸发，使得干燥室内相对湿度急剧升高，甚至达到饱和的程度。因此，干燥室的通风排湿非常重要，否则会延长干制时间，降低干制品品质。一般当干燥室内相对湿度达到70%时，就要进行通风排湿。通风排湿的方法和时间，要根据烘房内相对湿度的高低和外界风力的大小来决定。一般每次通风时间以10～15min为宜。过短，排湿不足；过长，则造成室内温度下降过多。通风排湿后，烘房内温度极易升高，应特别注意防止产品焦化。

3. 倒烘换盘，翻动物料

多数烘房中，上部与下部、前部与后部的温差一般会超过2～4℃。因此，不同位置上的物料干燥速度也不同。相对来说，上部、靠近主火道和炉膛部位的物料容易干燥。为了使成品干燥速度一致，应在干燥过程中倒换烘盘。采用其他受热均匀的干燥设备时，一般只需翻动物料即可。

倒换烘盘的时间取决于升温方式、原料的干燥程度等因素。采用第一种升温方式时，倒换烘盘的操作应在干制中期进行，此时烘房内温度最高，原料迅速吸热而水分大量蒸发。采用第二种升温方式时，因干燥初温较高，水分蒸发快，故倒换烘盘的操作也应提前进行。

倒换烘盘的操作流程是将烘房内烘架最下部的第二层烘盘与烘架中部的第四层至第六层烘盘互换位置。在倒换的同时翻动原料，使之受热均匀。

4. 干燥时间

干燥时间的确定取决于原料的干燥程度。脱水蔬菜，如洋葱、豌豆和青豆等，最终残留水分为5%～10%；水果干燥后含水量通常达14%～24%。一般要求产品含水量应达到标准含水量或略低于标准含水量（通过回软使水分达到平衡，最后符合标准含水量要求）。几种菜干的含水量标准如表8-8所示。产品含水量过少和过多都会影响成品的风味和品质。

表8-8　　　　　　　　　　　几种菜干的水分含量　　　　　　　　　　单位:%

菜干名称	水分含量	菜干名称	水分含量
辣椒干	14～15	藕粉	15
黄花菜	15	芥菜干	15
玉兰片	18	胡萝卜片	7～8
蘑菇	11.5	大蒜片	6～7
木耳	10～11	干姜	10

5. 干制所需热量及燃料用量计算

原料每蒸发一个单位重量水分所需热量会因干制品质不同、含水量不同，以及烘烤升温方式、烘房温度不同而有所区别。将1kg水从28℃升高到70℃需要的热量为176kJ，再变成水蒸气又需要2330kJ热量，因此，要将果蔬中1kg水全部蒸发，共需2506kJ的热量。实际上，燃料燃烧所产生的热，因逸散、辐射等损失，并不能全部用于水分蒸发，按平均值约为45%的普通燃烧效率来计算，蒸发1kg水分实际需要热量为2506÷45%＝5569（kJ）。1kg煤燃烧可产生31380kJ的热量，则蒸发1kg水分需要燃烧5569÷31380＝0.178（kg）煤。如鲜芥菜含水量为85%，制成芥菜干后含水量为14.5%，每100kg芥菜要蒸发70.5kg，需煤为70.5kg×0.178，即 12.5kg。

(三) 干制品包装

1. 包装前的处理

果蔬干燥完成后,一般要经过一些处理,如均湿、挑选分级、防虫、压块后才能包装和保存。

(1) 均湿 又称回软或水分的平衡。其目的是使制品变韧与水分均匀一致。经干制所得的干制品的水分含量并不是一致的,有一部分可能过干,也有一部分可能干制不够,若干燥完成后立即包装,则表面部分易从空气中吸收水汽使总含水量增加,有导致成品败坏的危险。所以,需在干燥后放冷产品,然后将干制品在密闭的室内或容器内堆放 (或称短期贮藏),使干制品内、外部及干制品之间的水分进行扩散和重新分布,最后趋于一致,两三周后水分分布达到均衡状态,结束回软处理。

(2) 挑选分级 挑选时提出产品中的杂质、褐变品、异形品和水分含量不合格品的操作。挑选操作应在干燥洁净的场所进行,不宜拖延太长的时间,以防干制品吸潮后再次污染。分级应按照产品质量标准进行。通常采用振动筛进行筛选分级。但新疆葡萄干的分级主要以色泽来决定,一、二、三级产品分别要求绿色率为 90%、80% 和 75%。

(3) 防虫处理 果蔬干制品中常会有虫卵混杂其间。虫害可从原来携入或在干燥过程 (自然干燥) 中混入。为了保证贮藏安全,主要用以下防虫方法。

①物理防治法:物理防治法是通过环境因素中的某些物理因子 (如温度、氧、放射线等) 的作用达到抑制或杀灭害虫的目的。

低温杀虫:若要杀死害虫,有效的低温应在 -15℃ 以下,这种条件往往难以实现。可将干制品贮藏在 2~10℃ 的条件下,抑制虫卵发育,推迟害虫的出现。

高温杀虫:将果蔬干制品在 75~80℃ 温度下处理 10~15min 后立即冷却。对于干燥过度的果蔬,可用热蒸汽处理 2~5min,既可杀虫,还可使产品肉质柔嫩,改善外观。

高频加热和微波加热杀虫:此两种热源均属于电磁场加热,害虫因热效应同样会被杀灭。高频加热和微波加热杀虫操作简便,杀虫效率高。

辐射杀虫:主要是同位素 ^{60}Co 的 γ 放射线照射产品,而使害虫细胞的生命活动遭受破坏而致死。由于种种射线具有能量高、穿透力强、杀虫效果显著、比较经济等优点,已为世界许多国家采用。

气调杀虫:气调杀虫法不同于一般的果蔬气调贮藏法,后者常需要低温环境,而前者可在常温下进行。气调杀虫是利用降低氧的含量使害虫得不到维持正常生命活动所需的氧气而窒息死亡。据试验证明,若空气中的氧浓度降到 4.5% 以下时,大部分仓储害虫便会死亡。采用抽真空包装、充氮气或充二氧化碳气体等办法可降低氧的浓度。气调杀虫法不具有残毒,也便于操作,因而是一种新的杀虫技术,有广阔的发展前景。

②化学药剂防治法:化学药剂防治法能够迅速、有效地杀灭害虫,并具有预防害虫再次侵害食品的作用,是目前应用最广泛的一种防治方法,但容易造成污染,影响食品的卫生质量。由于干制品本身的特点,适用水溶液的杀虫剂有造成增加湿度的危险,故干制品杀虫药剂多采用熏蒸剂杀虫,常用的有以下两种:

二硫化碳:沸点为 46℃,置于空气中可挥发,其气体比空气重,熏蒸时应置于室内高处,使其自然挥发,向下扩散。用量一般约为 100g/m³,密闭熏蒸 24h。

二氧化硫：最大用量为 0.2g/kg。

（4）压块　干制品的压块是指在不损伤（或尽量减少损伤）干制品品质下，将干燥品压缩成密度较高的块砖。经压缩的干制品可有效地节省包装与贮运容积（表8-9），降低成本。成品包装更紧实，有效降低了包装袋内的含氧量，有利于防止氧化变质。蔬菜干制品水分含量低，质脆易碎，压块前需经回软处理（如用蒸汽直接加热 20～30s），以降低破碎率。如经蒸汽处理后水分含量超标时，可与干燥剂（如生石灰）贮放一处，2～7d 后可降低水分含量。干制品压块工艺条件及效果如表8-10所示。

表8-9　　　　　　　　　　　　几种脱水菜的压缩比例

脱水蔬菜名称	每千克体积/L		压缩比例
	压缩前	压缩后	
小白菜	11.6	2.2	5.3
甘蓝	8.6	1.7	5.1
青辣椒	10.0	1.7	5.8
胡萝卜（圆片）	6.6	2.4	2.7
菠菜	8.9	1.5	5.8

表8-10　　　　　　　　　　　　干制品工艺条件及效果

干制品	形状	水分/%	温度/℃	最高压力/MPa	加压时间/s	密度/(kg/m³)		体积缩减率/%
						压块前	压块后	
甜菜	丁状	4.6	65.6	8.19	0	400	1041	62
甘蓝	片	3.5	65.6	15.47	3	168	961	83
胡萝卜	丁状	4.5	65.6	27.49	3	300	1041	77
洋葱	薄片	4.0	54.4	4.75	0	131	801	76
马铃薯	丁状	14.0	65.6	5.46	3	368	801	54
甘薯	丁状	6.1	65.6	24.06	10	433	1041	58
苹果	块	1.8	54.4	8.19	0	320	4041	61
杏	半块	13.2	24.0	2.02	15	561	1201	53
桃	半块	10.7	24.0	2.02	30	577	1169	48

2. 包装

经过必要处理的干制品，宜尽快包装。包装是一切食品在运输、贮藏中必不可少的程序，脱水果蔬的耐贮性受包装的影响很大，故其包装应达到下列要求：

能防止脱水果蔬的吸湿回潮，避免结块和长霉；对包装材料要求是能使干制品在常温、90% 的相对湿度环境中，6 个月内水分增加量不超过 1%；避光和隔氧；包装形态、大小及外观有利于商品的推销；包装材料应符合食品卫生的要求。

常用的包装材料有木箱、纸箱、金属罐等。纸箱和纸盒是干制品常用的包装容器。大多数干制品用纸箱或纸盒包装时还衬有防潮纸和涂蜡纸以防潮。金属罐是包装干制品较为理想的容器，具有防潮、密封、防虫和牢固耐用等特点，适合果汁粉、蔬菜粉等包装。塑料薄膜袋及复合薄膜袋由于能热合密封，用于抽真空和充气包装，且不透湿、不透气，铝箔复合袋还不透光，适合各类干制品的包装，其使用日渐普遍。有时在包装内附干燥剂、抗结剂（硬脂酸钙）以增加干制品的贮藏稳定性。干燥剂的种类有硅胶和生石灰，可用能透湿的纸袋包装后放于干制品包装内，以免污染食品。脱气包装、充气包装和真空包装具有良好的保藏性能，目前在食品生产中已经得到了广泛的应用。

（四） 干制品贮藏

包装完善的干制品受贮藏环境的影响较小，但未经包装或包装破损的干制品在不良条件下极易变质。应保证良好的贮藏条件并加强贮藏期管理，才能保证干制品的安全贮藏。

贮藏温度越低，干制品的保质期越长。贮藏温度以 $0 \sim 2℃$ 最好，一般不宜超过 $10 \sim 14℃$。高温会加速干制品的变质，还会导致虫害及长霉等不良现象。

空气越干燥越好，贮藏环境中空气相对湿度最好在 65% 以下。高湿有利于干制品长霉；还会增加干制品的水分含量，降低经过硫处理的干制品中二氧化硫的含量，提高酶的活力，引起抗坏血酸等的破坏。

光线会促使干制品变色并失去香味。因此，干制品应避光包装或避光贮藏。

空气的存在，会加速制品的变色和维生素 C 的损失，还会导致脂肪氧化而使风味恶化，故对干制品常采用抽空或充氮（或二氧化碳）包装。在干制品贮藏中，采用抗氧化剂也能达到保护色泽的效果。

还应保持贮藏室的清洁；及时清除废弃物；对用具进行严格消毒；并进行防鼠、防潮等处理；贮藏期内定期进行熏蒸杀虫处理等。

此外，干制原料的选择及处理、干制品的含水量也是影响贮藏效果的重要因素。选择新鲜完整、充分成熟的原料，并经合理处理后加工成的干制品，具有较好的耐贮性。但未成熟的枣经干制后色泽发黄，不耐贮藏。经过热处理或硫处理的原料干制的产品，容易保色和避免生虫长霉。

在不影响成品品质的前提下，产品含水量越低，保藏效果越好。一般蔬菜干制品的含水量要求在 6% 以下，当含水量超过 8% 时，则保藏期大大缩短。少数蔬菜如甜瓜、马铃薯的干制品，含水量可稍高。大多数果品，因组织较厚韧，可溶性固形物含量较高，所以干制后的含水量可较高，一般含 15% ~ 20%，少数如红枣等可高达 25%。

原料经过严格选择和处理，含水量低的干制品，经妥善包装后贮藏在适宜的环境中，并加强贮藏期管理，可以较长期保持品质。

（五） 干制品复水

脱水食品在食用前一般都应当复水。复水就是将干制品浸在水里，经过相当时间，使其尽可能地恢复到干制前的状态。脱水菜的复水方法是：将干制品浸泡在 12 ~ 16 倍质量的冷水里，经半小时后，再迅速煮沸并保持沸腾 5 ~ 7min。复水以后，再烹调食用。干制品复水性就是新鲜食品干制后能重新吸回水分的程度，常用复水率（或复水倍数）来表示。复水率就是复水后沥干质量与干制品试样质量的比值。复水率大小依原料种类、成熟度、原料处理方法和干燥方法等不同而有差异，如表 8 - 11 所示。

脱水菜种类	复水率	脱水菜种类	复水率
胡萝卜	5.0 ~ 6.0	菜豆	5.5 ~ 6.0
萝卜	7.0	刀豆	12.5
马铃薯	4.0 ~ 5.0	甘蓝	8.5 ~ 10.5
洋葱	6.0 ~ 7.0	茭白	8.0 ~ 8.5
番茄	7.0	甜菜	6.5 ~ 7.0
菜豌豆	3.5 ~ 4.0	菠菜	6.5 ~ 7.5

表 8 - 11　　　　　　　　　　　脱水菜的复水率　　　　　　　　　　单位：%

复原性就是干制品复水后在质量、大小、形状、质地、颜色、风味、成分、结构以及其他可见因素恢复到原来新鲜状态的程度。脱水蔬菜果品复水程度的高低以及复水速度的快慢是衡量干制品质量的一个重要指标，不同的干燥工艺的复水性存在着明显的差异，真空冷冻干燥的蔬菜较普通干燥的蔬菜，复水时间短，复水率高。

复水时的用水量及水质也有影响，如用水量过多，花青素、黄酮类色素等溶出而损失；水的 pH 对颜色特别是对花青素的影响大，白色蔬菜中的色素主要是黄酮类色素，在碱性溶液中变为黄色，所以马铃薯、菜花、洋葱等不宜用碱性水处理；金属盐的存在，对花青素也不利；水中若有碳酸氢钠或亚硫酸钠，易使组织软化，复水后组织软烂；硬水常使豆类质地变粗硬，含有钙盐的水还能降低干制品的吸水率。

（六）果蔬干制品质量标准

由于果蔬干制品具有特殊性，大多数产品没有国家统一制定的产品标准，只有生产企业参照有关标准所制定的地方企业产品标准。

果蔬干制品的质量标准主要有感官指标、理化指标和微生物指标。产品不同时，其质量标准尤其是感官指标差别很大。

1. 感官指标

（1）外观　要求整齐、均匀、无碎屑。对片状干制品要求片型完整，片厚基本均匀，干片稍有卷曲或皱缩，但不能严重弯曲，无碎片；对块状干制品要求大小均匀，形状规则；对粉状产品要求粉体细腻，粒度均匀，不黏结，无杂质。

（2）色泽　应与原有果蔬色泽相近，色泽一致。

（3）风味　具有原有果蔬的气味和滋味，无异味。

2. 理化指标

主要是含水量指标，果干的含水量一般为 15% ~ 20%，脱水菜的含水量一般为 6%。

3. 微生物指标

一般果蔬干制品无具体微生物指标，产品要求不得检出致病菌。

三、干制加工方法与常用设备

食品干燥方法很多，根据所用热量的来源，可分为自然干燥和人工干燥；按照水分蒸发环境，可分为常压及真空干燥；按照水分去除的原理，有热力及冷冻升华干燥；按操作方式不同有间歇式及连续式干燥；根据热能传递方式，可分为对流、传导和辐射干燥，其中对流干燥在食品工业中应用最多。

（一）自然干燥

自然干燥是利用太阳辐射热、干燥空气达到果蔬的干燥，因而又可分为晒干和风干两种方法。自然干燥可以充分利用自然条件，节约能源、方法简易、处理量大、设备简单、成本低；缺点是受气候限制。目前广大农村和山区还是普遍采用自然干制方法生产葡萄、柿饼、红枣、笋干、金针菜、香菇等。这种方法的缺点是干燥时间长；制品易变色；对维生素类破坏较大；受气候条件限制；食品卫生得不到保证，比如容易被灰尘、蝇、鼠等污染；难以规模化生产。

（二）人工干燥

人工干燥是利用人工控制的条件下利用各种能源向物料提供热能，并造成气流流动环境，促使物料水分蒸发。其优点是不受气候限制，干燥速度快，产品质量优；缺点是设备投资大，消耗能源，成本高。生产上有时采用自然干燥和人工干燥相结合进行干燥。

1. 滚筒式干燥

滚筒式干燥是采用内部通有加热介质的圆筒，在回转过程中筒外壁与被干燥物料接触，筒上部有一薄层物料，经转动一转即达到干燥。滚筒式干燥器由一个、两个或更多个滚筒组成，分别称为单滚筒式、双滚筒式和复滚筒式。

2. 厢式干燥

这是一种在一个外型为厢的干燥室中进行干燥的方法。设备主要由加热器、鼓风机、干燥室、物料盘等组成。空气由鼓风机送入干燥室，经加热器加热及滤筛清除灰尘后，流经载有食品的料盘，直接和食品接触，携带着由食品中蒸发出来的水蒸气，由排气道排除（图 8 - 9）。

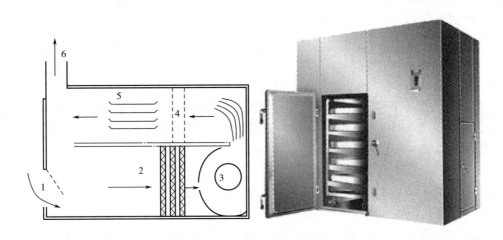

图 8 - 9　厢式干燥机

1—进风口　2—加热器　3—鼓风机　4—滤筛　5—物料盘　6—排气道

料盘所载食品一般较薄，料盘还有孔眼以便让部分空气流经物料层，保证热空气与食品充分接触。部分吸湿后的热空气还可以和新鲜空气混合再次循环利用，以提高热量利用率和改善干制品品质。厢式干燥设备制造和维修方便；通常使用的空气温度 <94℃，空气流速 2~4m/s。这种方法的缺点是热能利用不经济，设备容量小，只能间歇性工作，通常只用于小批量生产。

3. 隧道式干燥

隧道式干燥设备在厢式干燥设备基础上，将干燥室加长至 10 ~ 15m，呈隧道形式，可容纳少到 5 ~ 15 辆装满料盘的小车。每辆小车在干燥室内停留时间等于食品必需的干燥时间。载有物料的小车间歇地送入和推出干燥室。因此，这种干燥设备的操作属半连续性，提高了工作效率，如图 8 - 10 所示。

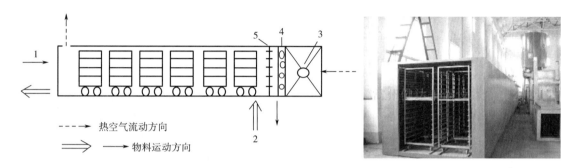

图 8 - 10　逆流隧道式干燥及设备

1—湿物料（逆流）　2—混物料（顺流）　3—送风机　4—加热器　5—导流板

4. 喷雾干燥

将溶液、浆液或微粒的悬浮液在热风中喷雾成细小的液滴，在其下落过程中，水分迅速汽化而成为粉末状或颗粒状的产品，称为喷雾干燥。

喷雾干燥设备的类型虽然很多，各有特点，但是喷雾干燥系统总是由空气加热系统、喷雾系统、干燥室、从空气中收集干燥颗粒的系统以及供压送或吸取空气用鼓风机组合而成，主要结构如图 8 - 11 所示。料液由泵送至干燥塔顶，并同时导入热风，料液经雾化装置喷成液滴，与高温热风在干燥室内迅速进行热量交换和质量传递。干制品从塔底卸料，热风降温增湿后，作为废气排除，废气中夹带的微粉用分离装置回收。

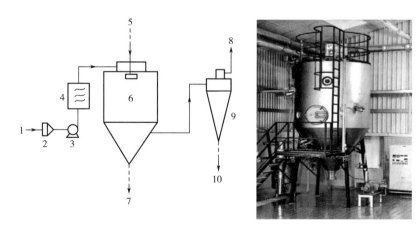

图 8 - 11　喷雾干燥机

1，8—空气　2—过滤器　3—风机　4—加热器　5—料液

6—干燥室　7，10—产品　9—旋风分离器

5. 输送带式干燥

输送带式干燥设备除载料系统由输送环带取代装有料盘的小车外，其他部分结构与隧道式干燥设备相同（图8-12）。湿物料由进料口均匀地散布在缓慢移动的输送带上，随着带的移动，依次落入下一条带子，促使物料实现翻转和混合，两条带子的方向相反，物料受到顺流和逆流不同方式干燥，最后干物料从底部卸出。

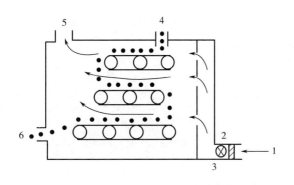

图8-12　多层输送带式干燥设备
1—空气进口　2—加热器　3—送风机　4—物料进口　5—空气出口　6—产品出口

6. 冷冻干燥

冷冻干燥又称升华干燥或真空冷冻升华干燥。即将原料先冻结，然后在较高真空度下将冰转化为蒸汽而除去，物料即被干燥（图8-13）。冷冻干燥能保持食品原有风味，热变性少，但成本高。只适用于质量要求特别高的产品（高档食品、药品等）。

7. 远红外干燥

波长在 $2.5\sim1000\mu m$ 区域的电磁波称为远红外。远红外线被加热物体所吸收，直接转变为热能而达到加热干燥。干燥时，物体中每一层都受到均匀的热作用。具有干燥速度快、生产效率高、节约能源、设备规模小、建设费用低、干燥质量好等优点，如图8-14所示。

图8-13　冷冻干燥机　　　　　　　　图8-14　远红外干燥机

8. 微波干燥

微波是频率为 $300\sim3000MHz$、波长为 $1mm\sim1m$ 的高频电磁波。与传统加热方式从外到内加热不同，微波干燥利用水等偶极子在交变电磁作用下而发生碰撞、生热、升温而使水分蒸发，从而可以使得物料内部均匀升温，达到快速干燥的效果。微波干燥具有干燥速度快，干燥时间短，加热均匀，热效率高等优点。

9. 减压干燥

水的沸点随压力的降低而降低，在真空条件下，采用较低的温度就能脱除原料的水分。特别适用于热敏性的原料干燥。

除干燥设备外，果蔬干制还需要清洗设备（如清洗机）、去皮设备、切分设备、热烫设备（如连续螺旋式或刮板式连续预煮机）、沥水设备（如离心机）、包装设备（如薄膜封口机）、抽真空或充气封口机等其他设备。

第六节 典型果蔬加工应用案例

一、 果蔬的轻度加工

（一）莴笋片（块）

1. 工艺流程

原料 → 预冷 → 分选 → 清洗 → 杀菌 → 漂洗 → 去皮 → 切分 →
护色保鲜 → 脱水 → 包装 → 入库 → 低温贮存 → 成品

2. 操作要点

（1）原料 符合无公害蔬菜安全要求的原料。

（2）预冷 将原料及时地进行真空预冷处理，这样可以抑制加工原料的微生物的快速繁殖，为净菜加工提供良好的原料。

（3）清洗 将准备加工的原料进行清洗，洗去污泥和其他污物。

（4）杀菌 将洗净的莴笋通过输送机将其送入杀菌设备中，通过臭氧水进行浸泡杀菌处理，浸泡时间为30min，再放入200mg/L二氧化氯液中进行浸泡，浸泡时间为15min，除去莴笋中残留的农药，同时起到再次杀菌的作用。

（5）漂洗 用灭菌水将处理好的莴笋进行漂洗。

（6）去皮 使用消毒好的刀具对莴笋进行人工去皮。

（7）切分 采用多用切菜机将莴笋切分成片、块等不同的形状。

（8）护色保鲜及保脆 将切分好的莴笋放入护色保鲜及保脆液中进行浸泡处理，浸泡时间为5~15min。护色浸泡液的成分：0.5~1g/L异抗坏血酸钠、0.3~1g/L乙酸、3~10g/L脱氢醋酸钠、1g/L乳酸钙。

（9）脱水 将护色保鲜、保脆好的莴笋装入消毒好的袋子中，放入灭好菌的离心机中进行分离脱水，使净菜表面无水分，脱水时间为3~5min。

（10）包装、贮藏 采用灭菌好的包装袋进行包装，真空度为0.09MPa。然后将加工好的莴笋净菜产品放入4℃冷库中进行贮藏。

（二） 鲜切菠萝

1. 工艺流程

原料选择 → 清洗 → 去皮 → 修整 → 切分 → 浸渍 → 包装 → 预冷 → 冷藏运销 → 成品

2. 操作要点

（1）原料选择　要求成熟度八至九成，新鲜、无病虫害、无机械损伤的菠萝。

（2）洗涤、分级　用清水洗去附着在果皮表面的泥沙和微生物等，按果实的大小进行分级。

（3）去皮、修整　用机械去皮，用不锈钢刀去净残皮及果上斑点，然后用水冲洗干净。

（4）切分　根据用户要求切分，如横切成厚度为1.2cm的圆片、半圆片、扇片等，也可以切成长条状或粒状等。

（5）浸渍　把切分后的原料用400~500g/L糖液浸渍15~20min，糖液中加入0.5%柠檬酸、0.1%山梨酸钾。

（6）包装、预冷　捞起后用PE袋包装，按果肉与糖液之比为4:1的比例加入糖液，然后送至预冷装置预冷至5~6℃。

（7）冷藏、运销　产品装箱后在5~6℃的冷库中贮存，或在5~6℃的环境下销售。

二、 冷冻果蔬类的加工

（一） 速冻草莓

草莓是一种浆果，味美、芳香、酸甜适口，营养价值高，可食部分达98%。草莓多汁、娇嫩，耐藏性极差，在常温下只能保存1~3d，冷藏也只能保存一周。用速冻方法保存草莓，保鲜期可达1年以上，且能最大限度保存草莓的色、香、味和营养成分，解决了旺季草莓大量集中上市和不耐藏性之间的矛盾。

1. 工艺流程

原料选择 → 挑选分级 → 去蒂 → 清洗 → 浸渍糖液 →

冷却 → 速冻 → 包装 → 冻藏 → 成品

2. 操作要点

（1）原料　选用成熟、色泽鲜红艳丽、肉质细嫩、无中空、籽少、香气浓郁的草莓。采收、运输时应轻拿轻放，装箱时不宜太满，避免太阳直射。冻结加工对草莓的选择比较严格，采摘时须精心操作，注意不带露水采摘，因带有露水的草莓采摘后容易变质。

（2）分级　按果实大小和色泽分级，剔除不合格的原料，挑出适宜冻结的果实。按大小分为20、20~24、25~28、28mm以上四级。果实红色应占果面的2/3以上。

（3）去蒂　分级后去掉果蒂，一手拿果实，一手抓紧果柄，轻轻反向转动，即可除去果蒂，去蒂时注意不要损伤果肉。

（4）清洗　去蒂后的草莓用流水漂洗2~3次除去泥沙、污物等。

（5）加糖　清洗干净、沥干后的草莓整粒加糖浆浸渍，糖浆浓度为30%~50%，也可按果:糖为3:1的比例将白砂糖均匀撒在果面，加入5g/L的柠檬酸，保护草莓新鲜色泽。

（6）预冷　将经浸渍糖液的草莓迅速预冷至10℃以下。

（7）冻结 在 -35℃ 以下的温度快速冻结，一般要求在 10min 冻至 -18℃，至果实内心为 -18℃ 为止。

（8）包装 需要切片的草莓切片厚度约为 4mm，然后撒糖，在低温下迅速包装，于 -20 ~ -18℃ 温度下贮藏。内包装可用耐低温、透气性低、不透水、无异味、无毒性、厚度为 0.06 ~ 0.08mm 的聚乙烯袋。所有包装材料在包装前须在 -10℃ 以下低温间预冷。

（9）冻藏 将速冻后包装好的草莓迅速放在 -18℃ 的冻藏库冻藏。注意每层堆积不宜过多，要求每五层加一个木质底盘。

（二）速冻菠菜

菠菜属于叶菜类蔬菜，非常容易腐烂，不易贮存。在常温下 1 ~ 2d 就失去新鲜品质，冷藏时间也不长，冻藏可保持较长时间。速冻菠菜常用于出口。

1. 工艺流程

原料验收 → 修整 → 清洗 → 烫漂、冷却 → 沥水 → 冻结 → 包冰衣 → 包装 → 冻藏 → 成品

2. 操作要点

（1）原料选择及整理 原料要求鲜嫩、浓绿色、无黄叶、无病虫害，长度为 150 ~ 300mm。初加工时应逐株挑选，除去黄叶，切除根须。清洗时也要逐株漂洗，一般 2 ~ 3 遍，洗去泥沙等杂物。每次洗的数量不宜过多，用手轻轻摆动着洗，彻底洗净泥沙，特别是菜心中的泥沙。洗菜水应经常更换，一般每 1h 更换一次。

（2）烫漂与冷却 由于菠菜的下部与上部叶片的老嫩程度及含水率不同，因此烫漂时将洗净的菠菜叶片朝上竖放于筐内，下部浸入沸水中 30s，然后再将叶片全部浸入烫漂 1min。可在漂烫液中加入 1 ~ 2g/L 的盐，以根茎部烫透（检验酶失去活性），叶不揉烂，色呈鲜绿为准。每次漂烫数量不能过多，漂烫用水要充足，以保证放入蔬菜后水温迅速恢复到规定温度，一般要求用水量应是原料的 30 倍。为了保持菠菜的浓绿色，烫漂后应立即冷却到 10℃ 以下。沥干水分，装盘。

（3）速冻 菠菜装盘后迅速进入速冻设备进行冻结，用 -35℃ 冷风，在 20min 内完成冻结。

（4）包冰衣 用冷水脱盒，然后轻击冻盒，将盒内菠菜置于镀冰槽包冰衣，即在 3 ~ 5℃ 冷水中浸渍 3 ~ 5s，迅速捞出。镀冰衣后的产品待表层水分结冰后再包装。

（5）包装、冻藏 用塑料袋包装封口，装入纸箱，在 -18℃ 下冻藏。

（6）质量标准 呈青绿色；具有本品种应有的滋味和气味，无异味；组织鲜嫩，茎叶肥厚，株型完整，食之无粗纤维感。

三、 发酵果蔬类

发酵果蔬类产品众多，水果类原料经发酵处理可制成果酒、果醋等产品。蔬菜原料经发酵可制成泡菜或酸菜等产品。

（一）泡菜

泡菜是我国很普遍的一种蔬菜腌制品，在西南和中南地区各省民间加工非常普遍，以四川泡菜最著名。泡菜因含适宜的盐分并经乳酸发酵，不仅咸酸适口，味美嫩脆，能增进食欲，帮助消化，还具有保健的作用。

1. 原料

凡是组织致密、质地嫩脆、肉质肥厚而不易软化的新鲜蔬菜均可作泡菜原料，如藕、胡萝卜、青菜头、菊芋、子姜、大蒜、藠头、蒜薹、甘蓝、菜花等。将原料菜洗净切分，晾干备用。

2. 发酵容器

泡菜乳酸发酵容器有泡菜坛、发酵罐等。

(1) 泡菜坛　以陶土为材料两面上釉烧制而成。大者可容数百千克，小者可容几千克，为我国泡菜传统容器。距坛口 5 ~ 10cm 处有一圈坛沿，坛沿内掺水，盖上坛盖成"水封口"，可以隔绝外界空气，坛内发酵产生的气体可以自由排出，造成坛内嫌气状态，有利于乳酸菌的活动。因此泡菜坛是结构简单、造价低廉、十分科学的发酵容器。使用前应检查有无渗漏，坛沿、坛盖是否完好，洗净后用 1.0% 盐酸水溶液浸泡 2 ~ 3h 以除去铅，再洗净沥干水分备用。

(2) 发酵罐　以不锈钢制，仿泡菜坛设置"水封口"，具有泡菜坛的优点，容积可达 1 ~ 2m³，能控温，占地面积小，生产量大，但设备投资大。

3. 泡菜盐水配制

配制盐水应用硬水，硬度在 16°H 以上，如井水、矿泉水含矿物质较多，有利于保持菜的硬度和脆度。自来水硬度在 25°H 以上，可以用来配制泡菜水，且不必煮沸，否则会降低硬度。水还应澄清透明，无异味和无臭味。盐以井盐为好，如四川自贡盐、五通盐。海盐因含镁而味苦，需焙炒后方可使用。

以水为准，加入食盐 6% ~ 8%，为了增进色香味，还可加入 2.5% 黄酒、0.5% 白酒、3% 白糖、1% 红辣椒，以及茴香、草果、甘草、胡椒、山柰等浅色香料少许。并用纱布袋包扎成香料包，盛入泡菜坛中，以待接种老泡菜水或人工纯种扩大的乳酸菌液。

老泡菜水也称老盐水，系指经过多次泡制，色泽橙黄、清晰、味道芳香醇正、咸酸适度，未长膜生花，含有大量优良乳酸菌群的优质泡菜水。可按盐水量的 3% ~ 5% 接种，静置培养 3d 后即可用于泡制出坯菜料。

人工纯种乳酸菌培养液制备，可选用植物乳杆菌、发酵乳杆菌和肠膜明串珠菌作为原菌种，用马铃薯培养基进行扩大培养，使用时将三种扩大培养菌液按 5∶3∶2 混合均匀后，再按盐水量的 3% ~ 5% 接种到发酵容器中，即可用于出坯菜料泡制。

4. 预腌出坯

按晾干原料量用 30 ~ 40g/L 的食盐溶液与之拌和，称预腌。其目的是增强细胞渗透性，除去过多水分，同时也除去原料菜中一部分辛辣味，以免泡制时过多地降低泡菜盐水的食盐浓度。为了增强泡菜的硬度，可在预腌同时加入 0.5 ~ 1g/L 的氯化钙。预腌 24 ~ 48h，有大量菜水渗出时，取出沥干明水，称出坯。

5. 泡制与管理

入坛泡制，将出坯菜料装入坛内的一半，放入香料包，再装菜料至离坛口 6 ~ 8cm 处，用竹片将原料卡住，加入盐水淹没菜料。切忌菜料露出水面，因接触空气而氧化变质。盐水注入至离坛口 3 ~ 5cm。盖上坛盖，注满坛沿水，任其发酵。经 1 ~ 2d，菜料因水分渗出而沉下，可补加菜料填满。原料菜入坛后所进行的乳酸发酵过程，根据微生物的活动和乳酸积累量多少分为三个阶段。

(1) 发酵初期　以异型乳酸发酵为主，原料入坛后原料中的水分渗出，盐水浓度降低，pH 较高，主要是耐盐不耐酸的微生物活动，加大肠杆菌、酵母菌，同时原料的无氧呼吸产生二氧化碳，二氧化碳积累产生一定压力，便冲起坛盖，经坛沿水排出，此阶段可以看出坛沿水有间歇性的气泡冲出，坛盖有轻微的碰撞声。乳酸积累为 0.2% ~ 0.4%。

（2）发酵中期　主要是正型乳酸发酵，由于乳酸积累，pH 降低，大肠杆菌、腐败菌、丁酸菌受到抑制，而乳酸菌活动加快，进行正型乳酸发酵，含酸量可达 0.7% ~ 0.8%。坛内缺氧，形成一定的真空状态，霉菌因缺氧而受到抑制。

（3）发酵末期　正型乳酸发酵继续进行，乳酸积累逐渐超过 1.0%，当含量超过 12% 时，乳酸菌本身活动也受到抑制，发酵停止。

通过以上三个阶段发酵，就乳酸积累量、泡菜风味品质而言，以发酵中期的泡菜品质为优。如果发酵初期取食，成品咸而不酸有生味，发酵后期取食便是酸泡菜。成熟的泡菜，应及时取出包装，阻止其继续变酸。

泡菜取出后，适当加放补充盐水，含盐量达 6% ~ 8%，又可加新的菜坯泡制，泡制的次数越多，泡菜的风味越好；多种蔬菜混泡或交叉泡制，其风味更佳。

若不及时加新菜泡制，则应加盐提高其含盐量至 10% 以上，并适量加入大蒜梗、紫苏藤等富含抑菌成分的原料，盖上坛盖，保持坛沿水不干，以防止泡菜盐水变坏，称"养坛"，以后可随时加新菜泡制。

泡制期中的管理。首先注意坛沿水的清洁卫生。坛内发酵后常出现一定的真空度，坛沿水可能倒灌入坛内，如果坛沿水不清洁就会带进杂菌，使泡菜水受到污染，可能导致整坛泡菜烂掉。即使是清洁的无菌水吸入后也会降低盐水浓度，所以以加入 100g/L 的盐水为好。坛沿水还要经常更换，以防水干。发酵期中应每天轻揭盖 1 ~ 2 次，使坛内外压力保持平衡，避免坛沿水倒灌。

在泡菜的完熟、取食阶段，有时会出现长膜生花，此为好气性有害酵母所引起，会降低泡菜酸度，使其组织软化，甚至导致腐败菌生长而造成泡菜败坏。补救办法是先将菌膜捞出，缓缓加入少量酒精或白酒，或加入洋葱、生姜片等，密封几天花膜可自行消失。此外，泡菜中切忌带入油脂，因油脂飘浮于盐水表面，被杂菌分解而产生臭味。取放泡菜须用清洁消毒工具。

（二）葡萄酒

1. 工艺流程

优质红葡萄酒、白葡萄酒的酿造工艺如图 8 - 15 所示。

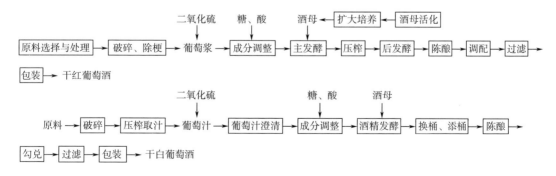

图 8 - 15　红葡萄酒、白葡萄酒的酿造工艺

2. 操作要点

（1）原料的选择和处理　包括原料品种的选择及其采收、运输与分选。

①品种：干红葡萄酒要求葡萄色泽深、香味浓郁、果香典型、糖含量高（21g/100mL）、酸含量适中（0.6～1.2g/100mL）的品种。适于酿制红葡萄酒的葡萄品种有法国兰、佳丽酿、汉堡麝香、赤霞珠、蛇龙珠、品丽珠、黑乐品等。干白葡萄酒要求果粒充分成熟，即将达完熟，具有较高的糖分和浓郁的香气，出汁率高。常用的品种有龙眼、雷司令、贵人香、白羽、李将军等。

②采收、分选与运输：葡萄采后应及时将不同品种、不同质量的葡萄分别存放，保证发酵与贮酒的正常进行。采摘的葡萄放入木箱、塑料箱或编织筐内。不能过满，以防挤压，也不宜过松，以防运输途中颠簸而破碎。

（2）破碎与除梗　红葡萄酒的发酵是带葡萄皮与种子的葡萄浆液混合发酵，所以发酵前的葡萄要除梗、破碎。将果粒压碎，使果汁流出的操作称为破碎。破碎只要求破碎果肉，不伤及种子和果梗。因种子中含有大量单宁、油脂及糖苷，会增加果酒的苦涩味。

破碎后应立即将果浆与果梗分离，这一操作称为除梗。可在破碎前除梗，也可在破碎后，或破碎、除梗同时进行。除梗具有防止果梗中的青草味和苦涩物质溶出，减少发酵醪体积，便于输送，防止果梗固定色素而造成色素的损失等优点。白葡萄酒的原料破碎时不除梗，破碎后立即压榨，利用果梗作助滤剂，提高压榨效果。

破碎可手工，也可采用机械。手工法用手挤或木棒捣碎，也有用脚踏。破碎机有双辊式破碎机、鼓形刮板式破碎机、离心式破碎机等。现代生产常采用破碎与去梗同时进行。

（3）压榨与澄清　压榨是将葡萄汁或刚发酵完成的新酒通过压力分离出来的操作。红葡萄酒带渣发酵，当主发酵完成后及时压榨取出新酒。白葡萄酒取净汁发酵，故破碎后应及时压榨取汁。在破碎后不加压力自行流出的葡萄汁称自流汁，加压之后流出的汁为压榨汁。前者占果汁的50%～55%，质量好，宜单独发酵制取优质酒。压榨分两次进行，第一次逐渐加压，尽可能压出果肉中的汁，而不压出果梗中的汁，然后将残渣疏松，加入或不加水作第二次压榨。第一次压榨汁占果汁的25%～35%，质量稍差，应分别酿制，也可与自流汁合并。第二次压榨汁占果汁的10%～15%，杂味重，质量差，宜作蒸馏酒成其他用途。压榨应尽量快速，以防止氧化和减少浸提。

澄清是配制白葡萄酒的特有工序，以便取得澄清果汁发酵。用澄清汁制取的白葡萄酒胶体稳定性高，对氧的作用不敏感，酒色淡，芳香稳定，酒质爽口。澄清方法有静置澄清、酶法澄清两种主要方法。在静置时每升葡萄汁中需有150～200mg的二氧化硫，以防止发酵而影响澄清。静置24h左右，澄清后即可分离沉淀取得澄清汁。酶法澄清是利用果胶酶水解果汁中的果胶，降低果汁黏度，促使细小微粒迅速下沉，达到澄清目的。

（4）添加二氧化硫　在葡萄汁发酵前添加适量的二氧化硫，具有杀菌、澄清、抗氧化、增酸等作用，促进色素和单宁溶出，使酒的风味变好。但用量过高，可使葡萄酒具有怪味，且对人体产生毒害，并可推迟葡萄酒成熟。

二氧化硫的添加量与葡萄品种及其状况、葡萄汁成分、温度、微生物及其活力、酿酒工艺及时期等有关。我国规定成品葡萄酒中化合态的二氧化硫含量小于250mg/L，游离状态的二氧化硫含量小于50mg/L。酿制红葡萄酒时，二氧化硫用量见表8-12。

表 8 – 12　　　　　　　　　　　发酵基质中二氧化硫浓度　　　　　　　　　　单位：mg/L

原料状况	酒种类	
	红葡萄酒	白葡萄酒
无破损、霉变，含酸量高	30～50	60～80
无破损、霉变，含酸量低	50～100	80～100
果实破裂，有霉变	60～150	100～120

（5）葡萄汁的成分调整　葡萄汁成分的调整包括糖与酸的调配。

①糖的调整：通过添加浓缩葡萄汁或蔗糖调整葡萄汁的含糖量。

a. 加糖调整：常用纯度为 98%～99% 的白砂糖，在酒精发酵刚开始时添加。用少量果汁将糖溶解，再加到大批果汁中，搅拌均匀。加糖量以发酵后的酒精含量作为主要依据，理论上，16.3g/L 糖可发酵生成 1%（或 1mL）酒精，考虑酵母的呼吸消耗以及发酵过程中生成甘油、酸、醛等，实际按 17g/L 计算。

b. 添加浓缩葡萄汁：在主发酵后期添加，添加时要注意浓缩汁的酸度，若浓缩葡萄汁的酸度不高，加入后不影响原葡萄汁酸度，可不作任何处理；若浓缩葡萄汁的酸度太高，则在浓缩汁中加入适量的碳酸钙中和，降酸后使用。添加量以发酵后的酒精含量作为主要依据。添加浓缩葡萄汁调整糖度前，首先要了解葡萄汁的含糖量、浓缩葡萄汁的含糖量以及调整后葡萄汁的含糖量，然后按十字交叉法计算。

②酸的调整：葡萄浆液的酸度低时，有害菌易浸染，影响酒质。一般将酸度调整到 6～10g/L，pH3.3～3.5。该酸度条件下，最适宜酵母菌的生长繁殖，又可抑制细菌繁殖，使发酵顺利进行。

a. 添加酒石酸和柠檬酸：一般添加酒石酸调整葡萄浆液的酸度，因葡萄酒的质量标准要求葡萄酒的柠檬酸含量小于 1.0g/L，所以柠檬酸的用量一般小于 0.5g/L。加工红葡萄酒时，最好在发酵前添加酒石酸，利于色素的浸提；若添加柠檬酸，应在苹果酸 – 乳酸发酵后再加。加酸时，先用少量的葡萄汁将酸溶解，缓慢倒入葡萄汁中，同时搅拌均匀。加酸量以葡萄汁液的含酸量以及调整后葡萄汁所要求的含酸量为主要依据。

b. 添加未成熟葡萄的压榨汁：添加未成熟葡萄的压榨汁调整葡萄汁的酸度，首先要了解原葡萄汁的酸度、未成熟葡萄压榨汁的酸度以及调整后葡萄汁的酸度，然后按十字交叉法计算。

（6）酒母的制备　葡萄酒生产常用的酵母有天然葡萄酒酵母、试管斜面培养的优良纯种葡萄酒酵母和活性干酵母。最常用的是后两种。发酵时，酵母的用量为 1%～10%。

①纯种酵母的扩大培养：纯种酵母的扩大培养包括试管斜面活化、一级培养（试管或三角瓶培养）、二级培养、三级培养和酒母罐培养。

a. 试管斜面活化：长时间低温保藏的菌种已衰老，需转接于 5°Bé 的麦芽汁制成的斜面培养基上，在 25～28℃ 下培养 1～2d。

b. 一级培养：灭菌后的新鲜葡萄汁分装于干热灭菌后的试管或三角瓶中，试管内装量 1/4，三角瓶为 1/2。装后在常压下沸水杀菌 1h 或 58kPa 的条件下杀菌处理 30min，冷却后备用。接入上述斜面试管活化后的菌种，在 25～28℃ 下培养 1～2d。

c. 二级培养：三角瓶或烧瓶（1000mL）干热灭菌后，装入1/2新鲜澄清的葡萄汁，杀菌冷却后备用。接入上述两支培养好的试管酵母液或一支三角瓶酵母液，在25~28℃下培养20~24h。

d. 三级培养：将卡氏罐或1.0~1.5L大玻璃瓶清洗干净消毒，装入发酵栓后加葡萄汁至容积的70%左右，加热杀菌或用亚硫酸杀菌，后者以每升果汁中含二氧化硫150mg为宜，但需放置1d。瓶口用70%的酒精消毒，接入二级菌种，接种量为2%~5%。在25~28℃恒温下培养，繁殖旺盛后，可供再扩大用。

e. 酒母罐培养：酒母罐为200~300L的木质或不锈钢桶。将两只酒母桶清洗干净，用硫黄熏蒸（每立方米容积用8~10g硫黄），过4h后，在其中一只酒母桶内注入酒母桶容积80%的新鲜葡萄汁，添加亚硫酸，使果汁中二氧化硫含量为100~150mg/L。静置过夜，取上清液置于另一只酒母桶内，接入三级酒母，接种量为5%~10%。在桶上安装发酵栓，定时打开通气口，送入过滤净化的空气，在25℃下培养2d左右至发酵旺盛时即可取出2/3~3/4作酒母使用。余下部分可继续添加灭菌澄清葡萄汁进行酒母培养。

②活性干酵母的活化与扩大培养：活性干酵母是酵母培养液经冷冻干燥得到的酵母活细胞含量很高的干粉状物，其贮藏性好，一般在低温下可贮存数年。活性干酵母不能直接投入葡萄浆液中进行发酵，需复水活化或扩大培养后使用。

（7）发酵及其管理　包括发酵方法、设备及管理等内容。

①发酵方法及设备：果酒的发酵方法有开放式与密闭式两种发酵方法，开放式发酵是将破碎、二氧化硫处理、成分调整或不调整的葡萄浆（汁）在开口式容器内进行发酵的方法。密闭式发酵是将制备的葡萄浆（汁）在密闭容器内进行发酵的方法。密闭式发酵桶或罐上装有发酵栓，使发酵产生的二氧化碳能经发酵栓逸出，而外界的空气则不能进入。

发酵设备要求能控温，易于洗涤、排污，通风换气良好。使用前应进行清洗，发酵容器一般为发酵与贮酒两用，要求不渗漏，能密闭，不与酒液起化学反应。常用的发酵设备有发酵桶、发酵池和发酵罐。

②发酵容器的消毒：果酒发酵容器在使用前必须消毒，防止外界污染。容器消毒可用硫黄熏蒸，每立方米容积用8~10g硫黄，也可用生石灰水浸泡、冲洗。10L水加生石灰0.5~1kg，溶解后倒入容器中，搅拌洗涤，浸泡4~5h后，将石灰水放出，再用冷水冲洗干净。木桶杀菌可用二氧化硫，不能用二氧化硫或亚硫酸溶液对未涂料的金属罐进行杀菌处理。

③红葡萄酒发酵：传统的红葡萄酒均用葡萄浆发酵，以便酒精发酵与色素浸提同步完成。主要的发酵方式有：

a. 开放式发酵：在开口式发酵桶（罐）内进行，发酵过程可分为主发酵（前发酵）和后发酵，即葡萄浆带皮进行主发酵，然后进行皮渣分离，分离皮渣后的醪液进行后发酵。

主发酵指从葡萄汁送入发酵容器（发酵醪占发酵容器容积的80%）开始至新酒分离为止的整个发酵过程。主要作用是酒精发酵以及浸提色素和芳香物质。根据发酵过程中发酵醪的变化，主发酵分为发酵初期、发酵中期和发酵后期。纯种培养发酵时，接种量为2%左右。

发酵初期属酵母繁殖阶段，液面最初平静，入池后8h左右，发酵醪液表面有气泡，表示酵母已经开始繁殖。二氧化碳放出逐渐增强，表明酵母已大量繁殖。发酵初期的发酵温度为25~30℃，发酵时间20~24h。发酵温度低，则发酵时间可延长至48~96h，但发酵室温度不能低于15℃。

发酵中期是酒精生成的主要阶段。品温逐渐升高，要求品温不超过 30℃。通常采用循环倒池、池内安装盘管式热交换器或外循环冷却等方法控制品温。

发酵中期有大量二氧化碳放出，皮渣随二氧化碳的溢出浮于液面而形成浮渣层，浮渣层称为酒帽或酒盖。酒帽会隔绝二氧化碳排出，热量不易散出，影响酵母菌的正常生长和酒的品质，所以，应控制发酵时形成浮渣层。为了保证葡萄酒的质量，使葡萄的色素与芳香成分能浸提完全，有时将酒帽压入发酵醪中，这一操作称为压帽。采取发酵醪循环喷淋、压板式或人工搅拌等方法压帽。

发酵后期发酵逐渐变弱，二氧化碳排放渐少，液面趋于平静；品温由最高逐渐下降，并接近室温；汁液开始澄清，皮渣、酵母开始下沉，表明主发酵结束。

主发酵时间因温度而异，一般在 25℃下发酵 5~7d，在 20℃下发酵 2 周，在 15℃左右发酵 2~3 周。发酵过程中，经常检查发酵醪的品温、糖、酸及酒精含量等。

b. 密闭式发酵：果浆（汁）与酒母注入密闭式发酵桶（罐）至八成满，用装有发酵栓的盖密封后发酵。发酵桶内装有压板，将皮渣压没于果汁中。

密闭式发酵的进程及管理与开放式发酵相同。其优点是芳香物质不易挥发，密闭式发酵液的酒精浓度比开放式的约高 0.5°，游离酒石酸较多，挥发酸较少。不足之处是散热慢，温度易升高，但在气温低或有控温条件下，易于操控。

主发酵结束后，残糖降至 5g/L 时，进行皮渣分离。采用特定的压榨设备将葡萄酒和葡萄皮渣分离的操作称为压榨。压榨前，将酒从发酵池或桶的出酒口排出，所得酒称为自流酒。放净后，清理出皮渣进行压榨，得压榨酒。

在酒液从发酵池（罐）流出并注入后发酵桶的过程中，空气溶于酒中，酒液中休眠的酵母菌复苏，使发酵作用再度进行，直至将酒液中剩余的糖分发酵完毕。该发酵过程称为后发酵。后发酵的主要目的是将残糖转化为酒精；将发酵原酒中残留的酵母及其他果肉纤维等悬浮物逐渐沉降，使酒逐渐澄清；促使醇酸的酯化，起到陈酿的作用。

后发酵桶（罐）应尽可能在 24h 之内完毕，每桶留有 5~10cm 的空间，盛酒的每只桶用装有发酵栓的桶盖密封。后发酵要将酒液品温控制在 18~25℃，注意隔绝空气。

后发酵结束后，取下发酵栓，用同类酒添满，然后用塞子封严，待酵母菌和渣汁全部下沉后及时换桶，分离沉淀物。酒与沉淀物的分离采用虹吸法，用分离出的酒液装满消毒的容器，密封后进行陈酿。沉淀物采用压滤法去除，压滤的酒液用于制取蒸馏酒。若发现酒液表面生长一层灰白色或暗黄色薄膜（生膜或生花），可用同类酒填满容器，使生花溢出。然后进行酒与沉淀的分离。

④白葡萄酒发酵：白葡萄酒的发酵进程及管理基本上与红葡萄酒相同。不同之处提取净汁在密闭式发酵容器中进行发酵。白葡萄汁一般缺乏单宁，在发酵前常按 100L 果汁添加 4~5g 单宁，有助于提高酒质。发酵的温度比红葡萄酒低，一般要求 18~20℃。主发酵期为 2~3 周。主发酵高潮时，可以不加发酵栓，让二氧化碳顺利排出。主发酵结束后，迅速降温至 10~12℃，静置 1 周后，倒桶除去酒脚。以同类酒添满，严密封闭隔绝空气，进入贮存陈酿。

（8）陈酿　新酿制的葡萄酒口味粗糙，稳定性差，必须在特定的条件下经过一个时期的贮存，在贮存过程中进行换桶、满桶、澄清、冷热处理和过滤等工艺过程，促进了葡萄酒的老熟，使葡萄酒清亮透明，醇和可口，有浓郁纯正的酒香。

葡萄酒的陈酿在密封容器内进行，要求容器不能与酒起化学反应，无异味。陈酿的温度为 10 ~ 25℃，环境相对湿度为 85% 左右，通风良好。贮酒的容器置于贮酒室或酒窖中，传统酒窖是地下室。随着冷却技术的发展，葡萄酒的贮存向半地下、地上或露天贮存方式发展。

①换桶：新酿制的葡萄酒在陈酿室内贮存一定时间后，将贮酒桶内的上清酒液转入另一只消毒处理后的空桶或空池内，使酒液和沉淀分离；换桶操作使过量的挥发物质蒸发逸出，溶解适量的新鲜空气，促进发酵作用的完成，对葡萄酒的成熟和稳定起着重要作用；亚硫酸通过换桶操作添加到酒液中，调节酒液中二氧化硫的含量（100 ~ 150mg/L）。换桶方法有虹吸法和泵抽吸法，小的葡萄酒厂通常采用虹吸法换桶，大的葡萄酒厂通常采用泵抽吸法进行换桶。根据酒质不同确定换桶时间和次数。酒质较差的宜提早换桶，并增加换桶次数。

②添桶：由于气温变化、蒸发、二氧化碳逸出或酒液溢出等原因，贮酒桶内的酒在贮酒过程中出现酒液不满的现象。贮酒桶内有大量空气，导致酒液出现氧化和好气性杂菌浸染，影响酒质。添桶能预防酒的氧化和败坏。

添桶用的酒最好是同年酿造的、同品种、同质量的原酒，要求酒液澄清、稳定。最后用高度白兰地或精制酒精轻轻添在液面，以防液面杂菌感染。添桶时，在贮酒器上安装玻璃满酒器，以缓冲由于温度等因素的变化引起酒液体积的变化，保证贮酒桶装满，并利于观察，防止酒桶胀坏。

一般在春、秋或冬季进行添桶。在第一次换桶后的一个月内，应每周添桶一次，以后在整个冬季，每两周添桶一次。葡萄酒通常在春季和夏季因热膨胀而溢出，要及时检查，并从桶内抽出少量酒液，以防溢酒。

为了保证葡萄酒具有一定的稳定性，且透明度高，在陈酿期间，将新酿制的葡萄酒采取适当的措施处理，固形物沉淀析出。自然澄清速度慢，时间长。为了加快澄清速度，通常采用下胶澄清或离心处理，除去酒中的大部分悬浮物。

葡萄酒在自然条件下的陈酿时间很长，一般 2 ~ 3 年以上。酒液经澄清处理后，透明度还不稳定。为了提高稳定性，对葡萄酒进行冷热处理。冷处理主要是加速酒中胶体物质沉淀，促进有机酸盐的结晶沉淀，低温使氧气溶入酒中，加速陈酿；热处理使酒的风味得到改善，有助于酒的稳定性增强，杀灭并除去酵母、细菌与氧化酶等有害物质。冷热交互处理，兼获两种处理的优点，并克服单独使用的弊端。

（9）调配　由于酿制葡萄酒的原料、发酵工艺、贮藏条件和酒龄不同，原酒的色、香、味也有差异。为了使同一品种的酒保持固有的特点，提高酒质或改良酒的缺点，常在酒已成熟而未出厂之前，进行成品调配。要做好葡萄酒的勾兑，首先要将原酒按级分型。通常将原酒分为四种类型：①香气好，滋味淡；②香气不足，而滋味醇厚；③残糖高或高糖发酵的酒；④酸度高低不同的酒。根据质量要求选择不同类型的原酒进行勾兑，做到取长补短。成品调配主要包括勾兑和调整两个方面。勾兑是指原酒的选择与适当比例的混合；调整则是指根据产品质量标准对勾兑后的酒的某些成分进行调整。一般选择一种质量接近标准的原酒作基础酒，根据其特点选择一种或几种酒作勾兑酒，按一定比例加入，再进行感官和理化分析，从而确定调整比例。葡萄酒的调配主要有以下指标。

酒度：原酒的酒精度若低于产品标准要求，最好用同品种高酒度的酒调配，也可用同品种葡萄蒸馏酒或精制酒精调配。

糖分：甜葡萄酒中若糖分不足，用同品种的浓缩果汁为好，也可用精制砂糖调配。

酸分：酸分不足，可加柠檬酸，1g 柠檬酸相当于 0.935g 酒石酸。酸分过高，可用中性酒石酸钾中和。

调配的各种配料应计算准确，把计算好的原料依次加入调配罐，尽快混合均匀。配酒时先加入酒精，再加入原酒，最后加入糖浆和其他配料，并开动搅拌器使之充分混合，取样检验合格后再经半年左右贮存。

（10）包装、杀菌　在进行包装之前葡萄酒需进行一次精滤，并测定其装瓶成熟度。取一清洁消毒的空瓶盛酒，用棉塞塞口，在常温下对光放置一周，保持清晰不浑浊即可装瓶。

①包装：葡萄酒常用玻璃瓶包装，空瓶先用 20~40g/L 的碱液浸泡，然后在 30~50℃ 的温度下浸洗去污，再用清水冲洗，最后用 2% 的亚硫酸液冲洗消毒。优质葡萄酒均用软木塞封口。

②杀菌：酒度在 16% 以上、糖度又不太高（如 8%~16%）的葡萄酒，一般不必加热杀菌；葡萄酒酒度低于 16%，装瓶后进行巴氏杀菌。灌装封口后的葡萄酒在 60~75℃ 下杀菌处理 10~15min。杀菌温度用下式估算。不论酒度高低，采用无菌过滤、且无菌灌装与封口或巴氏杀菌后趁热灌装的葡萄酒，均可不必后杀菌。

$$T = 75 - 1.5d$$

式中　T——杀菌温度，℃；

　　　d——葡萄酒的酒度。

杀菌装瓶（或装瓶杀菌）后的葡萄酒，再经过一次光检，合格品即可贴标签、装箱、入库。软木塞封口的酒瓶应倒置或卧放。

四、 干制果蔬类的加工

（一） 苹果干加工

苹果干有两大类，一类是非膨松型苹果干，也就是一般所说的传统的苹果干；另一类是膨松型苹果干，其组织蓬松，口感酥脆，如冷冻干燥的苹果干、膨化果干以及近年迅速发展起来的苹果脆片等。

1. 工艺流程

原料选择 → 清洗 → 去皮去心 → 前护色 → 切分 →

后护色 → 烫漂 → 干燥 → 包装 → 成品

2. 操作要点

（1）原料选择　选择果实中等，肉质致密，皮薄，单宁含量少，干物质含量高，充分成熟的苹果。我国的许多晚熟品种，如金冠、金帅、小国光、大国光、楼锦、红玉、乔纳金等，都是良好的干制品种。

（2）清洗　在 0.5%~1% 稀盐酸溶液中浸泡 3~5min，去除表面农药，用清水洗净。

（3）去皮去心　手工或机械去皮和去心，质量损失为 15%~25%。

（4）前护色　去皮、去心后立即放入 2%~3% 亚硫酸氢钠溶液中浸泡几分钟。

（5）切分　将苹果切成 5~7mm 厚的环状果片或块状。

（6）后护色　将果片送入熏硫室熏制 10~20min。

（7）干燥　装载量 4~5kg/m²，初温 80~85℃，终温 50~55℃，干制终点相对湿度 10%，

干制时间 5~6h，以用手紧握松手后果片互相不黏着且富有弹性为度。含水量为 20%~22%。干制结束要进行回软处理和分级后方可包装。

（二）蔬菜干

菜干可通过自然或人工方法制得，其制作方法大致相同。

1. 成品指标

几种常见菜干的成品指标如表 8-13 所示。

表 8-13　　　　　　　　　　几种常见菜干的成品指标

干菜名称	色泽	形态	含水量
干豇豆	深绿色	细条状，3~7cm 长	5%
干萝卜	金黄色	细丝状	5%
干笋	淡黄色	整形或片形或块形	<8%
干马铃薯	淡黄色	片状，半透明	7%
干甘蓝	淡绿色	丝状	5%
干金针菜	黄色	长条状，5~8mm 长	<5%
干蘑菇	灰黄色	片或整形	<5%

2. 原辅材料要求

（1）原料　豇豆，淡绿色、鲜嫩、肉质肥厚、豆荚长直、长度整齐一致。萝卜，皮薄、色白、肉质紧密、根须水分较少，干物质含量不少于 5%，粗纤维少，辣味淡，白皮红心种不适宜加工。竹笋，肉质柔软，肥厚，色泽洁白，味鲜美，无显著苦味和涩味，笋露地长度 15cm 采收。马铃薯，块茎大，圆形或椭圆形，表皮薄，芽眼浅而少，修整损耗少，内白色或淡黄色，干物质高于 21%，其中淀粉含量不低于 18%。甘蓝，黄绿色平头品种，球茎大，紧密、皱叶、心部小，干物质含量不低于 9%，糖分不低于 45%。金针菜，选择黄色或橙黄色，花蕾大的品种。在花蕾充分发育，花未开放时采收，花蕾长度 10cm。蘑菇，味美、肉厚、白色品种，具有韧性，外形美观，未开伞，菌盖直径在 3~4cm。

（2）辅料　硫酸或亚硫酸盐类、食盐。

3. 制作过程

（1）原料选择　按照原料标准进行选择，对干制成成品后影响品质及外观的应剔除，洗去污物泥沙，以上品种中竹笋要进行人工去壳及去根，马铃薯要进行人工或化学去皮。

（2）切分　豇豆要切分，萝卜切丝，竹笋切片或切条，马铃薯切片，甘蓝切丝。

（3）烫漂　将切分好的原料装入网眼的盛器内，除萝卜丝外，均需要烫漂或蒸煮，烫漂时间不同原料不同，如豇豆 2~5min，蘑菇 5~8min，马铃薯 2~4min，竹笋煮熟到半透明。

（4）干燥　在日光下或烘房内干燥，原料要铺匀，不能过厚，升温不要过快，以免形成外干内湿，使原料不易干燥；若温度过低，空气湿度大，干燥时间长，还影响干燥的品质，一般要求开始的温度为 55~60℃，最高不超过 75~80℃。

🔍 **思考题**

1. 简述果蔬加工的原理。
2. 果蔬加工一般对原料有哪些要求？
3. 食品添加剂在果蔬加工中的作用体现在哪些方面？
4. 果蔬加工对原料用水有哪些要求？
5. 什么是净菜加工？果蔬轻度加工的关键是什么？
6. 如何保障净菜的品质？
7. 鲜切果蔬的加工原理是什么？其关键工艺是什么？
8. 优质速冻果蔬制品应具备哪些要素？
9. 简述冷冻对果蔬品质的影响。
10. 简述烫漂处理对果蔬加工的作用。
11. 速冻果蔬的后处理有哪些要求？
12. 发酵果蔬制品的工艺控制有哪些？
13. 果蔬干制加工保藏的原理是什么？
14. 影响果蔬干制效果的因素有哪些？
15. 果蔬在干制过程中有哪些品质变化？
16. 果蔬干制品的保藏有哪些要求？
17. 谈谈果蔬加工的发展趋势。

推荐阅读书目

［1］刘新社，聂青玉. 果蔬贮藏与加工技术（第二版）［M］. 北京：化学工业出版社，2018.

［2］祝战斌. 果蔬贮藏与加工技术（第二版）［M］. 北京：科学出版社，2015.

［3］刘新社，杜保伟. 果蔬贮藏与加工技术［M］. 北京：中国轻工业出版社，2014.

［4］叶兴乾. 果品蔬菜加工工艺学（第三版）［M］. 北京：中国农业出版社，2012.

［5］尹明安. 果品蔬菜加工工艺学［M］. 北京：化学工业出版社，2010.

［6］赵晨霞. 果蔬贮藏与加工［M］. 北京：高等教育出版社，2009.

本章参考文献

［1］华景清. 园艺产品贮藏与加工［M］. 镇江：苏州大学出版社，2009.

［2］孟宪军. 食品工艺学概论［M］. 北京：中国农业出版社，2006.

［3］曾庆孝. 食品加工与保藏原理［M］. 北京：化学工业出版社，2008.

［4］陈月英. 食品加工技术［M］. 北京：中国农业出版社，2009.

第九章

农产品加工质量控制体系

[知识目标]

掌握农产品质量管理理论、企业良好操作规范（GMP）、卫生标准操作程序（SSOP）、危害分析与关键控制点（HACCP）等的基本理论，熟悉农产品质量控制体系在农产品质量控制中的具体应用方法。

[能力目标]

在掌握基本理论的基础上，能够对具体的农产品及其加工产品的质量控制体系开展分析、建立、实施、改进等工作。

随着农业产业化的发展，农产品加工量越来越大；同时，随着人民生活质量日益提高和消费结构转型，对农产品质量的要求也越来越高。农产品质量和安全将是市场准入和市场竞争的焦点。从国内农产品加工行业的情况看，其加工手段与先进国家相比存在着较大的差距，表现为最终产品品位不高，价值不高，并不断出现食品质量安全问题。解决这些问题的方法除了采用先进的加工工艺、技术和配备高性能的加工设备外，实施恰当的加工质量控制体系对于农产品质量的保障或提高具有非常重要的现实意义。

农产品质量安全指农产品质量状况对食用者健康、安全的保证程度，即：用于消费者最终消费的农产品，不得出现因食品原材料、包装或生产加工、运输、贮存、销售等供应链中各个环节上存在的质量问题对人体健康、人身安全造成任何不利的影响。依托农产品质量安全法律法规，通过建立科学的质量控制体系可以实现农产品质量的提升，实现农产品经济价值的迅猛发展。

目前，适用于农产品质量控制体系的技术有企业良好操作规范、卫生标准操作程序和危害分析与关键控制点体系。

第一节　企业良好操作规范

一、　GMP 的基本概念

GMP 是良好操作规范（Good Manufacturing Practices）的简称，指为保障食品安全与质量而制定的贯穿食品生产全过程的一系列措施、方法和技术要求。它规定了食品生产、加工、包装、贮存、运输和销售的规范性要求，具体内容主要包括以下几个方面：

工厂设计与设施的卫生要求；

人员卫生与健康的要求；

原料、辅料的卫生要求；

生产、加工过程的卫生要求；

卫生和质量检验的要求；

成品包装、贮存、运输的卫生要求；

工厂的卫生管理和食品安全控制。

GMP 包含 4M 管理要素，它是选用符合规定的原料（Material），以合乎标准的厂房设备（Machine），由胜任的人员（Man），按照既定的方法（Method），生产出品质稳定和安全卫生的产品的一种质量保证体系。

GMP 要求食品生产企业应具备良好的生产设备、合理的生产过程、完善的质量管理和严格的检测系统，以确保最终产品符合相应的质量要求。实施 GMP 管理的主要目标是在食品企业中建立完善的质量管理体系，降低食品制造过程中的人为错误，防止食品在制造过程中遭受污染或引起品质突变，最终生产加工出安全卫生的食品，保障消费者的健康安全。

根据制定主体不同，GMP 可以分成三种类型：一是国家政府机构颁布的 GMP；二是行业组织制定的 GMP；三是食品企业自己制定的 GMP。有人指出 GMP 是指政府制定颁布的强制性食品生产、贮存的卫生规范，这实际上只能是狭义的 GMP，即仅指第一种类型的 GMP。

按照法律效力不同，GMP 可分为强制性 GMP 和推荐性（或指导性）GMP 两种。强制性 GMP 是食品企业必须遵守的，一般由政府部门制定并监督实施，企业制定的 GMP 对该企业本身而言，一旦制定实施就是强制性的。推荐性（或指导性）GMP 是由政府部门、行业组织或协会等制定并推荐给食品企业参照执行，是非强制的，企业可以选择是否遵守。

二、　我国食品加工企业 GMP 的主要内容

食品加工企业 GMP 除了 20 个食品加工企业卫生规范之外，有一个最基本的 GMP，即 GB 14881—2013《食品安全国家标准　食品通用卫生规范》。该国家标准规定了食品企业的食品加工过程、原料采购、运输、贮存、工厂设计与设施的基本卫生要求及管理准则，适用于食品生产、经营的企业、工厂，并作为制定各类食品厂的专业卫生规范的依据。其引用标准包括 GB 5749—2006《生活饮用水卫生标准》和 GB 7718—2011《食品安全国家标准　预包装食品标签通则》。

（一）原材料采购

采购原材料应按该种原材料质量卫生标准或卫生要求进行。采购人员应具有简易鉴别原材料质量、卫生的知识和技能。购入的原料，应具有一定的新鲜度，具有该品种应有的色、香、味和组织形态特征，不含有毒有害物，也不应受其污染。某些农、副产品原料在采收后，为便于加工、运输和贮存而采取的简易加工应符合卫生要求，不应造成对食品的污染和潜在危害，否则不得购入。

盛装原材料的包装或容器，其材质应无毒无害，不受污染，符合卫生要求。重复使用的包装物或容器，其结构应便于清洗、消毒。要加强检验，有污染者不得使用。

（二）运输

运输工具（车厢、船舱）等应符合卫生要求，应备有防雨防尘设施，根据原料特点和卫生需要，还应配备保温、冷藏、保鲜等设施。运输作业应防止污染，操作要轻拿轻放，不使原料受损伤，不得与有毒、有害物品同时装运。应当建立卫生制度，定期清洗、消毒、保持洁净卫生。

（三）贮存

应设置与生产能力相适应的原材料场地和仓库。新鲜果蔬原料应贮存于遮阳、通风良好的场地，地面平整，有一定坡度，便于清洗、排水，及时剔出腐败、霉烂原料，将其集中到指定地点，按规定方法处理，防止污染食品和其他原料。各类冷库，应根据不同要求，按规定的温、湿度贮存。其他原材料场地和仓库，应地面平整，便于通风换气，有防鼠、防虫设施。

原料场地和仓库应设专人管理，建立管理制度，定期检查质量和卫生情况，按时清扫、消毒、通风换气。各种原材料应按品种分类分批贮存，每批原材料均有明显标志，同一库内不得贮存相互影响风味的原材料。原材料应离地、离墙并与屋顶保持一定距离，垛与垛之间也应有适当间隔。先进先出，及时剔出不符合质量和卫生标准的原料，防止污染。

第二节　卫生标准操作程序

一、SSOP 的概念

SSOP 是卫生标准操作程序（Sanitation Standard Operation Procedure）的简称，有时又称为 SSOP 计划。SSOP 是对 GMP 的具体化，是在食品生产中实现 GMP 全面目标的操作规范。它是食品加工企业为了保证达到 GMP 所规定的要求，确保加工过程中消除不良的人为因素，使其加工的食品符合卫生要求而制定的指导食品生产加工过程中如何实施清洗、消毒和卫生保持的作业指导文件。SSOP 的意义体现在它是：

描述在工厂中使用的卫生程序；

提供这些卫生程序的时间计划；

提供一个支持日常监测计划的基础；

鼓励提前做好计划，以保证必要时能及时采取纠正措施；

辨别问题发生的趋势，防止同样问题再次发生；

确保每个人，从管理层到生产工人都理解卫生（概念）；

为雇员提供一种连续培训的工具；

显示对买方和检查人员的承诺；

引导厂内的卫生操作和状况得以完善提高。

1995 年 2 月，美国颁布的 9CFR Part 304《美国肉、禽类产品 HACCP 法规》中首次要求建立 SSOP，但并未规定 SSOP 的具体内容。同年 12 月，美国颁布的 21CFR Part 123《美国水产品 HACCP 法规》中明确了 SSOP 至少应包括的 8 个方面内容。我国《食品企业通用卫生规范》以及另外一些 GMP 中其实都包含了 SSOP 的内容。

现代食品加工企业必须建立和实施 SSOP，以强调加工前、加工中和加工后的卫生状况和卫生行为。SSOP 计划应由食品生产企业根据卫生规范及企业实际情况编写，尤其应充分考虑到其实用性和可操作性，注意对执行人所执行的任务提供足够详细的内容。

根据我国原卫生部 2002 年 7 月 19 日发布的《食品企业 HACCP 实施指南》，每个企业都应制定和实施卫生标准操作程序或类似文件，以说明企业如何满足和实施如下卫生条件和规范：与食品或食品表面接触的水的安全性或生产用冰的安全；食品接触表面（包括设备、手套和外衣等）的卫生情况和清洁度；防止不卫生物品对食品、食品包装和其他与食品接触表面的污染及未加工产品和熟制品的交叉污染；洗手间、消毒设施和厕所设施的卫生保持情况；防止食品、食品包装材料和食品接触表面掺杂润滑剂、燃料、杀虫剂、清洁剂、消毒剂、冷凝剂及其他化学、物理或生物污染物；规范标示标签、存储和使用有毒化合物；员工个人卫生的控制，这些卫生条件可能对食品、食品包装材料和食品接触面产生微生物污染；消灭工厂内的鼠类和昆虫。

上述内容是一个完整的 SSOP 计划至少应当包括的基本内容。此外，有的 SSOP 计划还可以包括厂房的结构和布局，废物处理等内容。

每个企业应该对实施 SSOP 的情况进行检查、记录，并将记录结果存档、备查。这就是说，标准卫生操作程序还必须设定监控程序。企业设定监控程序时描述如何对 SSOP 的卫生操作实施监控。它们必须指定何人、何时及如何完成监控。对监控要实施，对监控结果要检查，对检查结果不合格者还必须采取措施加以纠正。对以上所有的监控行动、检查结果和纠正措施都要记录，通过这些记录说明企业不仅遵守了 SSOP，而且实施了适当的卫生控制。食品加工企业日常的卫生监控记录是工厂重要的质量记录和管理资料，应使用统一的表格，并归档保存。

针对上述基本内容以及其他内容建立的每个卫生标准操作程序，一般都应包含监控对象、监控方法、监控频率、监控人员、纠正措施及监控、纠正结果的记录要求等内容。政府执法部门或第三方认证机构一般会鼓励和督促建立书面的 SSOP 计划。对每个卫生标准操作程序，其 SSOP 计划一般包括三方面的文件：该卫生标准操作的要求和程序；每一个环节的作业指导书；执行、检查和纠正记录。

食品企业在选择和建立自身的 SSOP 时必须做到三点要求：SSOP 应该描述加工者如何保证某一个关键的卫生条件和操作得到满足；SSOP 应该描述加工企业的操作如何受到监控来保证达到 GMP 规定的条件和要求；应该保持 SSOP 记录，至少应记录与加工厂相关的关键卫生条件和操作受到监控和纠正的结果。

二、 SSOP 的内容

(一) 与食品或食品表面接触的水的安全性或生产用冰的安全

在食品加工中，水（冰）的用途十分广泛。设施、容器、设备等的清洗和消毒，产品的传送或运输，食品的清洗，日常饮用都离不开水，而且水（冰）是许多食品的重要成分。生产用水（冰）的卫生质量是影响食品卫生的关键因素，对于任何一家食品加工企业，首要的一点就是要保证水（冰）的安全。食品加工企业一个完整的 SSOP，首先要考虑与食品或与食品表面接触用水（冰）来源与处理应符合有关规定，并要考虑非生产用水、污水处理问题及排放系统的交叉污染问题。

(二) 与食品接触的表面（包括设备、手套、工作服）的卫生情况和清洁度

与食品接触的表面包括加工设备；操作台和工器具；加工人员的工作服、手套等；包装物料。

对材料的要求包括应当采用耐腐蚀、不生锈及表面光滑、易清洗的无毒材料；不用木制品、纤维制品、含铁金属、短锌金属、黄铜等。

对设计制作安装的要求有设计安装及维护方便，便于卫生处理；制作精细，无粗糙焊缝、凹陷、破裂等；始终保持完好状态和可清洗状态；安装在即使加工人员犯错误情况下，也不致造成严重后果的地方。

对加工设备与工器具清洗消毒的程序为：首先彻底清洗，然后消毒（82℃热水；碱性清洁剂；含氯碱、酸、酶、消毒剂；余氯浓度；紫外线；臭氧），再进行冲洗。应当设有隔离的工器具洗涤消毒间（不同清洁度工器具必须分开）。

对工作服、手套清洗消毒的要求有集中由洗衣房清洗消毒（专用洗衣房，设施与生产能力相适应）；不同清洁区域的工作服分别清洗消毒，清洁工作服与脏工作服分区域放置；存放工作服的房间设有臭氧、紫外线等设备，且干净、干燥和清洁。

(三) 防止发生交叉污染

造成交叉污染的原因包括：工厂选址、设计、车间不合理；加工人员个人卫生不良；清洁消毒不当；卫生操作不当；生、熟产品未分开；原料和成品未隔离。

在工厂选址、设计时就应当有意识地进行交叉污染的预防，考虑周围环境不造成污染，厂区内不造成污染，并遵守有关规定（提前与有关部门联系）。

在车间布局上要注意：工艺流程布局合理；初加工、精加工、成品包装分开；生、熟加工分开；清洗消毒与加工车间分开；所用材料易于清洗消毒。

对人流、物流、水流、气流方向的控制应当遵循以下原则：人流，从高清洁区到低清洁区；物流，不造成交叉污染，可用时间、空间分隔；水流，从高清洁区到低清洁区；气流，入气控制、正压排气。

对加工人员应当进行卫生操作的培训，并对其洗手、首饰、化妆、饮食等情况进行控制。

(四) 洗手间、消毒设施和厕所设施的卫生保持情况

洗手消毒的设施应当满足下列要求：采用非手动开关的水龙头；有温水供应，在冬季洗手消毒效果好；有合适、满足需要的洗手消毒设施，以每 10～15 人设 1 个水龙头为宜；拥有流动消毒车。

所有厂区、车间和办公楼的厕所都应当设有洗手设施和消毒设施，手纸箱纸篓保持清洁卫生；有防蚊蝇设施；通风良好，地面干燥，保持清洁卫生。

（五） 防止食品、食品包装材料和食品接触表面被掺杂

防止食品、食品包装材料和食品所有接触表面被微生物、化学品及物理的污染物玷污。例如：润滑剂、燃料、杀虫剂、清洁剂、消毒剂、冷凝剂等。

包装物料存放库要保持干燥清洁、通风、防霉，内外包装分别存放，上有盖布下有垫板，并设有防虫鼠设施。每批内包装进厂后要进行微生物检验，必要时进行消毒。

车间顶棚应呈圆弧形，保证良好通风，及时清扫，提前降温，车间温度控制在 0～4℃为宜。

食品的贮存库保持卫生，不同产品、原料、成品分别存放，设有防鼠设施。

（六） 员工的健康与卫生控制

食品企业的生产人员（包括检验人员）是直接接触食品的人，其身体健康及卫生状况直接影响食品卫生质量。根据食品卫生管理法规定，凡从事食品生产的人员必须经体检合格，取得健康证者方能上岗。

食品生产企业应制定有卫生培训计划，定期对加工人员进行培训，并记录存档。应当要求生产人员养成良好的个人卫生习惯，按照卫生规定从事食品加工，进入加工车间。

第三节 危害分析及关键控制点体系

HACCP 是危害分析与关键控制点体系（Hazard Analysis and Critical Control Point）的简称。HACCP 食品安全控制体系涉及很多要求，但其中最为重要的内容是 HACCP 的 7 个主要原则。食品安全管理体系是建立在 HACCP 基础之上的，HACCP 的 7 个原理也就构成了食品安全管理体系的 7 个原理。虽然世界各国在理解和应用 HACCP 上多少存在些误区，但是对于 HACCP 7 个基本原理的认识却是基本统一的。根据这 7 个基本原理在 HACCP 食品安全控制体系实施过程中适用的主要阶段不同，可以分为 HACCP 的建立原理，HACCP 的运行原理和 HACCP 的验证原理。

一、 HACCP 的建立原理

HACCP 的建立原理是指进行危害分析和确定预防措施、确定关键控制点和建立关键限值 3 个原理。其他 4 个原理虽然也适用于 HACCP 建立阶段对整个体系的策划，主要针对运行阶段和验证阶段，因此在接下来部分再予以介绍。

（一） 进行危害分析和确定预防措施（原理一）

危害分析和预防措施，其基本要求就是要求企业要进行危害分析，列出加工过程中可能发生显著危害的步骤表，并描述预防措施。

食品危害是指可以引起食物不安全消费的生物、化学或物理的因素。就 HACCP 的应用来说，危害指能引起人类致病或伤害的污染等因素。根据危害的严重程度不同，食品危害可以分为显著危害和潜在危害。显著危害是指很可能发生，而且一旦发生就会对消费者导致不可接受的健康风险。潜在危害相对而言其危害的严重程度要轻些，发生的概率要小些。HACCP 食品安全控制体系和其他管理体系的主要区别就是把重点放在控制显著危害上。

根据危害来源的性质不同，食品危害可以分为生物性危害、化学性危害和物理性危害。

食品中产生的生物性危害包括细菌危害、病毒危害、寄生虫危害以及霉菌、酵母等。食品

的天然毒素、食品添加剂与辅助剂、农药残留、杀虫剂以及其他化学污染物构成食品的化学性危害。食品中的化学性危害有天然，也有在食品的加工过程中人为添加。物理性危害是指一些坚硬的外来物体（包括玻璃碎块、金属屑、木块、石块等）会造成疾病和伤害。这些物理危害可能是加工或操作过程造成的，或是由于原料本身存在着问题。

（二） 确定关键控制点（原理二）

控制点（CP）是指食品加工过程中，能够控制生物的、物理的、化学的危害的任何一个加工点、步骤、过程或工序。关键控制点（CCP）是指食品安全显著危害能被控制的、能预防、消除或降低到可接受水平的一个加工点、步骤、过程或工序。关键控制点（CCP）是HACCP控制活动将要发生过程中的点。对危害分析期间确定的每个显著的危害，必须通过一个或多个关键控制点来控制危害，只有能够控制显著危害的点才认为是关键控制点（CCP）。只能控制潜在危害的点只能称为控制点（CP）。广义上，关键控制点包含在控制点的范畴之内，但一般在关键控制点确立之后，将那些在工艺流程图中不能被确定为关键控制点（CCP）的控制点才称为控制点（CP）。这些控制点可以记录质量因素控制的结果。

关键控制点根据控制显著危害的程度，可以分为3种类型：能消除危害的关键控制点、能预防危害的关键控制点、能将危害降低到可接受水平的关键控制点。确定CCP的方法很多，可以用危害发生的可能性及严重性来确定，也可以用"CCP判断树"来确定，如图9-1所示。

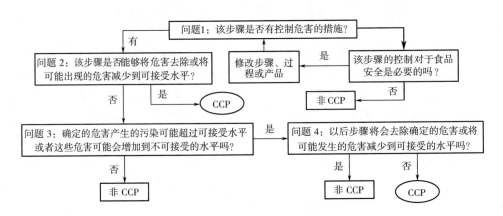

图9-1　HACCP中CCP的判断树

（三） 建立关键限值（原理三）

关键限值是与一个CCP相联系的每一个预防措施所必须满足的标准。关键限值是CCP点上用来保证产品安全的参数。对于每个关键控制点上的显著危害因素，必须有一个或几个关键控制限值。当加工中显著危害因素偏离了关键限值，可能导致产品的不安全时，必须采取纠正措施来确保食品的安全。

化学关键限值与产品原材料的化学危害有关，或者与试图通过产品配方和内部因素来控制微生物危害的过程有关。例如真菌霉素、pH、盐和水分活度的最高允许水平及是否存在致过敏物质等。

物理关键限值与产品中物理危害有关，或者与通过物理因素来控制微生物危害的过程有关。例如是否有金属，过筛的筛孔大小和截流率，温度和时间等允许水平。

微生物关键限值与直接控制微生物危害的过程有关。例如ATP生物发光的允许水平，它既能显示清洁过程的有效性，又能用于估计原料中的微生物水平。

二、　HACCP 的运行原理

HACCP 的运行原理包括关键控制点监控、纠正措施、记录保持程序 3 个原理。其中，记录保持程序也包含了适用于验证阶段的记录保持。

1. 关键控制点监控（原理四）

关键控制点监控就是要建立关键控制点（CCP）监控要求，建立根据监控结果进行加工调整和维持控制的过程。其中监控是实施一个有计划的连续观察和测量，以评估一个关键控制点（CCP）是否在控制之中，并且为将来验证做出准确记录。一个监控计划通常由 4 个要素组成，即监控的对象（What）、方法（How）、频率（Frequency）和监控人员（Who）。

2. 纠正措施（原理五）

纠正措施也称为纠正行动、纠偏行动，是指当关键控制点上的关键控制限度发生偏离或不符合关键限值时采取的步骤和措施。当关键控制点上关键限值发生偏离时，必须采取纠正措施。如果可能的话，这些行动必须在制定 HACCP 计划时预先制定纠正措施计划，便于现场纠正偏离。当然也可以没有预先制定的纠正措施计划，因为有时会有一些预料不到的情况发生。本原理注重于建立一个完善的纠正程序，不断总结发生的问题，持续改进。

纠正措施包括文件化的纠正措施和非文件化的即时纠正措施。

3. 记录保持程序（原理六）

HACCP 食品安全控制体系应该属于文件化的管理体系，即"该说的必须说到，说到的必须做到，做到的要保持必要的记录"，也就是说"没有记录就等于没有发生"。原理六要求建立有效的文件和记录保持程序，以证明 HACCP 体系按计划的要求有效地运行，证明实际操作符合相关法律法规要求。所有与 HACCP 体系相关的文件和活动都必须加以记录和控制。

4. HACCP 的验证原理

HACCP 的验证原理是指 HACCP 的验证阶段适用的原理，主要指验证程序原理（原理七）。对验证也要求进行记录并保持，记录保持程序原理除了适用于运行阶段，也适用于验证阶段。

验证是除了监控所使用的方法之外，用来确定 HACCP 体系的适宜性、一致性和有效性，是否需要修改或重新确认所使用的方法、程序、测试或审核。因此，需要制定程序来验证 HACCP 体系的正确运作，这些程序就是验证程序。

HACCP 的验证程序主要包括 4 个方面的活动：HACCP 计划的确认；关键控制点（CCP）的验证活动；HACCP 计划有效运行的验证；权威（审核）机构对 HACCP 体系的验证。

第四节　质量控制体系应用实例

关于食品质量安全管理与控制体系问题，国际食品法典委员会（CAC）、国际标准化组织（ISO）以及世界各国政府都给予普遍的关注，运用技术法规和标准、合格评定和市场准入等多种手段强化食品质量安全管理与控制，在提高食品安全质量水平等方面取得了一定的进展，但与世界各国消费者对食品安全的满意程度还有差距。

从国内外食品安全控制技术的发展情况来看，大体上可以划分为四种类型：

第一，凭样。主要通过对样品外观的控制来体现，也即感官检验，主要指标是观察食品的状态和色香味。

第二，抽样检验。主要是通过一定的抽样方法，对有代表性的样品进行检验，检验指标包括感官指标、理化指标和微生物指标。产品抽样在目前的质量安全评价中还有应用，如国家和有关部委以及省市的质量技术监督部门仍然在进行这方面的工作，对产品安全质量改进起到了积极作用。但这种传统的检验方法是事后解决型，对生产出来的食品采取抽样检验虽然可以发现食品安全性缺陷，但实际上食品安全的缺陷已经形成了，也只有采取事后处理的方法来解决食品安全缺陷，这必然会增加成本。

第三，登记、注册。这种方法是一种静态的控制方法，主要是通过制定规范来实现的。但登记、注册只能反映食品生产企业的静态安全状况，常见的登记和注册控制如食品企业的良好操作规范（GMP）、保健食品的注册登记、食品卫生许可证注册等。

第四，体系认证。这种方法是当今社会公认的动态控制方法。如 ISO 9000 认证，HACCP 体系认证，ISO 22000 认证，ISO 14000 认证和有机产品（食品）认证以及 SA 8000 认证。

关于如何建立有效的食品安全控制管理体系，有许多专家和政府管理部门提出很多对策和建议，但全面系统考虑到位的不多，有的强调制定和完善法律法规。如 2005 年，《北京市食品安全监督管理条例》已列入北京市人大立法规划，要建立首都食品安全控制的基本制度、责任体系、监管体系、标准与检测体系，并作为主要内容予以重点体现；有的强调标准体系建设，如农业部提出要建立覆盖无公害农产品生产、加工和流通等全过程的"六大体系"；有的强调加大对食品安全事件的处罚力度；有的强调加强监测体系建设，如农业部、原卫生部和原国家食品药品监督管理局都提出了建立食品安全监测体系的规划与目标任务；有的强调追根溯源与处罚并重，如原国家质量监督检验检疫总局已经全面实施了食品市场准入制度，要建立覆盖从"农田到餐桌"整个食品链的国家食品安全控制体系。思路与想法很多，但不同部门都有各自规划，政出多门，但缺乏部门之间的统一协调，到底该建立一套什么样的科学有效体系，才能确保食品质量与安全还是一个十分重要的问题，也是一个涉及面极广的系统工程。

我们在总结前人的观点和考虑未来的发展需要的基础上，依据"安全产品是生产出来的，而不是检验出来"的想法，提出以下食品质量安全控制管理体系：

标准体系 + 质量安全认证（合格评定）+ 市场准入 = 食品安全控制管理体系

食品安全控制管理体系由三部分组成，即标准体系、认证（合格评定）体系和市场准入体系。三个体系的有机结合是食品安全控制管理的有效途径，这个科学体系适用于农产品包括种植业和养殖业、食品加工的安全控制管理。三部分体系在食品安全控制与管理方面各自发挥着相应的功能，形成了从"农田到餐桌"的全程安全控制管理。这三个部分的功能可以简要的概括表示为：

A. 标准体系

产品质量标准——把关

产地或加工环境标准——前提

生产资料或添加剂标准——保障

生产或加工技术规程——指南

包装标志标准——承诺

B. 质量安全认证——证明

C. 市场准入——监督

标准体系是一个十分复杂的体系，在标准化良好行为中主要包括技术标准体系、管理标准体系和工作标准体系，应该建立的标准就有上百个，但最为关键的标准有五类，如"把关""前提""保障""指南""承诺"标准来进行控制。我们把标准体系中的产品质量标准称为"把关"标准，只要产品质量安全符合"把关"标准，就应该说产品安全质量合格。要生产和加工出符合"把关"标准的产品，那么相应对生产和加工环境有一定的要求，这个具体的要求，我们称为"前提"标准，如要生产绿色食品，其产地环境就必须符合绿色食品生产环境标准的要求，这是一个前提，否则，就不会生产出符合绿色食品标准的产品。生产和加工条件虽然符合要求，但生产过程中使用的生产资料和添加剂是否符合标准的规定，也直接影响着产品质量安全，因此，只有这些用于生产和加工的生产资料如化肥、农药、兽药和食品添加剂等符合标准，才能保障产品质量安全，我们把对生产资料和添加剂的要求标准称为"保障"标准。产地、原料都有了安全保障，在一定程度上提高了产品安全性，但如果生产加工过程出现问题，还会产生新的安全问题，因此，制定生产加工技术规程，明确如何操作，就会使安全有保障，这些标准称为"指南"标准。在标准体系中制定包装标志标准，就是为了使消费者明确产品的产地和生产企业等，获得知情权，同时也是生产者和加工企业的一个承诺，我们称为"承诺"标准。上述五个标准是标准体系的核心和灵魂。

质量安全认证，实际上就是国际上通用的合格评定，主要包括 ISO 9000 认证、HACCP 认证、GAP 认证、GMP 认证、ISO 22000 认证、绿色食品认证、有机食品认证、无公害食品认证、ISO 14000 认证等。这些都属于第三方认证，是对生产和加工企业的一个质量安全确认，因此，我们认为通过认证就是取得了整个安全质量"证明"。一般情况下，获得这个证明是要收费的，因此，在市场经济条件下只凭这样的证明还是不能完全确保安全质量的。所以在体系中我们还增加了市场准入体系，这个体系是由政府负责实施，我们把其称为"监督"体系。这样一个食品安全控制管理体系，就有多个体系来完成，应该说只要各个部分均发挥功能，食品安全质量就有保障。

现具体以 HACCP 在体系在植物油和鲜切果蔬行业中的应用进行举例说明。

一、 HACCP 体系在植物油生产中的应用

（一）油料

油料种类很多，除了杂质以外，一些油料自身含有危害成分。

1. 天然存在的有毒成分或转基因油料

油菜籽中含有硫代葡萄糖苷，它是产生辛辣味与臭味物质的来源，其分解产物异硫氰酸酯会引起甲状腺肿大。棉籽中含有 0.4% ~ 3.4% 棉酚，属有毒成分。目前，从世界范围来说，转基因油料（抗除草剂大豆、抗虫玉米、抗除草剂油菜籽）种植面积很大，转基因油料应作好标记，隔离贮藏，单独加工，应对转基因成品油进行标识。

2. 原料在种植和贮运过程中会产生危害

原料是否受农药污染。有些化学药剂对油料的亲和力大于其他粮食，有些有机氯和有机磷杀虫剂会在油料的含油部分累积。原料中是否混有其他非食用油料，有些杂草籽本身也可能含有毒素。原料在贮藏中品质是否劣变，是否受霉菌污染，霉菌污染会产生多种毒素，特别是有

无受黄曲霉污染而产生黄曲霉毒素，玉米和花生贮藏不当易受黄曲霉毒素污染。运输环节疏忽会造成二次污染，如用装过汽油的运输工具来运油料。

（二）加工过程

植物油有不同的制取方式，其对应的工艺也有所不同。压榨法制油的一般工艺流程是：原料→清理→脱壳和去壳→破碎→蒸炒→压榨→毛油；浸出法制油的一般工艺流程是：原料→清理→脱壳和去壳→破碎→轧坯→浸提→毛油。可见，不论是哪种制取方式，所获得的产品皆为毛油，品质并未达到食用要求，因为其中含有大量的杂质、水分、磷脂及游离脂肪酸等有损油脂品质和消费者健康的成分。

毛油加工成食用油主要包括以下过程：脱胶和/或碱炼；脱色；氢化和/或冬化；脱臭。这些过程对食用油的安全性（包括氧化稳定性）关系很大，有些杂质如不能够有效去除，则直接影响产品质量。在进行加工操作期间从毛油中可去除的特定组分包括以下部分：①天然存在于油中的胶质、磷脂、有害的金属离子、色素、生育酚和游离脂肪酸、农药、毒素；②加工期间新形成的化合物：如肥皂、氧化产物、氢过氧化物、聚合物及其分解产物、发色体、异构体和高熔点甘三酯；③加工辅料：氢化催化剂、白土、磷酸、金属螯合剂及柠檬酸等；④加工引起的污染物：水分、微量金属、含碳物质和不溶于油的物质。因此，加工过程的可能危害是：①浸出法所用的溶剂不符合卫生标准；②制得油脂溶剂残留超标；③没有经过合适的精炼过程（如工艺条件控制不严格）导致有害物质不能去除（农药、天然有毒成分、毒素等）；④植物油加工处理后遭微生物或毒物污染；⑤油脂包装容器不符合卫生标准；⑥添加的油脂抗氧化剂不符合食品添加剂使用卫生标准；⑦添加抗氧化剂时没有混匀而导致局部添加剂浓度过高。

（三）CCP 的确定

根据 CCP 的判定方法（图 9-1），植物油生产过程中至少有以下关键控制点：

①原料的筛选，将酸败或有酸败迹象的油料籽剔除。要检验油料是否受污染，测定油料的酸值、过氧化值、黄曲霉毒素是否超标，尤其对玉米、花生的检验更为重要，一旦原料超过卫生指标，就得拒收；

②对转基因油料单独处理；浸出法所用的溶剂是否符合国家标准，最后溶剂残留是否符合标准；

③精炼和脱色时工艺条件；

④所使用的抗氧化剂，如 BHA、BHT、TBHQ 等是否符合标准，特别是用量要严格控制；

⑤所使用的抗氧化剂在工艺上能否保证其均匀添加；

⑥所选用的包装材料要符合食品包装材料标准，包装容器必须清洁卫生。

二、 HACCP 体系在鲜切洋葱片生产中的应用

（一）鲜切洋葱片工艺流程

原料验收 → 原料贮藏 → 清洗 → 杀菌 → 预处理、切割 → 产品杀菌 → 脱水 →

分选、称重、包装 → 金属检测装箱 → 贮存、运输发货 → 成品

（二）HACCP 开展方法

首先建立鲜切洋葱片加工工艺流程图，再根据 HACCP 的 7 个原理和流程图对鲜切洋葱片加工工序中的各个环节进行危害分析，确定关键质量控制点，确定关键限值、建立关键控制点

的监控体系、确立纠偏措施、建立有效的档案体系、建立验证体系，消除一切可能对鲜切洋葱片加工造成潜在危害的因素，保证产品质量安全。

（三）HACCP 体系的建立

1. 加工过程中各环节的危害分析及关键点的确定

根据鲜切洋葱片加工工艺流程，从物理、化学、生物危害 3 个方面进行分析，并进行关键控制点的判定，具体分析见表 9 - 1。

表 9 - 1　　　　　　　　　　　　鲜切洋葱片加工危害分析表

加工步骤	确定本步骤中的潜在危害	危害是否显著	对第 3 栏判断提出的依据	显著危害的预防措施	是否关键控制点
原料验收	物理危害：未成熟、异物	是	原料中可能夹带异物	加强原料验收的检验检疫；培养固定供应商和原料供应基地，严格控制原料种植中的农药使用量，土壤中重金属的含量	是
	化学危害：重金属、农药、农药残留		重金属、农药残留超出安全标准，危害消费者身体健康		
	生物危害：微生物污染		土壤、种植环境和原料运输中可能受到病原菌的污染	加强原料验收的检验检疫	
原料贮藏	生物危害：微生物污染	是	温度控制不当导致微生物污染	控制库房温度稳定，对腐烂的原料及时清除	否
清洗	化学危害：使用水质造成污染	是	所用水的卫生理化指标不符合 GB 5749—2006《生活饮用水卫生标准》	及时检测水质情况，使之符合生活饮用水标准	否
杀菌	生物危害：微生物污染	是	杀菌剂用量和时间控制不当造成杀菌不彻底	严格执行杀菌剂（二氧化氯）浓度 100mg/L，杀菌时间 3 ~ 5min	否
预处理、切割	物理危害：金属	是	切割时刀具的金属掉落	产品通过金属检测器检测	否
	化学危害：褐变		工作间温度控制不当	严格控制工作间的温度	
	生物危害：微生物污染		人员、器具引入微生物造成污染	定期对人员、器具和工作间进行杀菌	
产品杀菌	生物危害：微生物污染	是	杀菌剂用量和时间控制不当造成杀菌不彻底	严格执行杀菌剂（二氧化氯）浓度 200mg/L，杀菌时间 3 ~ 5min	是
脱水	化学危害：大量水残留，产品易腐烂	是	过多水残存，易于微生物生长，易于腐烂	采用合理的脱水方式和脱水时间	否
	生物危害：微生物污染		脱水设备引入微生物造成污染	定期对脱水设备进行杀菌	

续表

加工步骤	确定本步骤中的潜在危害	危害是否显著	对第3栏判断提出的依据	显著危害的预防措施	是否关键控制点
分选、称重、包装	化学危害：褐变	是	工作同温度过高或操作时间过长造成产品褐变、败坏	严格控制工作间的温度	
	生物危害：微生物污染	是	人员、器具引入微生物造成污染	定期对人员、器具和工作间进行杀菌	是
金属检测	物理危害：金属碎片	是	金属检测器灵敏度不够会使产品中混入的金属夹杂物漏检	对金属检测器的灵敏状态进行检验，使其有效运行	是
装箱	无	否			否
贮存、运输发货	生物危害：微生物污染	是	贮存、运输中温度控制不当	严格控制贮存、运输中的温度	是

2. 关键限值的确定、监控措施及纠偏措施

（1）原料验收　病虫害、腐烂、未成熟、异物、农残、重金属，以及微生物指标等应符合企业原料标准。

（2）预处理、切割、分选、称重、包装　严格控制工作间温度为 8 ~ 10℃，每隔 30min 让员工进行酒精消毒。每隔 1h 对工作间的温度进行测量，如果温度升高则工作间停止工作，待温度正常后开始工作。

（3）产品杀菌　严格控制杀菌剂（二氧化氯）浓度 200mg/L，杀菌时间 3 ~ 5min。每隔 0.5h 检测杀菌剂的浓度和杀菌时间，如果杀菌剂浓度偏低或杀菌时间太短，应及时调整杀菌剂至 200mg/L，并将产品按规定时间重新杀菌，如浓度偏高或杀菌时间太长，应稀释杀菌剂至浓度，并将产品按规定时间重新杀菌。必要时对杀菌后的产品进行清洗。

（4）金属检测　金属直径≥2mm，包装后的每袋产品都要进行金属检测，对发现有金属的产品应立即报废。当金属检测仪不能正常工作时，应立即停止工作，对金属检测仪进行维修，当金属检测仪正常后，对前 30min 的产品再次进行检测，每隔 30min 用直径 2.0mm 标准模块对金属检测器作灵敏测试。

（5）贮存、运输发货　严格控制贮存、运输中的温度为 8 ~ 10℃。每隔 2h 对成品库进行温度测量，若温度异常，应立即调整制冷机械，对温度达不到要求的运输车不得装货。

3. HACCP 的记录保存程序和验证程序

记录包括原料验收、杀菌、预处理、切割、分选、称重、包装、金属检测、贮存、运输发货等记录以及卫生管理的记录。

4. 建立 HACCP 计划表

通过对 HACCP 的记录保持及验证程序进行整理，制作如表 9 - 2 所示的 HACCP 计划表。

表9-2　　切洋葱片 HACCP 计划表

关键控制点	显著危害	关键限值	监控					纠正措施	记录	验证
			内容	方法	频率	人员			
原料验收	未成熟、异物	企业原料质量标准	企业原料质量标准	感官检验	每批	原料验收员	不符合企业质量标准的原料拒收	《原料验收记录表》	对每批产品审核《原料验收记录表》
	重金属、农药残留超标			理化检验		品管员		《重金属、农药检测记录表》	对每批产品审核《重金属、农药检测记录表》
	微生物污染			微生物检验		品管员		《原料微生物检测记录表》	对每批产品审核《原料微生物检测记录表》
预处理、切割	褐变微生物污染	工作间温度 8~10℃，员工手部消毒	温度与时间	温度计和计时器	1h、0.5h	品管员	每隔30min让员工进行酒精消毒；每隔1h对工作间温度进行测量，如果温度升高则停止工作，待温度正常后开始工作	《工作间温度控制记录表》《员工手部消毒记录表》	对每批产品审核《工作间温度控制记录表》《员工手部消毒记录表》
产品杀菌	微生物污染	杀菌剂（二氧化氯）浓度 200mg/L，杀菌时间 3~5min	每批产品	理化检测杀菌剂浓度，计时器检测时间	0.5h	品管员	杀菌浓度偏低或杀菌时间短，应及时调整杀菌剂浓度，并调整杀菌时间。如浓度偏高或杀菌时间太长，并将产品按规定重新杀菌。必要时对杀菌后的产品进行清洗	《杀菌剂浓度监控表》《杀菌时间监控表》	对每批产品审核《杀菌剂浓度监控表》《杀菌时间监控表》

续表

关键控制点	显著危害	关键限值	监控					纠正措施	记录	验证
			内容	方法	频率	人员			
分选、称重、包装	褐变	工作间温度为 8～10℃，员工手部消毒	温度和时间	温度计和计时器	1h	品管员	每隔 30mm 让员工进行酒精消毒。每隔 1h 对工作间的温度进行测量，如果温度升高停止工作，待温度正常后开始工作	《工作间温度控制记录表》《员工手部消毒记录表》	对每批产品审核《工作间温度控制记录表》《员工手部消毒记录表》
	微生物污染				0.5h				
金属检测	金属碎片	金属直径 ≥2mm	金属碎片	金属检测仪	每袋	品管员	金属探测仪不能正常工作时，应立即停止工作，对金属探测仪进行维修，测试正常后，对前 30min 的产品再次进行探测，对发现有金属的产品应立即报废	《产品金属探测记录表》	每日审核《产品金属探测记录表》，每隔 30min 用直径 2.0mm 标准模块对金属检测器作灵敏度测试
贮存、运输发货	腐烂	贮存、运输中的温度为 8～10℃	成品库和运输车的温度	温度计	2h	品管员	温度异常，应立即调整制冷机械，对温度达不到要求的运输车辆不得装货	《库存产品记录表》《产品发货记录表》	每日检查《库存产品记录表》《产品发货记录表》

🔍 思考题

1. 阐述开展农产品加工质量控制体系建设的原因。

2. 什么是 GMP？其基本原理和特点是什么？

3. 什么是 SSOP？其基本原理和特点是什么？

4. 什么是 HACCP？其基本原理和特点是什么？

5. 对于特定的某种农产品而言，GMP、SSOP 和 HACCP 分别能对该产品品质保障起到哪些作用？

6. 如何建立有效的 HACCP 体系？

7. 蒸谷米加工 HACCP 体系如何建立？

8. HACCP 在方便面加工中如何确保产品质量？

9. HACCP 在泡菜等发酵制品加工中如何确保产品质量？

推荐阅读书目

[1] 蔡健，李延辉. 食品质量与安全［M］. 北京：中国计量出版社，2010.

[2] 朱明. 食品安全与质量控制［M］. 北京：化学工业出版社，2008.

[3] 钱和. HACCP 原理与实施［M］. 北京：中国轻工业出版社，2003.

[4] 江汉湖. 食品安全性与质量控制［M］. 北京：中国轻工业出版社，2002.

本章参考文献

[1] 国家质量监督检验检疫总局. 食品安全监管法规手册［M］. 北京：中国计量出版社，2007.

[2] 李延辉，匡明，郑凤荣. 农产品质量控制学［M］. 长春：吉林人民出版社，2017.

[3] 朱坚，张晓岚，张东平，等. 食品安全与控制导论［M］. 北京：化学工业出版社，2009.